第三十二届
杭州市青少年科技创新大赛
优秀作品集

杭州市科学技术协会 主编

浙江工商大学出版社
ZHEJIANG GONGSHANG UNIVERSITY PRESS

图书在版编目(CIP)数据

第三十二届杭州市青少年科技创新大赛优秀作品集 / 杭州市科学技术协会主编. —杭州 : 浙江工商大学出版社，2018.10

ISBN 978-7-5178-1626-3

Ⅰ. ①第… Ⅱ. ①杭… Ⅲ. ①青少年—创造发明—科技成果—杭州 Ⅳ. ①N19

中国版本图书馆 CIP 数据核字(2018)第 223767 号

第三十二届杭州市青少年科技创新大赛优秀作品集

杭州市科学技术协会 主编

责任编辑 唐 红 谭娟娟
封面设计 李 娜
责任印制 包建辉
出版发行 浙江工商大学出版社
(杭州市教工路 198 号 邮政编码 310012)
(E-mail:zjgsupress@163.com)
(网址:http://www.zjgsupress.com)
电话:0571-88904980,88831806(传真)
排　　版 杭州市科技咨询中心 杭州朝曦图文设计有限公司
印　　刷 杭州恒力通印务有限公司
开　　本 710mm×1000mm 1/16
印　　张 20
字　　数 412 千
版 印 次 2018 年 10 月第 1 版 2018 年 10 月第 1 次印刷
书　　号 ISBN 978-7-5178-1626-3
定　　价 49.00 元

浙江工商大学出版社营销部邮购电话 0571-88904970

编辑委员会

编者的话

少年强则国强，青少年是祖国的未来，而创新精神是国家强大的灵魂。杭州市青少年科技创新大赛是由杭州市科协、市教育局、市科委、市环保局、团市委、市青少年活动中心共同举办，面向全市在校中小学生科技创新和科学研究项目的年度竞赛活动。它秉承着培养青少年创新精神和实践能力、提高青少年科学素质、鼓励青少年优秀人才涌现、推动青少年科技活动蓬勃开展的宗旨，到 2017 年止，已成功举办了 32 届，成为我市青少年重要科技活动之一。在每年的杭州市青少年科技创新大赛中，都出现许多令人十分惊喜的优秀科技创新项目。

本作品集中收集的第三十二届杭州市青少年科技创新大赛（中小学组）的部分获奖优秀科技创新项目和科技实践活动，都是非常出色的研究和活动报告，其数据翔实，内容完整，有非常好的创新性，值得青少年和科技辅导员借鉴。但是由于本书篇幅有限，在编辑整理过程中，我们不得不对部分报告进行部分的删减，望作者和读者谅解。

本书在编辑过程中，得到了部分专家评委的大力协助，在此，对他们的辛勤工作致以衷心的感谢。由于本书编辑工作量大，出版时间紧迫，编辑过程中难免出现纰漏，敬请广大获奖者和读者谅解指正。

编　者

2018 年 8 月

目 录/Contents

第一部分

优秀科技创新项目

第二部分

优秀科技实践活动

第一部分

优秀科技创新项目

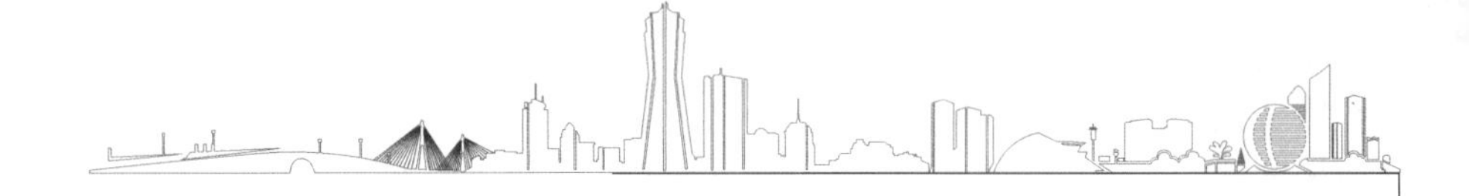

小学生如何制作昆虫标本

临安市石镜小学　陶家骏　指导教师：周小萍

摘　要：该文系统介绍了小学生如何力所能及地开展昆虫标本制作的方法，介绍了怎样就地取材制作捕捉工具；怎样运用多种方法捕捉昆虫；怎样自己动手孵化和饲养一些常见昆虫；怎样按照5大流程制作昆虫标本等内容。该科技小论文非常适合高段年级小学生甚至中学生阅读，尤其是利用生活中的一些废弃物品巧妙替代专门的标本制作材料及收纳用具，并从昆虫保护角度出发，尽量利用搜集到的昆虫尸体制作标本等做法，非常值得学习借鉴。

关键词：昆虫；标本；小学生；制作

我出生在农村，从小就是一个狂热的昆虫迷，对昆虫一直十分酷爱，我认为没有各种昆虫的存在，就没有世界的缤纷和多彩！第一次读到法布尔的《昆虫记》这本书，我就与昆虫结下了不解之缘，深深感觉到昆虫世界好神奇。然后就开始陆续主动借阅或购买了许多与昆虫有关的书籍，日本生物学家松村松年的《日本昆虫大图鉴》，德国昆虫学家雅琳的《昆虫资源学》、我国著名生物学家娄国强的《昆虫研究技术》及我国昆虫学研究专家陈树椿的《中国珍稀昆虫图鉴》，都是我百看不厌的课外读本，这些书籍都传递了一个同样的信息——昆虫世界是丰富多彩、美丽神奇的，昆虫世界是值得去探索研究的！如图1.1-1、图1.1-2所示：

图1.1-1　寻找昆虫足迹

图 1.1-2 捕捉昆虫

(图片说明——寒来暑往,不论在田间地头或者在城市公园,不论是白天还是黑夜,不论是晴天还是下雨,只要有昆虫的地方就有我的足迹,静静观察这些可爱的小家伙,它们的结构形态、生活习性、繁殖方式、分布特点等等都是学问,小昆虫,大世界!)

在亲朋好友眼里,我简直是个怪小孩。我从来不玩电脑游戏,手机对我没有任何诱惑力,也从来不买玩具,把积攒下来的零花钱买了许多稀奇古怪的东西。其实我网购的都是专门用来观察研究昆虫的实验器具,有各种功能型号的捕虫器、放大镜、显微镜、镊子、标本盒、消毒液、培养皿、回软瓶、昆虫针等等。我家里的储藏室,成了我专门研究昆虫的工作室。我已经坚持写了 2 年的昆虫观察日记,共计 3 万余字,还写了 2 部昆虫短篇小说,分别是《蚊子与蜘蛛》和《小独旅行记》,在观察学习研究昆虫的过程中,我收获很多,觉得非常快乐!如图 1.1-3 所示:

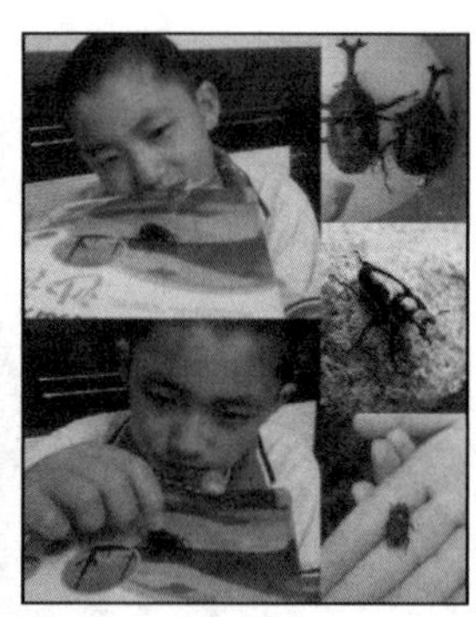
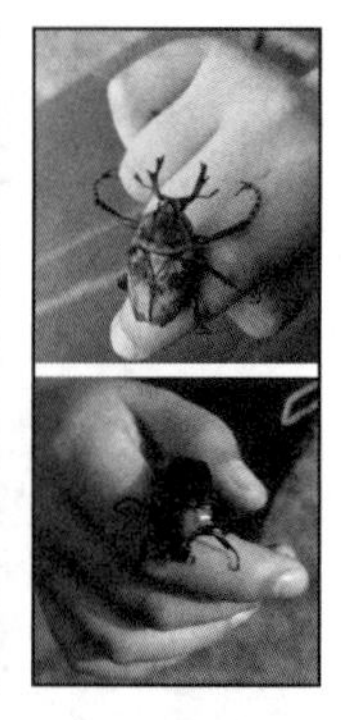

图 1.1-3 观察昆虫

(图片说明——我喜欢昆虫,不论何时何地都爱观察它们,但是我从不伤害它们,除了在大自然环境下观察昆虫,我也会饲养昆虫,但是都会放回大自然,还它们自由!)

1 引言篇——初次体验

2017 年暑假 8 月上旬,我终于如愿以偿到上海参观了中国唯一的专门研究昆虫的科学博物馆——上海昆虫研究博物馆。这个大型的专业昆虫馆，是“上海市科普教育基地”“全国青少年走进科学世界科技活动示范基地”“全国青少年科技教育基地”“全国科普教育基地”，目前收藏昆虫标本100万件，是我国收藏量居前的昆虫馆之一。昆虫研究博物馆集科学研究、标本收藏和科普教育于一身，是目前中国科学院中唯一的一个昆虫学科普博物馆。

这次我参观上海昆虫研究博物馆目的有3个：一是见识一下世界上罕见的昆虫珍稀物种，如海伦娜大闪蝶；二是系统完整地了解昆虫的进化历史；三是了解昆虫在城市区域生存的现状。我期待在上海昆虫研究博物馆能够找到我需要的答案！如图1.1-4所示：

图1.1-4 参观上海昆虫研究博物馆

（图片说明——图①～④参观上海昆虫研究博物馆，图⑤～⑨是上海昆虫研究博物馆的6大主题展厅，还有可以让小朋友体验的昆虫制作实验室，还有各类珍稀昆虫标本展示区。）

1.1 首次接触昆虫标本制作

置身博物馆的昆虫生命厅、昆虫世界厅、昆虫与人类厅、昆虫文化厅，我终于全方位地了解了昆虫的基本形态、生活环境、主要类群、与人类的关系以及珍贵的蝴蝶、甲虫和昆虫工艺品等等。在参观体验竞赛环节，经过昆虫知识竞答、昆虫绘制及昆虫展示手工制作3个环节，我幸运地获得了第一名。比赛前三名的孩子可以参加由中科院上海昆虫研究博物馆和上海科普基地联合会联合举办的为期3天的“小小法布尔”暑期科技体验夏令营活动。

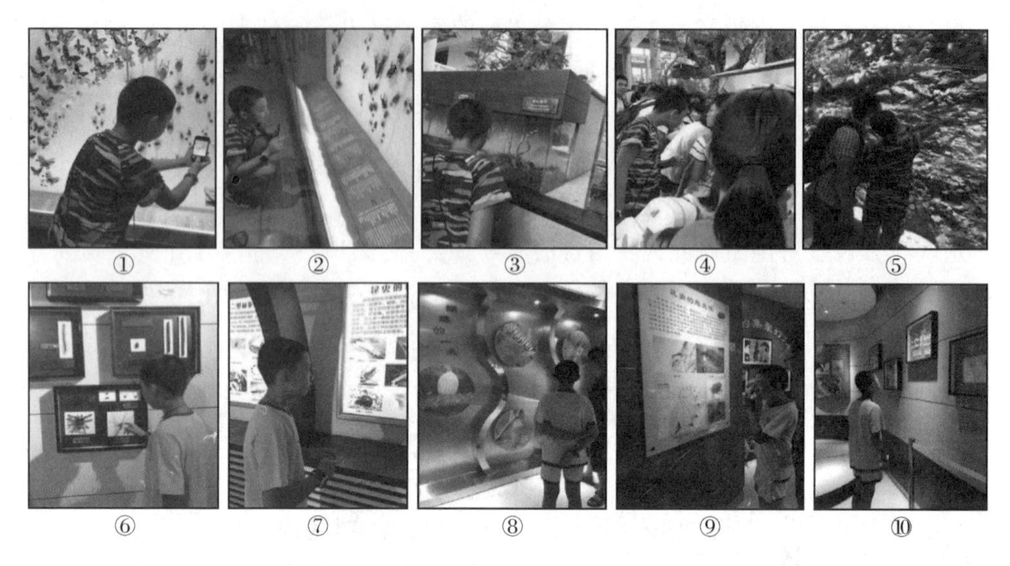

图 1.1-5 参观上海自然博物馆

（图片说明——我参观上海自然博物馆和上海昆虫研究博物馆等，在现代化的昆虫生命厅、昆虫世界厅、昆虫与人类厅、昆虫文化厅近距离系统了解了昆虫发展进化的过程。）

这次夏令营活动，大部分营员是来自上海市各个科普教育基地的学员，加上我们新加入的 3 个，共有 30 人。通过参加此次夏令营活动，我们在昆虫研究专家陈兆洋的带领下，走进了上海中科院神秘的实验室，在研究基地里，我们有幸看到了许多闻所未闻的珍稀昆虫物种活体，近距离了解了昆虫、天文、无线电、瓜果蔬菜、菌菇等相关知识，第一次自己制作昆虫标本，学会思索生命在自然界的生存法则，以及生命如何与自然界和谐相处，相互依存，同时培养自己独立的野外采集技能和动手能力，养成爱护环境，保护地球的良好习惯。如图 1.1-6 所示：

图 1.1-6 参加科技体验夏令营

（图片说明——图①～④是我有幸参加了为期 3 天的“小小法布尔昆虫研究”暑期科技体验夏令营活动，在活动期间，我们进行了捕虫、饲养独角仙、制作昆虫标本等活动。）

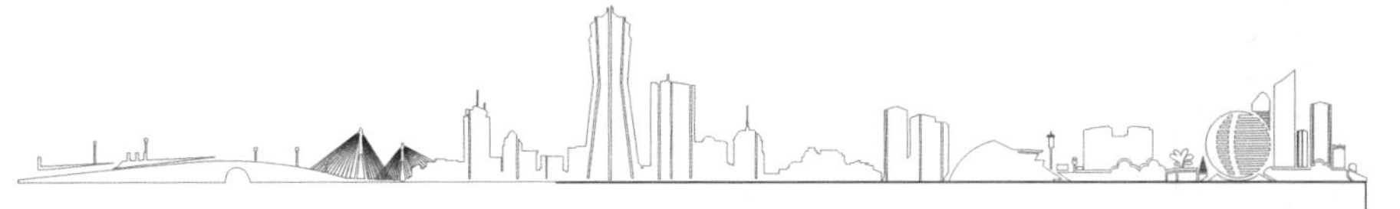

1.2 昆虫标本的意义和价值

昆虫是动物界最大的一个类群，全世界已知有100多万种。据说，到目前为止记载的并不多，还有相当多的昆虫有待发现或命名。而昆虫标本则是确定昆虫种类的重要依据，也可作为科研、教学、害虫防治、益虫利用，以及科技知识的普及宣传的重要参考。要想得到大量完整而珍贵的标本，就必须进行昆虫采集，这是森林保护工作中的一项基础性工作。虽说在平时生活中我们很少留意体型细小的昆虫，但是昆虫却与我们的生活息息相关。它们不仅可以保持生态平衡，还可以作为食物、药材，预示气候变化或灾难发生。例如，一些有经验的人，能根据某些昆虫的活动情况或鸣声，来预测短期内的天气变化及时令。例如，众多蜻蜓低飞捕食，预示几小时后将有大雨或暴雨降临。其原因是降雨之前气压低，一些小虫子飞得也低，蜻蜓为了捕食小虫，飞得也低。哲学上说：存在即是合理的。人类和昆虫都只是地球村中的一员，在人类都还没诞生的千百万年里，昆虫就已经是地球的主宰。昆虫对人类的生存有着深远的影响，是人类社会存在与发展的重要因素。越来越多的人认识到只有和昆虫和睦共处，人类才能谋得更大的发展。

昆虫标本数据库为后续科学研究提供基础资料。比如，地理分布资料可以用于后续的生物地理学研究；物种信息和分布信息可以用于昆虫物种多样性的研究；采集信息、研究特征等有助于物种的鉴定；寄主植物信息可用于研究昆虫和寄主植物多样性关系。昆虫标本数据库有助于标本信息管理和数字化建设。首先，数据库建设有助于标本信息的管理；其次，标本信息的数字化有助于将来标本数据的共享，比如整合进网络平台，最近几年已启动了标本数字化建设项目，就是为了充分利用标本信息资源。

1.3 我制作昆虫标本的目的

这次特殊难忘的夏令营活动，我对如何制作昆虫标本产生了浓厚的兴趣。昆虫标本是尽量保持昆虫原样或对昆虫进行加工处理保存之后，用于人们观察、学习、使用和研究的昆虫样本，昆虫标本是确定昆虫种类的重要依据，是人类认识昆虫的鲜活教材，通过对昆虫标本的观察研究，我们可以近距离接触世界上非常珍稀罕见的昆虫品种，可以了解世界上种类最多的群体昆虫为什么能够广泛存在于地球的每个角落，通过昆虫世界的探索研究领略大自然的演变进化历程，可以丰富我们对自然世界的了解和认识。昆虫标本可以使人一目了然地观察到昆虫的身体结构、颜色大小、形态特征，比文字描述或者图片介绍要直观、形象、具体、清晰。生动形象的标本能让我们学生更加直观真切地感受昆虫，栩栩如生的精美昆虫标本能激起我们对昆虫的兴趣，产生喜爱之情。

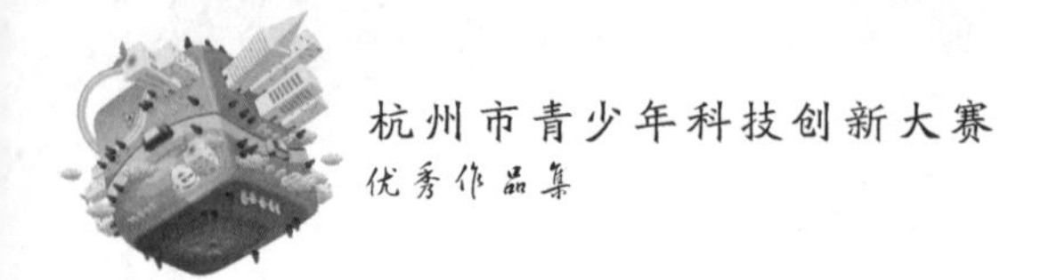

①　②　③

图 1.1-7　昆虫尸体

（图片说明——图①～③是我每天去山上收集寻找完整的虫尸，大部分是甲壳类的，便于储存制成完整的标本。）

我还只是五年级学生，要对昆虫进行深入科学系统地研究，还没有这样的能力和基础。对昆虫的研究和分类工作十分繁杂，为了建立科学和长久的昆虫研究体系就必须要制作昆虫标本，对于昆虫标本的制作，是有具体可操作的流程方法的。我酷爱昆虫，已经有许多收集保存昆虫的实际操作经验。这次夏令营活动，我有幸跟着陈兆洋教授学习了3种基本的昆虫制作方法，再继续研究自己如何制作昆虫标本，能够进一步提升我对昆虫的认识，一方面能促使我对昆虫的分类更加明确规范，另一方面能为我后续的昆虫研究留下珍贵的实物资料。当然实际操作的过程还能让我学到许多关于标本制作的科学知识。

①　②　③　④

图 1.1-8　制作昆虫标本

（图片说明——图①～④是我刚刚开始做标本，还缺少科学的方法，没有合适的工具，也不懂操作的步骤，基本上就是风干后黏贴就算完成标本制作了，标本存放期很短。）

2　准备篇——捕捉昆虫

制作标本之前必须要采集到昆虫，除了要寻找合适的捕虫地点，也要选择合适的捕虫时间。暑假8月期间，各种昆虫频繁出没，是非常适合采集标本的。

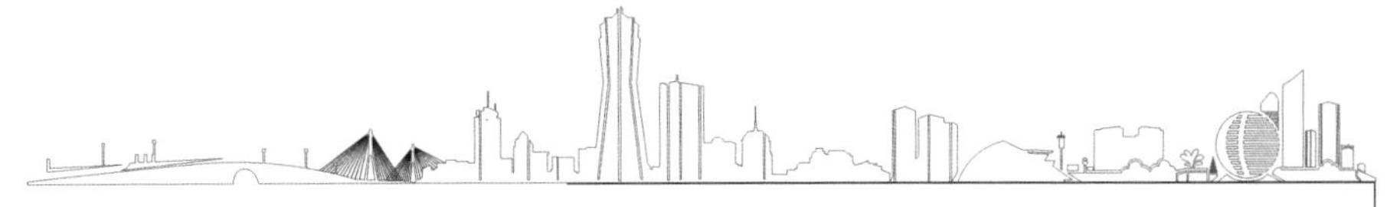

图 1.1-9 捕虫装备

（图片说明——图①～④是我常用的捕虫装备，很多是自制的工具，携带操作简单。）

采集标本之前，需仔细检查随带的材料用具，比如捕虫网，诱虫灯，采集箱，采集袋，镊子，三角纸包，放大镜，大头针展翅板，酒精，福尔马林，标签，铅笔，记录本，手机。一般采集昆虫标本主要有 3 种比较常用的办法。

2.1 利用捕虫网来捕捉昆虫

最常用的一种方法是利用捕虫网捕捉。捕捉昆虫的网一般可以自己制作，找一根细长的竹竿，在竹竿的头上扎一个铁丝圈，然后再沿着铁丝圈缝一个长 50 cm 左右的纱布袋即可，使用时要用网口迎着昆虫，对准布袋中间的口一兜，一般就可以顺利将昆虫兜入网内，然后急速 180°翻转捕虫网，使网布叠到铁丝架旁，可以封住网口，这样昆虫就成了瓮中之鳖了。这种方式比较适合捕捉正在飞行中的昆虫，必须时时观察昆虫的动作，行动时动作一定要娴熟轻盈，笨手笨脚乱扑一气，就算让你扑到几只，也可能是残缺不全的。这个简单的装置，除了可以对付飞行中的昆虫，还可以对付水里游的昆虫。水中网捞的方法和空中扑网的方法有一些差异，水里游动的昆虫一般是紧贴着水里的石块沙子匍匐式运动的，比如水蛭、水蜈蚣，红娘华、水斧、松藻虫、田鳖、仰泳蝽、蝎蝽……一般最好选择平口的捕虫网（如图 1.1-10④下方所示），轻轻把网放在它们附近，尽量平贴水底，趁它们游动起来的瞬间一兜，90％能成功，像水黾这种在水面上的昆虫，主要是依靠在水表面产生波纹的表面张力，利用 3 对多毛的长足，在水中制造出螺旋状的漩涡，借助漩涡推力，以每秒 100 个身长以上的速度前进，而人类跑得最快的运动员，也不过每秒前进 5 个身长的距离。捕捉它们难度最大，一般要把网刚刚平置在水平面高度，兜住后要往空中提起再翻转网布，因为如果网向水中压下去，这纤细的身子沾水后就很容易破损，要练就完好无损捕捉到水黾之类的昆虫的本事，是需要反复尝试才能够把握好时机力度的。如图 1.1-10 所示：

①　②　③　④
⑤　⑥　⑦　⑧　⑨

图 1.1-10　捕虫网

（图片说明——图①～④是自己制作的各种捕虫网，有圆口和平口之分，用途不一样，图⑤～⑨是在不同地方不同季节利用不同捕虫网捕捉昆虫。）

2.2　用镊子类工具钳夹昆虫

第二是使用镊子类钳夹工具捕捉甲壳类昆虫。有很多人看到那些背覆硬壳、反应又不很灵敏的昆虫，就直接用手捏拿去抓，这其实是不科学规范的，也不够卫生安全。购买的镊子一般是不锈钢做的，自制镊子可以选择竹片或者木片作为原材料，镊子的头部最好有 2—3 cm 的弯曲尖嘴，这样捕捉昆虫时更加容易夹住其身体。一般捕捉锹甲、金龟子、拉布甲、独角仙之类的鞘翅目昆虫，镊子非常好使，只要夹住身体的二分之一处，夹住后不要太用力，操作起来还是比较容易的。遇到蝎子、蜈蚣、臭蟹、松毛虫、马陆、蚰蜒、蜱虫等有毒的虫，就要谨慎了，一般采用加长柄的长嘴镊子对付它们，抓捕之前要先静静观察它们的动态，等它们停止爬行的时候再下手，钳夹时，要确保夹牢，否则它们沿着镊子柄爬到你手上，这绝对是非常危险又令人惊恐的事情。对于身体比较软的有毒昆虫，一方面要确保抓住虫子不让自己受伤，另一方面还要确保捕到的昆虫尽量完好无损，可以选择一种比较特殊的镊子，这种镊子整体结构和一般镊子相同，区别主要在夹口尖端处，有两个半球形的装备，合起来正好是一个完整的球体，可以将体型较小较软有毒的昆虫尽收囊中。如图 1.1-11所示：

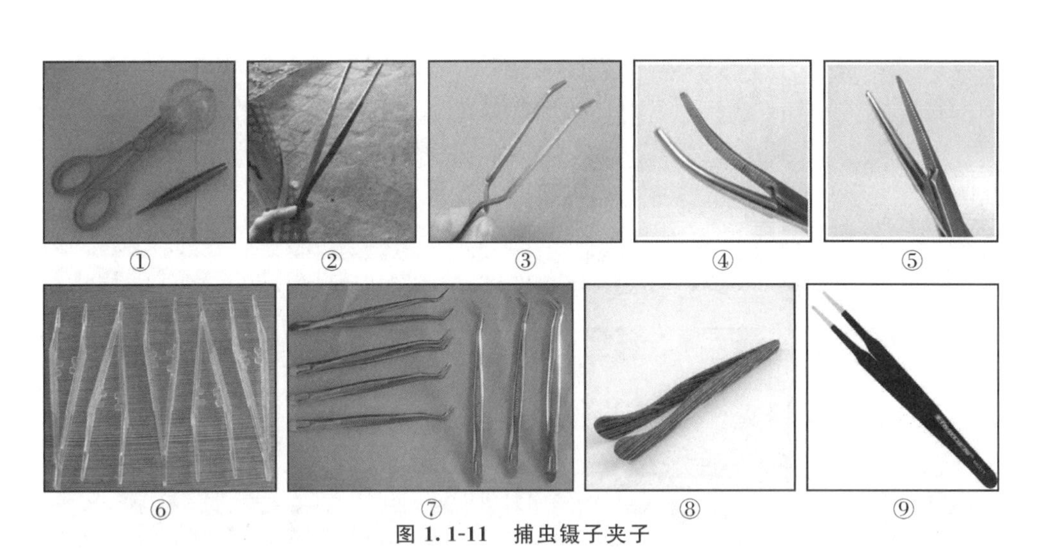

图 1.1-11　捕虫镊子夹子

（图片说明——图①～⑤是不同用途的捕虫镊子夹子，图⑥～⑨是不同材质的捕虫镊子夹子。）

2.3　用灯光等诱惑捕捉昆虫

"飞蛾扑火"这个词家喻户晓，其实除了蛾，还有许多昆虫具有趋旋光性，夜间在路灯下常常有昆虫飞舞，或停在墙壁上。我们如果在灯下巡视，常可满载而归。天黑以后，到野外林子边捕虫是不错的选择。装置操作还是比较简单的，可利用 2 m 长、1.5 m 宽的方形白布，四角绑上绳子，系于两树干间，布的前方约半米处放置一盏登山用的煤气灯或瓦斯灯，或者用充电式手电筒，最好用蓝色塑料纸罩在光源外面，因为蓝色的光源吸引昆虫效果较好。一般只要一两个小时，就会陆续有虫撞到白布上，我们只要静候在旁边收集它们放入三角纸包里就可以了。很多商店也有专门的捕虫灯出售，这种用来捕虫的便携装置外观上看起来没什么特别，主要的特点是它的灯管波长和家中用的日光灯波长是不一样的。捕虫灯的灯管发出的光是一种黑光，一般光波是 3 650 埃左右，科学家已经研究过，这样的波长其诱虫效果较普通灯光要强得多。我买来的捕虫灯，里面还有一个小小的风扇，有了这个小风扇，就可以将被光诱引过来的虫子顺风吸入捕虫灯下面的网袋中，网袋是用非常致密的细纱做的，昆虫落入里面，插翅也难逃了。早上收虫灯时要先取下网子，扎紧袋口，才能将电源关掉，以免虫子趁机飞出网口。在多次捕虫后我发现，使用夜间灯光采集法，诱引效果和天空明暗度成反比，就是说，在没有月光、无风闷热、黑漆漆的夜间使用这个方法效果最好。如图 1.1-12 所示：

图 1.1-12　不同类型的诱惑型捕虫装置

（图片说明——①～⑧都是不同类型的诱惑捕虫装置，③④是自制捕蟋蟀装置，①⑤适合田间地头长期滞留着捕虫，⑥适合无风闷热黑夜去林地边捕虫，⑦和⑧适合菜农捕杀害虫。）

与此类似，对于一些在地面上活动的昆虫，可用另一种办法来诱集，我称之为气味诱集法。为了除害虫，我外公常用这样的方式。具体操作是，首先在庭院、旷野、丛林中选择适当的位置，先除去附近杂草，再掘一坑洞，内置一大广口瓶，瓶口和地面齐，瓶口上再覆盖板子、土、草，但板子和瓶口要留一些距离，如此，虫经过瓶口便会掉入，可定期检查收集。比如鳞翅目的昆虫，一旦落入瓶多半想挣扎逃脱，所以需要立即按住，取出网时捏住翅脉前缘。如果目标是土中的跳虫类，则置于土中的器具宜用宽浅的容器，如脸盆、汤锅等，容器内置约两厘米的固定液，如10％福尔马林、70％酒精等，跳虫跃起碰到遮盖会掉入容器中。亦可置放腐鱼、腐肉、水果、粪便于瓶中，最好再加点菜油，一是香味更浓，二是虫子落入瓶内后，因为菜油使容器四壁更加油滑，虫子不易逃离，如此可诱集多数甲虫，并可因饵的不同，获得不同种类的昆虫。现在，有农民会利用诱捕防治害虫，具体方法是在田间设置一定量的诱捕器，用以大量诱杀成虫（雌性或雄性），降低成虫的自然交配率，从而达到减少次代幼虫的虫口密度，保护农作物免受危害的目的。

实践后你就会知道，要在野外采集完整没有缺损的昆虫素材并不容易，稍不留神就会损坏昆虫的足、触角、翅膀等，对我们小学生来说，难度的确很大。我个人认为鳞翅目娇弱的翅、螽斯细长的触角都是非常容易受损的，解决办法无他——观察，练习，再观察，再练习，直至熟能生巧为止。

3　实践篇——制作标本

昆虫是十分美丽、神奇、精致的生物，制作昆虫标本是一件很有意义的事情。我认为,制作完成的一件完好昆虫标本,就好像是一件艺术品。鳞翅目五彩缤纷的鳞翅、鞘翅目金属光泽的鞘翅、螳螂威武霸气的姿态、角蝉千奇百怪的前胸背板等等,并不是人人皆知,如果利用昆虫标本的形式向人们展示,那么人们对昆虫的认识会更加深入具体,会有更多人喜爱上昆虫。制作的昆虫标本,要求完整、干净、美观、尽量保持其自然状态。因此,要有相当的仔细耐心,也要有科学规范的操作步骤,这是一个非常精细化的过程。

3.1 昆虫尸体消毒去除内脏

大部分人为了制作形体完整、色彩和形态都栩栩如生的标本,常常会将刚刚捕捉到的新鲜活虫用毒性大、击倒力强的杀虫剂将其杀死。我研究昆虫的目的是保护昆虫,让昆虫与人类能够和谐共处,甚至我希望今后随着对昆虫的不断深入研究,昆虫能为人类生存发展提供取之不尽用之不竭的能量,所以,随着我对昆虫研究的深入,我越来越不舍得伤害昆虫。参加“小小法布尔暑期昆虫体验夏令营”活动回来后,我再也不轻易捕杀昆虫了,即使要做标本,我也是寻找那些已经自然死亡的昆虫尸体来研究。虽然要收集已经死亡但身体比较完整的昆虫难度非常大,我还是坚持这样去做。每次苦苦寻找中突然发现一只已经死亡但身体比较完整的昆虫尸体,我的心情是非常复杂的,一方面惋惜这可爱的小精灵已经没了生命,另一方面欣慰这只昆虫虽已经没了生命,却能在我的努力下被做成标本,被保存得更久远,被更多人观赏、研究、了解、喜爱。如图 1.1-13 是我饲养的活体,图 1.1-14 是我收集的虫尸。

① ② ③

图 1.1-13 昆虫活体和虫尸

(图片说明——若遇到图①这种昆虫活体我会饲养一段时间观察其习性,绝对舍不得做成标本,然后马上放回大自然,若是图②③这样的身体比较完整的虫尸就分类收集初步整理。)

图 1.1-14 昆虫死尸

（图片说明——图①②③是好不容易收集到的虫尸，但很多虫尸是残缺的甚至已腐烂。）

找到完整的虫尸，如果是刚刚死亡，身体还比较软，就必须先将昆虫的内脏取出，便于针插后能迅速干燥。但像豆娘那样身体极细的昆虫，则不必去除内脏。解剖时，可用镊子直接从虫的颈部和前胸背连接膜处插入，取出各个脏器；或在腹部侧面沿背板和腹板的连接膜处剪开一个口子，然后用镊子取出脏器。接着用脱脂棉捏成一长条状的棉花栓，用镊子将其慢慢地塞入已掏空的昆虫腹腔内，保持虫体原来的体形。还要做好必要的消毒工作，用5‰左右浓度的氯化汞（$HgCl_2$）酒精溶液进行消毒，配制方法是将 5 g 的氯化汞溶于 1000 mL 75％浓度的酒精中。消毒时，一般将昆虫标本放在盆里，用毛笔沾上消毒液，轻轻地在标本上涂刷，也可将消毒液倒在盆里，将标本放在消毒液里浸泡 2 分钟进行消毒。最佳的选择是把标本放入盛有消毒液的盆里浸泡，同时用毛笔沾上消毒液把标本涂刷一遍，这样不仅可以起到消毒的目的，同时也可以清洗标本，使其更加清洁、美观。但消毒液对人也有危害，在消毒操作过程中，切忌用手直接操作，必须带上橡胶手套和口罩，操作完后应立即用肥皂洗手，消毒所用的容器，忌用金属类器具，要用瓷器、玻璃器皿或搪瓷器皿，夹标本一般用竹制的镊子。

3.2 临时保存后回软处理

经消毒的标本，要放在干净的棉花纸包内。棉花纸包的用纸要吸水性强，可将其剪成方块，大小根据虫体的大小而定，以恰好能包住虫体为度，包裹时不宜过紧，以避免携带时使虫子遭到挤压而变形受损。这样处理后，可将包裹好的昆虫搁在阴凉通风的地方，保存期不宜过长，一般只能暂时保存 2 天，注意 2 天后要及时将包打开，让其通气干燥，尽量不让昆虫发生变质。如图 1.1-15 所示：

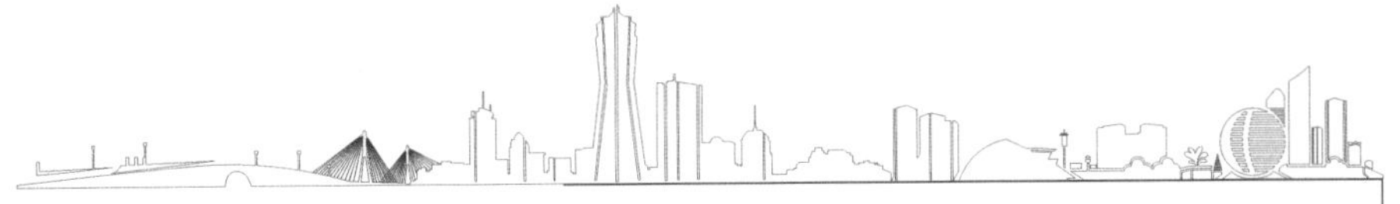

①　②　③　④

图 1.1-15 回软处理示意图

（图片说明——图①②③④都是在回软处理，回软有时候也可以在自制的装置里完成。）

不新鲜的虫尸必须要进行回软处理。毕竟从采集到标本制作的时间间隔太长，昆虫体内的肌肉会僵硬，轻轻一碰触角或跗节可能就断了，足和翅也不能在保持完好的情况下摆成我们需要的姿势，因此需要先进行回软。通常我们用水蒸汽浸润虫体使其回软。当时在参加夏令营活动时，我们可以在实验室里操作，用的是玻璃器皿，在皿底加水，三角包或棉花包里的标本放在隔板上，放三五天后，轻碰触角就可以判断是否能自由摆弄。我自己制作昆虫标本，没有实验室回软的条件，采集到虫尸后，我用尽了各种方法，包括用一个大碗，倒上热腾腾的开水，然后上面加个铁丝网，把昆虫放在上面回软；我也用过塑料泡沫组合，我在塑料泡沫餐具盒子下面加水，上面放铁丝网，再把裹着昆虫的三角包放上面。时间短了回软不够会导致破碎，时间长了容易变成真菌细菌的培养基，都会废掉这个标本。如果把虫尸重新丢回毒瓶，回软的效果和速度远胜水蒸汽，效果最好，但这个办法有个严重弊端，乙酸乙酯属于有机溶剂，处理时间过长会导致昆虫体色失真。另外，用医用酒精浸泡临时保存的标本如果需要取出制成针插干标本，也需要回软。要判断昆虫是否已经搁置太久或者回软充分，可以用大头针轻轻拨动触角或者足，感觉比较脆或者僵硬就最好不要急着整姿，需要再回软一些时间。

3.3 固定昆虫并且进行整姿

固定昆虫标本要用的昆虫针，一般是不锈钢制成，由细至粗，共有 00 号、0 号、1 号、2 号、3 号、4 号、5 号共 7 个级别。从 0—5 号，6 个级别的针都带有针帽。只有 00 号不带针帽，其长度仅为其他各号针长的一半，是作为双重针插标本用的。对于死后还未干燥变硬的或是回软后的昆虫，就是用上述的针将其固定起来的。使用哪号针，应根据虫体的大小来定。插针开始时，先将要制作的虫体放在刺虫台或桌缝上，再根据虫的大小，选用合适的号针，昆虫针插前翅基部背中线稍右部位，半翅目昆虫插前胸中央或小盾板中线偏右方，其他昆虫插中胸中央。如图 1.1-16 所示：

图 1.1-16　用昆虫针固定标本

（图片说明——固定需要的昆虫针型号很多，要根据需要合理选择使用，动作要轻柔规范。）

完成针插后的昆虫，还需根据该种昆虫最正确的姿势，对针插后的昆虫做局部调整，如翅膀的位置、虫足的弯曲度、触角的伸长方向等逐项加以调整，使其完全与活昆虫具有相同的姿态。有些昆虫爱好者喜欢按他所喜欢的姿态来固定昆虫，因此也可以根据自己的要求，用昆虫针适当调整昆虫身躯、翅、足或触角的姿势和位置。这个过程中的任何动作都需要非常轻柔果断，稍微处理不当就会把昆虫的足或者翅膀弄破碎，导致整个昆虫标本的造型不那么完美。经过我不断摸索和改进，以及比对各种材料后，发现最好的底板还是废弃的泡沫平板，比较适合小学生使用。如图 1.1-17 所示：

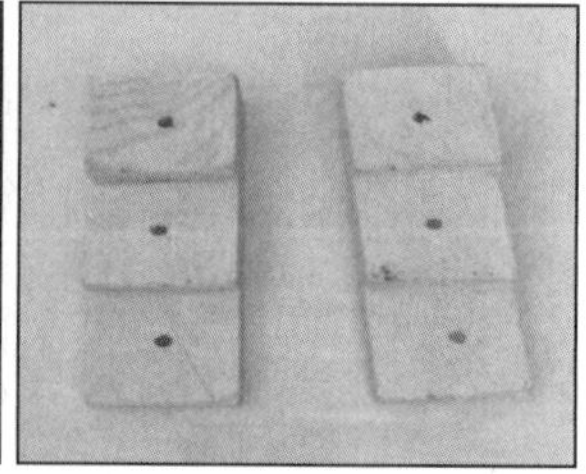

图 1.1-17　固定在泡沫板或木板上

（图片说明——实际操作中发现固定用的底板可以有泡沫板和木板，但泡沫板更方便操作。）

3.4　填写具体信息制作标签

一个信息完整的昆虫标本除了要有虫体本身，还需有采集信息和鉴定信息，信息被记录在一定大小的纸质标签上，称为采集标签和定名标签，分别排列在昆虫标本的下方。一个未经鉴定的标本可以没有定名标签，但采集标签一定要有，因为采集地也会成为鉴定依据。

关于采集的信息，除了标签上的地点和时间，最好还能保留采集地生态环境的信息。

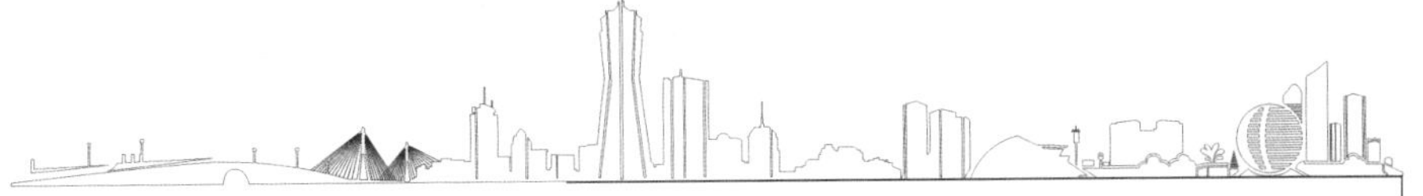

(1)采集信息标签：地点、时间、采集人，有时还包括当时的温度天气情况，前面3个信息是必须要有的。其中时间的写法要简单明了，我习惯按照年份、月份、日这样的顺利记录，全用阿拉伯数字，中间以英文字符短横线“-”分隔，例如2017年8月17日记为“2017-08-17”。(2)昆虫定名信息：学名、类属、昆虫身体结构、昆虫形态（成虫还是幼体），甚至还可以记录昆虫各部分大小长度、生活习性等，前面3点缺一不可。(3)昆虫标签及昆虫摆放的位置关系，由上至下是标本、采集标签、定名标签，这样做好标识工作就可以一目了然。

3.5 干燥防腐处理保存美化

插针和整姿之后，下一步就可将昆虫放置到安全通风处干燥一段时间，一般1—2周就可以完全干透。最后一道程序就是在制成的昆虫标本上加放适量的防蛀防霉药剂，然后插上标签。若标本的数量较多，则需分门别类将标本置入标本盒内，将其置于避光的干燥处保存。若需要制成昆虫生态景箱，还可将昆虫标本与经过干燥处理的植物、花草配置在同一个玻璃罩内，也可配置在其他艺术镜框中。

4 总结篇——成长收获

莽莽苍苍的山川大地，茫茫无际的宇宙星空，人类生活在一个充满神奇变化的大千世界中，面对异彩纷呈的自然现象，我惊诧之余也乐于尝试探索。关于制作昆虫标本的实践研究，应该是专门从事生物研究的科学家研究的问题，很多人会认为小学生还没有能力去研究这样的问题，或者认为，即使开展了研究，也不会有超越科学家们已有的研究成果取得新的突破，这些都不影响我的研究激情。我觉得昆虫世界充满了幻想和太多的知识，我充满了好奇，所以乐意大胆去尝试，并且我在研究昆虫标本制作的过程中系统、全面、准确、深入地学习和掌握了有关昆虫的基础知识，也逐渐会用科学的方式方法去寻找答案，对我各方面的能力都有非常显著的促进作用，意义深远，因此这是一件很有意义、值得支持和推广的事情。

4.1 积极开展爱护昆虫宣传

作为一个昆虫迷，我希望通过关于“小学生如何制作昆虫标本”的研究及各种方式的宣传，向身边的同学、伙伴展现千姿百态的昆虫和它们生活的各个方面，希望孩子们不要畏惧昆虫，使他们对昆虫世界有更多的了解，希望由此唤起他们的爱心，使人类更加喜爱这些自然界中的美丽生灵，自觉地加入到保护昆虫的行列之中。我利用班主任老师给我的课前3分钟学生微课时间，认真准备梳理介绍昆虫的PPT，反复斟酌讲稿的侧重点，向同学们展现了神奇的昆虫世界，如图1.1-18和图1.1-19所示：

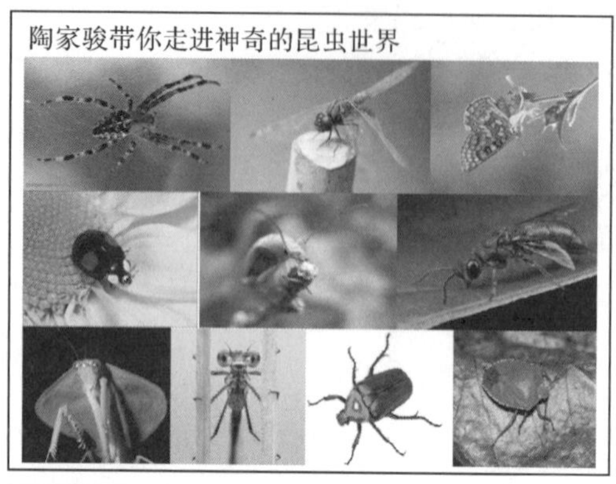

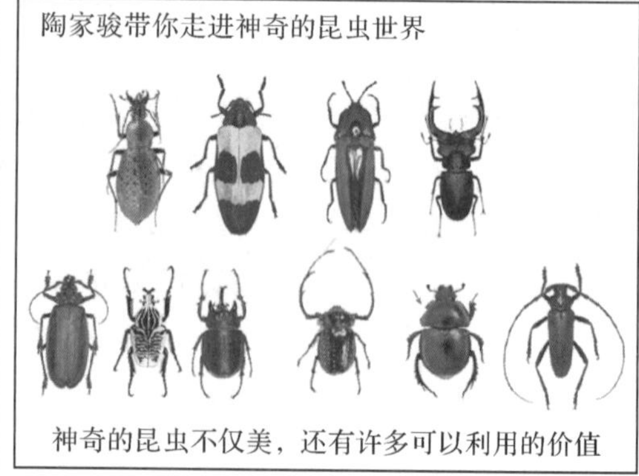

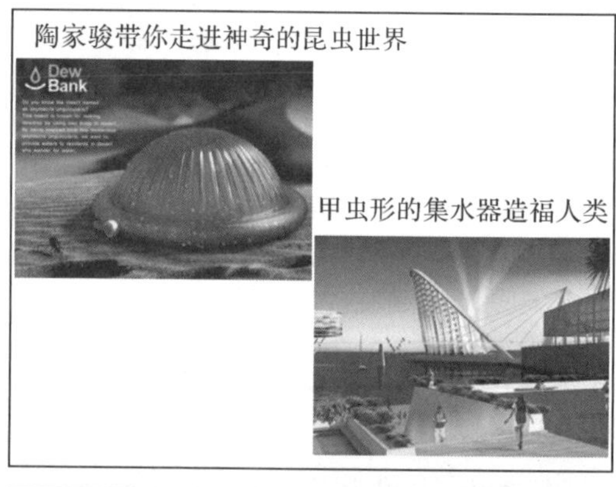

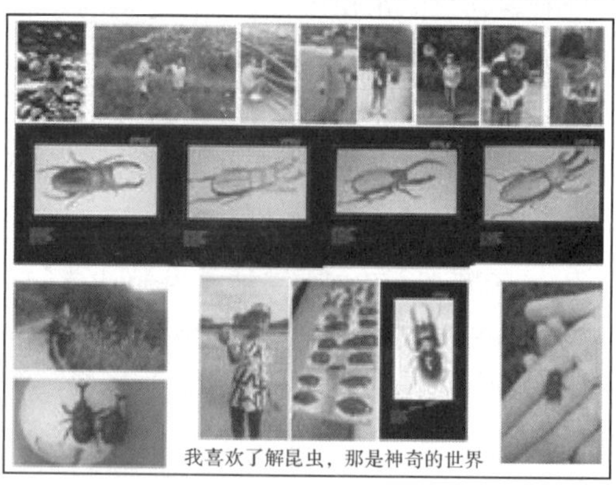

图 1.1-18　走进神奇的昆虫世界 PPT

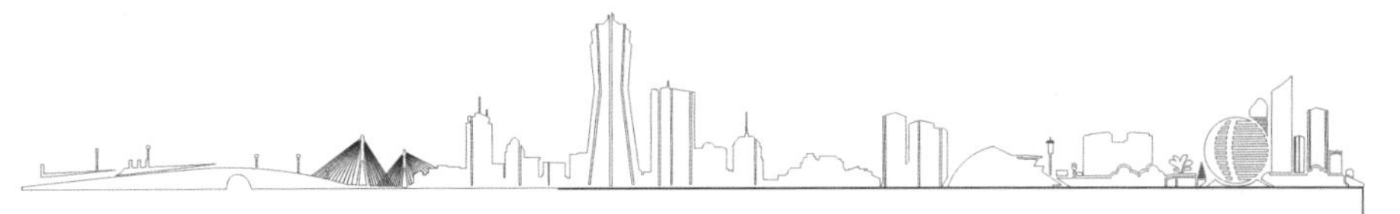

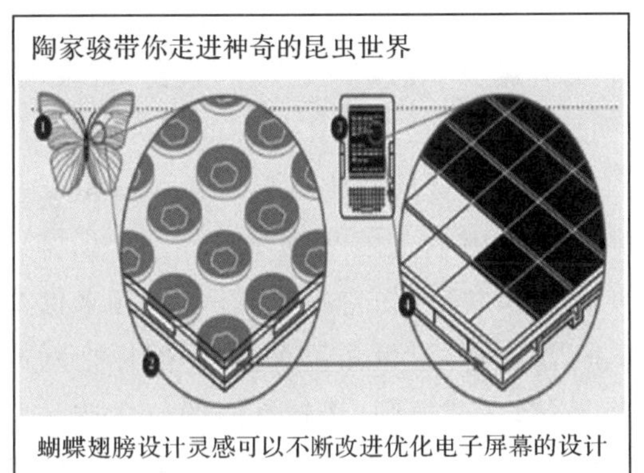

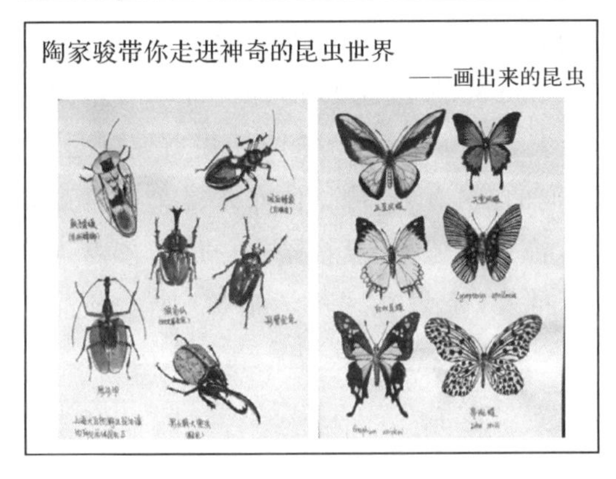

图 1.1-19　走进神奇的昆虫世界之美丽的昆虫标本

（图片说明——在班级课前 3 分钟微课这样的场合，我抓住机会向同学们介绍我认识的昆虫世界，当同学们看到我 PPT 里展示的各种形式材料制作的美丽昆虫时，被震撼了。）

我结合上面的 PPT 滔滔不绝地讲解着，同学们被我感染了，大家眼前似乎可以看到美丽的昆虫在舞动——不知疲倦的知了在枝头引吭高歌，奇特的萤火虫在夜空中闪烁，还有那美丽的蝴蝶在花间翩翩起舞，漂亮的蜻蜓在田野的上空飞翔，勤劳的蜜蜂为奇异的花朵传授花粉……我似乎感受到，同学们已与我达成共识——这些昆虫不仅使人们赏心悦目，而且将大自然装点得生机勃勃。无论人们是否喜欢昆虫，它们都是过去、现在和未来世界的一部分。人类要与这些看似弱小微不足道的动物和谐共处。我很感激班主任老师，留给我宝贵的课前 3 分钟时间，只要我准备好"微课"内容，老师都允许我向同学们展示，在一次一次锻炼中，我变得更加自信大胆，同学们对我也越来越肯定。

4.2　在研究中促进学习进步

作为昆虫迷，我对《昆虫记》百看不厌。这部传世科普巨著，作者是法国科学家法布尔，他一生都在探索大自然，日夜与小小的昆虫为伴，用哲学家一般的思考，美术家一般的观察，文学家一般的叙述，为人们留下一座富含知识、趣味、美感和思想的散文宝藏，开

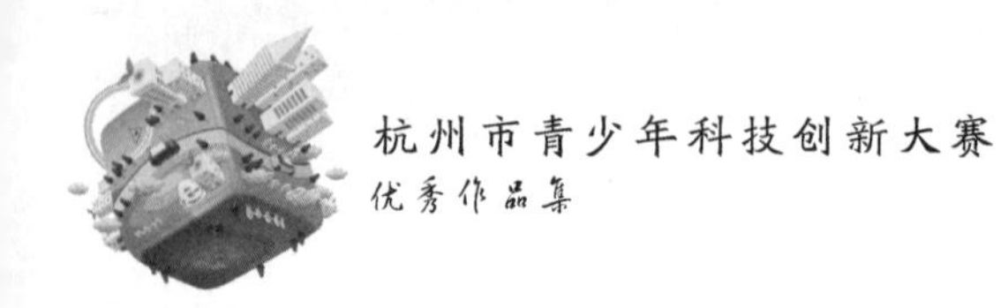

启了一扇通向昆虫世界，通向科学的大门。《昆虫记》让人爱不释手！它行文生动活泼，文字清新自然，语调轻松诙谐，读它就是一种享受。昆虫如何孵化、发育、猎食、筑巢、争斗、求偶、生育以及死亡，其生命轨迹中的点点滴滴，作者始终充满了盎然的情趣，用极其细腻的笔触娓娓道来，不时让读者感觉到曲折的洞穴、潮湿的泥土、腐烂的草垛、星辰和露珠，还有虫子气味的存在，每每品读描写细节的段落，仿佛置身于现场一样——杨柳天牛成了吝啬鬼，黑漆漆肥嘟嘟的身体包裹一件"缺块布料"的短身燕尾礼服，看起来像个滑稽的小丑；蜘蛛和蜜蜂是昆虫界几何学的高手，没有圆规、量角器等工具，照样把网或蜂巢制作得精美极致；蟋蟀不仅是歌唱家还是了不起的建筑师，选择舒适的位置造一所"豪宅"，不仅仅是用来避雨安身的，常常还有很嗨的音乐派对活动；母螳螂是昆虫界最"貌美心恶毒"的，新婚之夜居然活生生吞噬了自己丈夫的血肉之躯，仍毫无愧疚感……在法布尔笔下，任何一只小小的昆虫，都是一个个可爱的小生灵，都有着奇妙的生存方式，难怪鲁迅把《昆虫记》奉为"讲昆虫生活"的楷模。除了内容引人入胜，更重要的是，在法布尔身上，你能领悟什么是"科学精神"，会被他的"执着"折服。法布尔是个非常严谨细致的科学家，每一次研究活动，他都大胆假设、谨慎实验、反复推敲……法布尔严谨科学的过程，大胆质疑的精神，勤勉务实的作风，向人们诠释了"科学精神"博大精深的内涵。

4.3　对后续研究大胆新设想

昆虫被人们直接或者间接利用的事例已经越来越多，但是人们对昆虫价值的认识和开发，还是过于狭隘和传统，还有些人甚至会"谈虫色变"，有些女孩子甚至认为需要彻底消灭所有的昆虫，我通过研究制作昆虫标本，觉得今后，我还应该不断深入去研究这个领域。我认为，一方面可以加大昆虫本体价值的开发利用，可以研究昆虫的药用价值、用于制作饲料、作为特殊资源进行开发（如从昆虫体内提取激素等活性物质、用昆虫细胞繁殖病毒进行病毒研究、昆虫作为生物工程的重要基因库，以昆虫为载体的疫苗开发等等），都是非常前沿、高端的研究实践，我长大了，就想专门学习这方面的知识，做一个有影响力的昆虫学家，造福人类。另一方面，可以研究昆虫的行为，这个领域是全新的，很多人可能认为，昆虫连家畜都不如，不会发声，没有思考或者情感，研究观察它的行为是没有价值的研究，其实不然，如果我们能够科学观测出昆虫天敌之间的行为特点，或者研究出昆虫繁殖的行为特点，或者是昆虫清洁自己居所的行为等等，那么将对仿生学昆虫资源研究领域产生革命性的推动作用，那是非常有研究意义的创举，连伟大的科学家法布尔先生，他也没有做到，相信新一代的昆虫研究迷也许有机会逐渐深入这个鲜为人知的领域。第三方面，我觉得还可以加大昆虫产物利用问题的研究，目前昆虫产物的利用，主要用于工业原料、如钢丝、白蜡、虫茶、紫胶等，也许，我们还可以不断深入，在昆虫价值开发研究上扩展到航天领域，有没有哪些昆虫的某些元素或者某些行为可以利用开发成航天

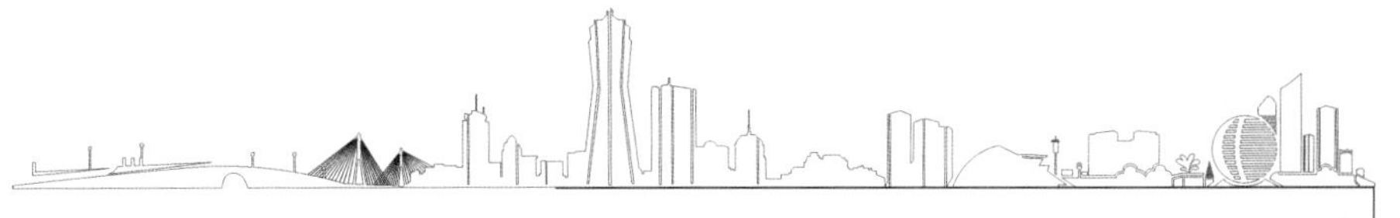

领域的资源呢，相信这是一个全新的无人涉及的神奇领域，意义深远。

5 感谢篇——研究感言

这个《小学生如何制作昆虫标本》的科学小论文课题，历时足足有 2 年，光是完成论文的文稿，我就足足整理了一周的，这个过程十分漫长辛苦，每次回忆起来，都忍不住会鼻子泛酸。刚刚开始，我的妈妈非常反对我抓昆虫、观察昆虫、研究昆虫，为了阻止我玩弄昆虫，她责骂过我，打过我，把我心爱的昆虫丢掉过很多次。但我哭过闹过很多次，随着我越来越痴迷、越来越认真执着对待昆虫的研究，终于让害怕、讨厌昆虫的妈妈改变了观念。我在研究过程中积累下来的所有文章，都是她和我一起修改投稿的，我每一次外出寻找昆虫的死尸，她都紧紧跟在身后，帮我背着各种用具，每一次我专注地观察着可爱的昆虫，都是妈妈悄悄地拍照记录下来这些图片资料。这次整理论文，我们找到了近 1 300多张关于我研究昆虫的照片，她成了我最忠实的支持者，是我最好的指导老师，是我最坚强的后盾……因此，我在填写指导老师的时候，毫不犹豫写上了妈妈的名字，因为，我要感谢她的一路陪伴！

完成这篇论文，对我这样的五年级孩子来说，遇到的困难非常多，但是我一一克服了，这不仅仅只是一篇科技小论文，它让我从“走进昆虫”提升到了“走进昆虫世界”的高度，标志着我对昆虫的研究更加规范和深入了，具有里程碑的意义。完成论文，激动之余，我还会更加深入地去思考，我要对自己设想的研究问题继续更加有效地研究，也要让所有人看到，昆虫世界无比神奇，研究昆虫不是玩物丧志，而是一件有着深远意义的事情。遨游在昆虫世界，我很快乐，也很幸福！

表面微图案膜抗菌性能的测评

杭州市现代实验小学　梅　婕　指导教师:徐　昂　梅建凤

摘　要:表面微图案膜是一种表面具有微米级甚至纳米级大小规则图案的膜,生产厂家宣传这种膜具有良好的抗污染效果,但缺少抗菌性能的实验证据,为此,本文测评了这种膜对不同微生物污染的抗黏附性能。实验选择了金黄色葡萄球菌、白色念珠菌和黑曲霉,分别代表细菌、酵母和霉菌3种类型的微生物,用人工方法污染表面微图案膜,贴膜接种固体培养基,经培养后计数菌落数量,与普通膜比较,计算表面微图案膜对不同菌的抗黏附率。研究结果显示表面微图案膜具有良好的抗微生物黏附性能,它的应用可以减少物品表面病原菌的污染和传播,该研究结果对该膜的市场推广和应用有一定的指导意义。

关键词:抗菌膜;表面微图案膜;抗菌性;测评实验

1　研究背景

1.1　问题的提出

2017年5月,爸爸的一个从事进口贸易的朋友,拿来了一张塑料薄膜找他,说这种膜是国外的一种新产品,英文名“Surface Micropattern Film”,生产厂家宣称有很好的抗菌作用,他们公司计划进口这种膜到国内销售,但不确定是不是真的有厂家宣称的抗菌作用,所以拿来向做微生物学研究的爸爸咨询。我们观察了一下这种膜(如图1.2-1所示),似乎跟普通的塑料膜有一些区别:半透明,看上去有均匀的条纹,但手感光滑,没有条纹感,反光性比普通膜低,膜的反面是不干胶及塑料覆膜,可以直接贴在物品表面。单从膜的外表,看不出这个膜的特殊在哪里。它为什么会有抗菌作用呢?

在网上搜索相关资料后,我了解到这种膜是由美国Sharklet科技有限公司(Sharklet Technologies, Inc.)研发出来的一种新型膜,百度翻译为“表面微观形貌的膜”,名字似乎不太顺口,相关文献翻译为“表面微图案膜”[1]。这种膜不像普通塑料膜一样表面光滑,而是具有非常细小的规则雕纹,细小到几个微米(μm),一般放大镜下看不到雕纹,只有在显微镜下放大几百倍后才能看到。可是,我一直认为:光滑的物体表面不容易脏,即使弄脏了也容易清洗,而表面粗糙的物体表面容易脏,再说,如果上面有几个微米大小的雕

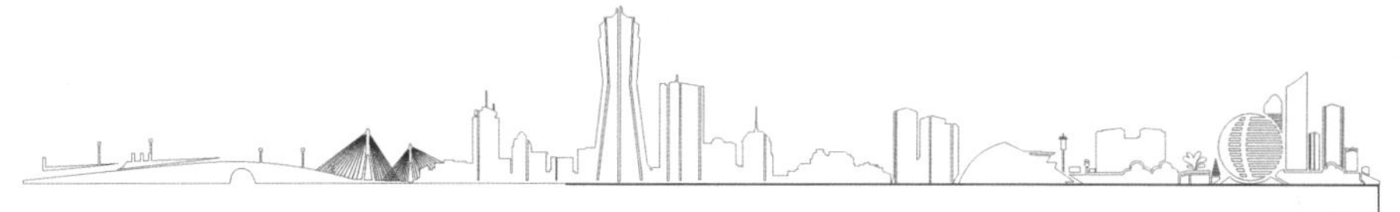

图 1.2-1　表面微图案膜实物照片

纹，只有 1 μm 左右大小的细菌不是更容易“藏”在雕纹的凹槽内不出来吗？那就不是抗菌膜了，是“黏菌”膜了！也许这是这家公司推销他们商品的噱头吧？

爸爸分析认为：如果这种膜表面有微米级规则的图案，可能会具有像家用不粘锅一样的原理，膜本身不具有抑制微生物生长的作用，但与其他物品接触后，接触面减少，污染物就不容易黏附，黏附的微生物也就相应减少。所以理论上讲，表面微图案膜肯定有一定的抗微生物黏附作用，但是实际的抗菌效果如何，需要实验证明。

爸爸就把这个实验任务交给了我，2017 年的暑假，在爸爸和生物制药专业大学生的指导下，我首先查阅资料，了解了关于抗菌膜的知识，认识了什么是抗菌膜，什么是表面微图案膜；学习了微生物培养和检验的方法；接着开展一些实验，比较表面微图案膜和普通膜在人为微生物污染的情况下，表面带有的微生物数量，以证明表面微图案膜是否具有抗微生物黏附性能。

1.2　抗菌膜概述

1.2.1　物品表面污染的危害

物品表面微生物污染是人类病原菌传染和导致感染的主要原因之一。生活中，各种与手接触较多的用品，如公用电话、钱币、手机、鼠标、键盘等物品，污染有大量的微生物，其中不乏有一些病原菌。有研究报道：手机每平方厘米的带菌数最高有 2 100 个细菌[2]，如图 1.2-2 所示，按这个数字计算，整部手机起码有几十万个细菌；再如市场上流通的纸币表面，平均每平方厘米细菌数量最高有 4 632 个[3]。由于特殊的使用环境，与人手接触的物品带菌数惊人，是导致传染病的主要渠道之一。如何减少和防止物品表面微生物的聚集，减少病菌的传播，是现代卫生学研究关注的课题之一。

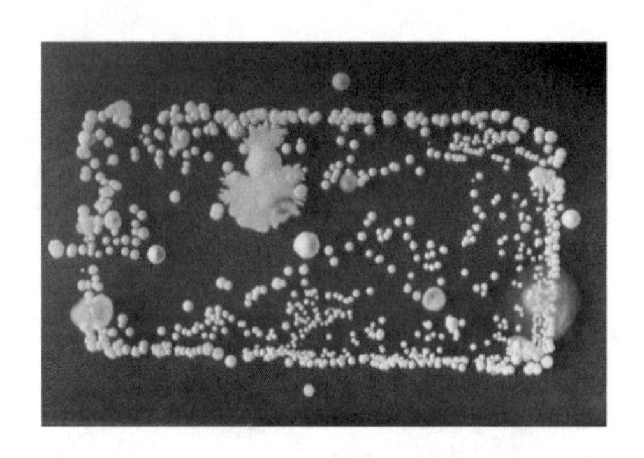

图 1.2-2 手机表面污染微生物检验结果[4]

1.2.2 抗菌膜

抗菌膜是一类具有不黏附、抑制或杀灭其表面微生物能力的膜[5]。目前研究开发较多的抗菌膜有 2 种:一种是在膜生产时加入重金属来达到抗菌的效果,这种膜抗菌性能较好,但存在重金属溶出,危害人体健康的问题[6];另一种是添加化学抑菌剂或抗生素来实现抗菌,这种膜抗菌性能也较好,且抗菌性能随抑菌剂含量的增加而增强,但同样存在化学抑菌剂危害人体健康的问题[7]。因此,这两种膜的使用都有一定的限制,只能应用于工业材料,不能用于生活用品的抗菌。

1.2.3 表面微图案膜

表面微图案(Surface Micropattern)是指至少二维方向上产生微米级甚至纳米级的规则表面结构,简单来说,就在物体生产过程中,采用激光雕刻等技术,使物体的表面具有一定的纹路,不再是光滑的表面,但也不等于表面“粗糙”,纹路有特定的规则。表面微图案技术在超分子科学、材料科学和细胞生物学等相关科学发展领域均有着重要的研究意义和应用价值[8]。

近年来,越来越多的人将微图案技术与膜相结合,生产出表面微图案膜,就是采用物理方法对膜的表面进行加工,使其表面具有微米级甚至纳米级的规则表面结构,因表面结构的改变,膜的表面的物理性能也有所改变,其中一个重要特性就是疏水性增加,也就说水滴在膜面上,不容易扩散开来,所以表面微图案膜具有一定的抗污染能力。

1.3 测评意义和目的

目前,表面微图案膜的使用正在市场推广中,虽然强调该膜具有抗污染作用,但还没有被消费者接受。从理论上来说,抗污染能力与抗菌性能有一致性,黏附了脏东西也就黏附了微生物。但是,微米级大小的细菌细胞也有可能“陷入”微图案的凹陷内。举例来说,不粘锅锅面,如图 1.2-3(a)所示不粘食物是因为烹饪的食物加热后,在锅面形成一层连续的“饼”,食物并没有“陷入”锅面的凹坑内,“饼”状食物与锅面的接触面积减少,就容

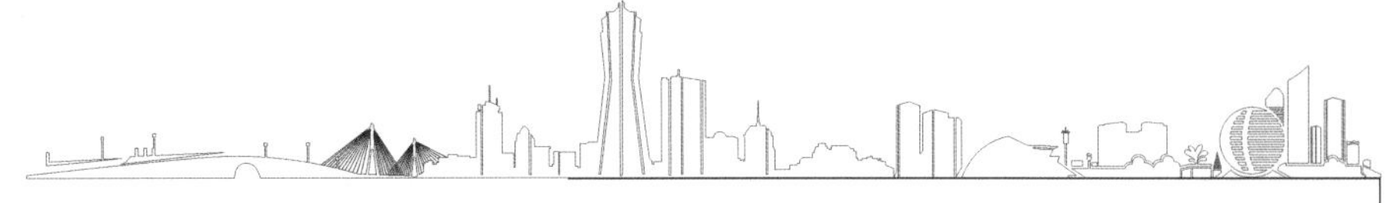

易与锅面脱离。如果把面粉之类的粉状物质放入不粘锅,颗粒细小的面粉进入凹坑内,就不可能不粘了。为了证明我的假设,我特地在家里的不粘锅里放了一勺面粉,用锅铲炒几下后,面粉陷入了锅面的凹坑里,如图 1.2-3(b)所示,而且也不容易洗去。所以,表面微图案的实际抗菌性能必定跟微生物大小有一定的关系,不能简单地用"不粘"理论推断,需要实验数据来证明是否具有抗菌作用。

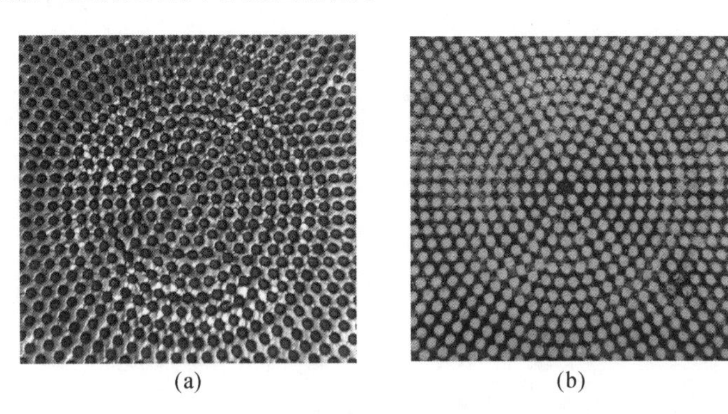

(a) (b)

图 1.2-3 不粘锅锅面以及对面粉黏附示意图

本测评实验首先选用金黄色葡萄球菌、白色念珠菌和黑曲霉 3 种试验菌种,分别代表细菌、酵母和霉菌 3 种典型的微生物,采用人工方法污染表面微图案膜,经过清洗后,测定膜上残留的微生物数量,并与没有表面微图案的普通膜进行对比,计算表面微图案膜对不同微生物的抗黏附百分率。之后,将表面微图案膜和普通膜贴在手机背面,经过 1 周使用后,检测膜上的微生物数量,验证表面微图案膜实际抗菌性能。

2 材料与方法

2.1 菌种和材料

2.1.1 微生物菌种

金黄色葡萄球菌[CMCC(B)26003],白色念珠菌[CMCC(F)98001],黑曲霉[CMCC (F)98003],由浙江工业大学药学院生物制药实验室提供,原菌种购自浙江省食品药品检验所。

2.1.2 膜材料

聚丙烯材料的表面微图案膜(简称 MP 膜)和聚丙烯材料的普通膜,购自美国 Sharklet 科技有限公司,两种膜的材料和厚度相同,反面有塑料膜覆盖的不干胶层。

2.1.3　实验试剂与仪器

实验主要仪器如表 1.2-1、图 1.2-4 所示，实验主要试剂如表 1.2-2 所示。

表 1.2-1　实验主要仪器

名　称	型　号	生产厂商
光学显微镜	CX21FS1C	奥林巴斯(中国)有限公司
超声波清洗机	AS3120B	天津奥特赛恩斯仪器有限公司
电子天平	PL203	梅特勒-托利多仪器有限公司
恒温培养摇床	DMZ-CA	太仓市实验设备厂
超净工作台	SW-CJ-1FB	苏州净化设备有限公司
生化培养箱	SPX-250B-Z	上海博迅实业有限公司医疗设备厂
立式压力蒸汽灭菌器	LDZX-50KBS	上海申安医疗器械厂

表 1.2-2　实验主要试剂

名　称	型　号	生产厂商
胰蛋白胨大豆培养基(TSB)	生物试剂	青岛海博生物技术有限公司
胰蛋白胨大豆琼脂培养基(TSA)	生物试剂	青岛海博生物技术有限公司
沙氏葡萄糖培养基(SDB)	生物试剂	青岛海博生物技术有限公司
沙氏葡萄糖琼脂培养基(SDA)	生物试剂	青岛海博生物技术有限公司
磷酸氢二钠	分析纯	广东光华科技股份有限公司
磷酸二氢钠	分析纯	广东光华科技股份有限公司

电子天平

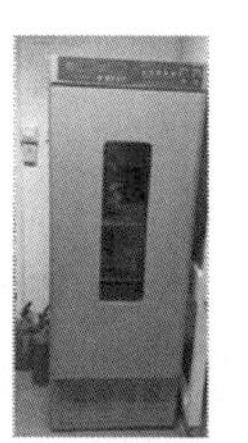
生化培养箱

蒸汽灭菌器

超净工作台

显微镜

超声波清洗机

恒温培养摇床

图 1.2-4　主要实验仪器

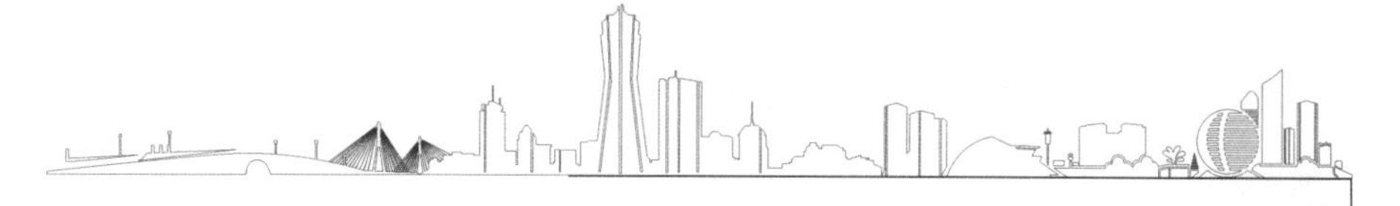

2.2 方法

2.2.1 培养基的配制[9]

(1) 胰蛋白胨大豆培养基(TSB),适用于液体培养细菌。称取 1.5 g 的 TSB 到 250 mL的三角瓶中,加入 50 mL 水加热溶解后,用 8 层纱布扎口,经 121℃高压蒸汽灭菌 20 min。

(2) 胰蛋白胨大豆琼脂培养基(TSA),适用于细菌平板计数培养。称取 8 g 的 TSA 到 1 000 mL 的三角瓶中,加入 200 mL 水加热溶解后,用 8 层纱布扎口,经 121℃高压蒸汽灭菌 20 min 后,在培养基凝固前倒入 8 个直径 9 cm 的无菌培养皿,备用。

(3) 沙氏葡萄糖肉汤培养基(SDB),适用于酵母菌和霉菌的液体培养。称取 1.5 g 的 SDB 到 250 mL 的三角瓶中,加入 50 mL 水加热溶解后,用 8 层纱布扎口,经 121℃高压蒸汽灭菌 20 min。

(4) 沙氏葡萄糖琼脂培养基(SDA),适用于酵母菌和霉菌平板计数培养。称取 13 g 的 SDA 到 1 000 mL 的三角瓶中,加入 200 mL 水加热溶解后,用 8 层纱布扎口,经 121℃高压蒸汽灭菌 20 min 后,在培养基凝固前倒入 8 个直径 9 cm 的无菌培养皿,备用。

各种实验试剂如图 1.2-5 所示:

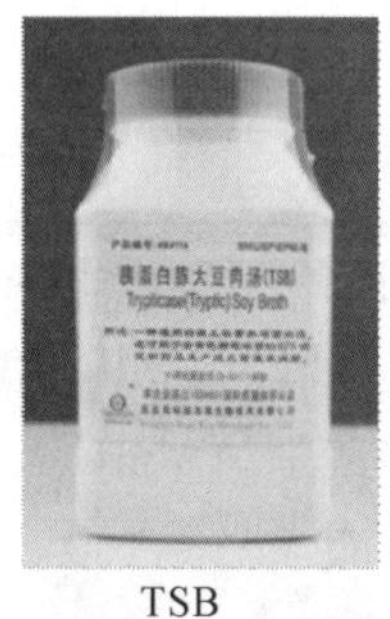

TSB

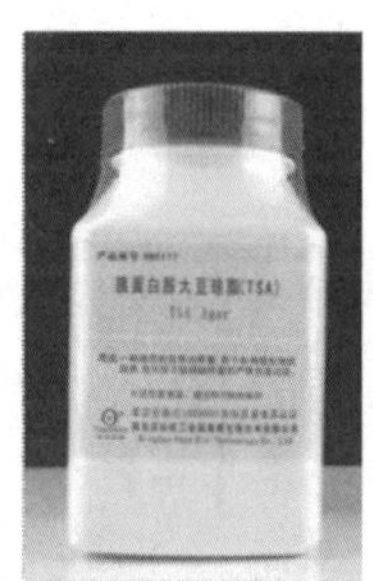

TSA

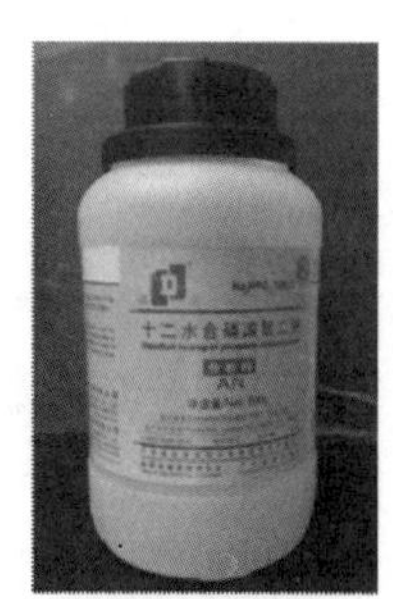

磷酸氢二钠

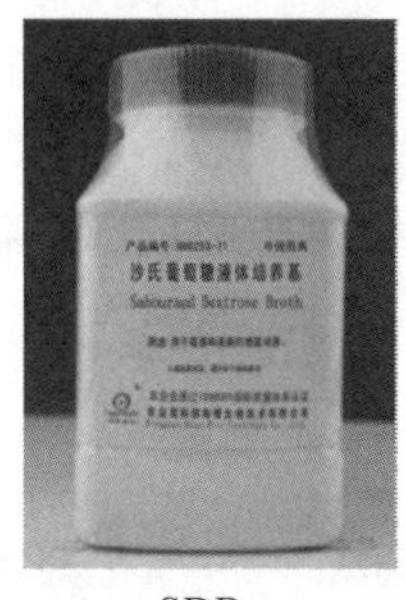

SDB

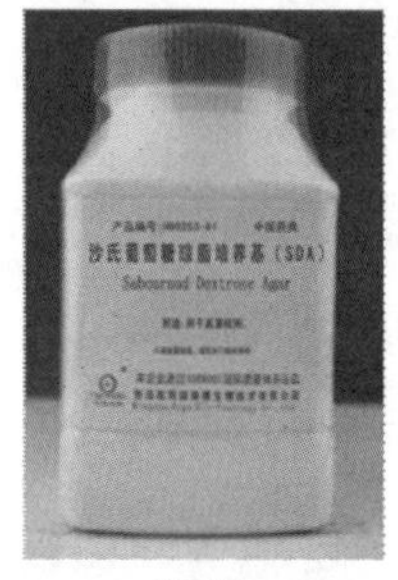

SDA

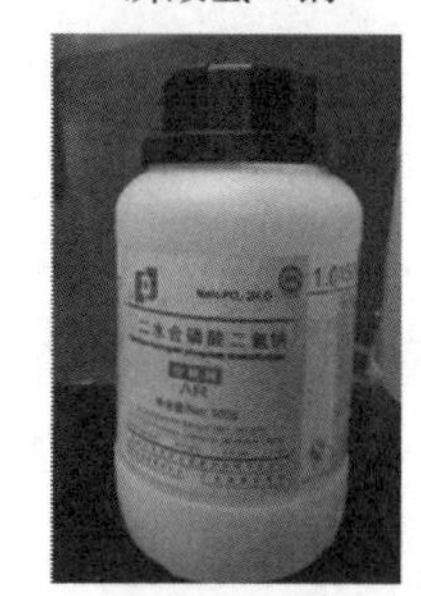

磷酸二氢钠

图 1.2-5 主要实验试剂

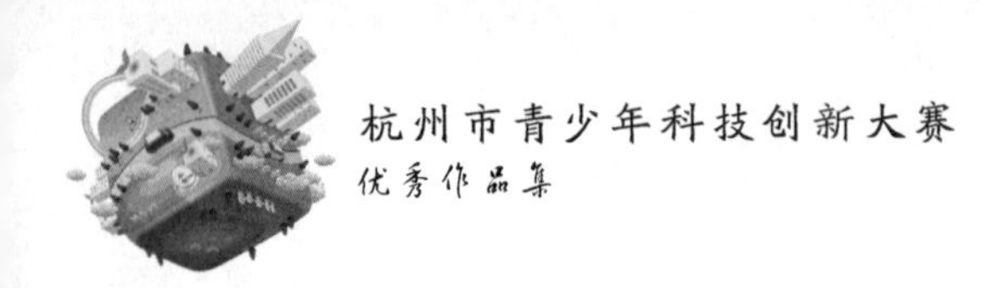

2.2.2 缓冲液的配制

0.2 M、pH 7.0 的磷酸盐缓冲液(PBS)取 58.02 g 的十二水磷酸氢二钠和 5.93 g 的二水磷酸二氢钠,溶于 1 000 mL 蒸馏水,121℃压力蒸汽灭菌 20 分钟。

2.2.3 测试膜的准备

将 MP 膜和普通膜用圆规画成直径 8 cm 的圆,用剪刀剪下,再对折剪成半圆,将各一块 MP 膜和普通膜的半圆用透明胶带在反面拼接成一个圆形膜(待测膜),如图 1.2-6 所示。MP 膜和普通膜用洗涤精清洗干净,再在超声波清洗下超声清洗 30 分钟,再用无菌水冲洗,将待测面正面朝上铺在超净工作台中,紫外灯照射 30 分钟灭菌。

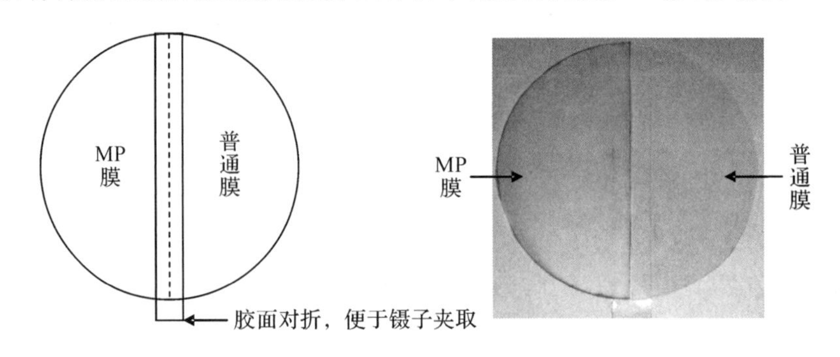

图 1.2-6 MP 膜和普通膜拼接示意图

2.2.4 菌液的制备

用经活化培养的试验菌接种液体培养基(金黄色葡萄球菌接种于 TSB 培养基,白色念珠菌接种于 SDB 培养基),37℃、200 r/min 摇床中振荡培养 12 h。菌液用 PBS 缓冲液稀释 10 000 倍。黑曲霉用 SDA 平板培养基培养 3 天后,在培养皿中加 5 mL 无菌的 PBS 缓冲液,用接种环将黑曲霉孢子搅悬,再稀释 10 000 倍。3 种菌液各制备 100 mL 备用。

2.2.5 待测膜的灭菌效果测试

2 张经清洗灭菌的待测膜,分别正面朝下覆盖在 TSA 或 SDA 平板培养基上,用三角形玻璃棒反复涂压膜反面,使膜正面与培养基充分接触,之后,揭去待测膜。平板培养基于 37℃下培养 24 h 后,观察平板上的菌落。

2.2.6 MP 膜抗人工微生物污染的测评方法

将一块直径 12 cm 的绒布浸在上述制备的菌液中,镊子夹出绒布,用手将其拧到不滴水(手戴上无菌橡胶手套),铺在直径 15 cm 的无菌培养皿中。将待测膜的正面朝下覆盖于绒布上,上面用无菌培养皿盖旋转重压 10 s 后。将膜转入另一只无菌培养皿中,用无菌水漂洗 1 次,正面朝上铺在无菌滤纸上,放在超净台中自然晾干 1 h。再将膜正面朝下覆盖在平板培养基上(金黄色葡萄球菌接种于 TSA 培养基,白色念珠菌和黑曲霉接种

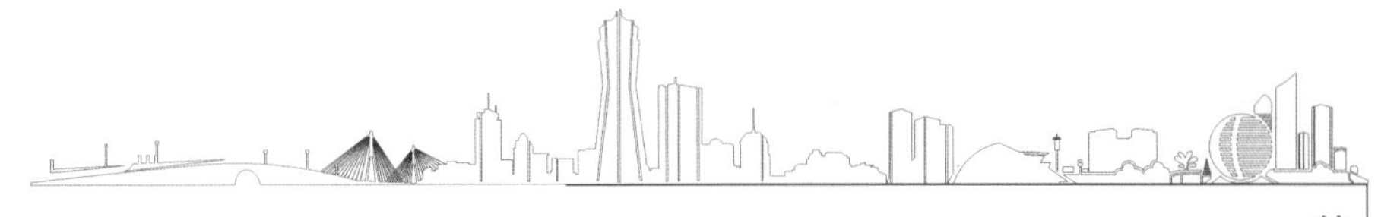

于 SDA 培养基)，用三角形玻璃棒涂压膜反面，使膜正面残留的微生物转移到培养基表面，之后，揭去待测膜。TSA 于 37℃、SDA 于 30℃下培养 24 h 计数菌落数。每个试验菌做 3 个平行样试验，结果取平均值。

2.2.7 MP 膜实际使用抗菌的测评方法

将 MP 膜和普通膜的半圆一起贴在手机背面，如图 1.2-7 所示，手机正常使用 1 周后，将膜撕下，拼成一个圆覆盖接种到 TSA 培养基，检测细菌污染数量；再次将膜洗净灭菌后，再贴在手机背面，正常使用 1 周后，正面朝下覆盖接种到 SDA 培养基，检测酵母和霉菌污染数量。TSA 和 SDA 平板培养基于 37℃下培养 24 h 计数菌落数。

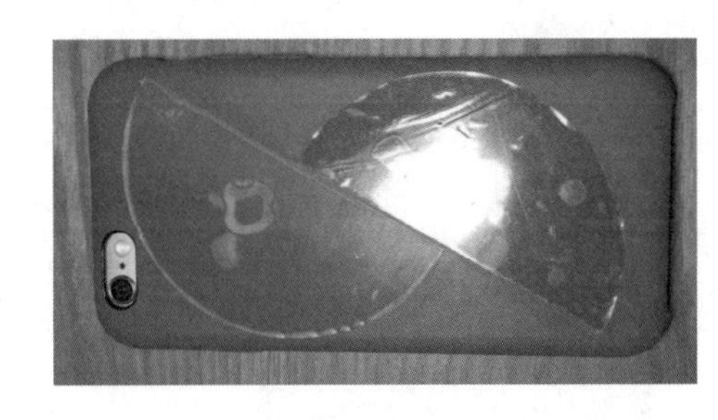

图 1.2-7 MP 膜与普通膜贴手机实验

2.2.8 抗黏附率的计算

接种后的 TSA 平板培养基，经 37℃培养 24 h 后；SDA 平板培养基经 37℃培养 24 h 后，计数 MP 膜和普通膜覆盖接种半圆区域内的菌落数量，中间和边缘处的菌落不计数，按以下公式计算表面微图案膜抗微生物黏附的百分率(简称抗黏附率)。

$$R = \frac{C - M}{C} \times 100\%$$

其中，R 为抗黏附率(%)，C 为普通膜覆盖接种半圆区域菌落数量，M 为 MP 膜覆盖接种半圆区域菌落数量。

3 结果与分析

3.1 MP 膜面显微镜观察结果

把 MP 膜和普通膜分别置于光学显微镜下，放大 100 倍和 400 倍观察，观察到的照片如图 1.2-8 至图 1.2-10 所示。

从图 1.2-8 至图 1.2-10 可以看到，MP 膜表面有规则的凹槽条纹，横向间距约为 4 μm左右，6 条长短不同的凹槽形成菱形，棱形交错排布；而普通膜的表面没有这样的花纹，只有一些人为的划痕。图 1.2-11 是不粘锅的锅面照片，不粘锅的锅面上有距离相等的凹坑，规则排列，但没有组成规则的图案。百度百科资料显示，不粘锅的原理有两方面：一是锅面涂有不粘性能良好的特氟龙或陶瓷；二是锅面加工成许多小坑。从不粘锅的第二个原理来讲，MP 膜应该有一定的抗污染性能，但是凹槽的宽度约 4 μm，与微生物细胞或孢子（霉菌的繁殖体）的大小，与表 1.2-3 相比，比细菌菌体大，与酵母菌体和霉菌的孢子大小差不多。酵母和霉菌可能不容易嵌入凹槽内，但是细菌菌体就有可能嵌入凹槽内，MP 就不一定能起到抗细菌污染的作用。

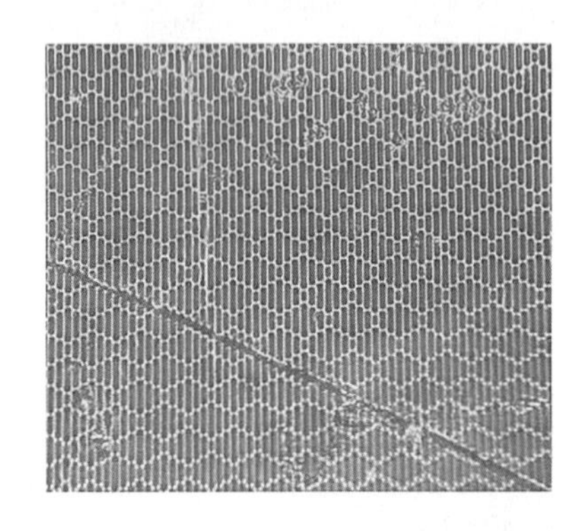

图 1.2-8　MP 膜显微照片（放大 100 倍）

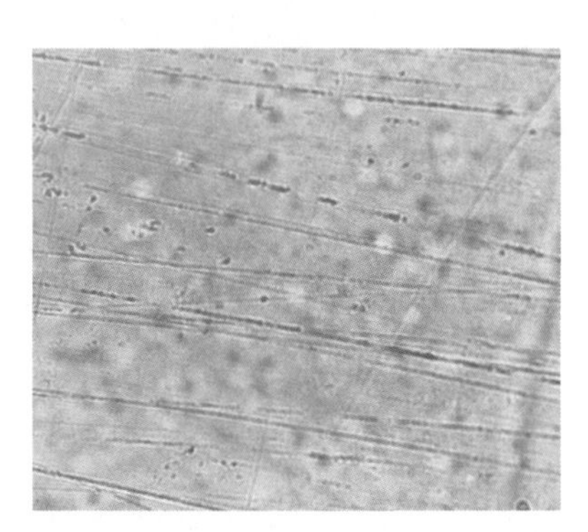

图 1.2-9　普通膜显微照片（放大 100 倍）

图 1.2-10　MP 膜显微照片（放大 400 倍）

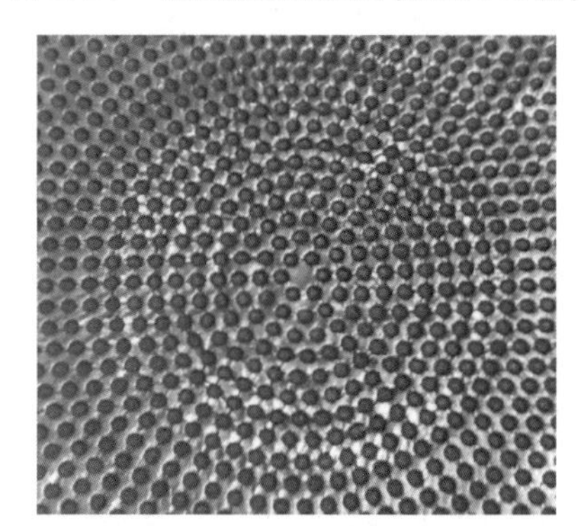

图 1.2-11　不粘锅锅面实拍照片

表 1.2-3　3 种代表性微生物的细胞或孢子的大小[10]

微生物种类	形　状	宽度（μm）	长度（μm）
细菌	杆形、球形或螺旋形	0.5～1	2～3
酵母	球形、椭圆球形或杆形	2～6	5～30
霉菌孢子	球形	2～10	—

3.2　待测膜灭菌效果测试结果

待测膜在测评前，膜面本身不能带菌，否则无法比较 MP 膜与普通膜两者的抗菌性能。为了检验经过清洗和紫外线照射后的待测膜灭菌是否彻底，将待测膜直接覆盖接种

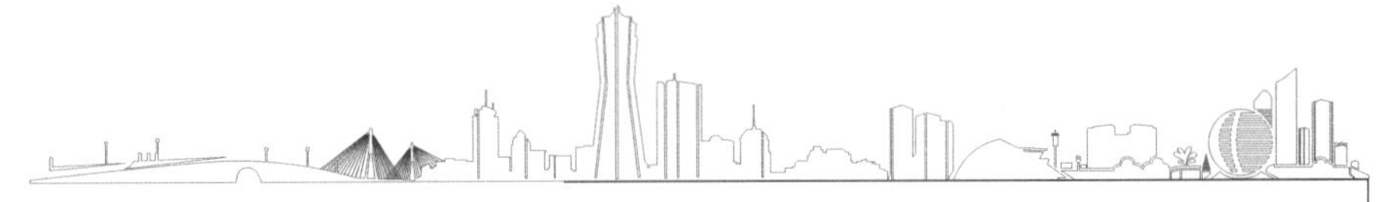

到两种平板培养基，37℃下培养 24 h 后，结果如图 1.2-12 所示。

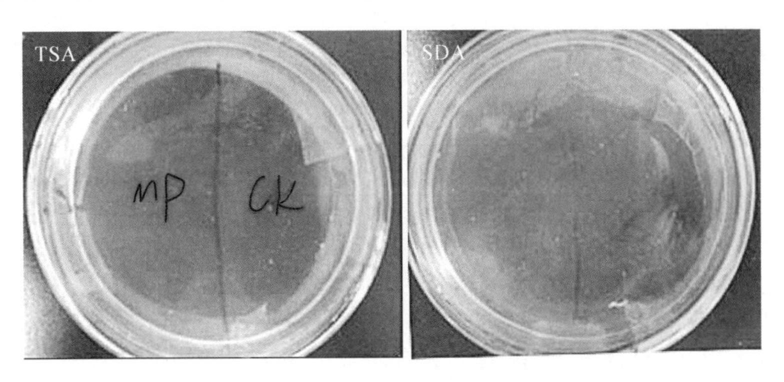

图 1.2-12　MP 膜抗微生物污染测试空白对照

从图 1.2-12 可以看出：TSA 和 SDA 平板培养基上基本无菌落出现，说明 MP 膜和普通膜经清洗，并经过紫外灭菌后，膜表面基本无菌。可以保证膜在抗菌性能测评中，人工污物菌体数量的一致性。

3.3　MP 膜的人工微生物污染抗菌测评

3.3.1　抗细菌污染测评结果

以金黄色葡萄球菌作为细菌的代表，采用人工方法污染 MP 膜和普通膜，再经过无菌水淋洗和晾干后，膜面覆盖接种 TSA 培养基，37℃培养 24 h，结果照片如图 1.2-13 所示。

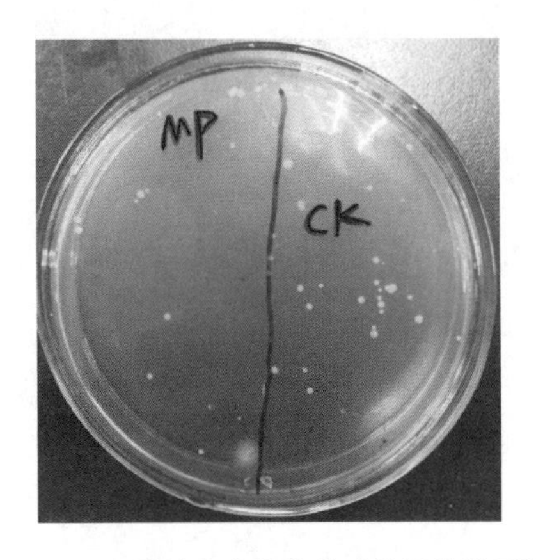

图 1.2-13　MP 膜抗金黄色葡萄球菌污染的测评结果

从图 1.2-13 可以看出，金黄色葡萄球菌形态为圆形浅黄色菌落。在相同的实验条件下，MP 膜覆盖接种区域的菌落数明显比普通膜少，说明 MP 膜具有较好的抗菌性能。计数 MP 膜和普通膜覆盖接种半圆区域的菌落数量，计算得出 MP 膜对金黄色葡萄球菌污染的抗黏附率如表 1.2-4 所示。

表 1.2-4　MP 膜对金黄色葡萄球菌污染的抗黏附率

重复样编号	普通膜菌落数(个/皿)	MP 膜菌落数(个/皿)	MP 膜抗黏附率(%)
1	35	13	62.9
2	46	15	67.4
3	42	16	61.9
平均	41	14.7	64.1

由表 1.2-4 可以得出,MP 膜对金黄色葡萄球菌污染的平均抗黏附率为 64.1%,有良好的抗菌效果。

3.3.2　抗酵母污染测评结果

以白色念珠酵母作为酵母菌的代表,采用人工污染 MP 膜和普通膜,再经过无菌水淋洗和晾干后,膜面覆盖接种 SDA 培养基,为 37℃ 培养 24 h,结果照片如图 1.2-14 所示。

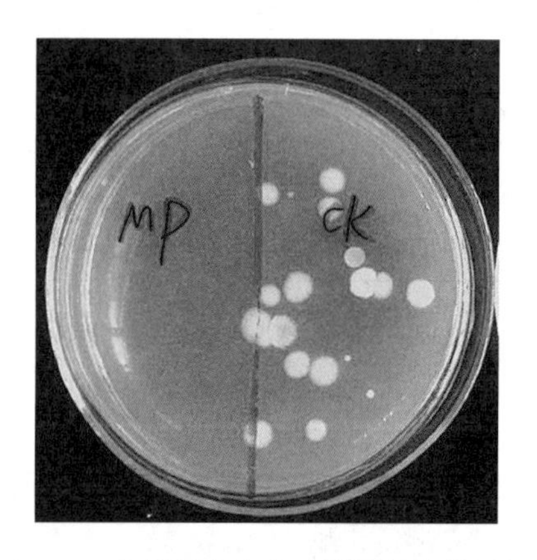

图 1.2-14　MP 膜抗白色念珠酵母污染的测评结果

从图 1.2-14 可以看到,白色念珠菌形态为乳白色圆形菌落,明显比金黄色葡萄球菌大。在相同的实验条件下,MP 膜覆盖接种区域几乎没有菌落,但普通膜覆盖接种区域菌落数较多,说明 MP 膜对酵母菌有良好的抗菌性能。计数 MP 膜和普通膜覆盖接种半圆区域的菌落数量,计算得出 MP 膜对白色念珠酵母的抗黏附率如表 1.2-5 所示。

表 1.2-5 MP 膜对白色念珠酵母污染的抗黏附率

重复样编号	普通膜菌落数(个/皿)	MP 膜菌落数(个/皿)	MP 膜抗黏附率(%)
1	18	2	88.9
2	13	2	84.6
3	19	4	78.9
平均	16.7	2.7	84.2

由表 1.2-5 可以看出,MP 膜对白色念珠菌污染的平均抗黏附率为 84.2%,比抗金黄色葡萄球菌的效果更高。

3.3.3 抗霉菌污染测评结果

以黑曲霉作为霉菌的代表,采用人工污染 MP 膜和普通膜,再经过无菌水淋洗和晾干后,膜面覆盖接种 SDA 培养基,37℃培养 24 h,结果照片如图 1.2-15 所示。

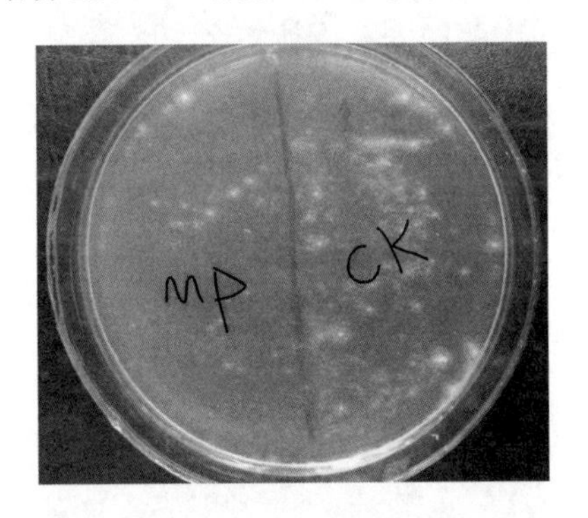

图 1.2-15 MP 膜抗黑曲霉污染的测评结果

从图 1.2-15 可以看出,黑曲霉的菌落为绒毛状霉点。在相同的实验条件下,普通膜覆盖接种区域出现大量菌落,而 MP 膜覆盖接种区域菌落较少,说明 MP 膜对霉菌有良好的抗菌性能。计数 MP 膜和普通膜覆盖接种半圆区域的菌落数量,计算得出 MP 膜对黑曲霉污染的抗黏附率如表 1.2-6 所示。

表 1.2-6 MP 膜抗黑曲霉污染的抗黏附率

重复样编号	普通膜菌落数(个/皿)	MP 膜菌落数(个/皿)	MP 膜抗黏附率(%)
1	182	52	71.4
2	156	57	63.5
3	167	49	70.7
平均	168	52.7	68.5

MP 膜对黑曲霉污染的平均抗黏附率为 68.5%,抗菌效果较为显著,抗黏附率比抗白色念珠酵母低,与抗金黄色葡萄球菌相近。

3.4 MP膜实际使用抗菌测评

将MP膜和普通膜贴于手机背面，手机正常使用1周后，测评两种膜微生物污染情况。TSA培养基上的菌落生长情况如图1.2-16所示，SDA培养基上的菌落生长情况如图1.2-17所示。

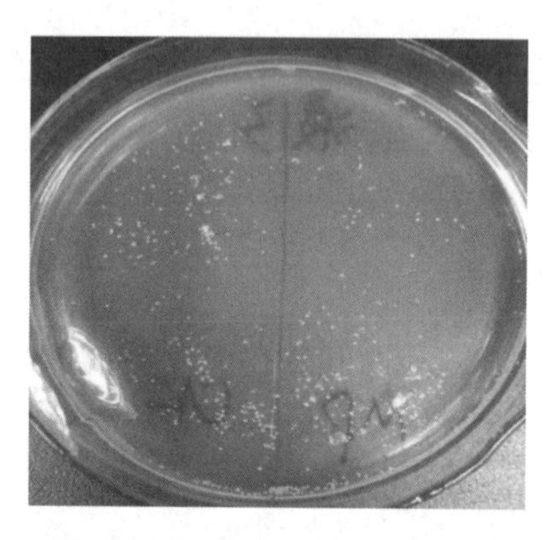

图1.2-16 MP膜实际使用后接种TSA培养结果

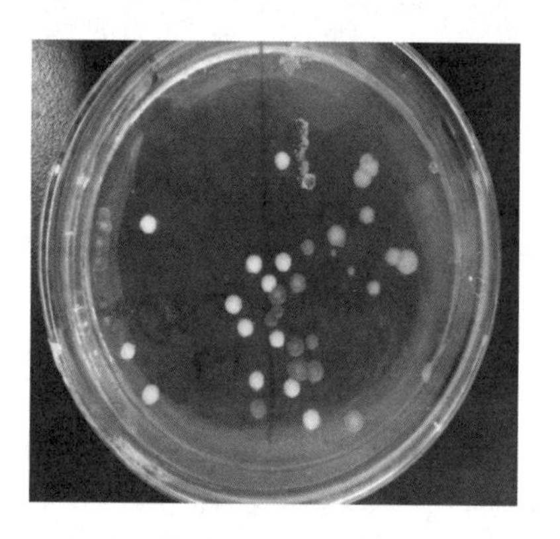

图1.2-17 MP膜实际使用后接种SDA培养结果

图1.2-16是TSA平板培养的结果，可以看到，MP膜和普通膜的覆盖接种区域都有大量细菌生长，但很明显，MP膜区域的菌落数量约是普通膜区域的一半。图1.2-17是SDA平板培养的结果，可以看到，培养基长出一些较大的菌落，菌落颜色有白色、乳白色和红色3种，没有看到无霉菌菌落生长。两种培养基上菌落计数结果如表1.2-7所示，平均抗黏附率为46.9%。

表1.2-7 MP膜实际使用后抗菌性能测评结果

培养基种类	普通膜菌落数(个/皿)	MP膜菌落数(个/皿)	MP膜抗黏附率(%)
TSA	284	146	48.6

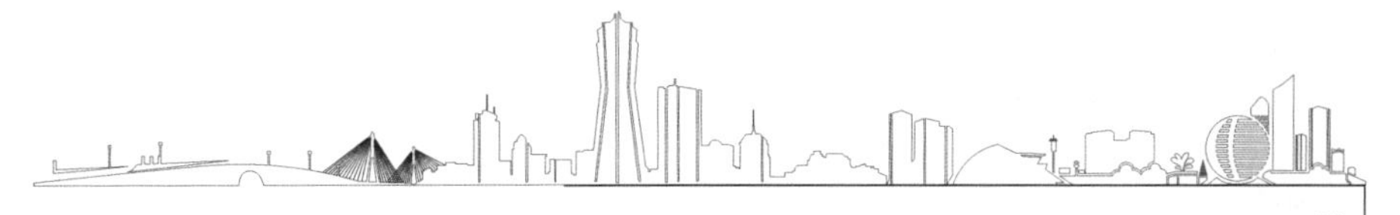

续 表

培养基种类	普通膜菌落数(个/皿)	MP 膜菌落数(个/皿)	MP 膜抗黏附率(%)
SDA	31	17	45.2
平均	—	—	46.9

4 讨论

本测评实验用某公司提供的表面微图案膜(MP 膜)作为试验膜,以金黄色葡萄球菌、白色念珠菌和黑曲霉为试验菌种,人工污染 MP 膜和普通膜,测评 MP 膜的抗污染性能。测评结果表明,这种膜对 3 种菌都有显著的抗污染效果,对菌体较小的金黄色葡萄球菌的抗黏附率低于菌体较大的白色念珠菌和黑曲霉孢子,说明抗菌效果与微生物菌体大小有一定的关系。对表面微图案膜实际使用抗菌测评的结果也表明该膜有较好的抗菌效果。实验结果对这种膜的推广和应用提供了实验数据的证明。

表面微图案膜的抗菌机理很简单,表面具有特殊规则的图案化的纹路,降低了膜表面的润湿性能,也就是说膜表面不容易被水湿润,从而使得脏物不容易黏附在表面,因为自然界中微生物很少单独存在,多生长在污物脏水中,所以存在于污物脏水中的微生物也就不容易黏附在膜表面,使膜具有良好的抗菌性能。

表面微图案膜是通过膜表面加工技术达到抗菌效果的,膜中不添加对人体有害的抑菌物质,如重金属、化学杀菌剂等,使用对人体无任何危害。所以,它不仅可以用于手经常接触的物品的贴膜保护,如手机、键盘等,还可以用于家庭生活用品的贴膜,如餐桌、水杯、脸盆等。表面微图案膜具有开发生产的价值,希望国内市场有这种膜上市。

5 致谢

感谢浙江工业大学药学院生物制药实验室提供菌种、试剂、仪器和实验室。

感谢浙江工业大学制药工程专业 2014 级学生李欣悦和李梦倩的指导和帮助。

参考文献

[1] 周鹏,陆乃彦,张薇,等.一种表面微图案设计的抗菌表面及抗菌膜[P],中国发明专利 CN104609029A,2015-05-13.

[2] 冯宝立.移动电话卫生情况调查[J].中国卫生检验杂志,2012,19(9):2205-2206.

[3] 张巍巍,冯宝立,郑兰紫,等.不同面值人民币卫生情况调查[J].中国卫生检验杂志,2015,25(7):1077-1079.

[4] 四川在线[EB/OL],http://photo. scol. com. cn/qq/201501/9980431_2. html, 2015-1-20.

[5] 徐志康,王芳,仰云峰. 抗菌膜表面的构建:现状与挑战[J]. 膜科学与技术,2011,31(3):69-75.

[6] 梁右宜,吴政. 含银纤维抗菌性能的研究[J]. 北京服装学院学报,2007,27(4):19-24.

[7] 涂惠芳,吴政. 抗菌纤维的制备及抗菌性能测试[J]. 北京服装学报,2006,26(4):28-33.

[8] 万伟娜. 膜表面的微图案化及性能表征[D]. 天津工业大学,2012.

[9] 沈萍,陈向东. 微生物学实验(第 4 版)[M]. 高等教育出版社,2007.

[10] 沈萍,陈向东. 微生物学(第八版)[M]. 北京:高等教育出版社,2016.

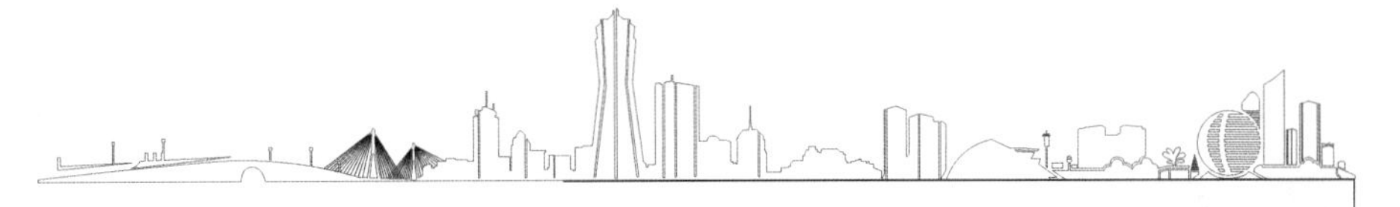

电能无线传输演示装置的研制

杭州第十四中学　陆靖达　指导教师：汤小梅

摘　要：目前的电能传输方式主要有两种：有线传输及无线传输。电能的无线传输由于更加安全和便捷，一直是科学家研究的热点问题。本项目研制了一种电能的无线传输演示装置，可通过计算机图像定量或用电器负载定性演示传输效率与频率、角度之间的关系，还能用其研究不同介质中电磁场能量传输效率等多项物理实验。实验内容多样化，实验过程可视化；同时，直接使用了低频信号发生器作为驱动电源，安全性高，可推广性强。该装置解决了目前高中与大学物理教学中针对电能的无线传输进行实验演示的教学难点，而且将物理教学与当今手机、电动汽车等通过无线充电实现电能供给这一社会研究热点紧密结合起来，提高了物理教学的有效性和趣味性，促进了学生研究性学习与创新能力的培养。

关键词：电能；无线传输；转换效率；物理教学；智能应用

电子设备都需要电源，而传统电源为有线传输，插头电线频繁拔插，易磨损，不安全；移动电子设备的充电器、电线、插座标准也不完全统一，各个国家用电制式不同都会造成电器使用的不便捷；在矿井、石油开采等特殊场合下，采用传统输电方式更会带来严重的安全隐患；孤岛或山顶上的基站，则很难通过架设电线等传统配电方式实现电能供给。随着全世界电动汽车的发明和推广，人们更希望找到一种比现有有线充电方式更为便捷和安全的充电方式。早在20世纪初期，著名的美籍发明家尼古拉·特斯拉已经提出，以空气作为介质进行能量传递，实现用电设备之间能量传输的无线电能技术。[1]因资金短缺及技术水平所限，这一设想未能成为现实。随着第三次工业革命的到来，科学技术得到迅速发展，微波式无线电能传输技术和感应式无线电能传输技术先后被国内外学者关注和研究。2007年，美国麻省理工学院(MIT)研究者提出了磁耦合谐振式无线电能传输理论，利用该理论成功点亮了间隔2 m远的灯泡[2]。此后，美国华盛顿大学、日本东京大学、韩国首尔大学等众多研究者对磁耦合谐振式无线电能传输进行了一系列更深层次的研究。中国的清华大学、天津工业大学、哈尔滨工业大学等多个课题组也对磁耦合谐振式无线电能传输进行了相关研究。目前，前沿研究热点之一集中在线圈谐振频率、线圈形状及线圈个数对无线电能传输效率的影响等方面，对线圈之间电磁场能量的传输特性，以及在线圈之间加入介质(固、液、气)对电磁场能量传输特性影响等领域的研究并未见诸报道，与之相关的实验演示仪器也未研发利用。本项目的研究正是基于上述背景，

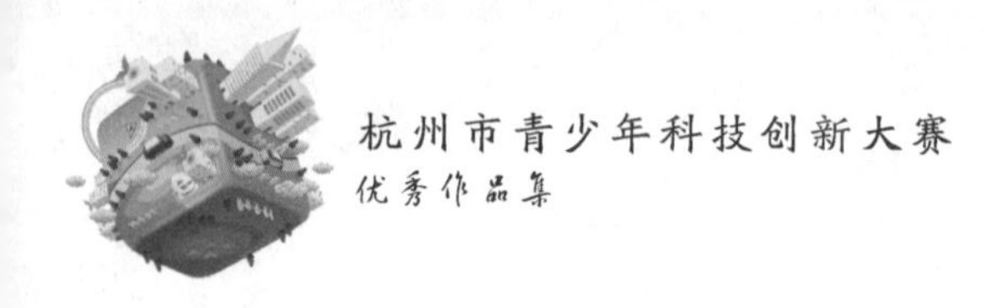

通过查找文献，请教专家，结合磁耦合谐振式无线电能传输理论，反复调试修正实验装置等方式，设计出一套电能无线传输演示装置。

1　研究目的及意义

电能传输是指由发电厂或电源将电能由某处输送到另一处的一种方式。早期电能多采用直流电传输，后演变为用交流电传输。但均为电能的有线传输。目前，电能的传输还有无线传输。

无线传输是指通过发射器，将电能转换为其他形式的中继能量(如电磁场能、激光、微波等)，隔空传输一段距离后，再通过接收器将中继能量转换为电能，从而实现电能无线传输。已经问世的无线供电技术，根据其电能传输原理，大致上可以分为 3 类。

第一类：利用非接触式充电技术所采用的电磁感应原理，在许多便携式终端中得到日益广泛应用[3]。这种类型的供电，是将两个线圈放置于邻近位置上，当电流在一个线圈中流动时，所产生的磁通量成为媒介，导致另一个线圈中也产生电动势。主要应用于手机充电和未来电动汽车充电，如图 1.3-1 所示：

(a)汽车无线充电

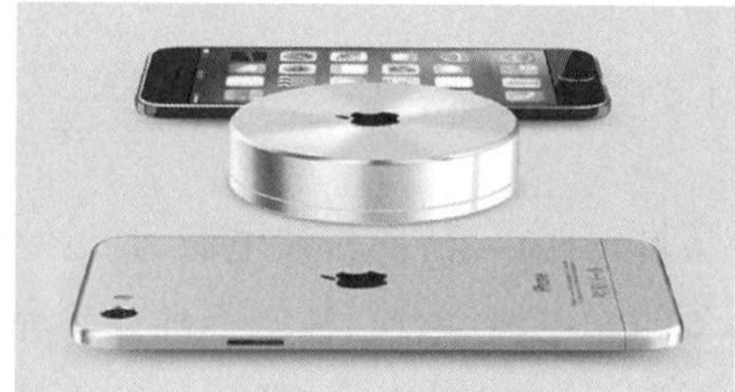

(b)手机无线充电

图 1.3-1　无线充电

第二类：直接应用电磁波能量可以通过天线发送和接收这一原理(与收音机原理相似)常被应用于家居智能系统中，如图 1.3-2 所示：

图 1.3-2　智能家居

第三类：利用电磁场的谐振方法。谐振技术在电子领域应用广泛，但在供电技术中，

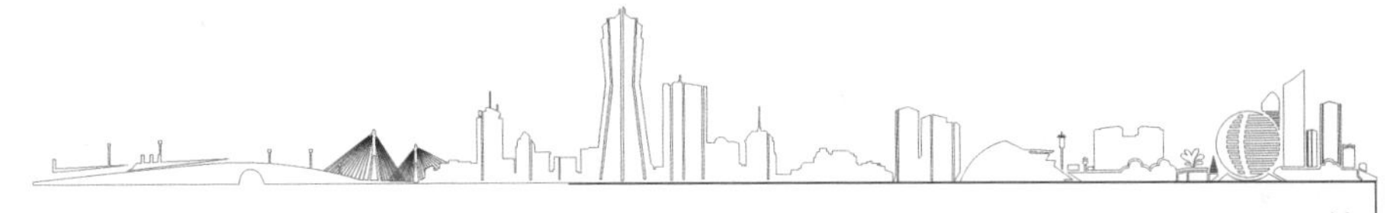

应用的不是电磁波或者电流，而是电场或者磁场，是深海通讯中较为常见的应用途径，如图 1.3-3 所示。

图 1.3-3　电磁场深海通讯说明图

电能传递在有线传输时可以用水流作形象类比，或用电子定向移动的概念加以理解，但电能在无线传输时，由于涉及电磁场的物质性等理论概念，此时能量转化和传输很难被直观展示，在物理教学中较难被学生接受。如果能将电能无线传输的原理及过程，通过一种装置进行直观显示，并融入到高中与大学的物理教学中，则既能增强教学的实效性和趣味性，又能通过实验学习引申到对热点科学问题的探索和应用研究。本项目设计的演示装置，可以较好实现上述目的。

2　研究方案设计

2.1　演示装置的结构

本项目中的电能无线传输演示装置，利用非辐射性电磁耦合谐振原理，实现短距离能量传输。通过两个具有相同固有频率的电磁系统，在相隔一定距离时，因电磁耦合产生谐振，在两个系统之间进行能量传输。这种传输方式的优点在于：利用谐振原理，即近场低频电磁波的共振现象[4]，使得用于电能无线传输的两个线圈发生自谐振，使线圈回路阻抗达到最小，从而使大部分能量往谐振线圈方向传输。[5]

基于电磁耦合谐振原理的电能无线传输，目前主要有两种模型。一种为两线圈结构，即直接将电源与发射线圈连接，负载与接收线圈连接，通过线圈本身的分布电容实现谐振。采用该模型，传输距离会受到一定限制。[6]第二种为四线圈结构，即在两线圈结构的基础上增加电源线圈和负载线圈，从而提高传输距离。[7]

本项目为演示及探究基本实验仪器，因此采用两线圈结构，传输原理如图 1.3-4 所示。主要结构包括：

(1)磁耦合谐振体：谐振圈(发射线圈和接收线圈)，该部分是核心部件，可以产生和接收磁场能量，是电路和磁场的耦合媒介；

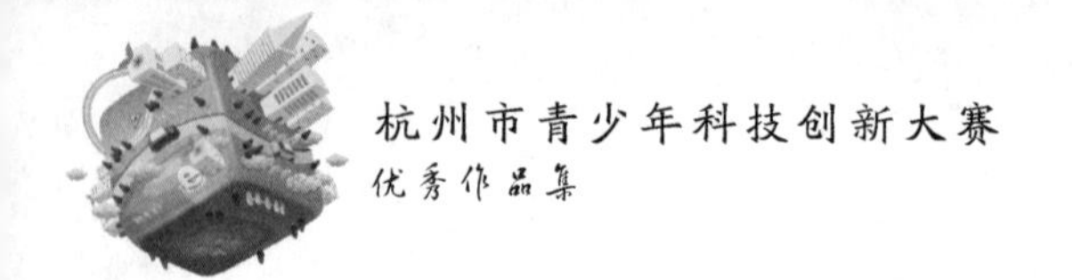

(2)磁场驱动源：能量在电磁场中传输特性实验专用电源，70～200 kHz正弦波且频率、幅度可调，或利用PASCO公司的850型信号源(0.01～200 kHz)用于产生谐振磁场，实现电能无线传输；

(3)能量接收体：该部分主要包括整流电路和负载驱动电路。负载的引入会对磁耦合谐振体产生耦合效应，影响电能的无线传输，因此需要合理设计该部分电路，提高效率。

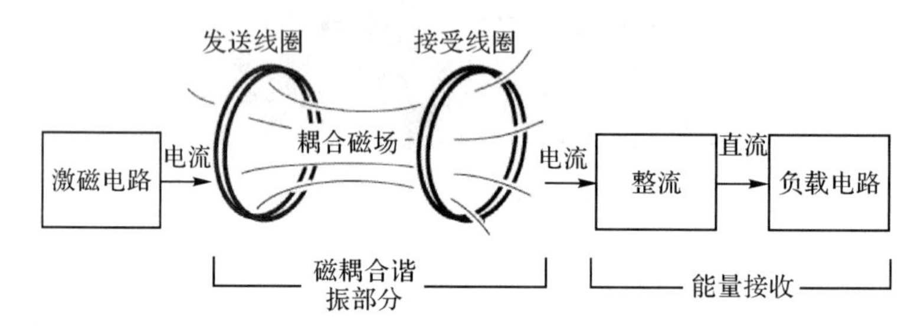

图1.3-4　电能无线传输装置传输原理示意图

2.2　设计使用的元件

使用金属导轨及支架，将两个线圈共轴予以固定，其中发射线圈和接收线圈之间的距离在沿轴方向可以调节且每个线圈均带有180°刻度盘，可±90°旋转，谐振线圈参数及可调节范围如表1.3-1所示；利用磁场驱动电源(专用电源或PASCO 850型信号源)将电能输入发射线圈，在接收线圈处连接负载(电阻、LED、风扇等)，实现电能无线传输。

表1.3-1　谐振线圈参数

参　数	值
线圈直径/cm	17
线圈匝数/匝	9
电感量/μH	30.03
电容量/μF	0.1
谐振频率/kHz	92.2
两线圈中心距可调范围/cm	3～27
旋转角度/°	±90

磁场驱动电源(PASCO公司的850型信号源如图1.3-5所示)：

850型电源参数：

频率可调：0.01～200 kHz，分辨率：0.01 Hz。

电压可调：－15.0～15.0 V，分辨率：7.3 mV。

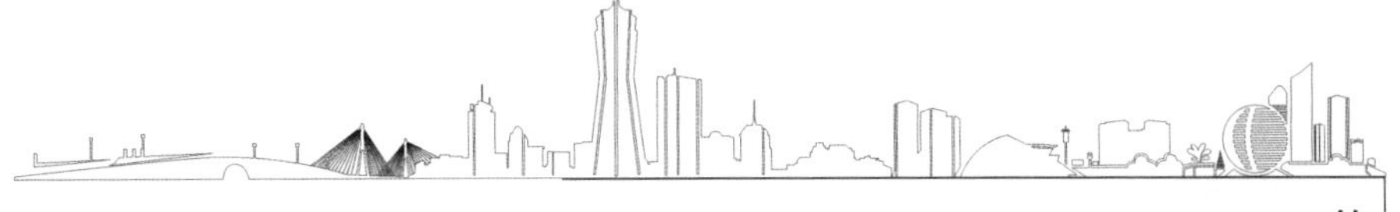

电流:3.0 A。

图 1.3-5　磁场驱动电源

负载如图 1.3-6 所示:风扇及 LED 灯。

风扇:工作电压:2～6 V;转速:6 000 r/min。

LED 灯:工作电压:1.6～3.2 V;电流:5～50 mA。

电阻:含 1 Ω、5 Ω、15 Ω、30 Ω、100 Ω 等 5 种不同电阻负载。

(a)风扇及LED灯

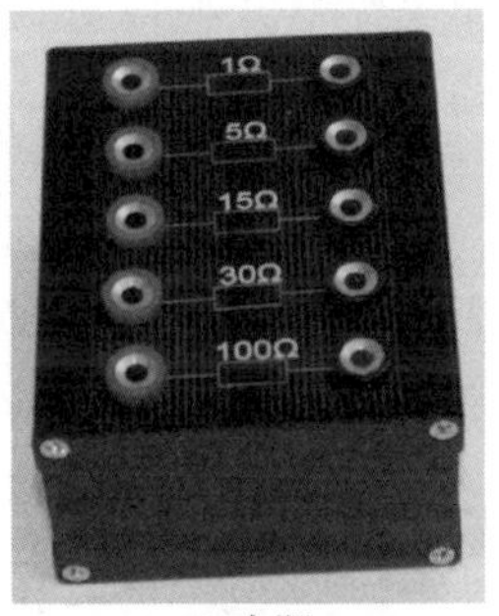

(b)电阻

图 1.3-6　负载

2.3　设计过程

2.3.1　实验仪器设计

本装置主要运用中学科学课程中电磁场的相关知识。直接将低频电源与发射线圈连接,负载与接收线圈连接,通过线圈本身的分布电容实现发电,实验原理如图 1.3-7 所示。

设计中所需的两个相同线圈,借鉴电子偏转与电子荷质比测定仪或电磁感应法测磁场分布实验仪中的线圈。

根据公式:

$$f=\frac{1}{2\pi\sqrt{LC}} \tag{1}$$

可以计算得到谐振频率。

假设工作频率设置在 80 kHz,在电容一定的情况下,则线圈的电感应为几十微亨

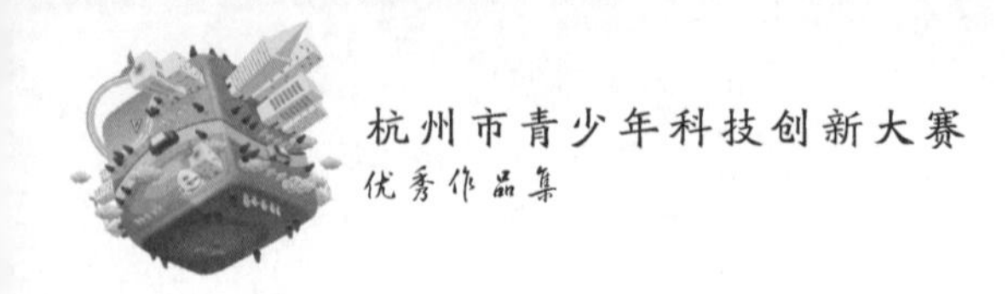

(μH)。因此本装置初次设计以电子偏转与电子荷质比测定实验中的线圈为基础进行试验,如图 1.3-8 所示。

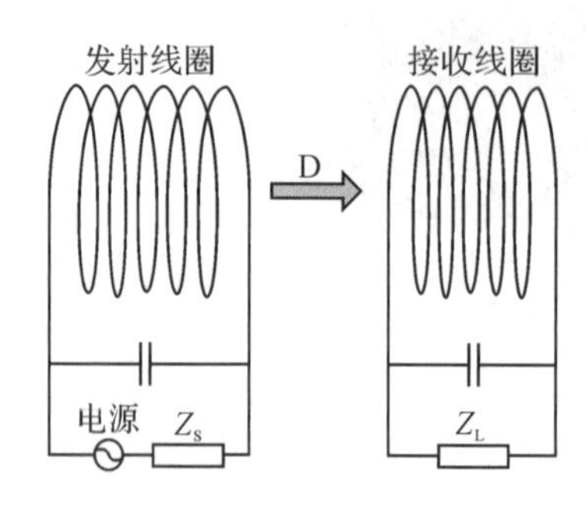

图 1.3-7　实验原理示意图

图 1.3-8　初试验使用线圈

初次设计的谐振线圈参数如下:双线圈的直径均为 34 cm,线圈匝数为 6 匝,用 LCZ 自动电感测试仪测得:线圈 1 电感量 29.30 μH,Q 值 72;线圈 2 电感量 29.5 μH,Q 值 69。

2.3.2　设计安装及调试

采用两自谐振线圈结构,因自谐振线圈依靠自身内部的分布电感和分布电容达到谐振,有利于降低损耗、提高效率,磁耦合谐振线圈如图 1.3-9(a)所示,各参数见上文表 1.3-1 所示。由于磁耦合谐振线圈的谐振频率较低,采用 PASCO 公司的 850 型信号源作为驱动电源,如图 1.3-9(b)所示。负载选用风扇、LED 灯和电阻。电能无线传输演示装置如图 1.3-10 所示。

(a) 磁耦合谐振线图

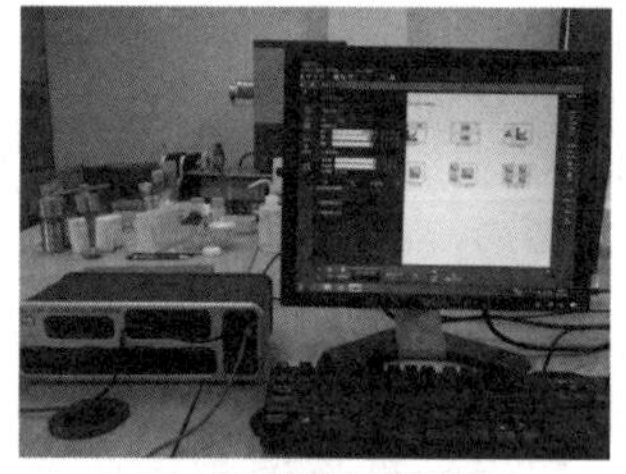

(b) PASCO 850型

图 1.3-9　实验装置主要部件

图 1.3-10　电能无线传输演示实验装置

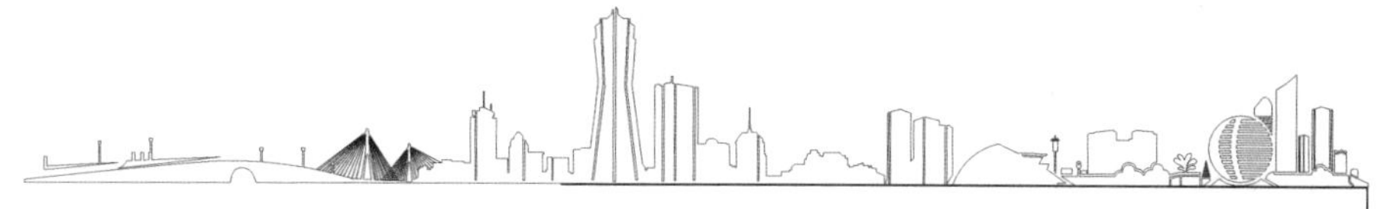

根据上述实验参数设计谐振线圈系统，经过实验实际测量得到谐振频率是 82.0 kHz，输出电源为 3 V/A 左右。实验结果基本验证了设计的可行性，成功实现了电能无线传输。但在调试过程中发现，两个现有线圈的传输距离仅在 10 cm 之内才能点亮 LED 灯，距离太短，演示效果不佳。

为减小设计仪器的体量，将线圈直径从 34 cm 减小到 17 cm，用 LCZ 自动电感测试仪测得线圈匝数分别在 3～9 匝，每间隔 1 匝时的电感量，并计算相应的谐振频率，以观察仪器是否满足实验要求，同时测试其最大传输距离，数据如表 1.3-2 所示。通过多次安装、测试，发现线圈绕组匝数在 9 匝，谐振频率为 92.2 kHz 时，电能的传输效率有了较大幅度的提高，传输距离也从原先的 10.0 cm 提高到了 26.0 cm，此设计参数已经能够很好地满足实验仪器的测试及演示需求，因此将磁耦合谐振线圈的最终参数定在直径 17.0 cm，匝数 9 匝，电感 30.03 μH，谐振频率 92.2 kHz。

表 1.3-2　谐振线圈设计实验参数

参数	值	值	值	值	值	值	值
线圈直径/cm	17	17	17	17	17	17	17
线圈匝数/匝	3	4	5	6	7	8	9
电感量/μH	4.05	6.96	10.36	14.36	18.88	24.23	30.03
电容量/μF	0.1	0.1	0.1	0.1	0.1	0.1	0.1
谐振频率/kHz	251	191	156	136	116	102	92.2
最大传输距离/cm	—	8	8.5	9.8	15	21.5	26

3　设计测试实验

为了研究所设计的双线圈结构的电能无线传输实验仪的特性，实验首先测量该双线圈系统的传输效率与电源频率变化间的关系，以及传输效率与双线圈的空间分布的依赖关系。最后，重点研究如何通过实验有效地获得系统在不同介质中的能量传输效率，希望通过这些实验能够直观地显示出电能无线传输的原理及其过程。

3.1　传输效率与频率

传输效率的测定：输出输入的功率之比。即：

$$\eta = \frac{P^{out}}{P^{in}} \times 100\% \tag{2}$$

为了解传输效率与线圈频率的关系，首先分别测量开路输入电压、负载输出电压值，并记录下不同频率，分析其在不同频率下的开路输入电压与输出电压之间的对应变化关系；然后利用式 2 再次分别测量输入电压、电流值，输出电压、电流值，记录下不同频率，计算得出不同频率下的功率传输效率。

3.2 传输效率与位置的关系

在输入电压、输出负载一定的情况下，测出输出电压随着位置而改变的电压值，计算出传输效率，并测试不同频率下的测试效果。

相对距离从 4～26 cm 连续可调，且每隔 2 cm 记录一组数据，并进行分析研究。

3.3 线圈相对角度与传输效率关系测定

基于传输效率与频率和线圈距离的关系实验，得出最佳传输效率条件，进行电磁场能量在不用相对角度的传输特性的相关研究。

相对角度可从－90°～＋90°，每隔 10°进行研究。

3.4 不同介质中电磁场能量传输效率的研究

基于传输效率与频率和线圈距离的关系实验，得出最佳传输效率条件，进行在不同介质中电磁场能量传输效率的研究。介质（长×宽×厚）选择分别为：有机玻璃 PMMA（250 mm×200 mm×5 mm）、覆铜膜 PCB 板（250 mm×200 mm×2 mm）、铁片（130 mm×130 mm×1 mm）、菱形金属网格（250 mm×200 mm×0.5 mm）、异向介质（97 mm×97 mm×2 mm）等。

3.5 电磁场能量在海水中传输特性的研究

基于传输效率与频率和线圈距离的关系实验，得出最佳传输效率条件，进行电磁场能量在海水中的传输特性的相关研究。

海水的平均盐度为 35‰（即每千克海水中的含盐质量），局部最高盐度可达 42.8‰。研究中自配盐度为 5‰～50‰、浓度梯度间隔为 10‰的海水。

4 实验结果与分析

4.1 传输效率与频率的关系

为了研究传输效率与线圈频率的关系，首先分别测得在一定位置、不同频率下（72～100 kHz）输入开路电压及负载电压值，如表 1.3-3 所示。又如图 1.3-11 所示，其中输入电压有效值为 4 V。可以看出：开路时，不同线圈距离下，电压峰峰值比最高点对应的频率与线圈的谐振频率一致（92 kHz）；而当接有负载时，较开路时线圈的谐振频率有所减

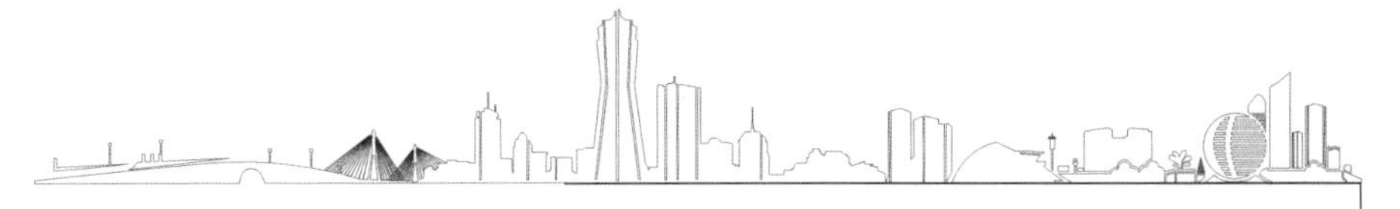

小，从 92 kHz 变为 88 kHz，说明负载的引入会对线圈产生一定的影响。如图 1.3-12 所示表明了利用功率计算的传输效率与频率的关系，可以看出其变化规律与图 1.3-11(b)保持一致，但是传输效率有所降低。

表 1.3-3　传输效率与频率的关系(14 cm 处数据记录)

f/kHz	V_{p1}/V	I_{p1}/A	V_{p2}/V	$I_{p2}=V_{p2}/R$(A)	η(%)
72	4.15	0.230	1.31	0.087	11.99
76	3.20	0.140	1.15	0.077	19.68
80	4.06	0.304	2.16	0.144	25.20
84	3.99	0.376	3.27	0.218	47.52
88	3.90	0.345	3.55	0.237	62.44
92	3.75	0.237	2.96	0.197	65.72
96	3.45	0.235	2.35	0.157	45.41
100	3.30	0.170	1.50	0.100	26.74

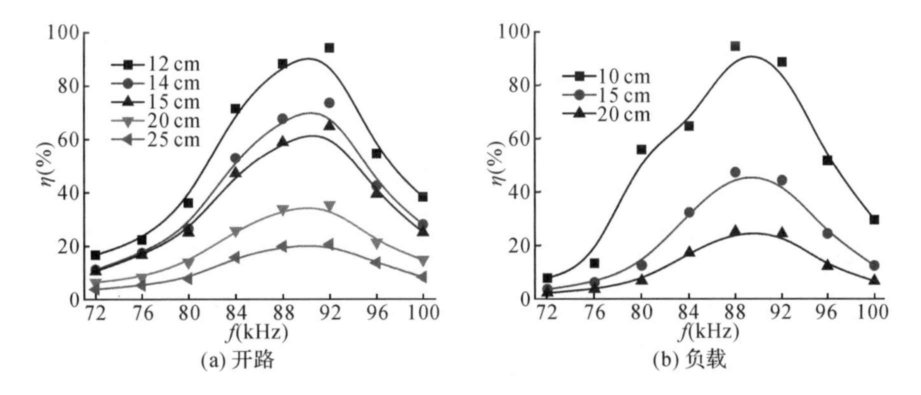

图 1.3-11　电压峰峰值比随频率的变化关系图

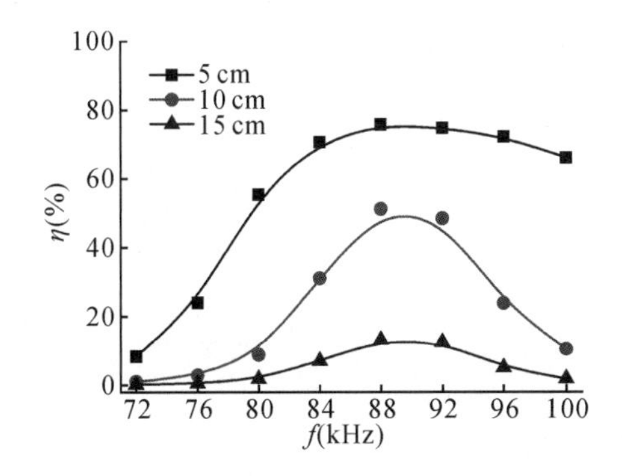

图 1.3-12　传输效率随频率的变化关系图

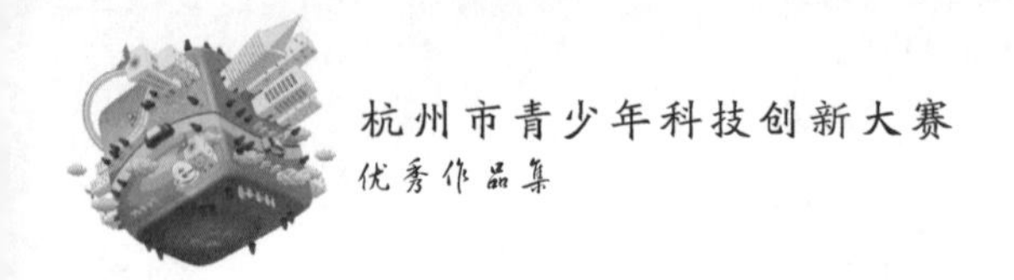

4.2 传输效率与位置的关系

不同线圈距离下，传输效率不同，两者之间的关系如图 1.3-13 所示。其中负载为 3 Ω 电阻，输入电压有效值为 4 V。从图 1.3-13(a)中可以看出，不同频率下，电压峰峰值比呈现的趋势随线圈距离的变化规律保持一致，呈现出先增大后减小的趋势，线圈距离为 26 cm 时，比率为 12.8%；线圈距离为 10 cm 时，比率最大，达到 96.9%。从图 1.3-13(b)中可以看出，利用功率比计算的传输效率，却不呈现出先增后减的趋势，而是随着距离的增大直线下降，距离为 4 cm 时，传输效率最大为 90.2%。

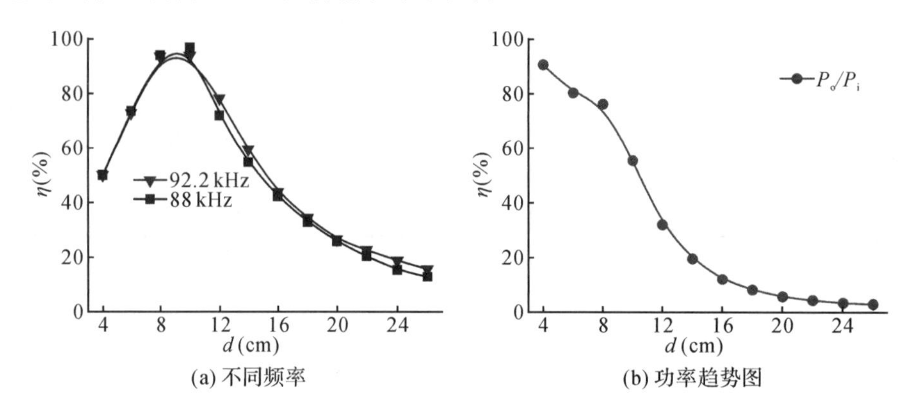

图 1.3-13 传输效率随线圈距离的变化关系图

传输效率与位置的关系具体如表 1.3-4 所示：

表 1.3-4 传输效率与位置的关系(88 kHz)

d/cm	V_{p1}/V	I_{p1}/A	V_{p2}/V	I_{p2}/A	η(%)
4	3.740	0.630	3.440	0.316	55.78
6	3.750	0.450	3.550	0.346	72.10
8	3.750	0.162	3.650	0.157	94.80
10	3.800	0.162	3.650	0.161	96.90
12	3.750	0.165	3.500	0.119	67.34
14	3.750	0.350	3.490	0.230	61.87
16	3.720	0.470	3.620	0.209	44.80
18	3.690	0.370	3.400	0.141	34.30
20	3.670	0.400	3.330	0.110	25.70
22	3.620	0.510	3.350	0.128	22.88
24	3.600	0.640	3.200	0.137	18.37

续 表

d/cm	V_{p1}/V	I_{p1}/A	V_{p2}/V	I_{p2}/A	η(%)
26	3.590	0.750	3.000	0.116	12.28

4.3 线圈相对角度与传输效率关系测定

由以上实验可以得出，当处在谐振状态下，负载在输入电压为4 V、线圈间距为10 cm时的传输效率最高，因此选择在此条件下进行不同相对角度下电磁场能量的传输效率研究(−90°～+90°，间隔10°)。其实验数据如表1.3-5所示。

表1.3-5 电磁场能量在不同相对角度中的传输特性(5 cm、102 kHz处数据记录)

Angle/°	V_{p1}/V	I_{p1}/A	V_{p2}/V	I_{p2}/RA	η(%)
−90	3.58	1.75	0.05	0.003	0.003
−80	3.57	1.72	2.60	0.173	7.34
−70	3.60	1.50	4.42	0.295	24.12
−60	3.68	1.18	4.91	0.327	37.01
−50	3.70	1.01	4.92	0.328	43.18
−40	3.70	0.94	4.86	0.324	45.27
−30	3.70	0.93	4.85	0.323	45.57
−20	3.70	0.92	4.85	0.323	46.07
−10	3.70	0.91	4.85	0.323	46.58
0	3.70	0.96	4.88	0.325	46.7
10	3.70	0.92	4.85	0.323	46.07
20	3.71	0.87	4.75	0.317	46.60
30	3.70	0.81	4.70	0.313	46.14
40	3.70	0.76	4.65	0.310	45.26
50	3.70	0.81	4.70	0.313	43.14
60	3.68	1.04	4.90	0.327	41.82
70	3.65	1.41	4.55	0.303	26.82
80	3.60	1.73	2.50	0.167	6.69
90	3.58	1.77	0.09	0.006	0.009

如图1.3-14所示，可以看出线圈耦合具有左右对称性。

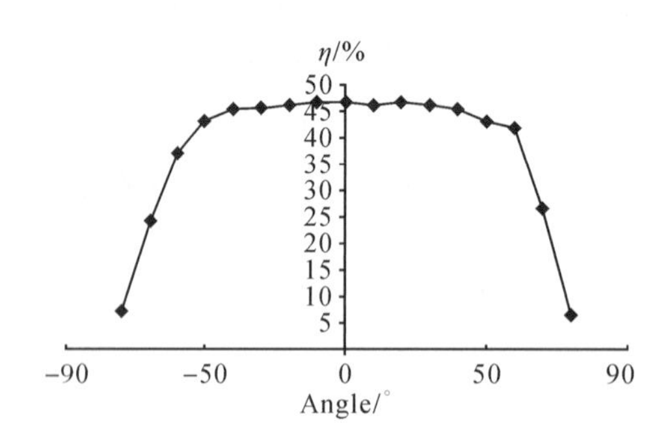

图 1.3-14　电磁场能量在不同相对角度中的传输特性关系图

4.4　不同介质中电磁场能量传输效率的研究

由以上两个实验可以得出，当处在谐振状态下，负载在输入电压为 4 V、线圈间距为 10 cm 时的传输效率最高，因此选择在此条件下进行不同介质中电磁场能量的传输效率研究(菱形金属网格、异向介质形状及海水盛放装置如图 1.3-15 所示，其中菱形的边长为 3 mm，海水盛放装置由前后两块有机玻璃组成。)。

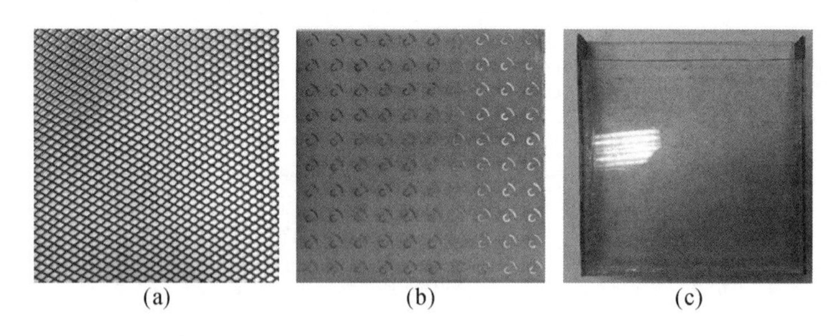

图 1.3-15　菱形金属网格(a)、异向介质(b)、海水盛放装置(c)

在有机玻璃盛放海水、覆铜膜 PCB 板、铁片、菱形金属网格、异向介质中，电磁场能量传输效率与线圈频率的关系如图 1.3-16(a)(b)所示，其中图 1.3-16(a)为运用功率之比计算的传输效率，图 1.3-16(b)为电压峰峰值之比的关系图。由图 1.3-16 可以看出，两者之间的变化规律保持一致。有机玻璃盛放海水和异向介质在 88.0 kHz 处的传输效率最大，且较空气都有所增加，传输效率分别增加 1.39%和 3.53%；而覆铜膜 PCB 板、铁片和菱形金属网格在 92 kHz 处传输效率最大，传输效率较空气都大幅下降。

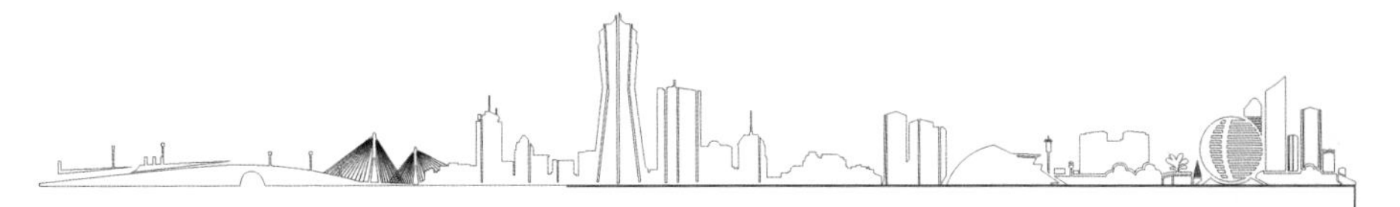

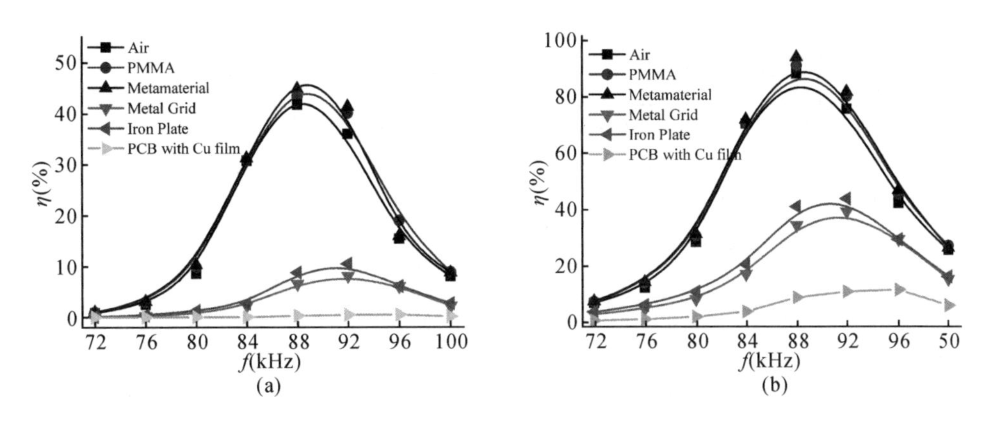

图 1.3-16 不同介质下电磁场能量传输效率与线圈频率的关系图

4.5 电磁场能量在海水中传输特性的研究

为了研究电磁场能量在海水中的传输特性，实验中利用氯化钠(A.R)与去离子水自配不同盐度的海水。

首先研究盛放海水容器及去离子水对电磁场能量传输效率的影响。如图 1.3-17(a)所示，在线圈之间放入容器后，传输效率较空气中有所增加，效率增加 3.3%，平均一面增加 1.65%，与前面的有机玻璃板介质保持一致。由此可以得出以下结论：随着有机玻璃板厚度的增加，传输效率也随之增加。在自配盐度为 5‰～50‰、浓度梯度间隔为 10‰的海水中，电磁场能量传输效率与盐度的关系如图 1.3-17(b)所示，可以看出，随着盐度的增加，传输效率先呈现减小趋势，在 15‰盐度时传输效率达到最低；之后增加盐度，传输效率也逐渐增加，在 35‰盐度时达到最大；之后再增加盐度，传输效率又开始减小。

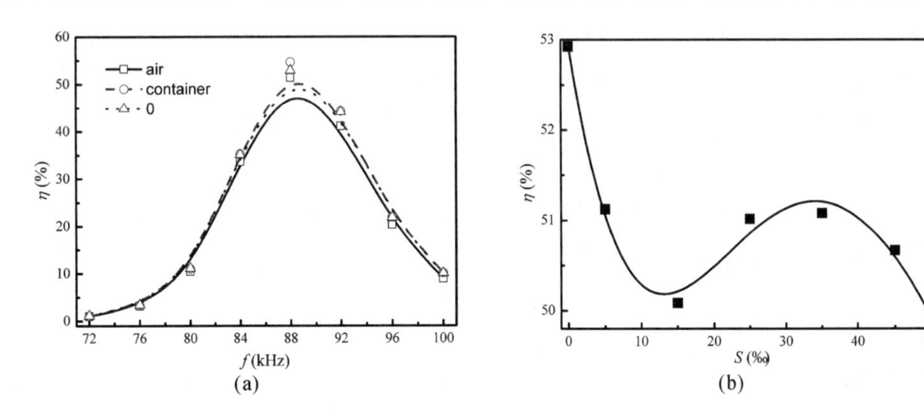

图 1.3-17 不同海水浓度下传输效率随线圈频率的变化关系图

电磁场能量在海水中的传输特性的具体数据如表 1.3-6 所示：

表 1.3-6 电磁场能量在海水中传输特性(5.0 cm、88.0 kHz 处数据记录)

S‰	V_{p1}/V	I_{p1}/A	V_{p2}/V	$I_{p2}=V_{p2}/R$(A)	η(%)
5	3.80	0.340	3.15	0.210	51.19
15	3.76	0.304	3.16	0.182	50.31
25	3.79	0.326	3.27	0.192	50.82
35	3.80	0.315	3.55	0.171	50.71
45	3.75	0.337	3.46	0.185	50.62
50	3.78	0.335	3.35	0.186	49.21

5 设计创新及展望

本装置是基于电磁感应的相关物理知识,设计的一种电能无线传输演示装置。借此,有助于学习和理解现代科技应用中的无线充电知识及智能家居无线控制等相关技术。

5.1 设计创新点

(1)演示性强,实验内容多样。本装置不仅可以演示传输效率与频率关系、传输效率与线圈距离关系及传输效率与线圈相对角度关系的实验,还可以研究在不同介质中电磁场能量的传输效率以及电磁场能量在海水中的传输特性等多种物理实验,解决了困扰当前高中和大学物理教学中,如何通过实验装置实现上述内容实验演示这一实际难题,增强了物理教学的直观性和有效性,促进了学生研究性学习与创新能力的培养。

(2)普适灵活,可推广性强。本装置既能用谐振频率在 200 kHz 以下的低频信号发生器作为驱动电源,也能与目前常见的其他主流高性能信号源作为信号发生器与稳压电源通过功放电路组合成驱动电源。普适性好,推广性和实用性很强。

(3)安全便捷,全程可视化。本装置可视化、集成化程度较高,操作简便,安全可控,适合中学和大学在教学中研究使用。所有实验装置的线路连接均采用标准接口,数据采集和分析还可以通过电脑软件自动完成,克服了以往凭借肉眼判断和手工记录数据带来的诸多弊端,极大提高了实验的精准度和严谨性。

5.2 研究展望

本装置采用金属导轨及支架,将两个线圈共轴固定,其中发射线圈和接收线圈之间的距离在沿轴方向可调节之设计,利用磁场驱动电源将电能输入发射线圈,在接收线圈处连接负载(LED 灯、风扇等),实现电能无线传输功能,直观展示了原理和方法,借此可

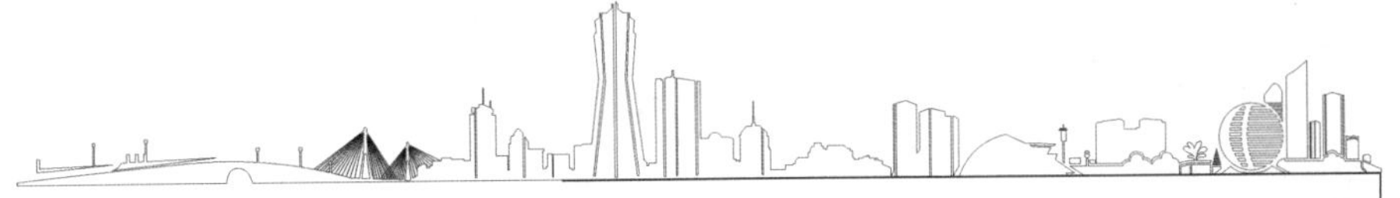

开展电磁场能量传输特性、电磁场在不同介质中的能量传输效率等多项实验研究，实现了物理学习和实验方法的创新。通过本实验演示装置研究和使用，不仅可以学习了解现代科技应用中手机、汽车无线充电以及智能家居无线控制等相关技术，也为更多中学生和大学生致力于心脏起搏器体外充电、潜水艇水下无线充电等前沿领域研究提供了思路和铺垫。

目前该装置即将获得“电能无线传输演示装置”专利（正处于专利证书登记阶段，申请号：201730367109.3）。近期还与杭州博源光电科技有限公司达成了技术转让协议，对方已制成样机并拟投入批量生产。

致谢

时值论文收笔之际，衷心感谢指导我的校内外老师们在研究这个课题时给予我许多关心和帮助，我走过的每一步都凝聚着老师们的谆谆教诲和无私奉献。感谢他们对我学业和科研上的鼓励、支持、教诲和指导。他们的敬业精神、严谨的治学态度、渊博的学术知识是我永远学习的楷模。

参考文献

[1] LIN J C. Space solar-power stations, wireless power transmissions, and biological implications [J]. IEEE Microwave Magazine, 2002, 3(1): 36-42.

[2] ANDRE K, ARISTEIDIS K, ROBERT M, et al. Wireless power transfer via strongly coupled magnetic resonances [J]. Science, 2007, 317(5834): 83-6.

[3] 范兴明，莫小勇，张鑫. 无线电能传输技术的研究现状与应用[J]. 中国电机工程学报, 2015, (10): 2584-2600.

[4] 张献，杨庆新，陈海燕，等. 电磁耦合谐振式无线电能传输系统的建模、设计与实验验证[J]. 中国电机工程学报, 2012, 10(21): 153-158.

[5] 张小壮. 磁耦合谐振式无线电能传输距离特性及其实验装置研究[D]. 哈尔滨工业大学, 2009.

[6] 谭林林, 黄学良, 赵俊峰，等. 一种无线电能传输系统的盘式谐振器优化设计[J]. 电工技术学报, 2013, 28(08): 1-6.

[7] 皇甫国庆. 两圆线圈间互感及耦合系数讨论[J]. 渭南师范学院院报, 2015, 30(14): 24-29.

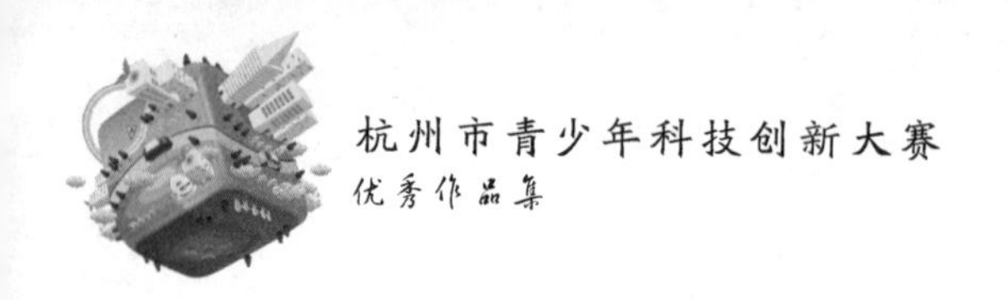

黑臭水体治理装置的研究与应用

杭州第二中学　朱绍廷　指导教师：陈颜龙

摘　要：该研究在对当前黑臭水体治理技术和发展趋势探讨的基础上，综合分析水体污染治理技术的特点，集成黑臭水体微孔曝气和微生物生态修复等核心技术，研发出一种高效率、低成本、使用方便、自动控制的黑臭水体治理装置。经过前期设计、试制和实验测试，最终形成了黑臭水体治理的装置，可有效增加水体溶氧，加强水体的流动交换，自动投加净水微生物，集成太阳能功能装置，实现零能耗及无人值守，并可对接自动控制系统，实现远程的自动控制。经过应用检测，该装置在黑臭水体治理中具有较好的处理效果，综合应用成本低。该装置可适用于不同类型黑臭水体的原位治理，具有迫切的社会需求和广阔的应用空间，对浙江省“剿灭劣Ⅴ类水”具有重要作用，对水环境改善具有重要意义，将产生巨大的经济和社会效益。

关键词：黑臭水体；剿灭劣Ⅴ类水；微孔曝气；微生物生态修复

1　项目背景

自初中的时候开始，我已经和同学们一起积极参与到“五水共治”的宣传和实践活动中，了解到水环境污染的严重性，认识到河、湖水体污染治理的必要性。我们所在的杭州是全国知名的旅游城市、江南水乡，世界文化遗产京杭大运河穿城而过，市内河网密布。几年来深切感受到身边的河道经过治理，大多不再黑臭，也变得漂亮了很多。我一直觉得这是一件神奇的事情，这也激起了我对黑臭水体如何治理的强烈兴趣。2017年全省都在积极剿灭劣Ⅴ类水，我通过查阅国家以及省里公布的环境状况公报，了解到黑臭河道、池塘等水体还存在很多，市场需求还很大，我就想经过调查和研究，开发出能用于黑臭水体治理的设备，既能为剿灭劣Ⅴ类水贡献力量，也能锻炼自己的能力，培养自己的科学素养。

经过查询资料和文献，实地考察，咨询治理河道的技术人员，请教老师，我明白黑臭河道的原位整治是一个系统工程，集成物理、化学、生物等多种技术方法，其中生态修复技术因其投资低，效益高，环境友好、生态节能，是主流的水环境治理技术。在国际上，富营养化水体治理生物——生态修复工程技术的研究和应用已取得显著的成效，如瑞典Trummen湖、英国泰晤士河、日本琵琶湖和江户川、韩国良才川等污染水域经生物——生态修复工程技术治理已基本恢复生态系统。在国内也有许多成功的范例，如上海上澳

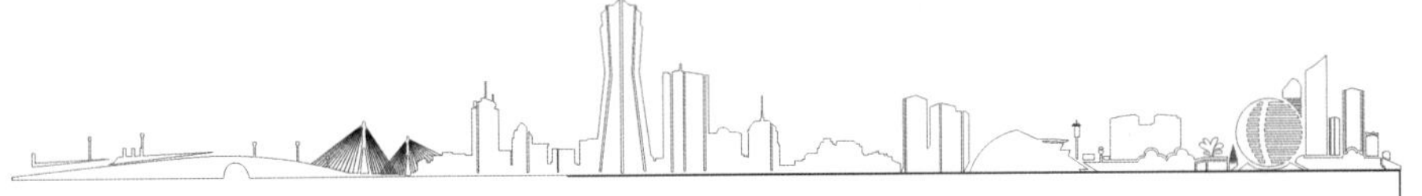

塘、绥宁河、苏州河,广州朝阳涌,昆明西坝河等河道也成功利用生物修复技术得到了有效的治理。就杭州来说,大多数河道污染的治理,也是采用以生态治理为核心的技术。

污染水体的原位生态修复是一个复杂的系统工程,我了解到,在实际应用中,首先需要通过综合的管理和综合技术,实现对污染源的有效控制,然后再对水体进行原位污染降解和生态修复。在大多数污染严重的黑臭水体修复中,水体复氧和投加微生物进行强化处理是常用的核心技术,然而现有的增氧技术,存在效率低、能耗大的问题。在实际应用,尤其是原位水体修复中,施工也存在诸多困难。水环境中污染物的转化和去除,最终还是依赖微生物的作用,尤其是具有污染降解能力的功能微生物,因此微生物应用是必不可少的。据了解,微生物的使用,主要采用 3 种方式:一是直接向污染河道水体投加筛选的功能微生物;二是向污染河道水体投加促进微生物生长的营养物质,促进原位环境中功能微生物的生长;三是利用生物膜技术,其本质是功能微生物聚集形成具有特殊作用的微生物群落,从而起到降解污染物的作用。因此,应用微生物治理水体污染的核心是净水功能微生物的投放。而由于投放的微生物存在易于流失、在水体定殖存活受较多影响、持续投放成本较高等问题,在实际水体修复过程中,也有很多需要改进的地方。

2　目的意义

通过研究,以现有水体治理主要技术为基础集成创新,开发出一种集成曝气复氧和投加净水微生物等技术的装置,适用于黑臭水体原位污染的高效、低成本治理,通过高效复氧、增加水体流动性、补加高效净水微生物,实现水体污染的降解和生态修复。

研发形成的装置,具备水体高效复氧和功能微生物补加的综合功能,集成太阳能功能装置,实现零能耗和无人值守,且可在需要时实现自动控制,在黑臭水体治理中具有较好的处理效果,而综合应用成本低于当前的绝大多数处理技术。该装置也可在其他水污染原位治理中应用,具有迫切的社会需求和广阔的应用空间,对我省剿灭劣 V 类水具有重要作用,对水环境改善具有重要意义,将产生巨大的经济和社会效益。

3　研究过程

从 2013 年“五水共治”开始以来,我一直关注身边河道、水塘的治理。我在前期的积累之后,对现在常用的治水技术也有了一个比较全面的了解。我充分认识到,黑臭的水体,无论河道也好,池塘也好,治理都是一个综合运用多种技术的过程。在实际考察和调研中,我发现对水体进行曝气复氧和投加净水微生物治理是应用较为广泛的核心技术,基本上大多数水体,尤其是污染较严重的水体均会用到,在综合考虑效果、成本、应用便利性等方面后,我认为可以对这两种技术进行集成和提升,这也是我这个研究项目的由来。2017 年初,浙江省开展全面剿灭劣 V 类水,也就是清除黑臭水的工作,表明我要开

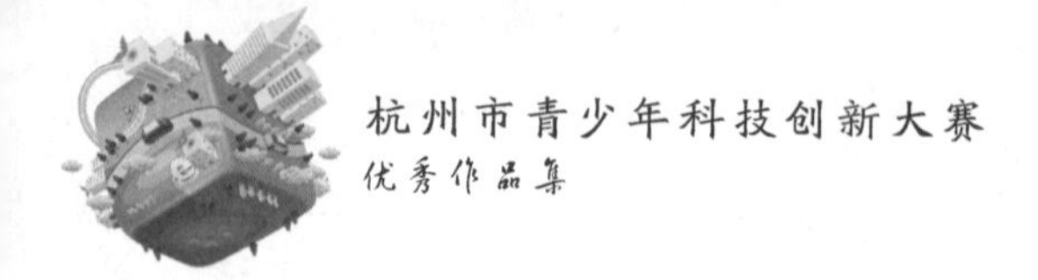

发的主要用于黑臭水体治理的装置，是具有较好的市场需求和应用前景的，我自己也可以通过这个过程，实际参与水体治理，锻炼自己独立开展科学创新和项目研发的能力。

3.1 黑臭水体治理装置的设计

3.1.1 准备工作和设计思路

从 2016 年底开始，我有意识地现场观察水体污染治理工程(图 1.4-1)，并注意了解现有的水体污染治理技术手段，并通过查阅文献，了解技术原理，分析在实际应用中的优点和缺点。现有治水工程综合应用多重技术，因为污染物的存在会导致水体缺氧，因而水体复氧是重要的技术手段。我国目前在黑臭水体中应用比较多的，主要是微孔曝气和造流曝气，也有两种技术结合的方式。与此同时，水体污染物的去除是一个主要由微生物参与的生物化学过程，投洒微生物是重要的技术手段，在实际中主要依靠人工进行。在我国当前的情况下，黑臭水体的治理实践中，技术不是主要的限制因素，在实际应用中，提高治理效率，达到治理效果的同时，尽量降低成本才能得到广泛的应用，对“五水共治”和剿灭劣 V 类水的工作才有积极的意义。因而，选择的发展方向，就是集成设计并开发出一种适合黑臭水体治理应用的装置，而设计的核心，就是满足原位污染治理效率高、使用容易成本低，技术集成度高，适用范围广等要求。

图 1.4-1　现场观察水体污染情况

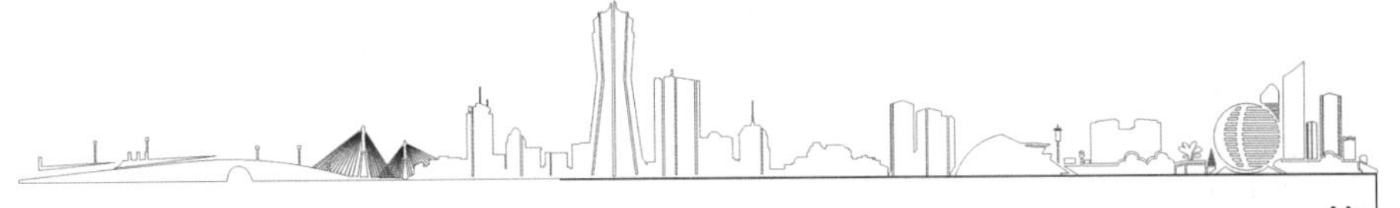

3.1.2 装置的设计

通过现场观察、查阅资料等前期的准备工作，基于目前的技术应用现状，我选择了微孔爆气的基础方案，准备试制一个可以便捷使用和移动的曝气装置，同时可以满足微生物投加的要求。初始装置主要包括几个单元：

(1)支持框架。支撑整个装置，方框结构；

(2)曝气终端。采用系列微纳米曝气管组成，发生含氧微气泡；

(3)曝气机。产生高压空气；

(4)浮力装置(浮船)。中空装置，使整个装置可以浮于水面；

(5)控制装置。控制装置运行，预留远程控制；

(6)微生物添加装置。液体菌剂自动投加装置和缓释微生物投加装置；

(7)供能系统。预留太阳能供电装置，可实现整个装置的零能耗。

装置的整体组成和主体框架设计示意图如图 1.4-2、图 1.4-3 所示：

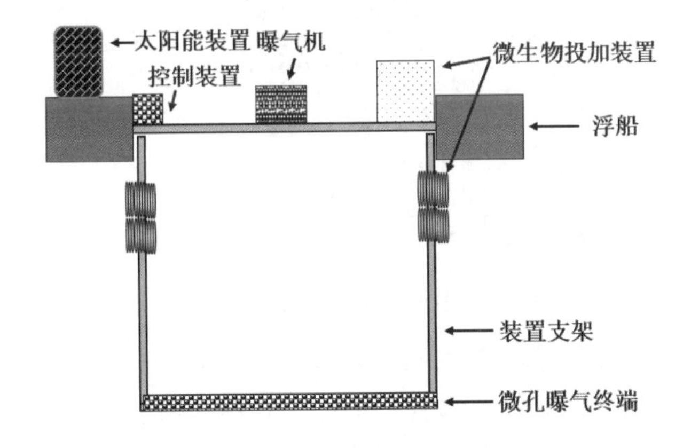

图 1.4-2　初始装置的整体构成

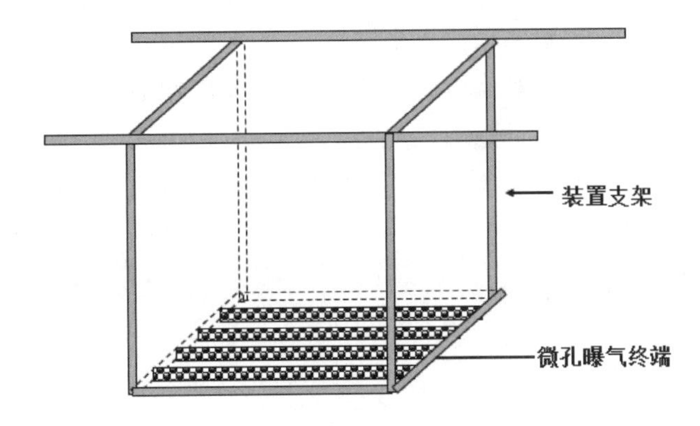

图 1.4-3　装置的主体框架设计

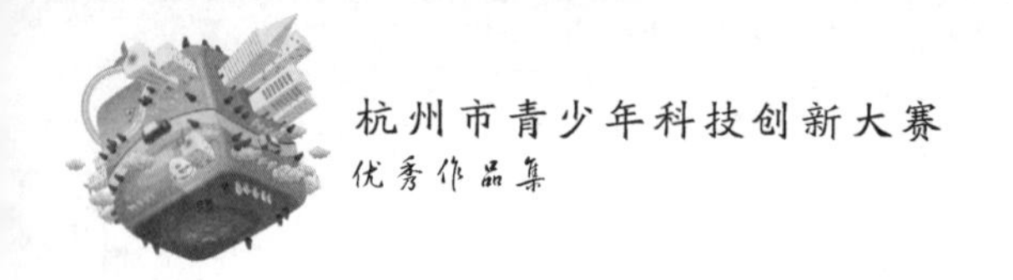

3.1.3 装置的工作原理

该装置的核心作用是恢复黑臭水体溶氧的同时,向水体补充高效净水功能微生物。其工作原理如下:安装完成的装置接通电源后,顶部的曝气机工作,将空气通过管道压入装置底部的曝气终端,即一组微纳米曝气管。当空气从曝气管的微孔中冲出时,在水体中形成富含微气泡状的水气流。由于微气泡的形成,空气与水体的接触面积大大增加,因而曝气的效率大幅提升,水体的溶氧将随着曝气时间点增加而逐步增加到一定的水平。水体溶氧的恢复,使得水体中厌氧环境得以改善,水体中好氧微生物逐步增殖,水体COD、氨氮等污染物的降解和转化加快。经过一定时间,黑臭水体将消除黑臭,水体指标得到恢复。如图1.4-4所示:

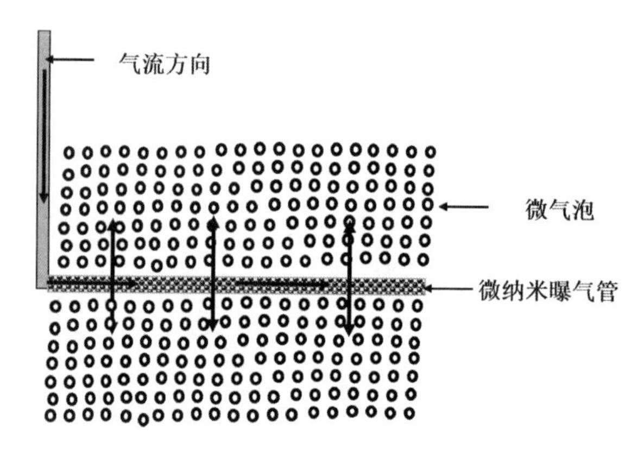

图1.4-4 工作原理示意图

可以看出,曝气的作用是恢复水体的溶氧,改变水体环境,使得水体微生物作用得到恢复,从而实现水体环境的改善和水质的修复。在实际应用中,补加具有净水功能的微生物,可以有效加快水体修复的进程,也是常用的技术手段。装置中的微生物添加装置,可以在顶部设置贮菌桶,微生物菌液流加到曝气区域,并随着富含气体的水流向水体均匀释放,从而强化整个系统的作用。同时,在装置支持框架上设置的固定化微生物投放装置,可以使缓释的净水微生物向水体逐步扩散。

为了减少能耗,以及能在相对偏僻的区域使用,降低应用的成本,附加了太阳能功能系统,可以实现装置的零能耗、零排放。

作为预留设计,该装置的启动控制系统,可以安装程序控制装置,或者通过水体指标控制来开关设备。

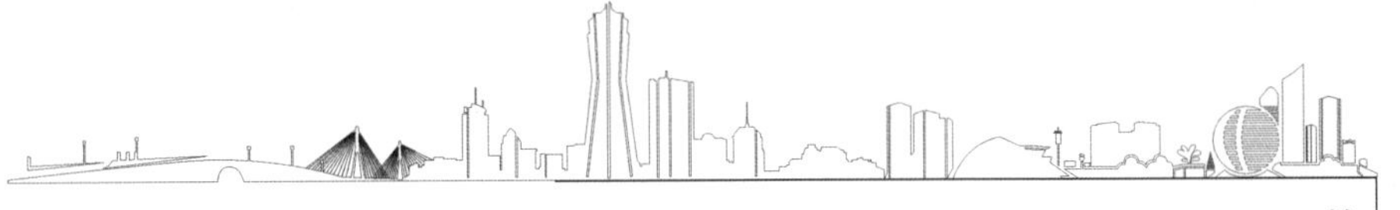

3.2 黑臭水体治理装置的制作与测试

以设计图为基础，采购或定制相关材料，着手制作装置。主要的配件或材料如表1.4-1所示：

表 1.4-1 装置材料

序号	配件（材料）名称	配件（材料）名称规格
1	不锈钢管（方形）	40 mm×40 mm
2	圆镀锌管	直径 30 mm
3	纳米增氧管	直径 30 mm
4	PVC 管	直径 75 mm
5	电源控制器	全时段电源控制器
6	钢丝管	直径 32 mm
7	振膜式气泵	80 W，220 V
8	塑料桶	25 L
9	气管	直径 45 mm
10	制作工具及配件	一套
11	太阳能功能系统	一套

试制的装置实验用样品，主体框架高 80 cm、宽 50 cm。支持框架委托相关技术人员按照尺寸焊接完成。曝气终端主要由并排排布的微纳米曝气管组成，经过裁截之后排布在一个平面，连接到 PVC 分气管，并最终连接到曝气机上。在 50 cm×50 cm 的底部平面上，共安装 9 根微纳米曝气管。浮力装置（浮筒）用两根 75 mm 的 PVC 管，封闭两端后制成。用于投加固定化菌剂的装置，同样由 PVC 管制成，管壁打孔，封闭一端，另一端为可拆卸的封口。如图 1.4-5 所示：

图 1.4-5 制作过程

在各个部分制作完成或者采购获得后，进行了组装，即形成了简易的装置。整个装置在材料备齐后，制作比较简单。整个装置制作完成后，置于水塘中，测试其漂浮稳定性，发现可以满足适用要求。之后连接上曝气机，进行曝气系统的测试，可以正常运行。用于固体菌剂投放的多孔管装置设置 4 个，固定在支撑架的 4 根边柱上，用于液体菌自动滴加的桶放在装置顶部。控制装置做好防水处理后，安装在模型的顶部。到这一步为止，整个实验模型的制作基本完成。将所有装置安装完毕后，置于附近河道中进行实验初步测试。结果显示，可以按预期稳定运行，如图 1.4-6 所示：

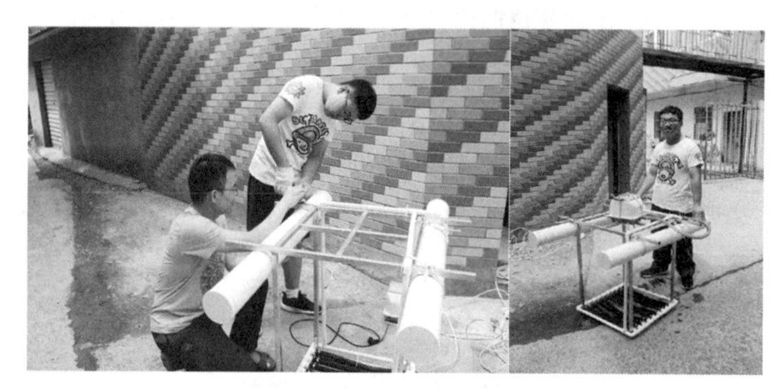

图 1.4-6 装置测试

根据测算，整个模型装置的制作成本，除了曝气机外的物料、加工等成本，约为 800 元；根据曝气机型号，价格有所不同，实验装置所用曝气机为 80 W，价格为 1100 元；太阳能功能系统，价格为 1200 元；整个实验模型装置的制作费用约为 3100 元。

在进行初步的实验测试中，我发现在运行过程中，曝气的水流的流向，主要朝着支持框架隔开的 4 个相对的方向。如何实现最佳的曝气和微生物分布，以及水体流动交换效果，是装置开发的一个重要目标，因而开始考虑适合的方法。

在思考的过程中，有一天偶然从小朋友拿的风车中获得一丝感悟：水流会不会也像气流使空气中的风车转动一样，可以使水中的风车转动？这个想法使我非常兴奋，如果转动起来，那么水体在装置运行的时候，带有微气泡的水流会朝一定方向流动，这样会产生最佳的运行效果。

通过在整个装置中间增加一个类似风车的导流装置，优化系统的设计，改制装置并进行测试，获得了理想的效果。导流装置的加入，使得富含微气泡的水流在装置周围360°的范围内流动，因而增大了装置的作用范围和应用效果。如图 1.4-7 所示：

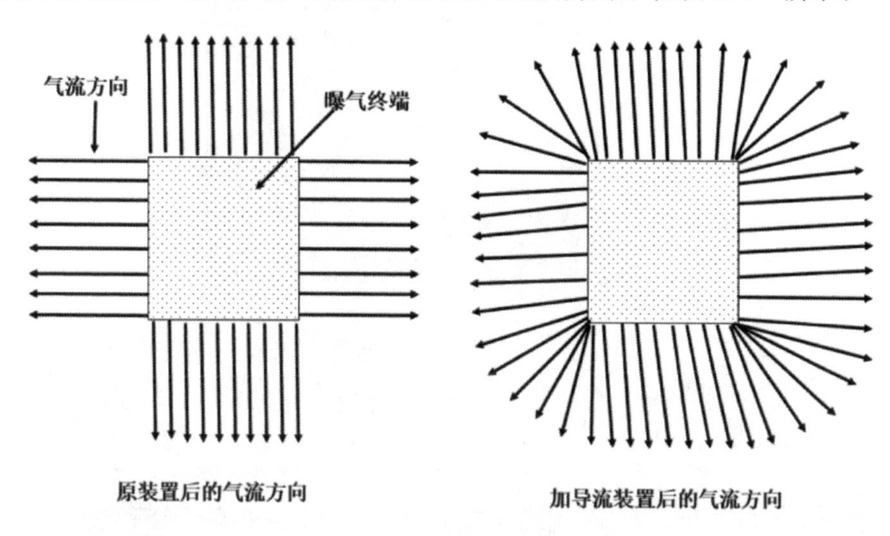

图 1.4-7　加导流装置前后的气流方向

3.3　水体水质检测

在完成装置的制作之后，进入实验室进行了水体水质的检测，为整个装置的实际应用实验做准备。根据老师建议，参照水体的检测标准和制作装置的具体效用，主要进行了以下水体水质的检测实验：

(1)水体溶氧的测定：水体溶氧的测定，采用了浙江省农科院植微所的便携式光学溶氧测定仪(梅特勒 SG98)，进行了测定。这是一台简单易用、数据稳定准确的仪器，参照仪器的说明书进行了测定和使用。

(2)水体 COD 的测定：COD 是评价水体水质污染的重要指标，COD 值高的水体，往往会产生缺氧，引发水体黑臭。参照 HJ 399-2007 的国家标准，进行了 COD_{Cr} 的测定。

(3)水体氨氮的测定：氨氮同样是评价水体水质污染的重要指标，高氨氮是水体富营养化，引起发臭的主要原因之一。参照 HJ 536-2009 的国家标准，进行了氨氮的测定。如图 1.4-8 所示：

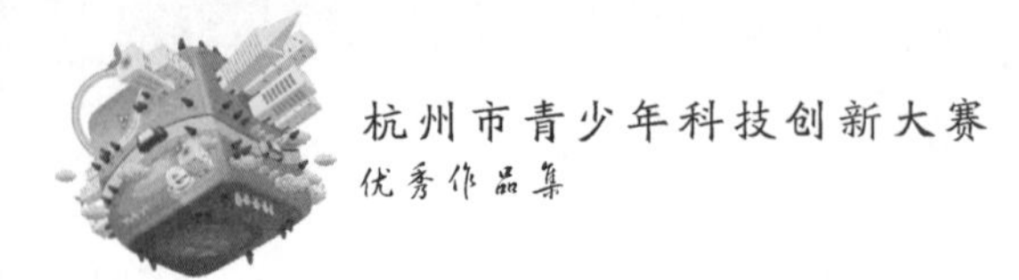

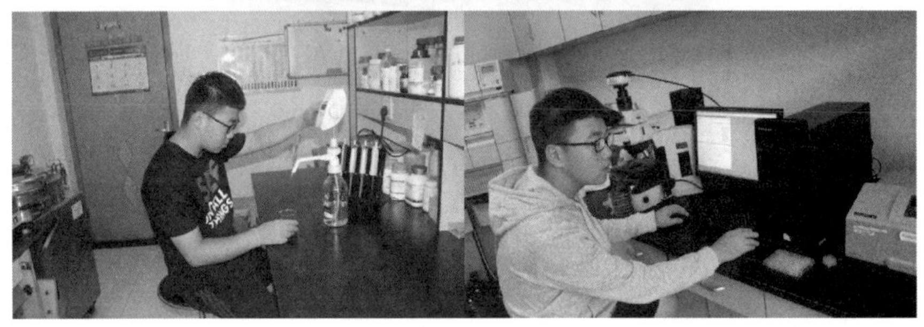

图 1.4-8　水质检测

4　研究结果

4.1　黑臭水体治理装置系统模型

装置设计制作完成后的系统示意图及制作实物如图 1.4-9 所示：

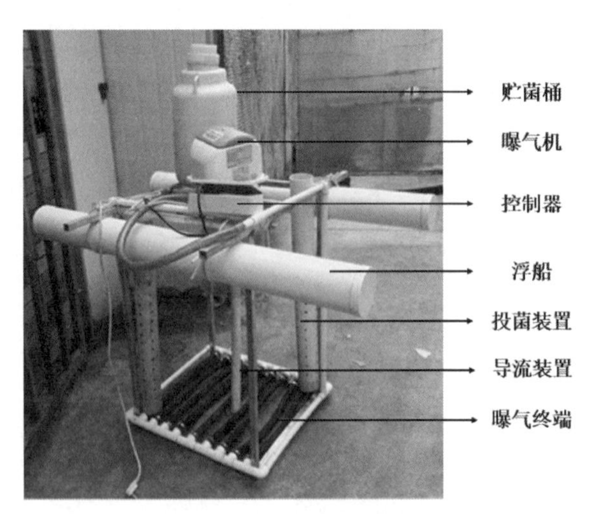

图 1.4-9　装置实物图

装置的主要组成可以分为以下几部分：

(1)微孔曝气系统。曝气机，管路，微纳米曝气终端；

(2)微生物投加系统。液体微生物投加装置，固定化微生物投加装置(多孔管)；

(3)支持系统。支持框架，浮船；

(4)导流系统。导流装置；

(5)控制系统。自动控制装置；

(6)供能系统。太阳能供能装置。

装置的运行方式：装置安装完成后，置于待处理的水体中，装置接通电源(电力采用太阳能供电或者市电供电均可)后，顶部的曝气机工作，将空气通过管道压入装置底部的曝气终端，在水体中形成富含微气泡状的水气流，水体的溶氧将随着曝气时间的增加而逐步增加到一定的水平。水体溶氧的恢复，使得水体中厌氧环境得以改善，水体中好氧微生物逐步增殖，水体COD、氨氮等污染物的降解和转化加快，经过一定时间，黑臭水体将消除黑臭，水体指标得到恢复。

补加具有净水功能的微生物，可以有效加快水体修复的进程。装置中的微生物添加装置，可通过曝气装置形成的水流，或者内置曝气分管，使净水微生物流加到曝气区域，并随着富含气体的水流向水体均匀释放，从而强化整个系统的作用，更为有效地修复水体。

4.2 应用效果

4.2.1 黑臭水体治理装置对水体溶氧影响的应用测试

在装置制作完成后，首先对装置提高水体溶氧的性能进行了测试。在河道中对实验装置进行了对水体溶氧影响的测试，把装置放置在河道中，通电运行后，测定水流所能到达的位置，计算曝气气泡水流的总面积，以确定曝气的范围。如图1.4-10所示：

图1.4-10 装置对水体溶氧影响的测试

在曝气气流所能达到的范围内，设定距中心点的位置，并在时间变化的范围内，测定水体中的溶解氧变化，以确定曝气的效果。

该实验同时比较了装置在加装导流装置前后的效果比较，具体结果如下：

(1)曝气后微气泡水流流动面积(曝气面积)比较，如表1.4-2所示：

表1.4-2 曝气面积比较

序号	实验组	水流长*(m)	水流宽*(m)	曝气面积**(m^2)
1	未加导流装置	2.2	1.8	3.50
2	加导流装置	1.6	1.6	8.55

*实验数据中的水流长和水流宽，以装置中心点到可视气泡水流边界止。

**曝气面积的计算，未加导流装置以向两个方向的长方形计算，加导流装置的以圆形计算，半径以装置中心点到可视气泡水流边界止。

从实测数据可以看出，实验装置的曝气开始后，带有微气泡的水流，向周边流动，达到大于装置实际长度6倍以上的距离，形成以实验装置为中心的曝气区域。添加导流装置后的实验装置，微气泡水流影响的面积大大增加，这也充分显示了导流装置的添加，对提高整个装置运行效率的重要作用。

(2)曝气后水体溶氧随时间变化的比较(装置中心0.5 m)，如表1.4-3所示：

表1.4-3 水体溶氧比较(装置中心0.5 m)

序号	实验组	河道溶氧*	10 min后溶氧*	30 min后溶氧*
1	未加导流装置	1.3	3.3	4.3
2	加导流装置	1.3	3.4	4.3

*实验数据中溶氧的单位为mg/L。

(3)曝气后水体溶氧随时间变化的比较(装置中心1.0 m)，如表1.4-4所示：

表1.4-4 水体溶氧比较(装置中心1.0 m)

序号	实验组	河道溶氧*	10 min后溶氧*	30 min后溶氧*
1	未加导流装置	1.3	3.3	4.2
2	加导流装置	1.3	3.3	4.3

*实验数据中溶氧的单位为mg/L。

(4)曝气后水体溶氧随时间变化的比较(装置中心1.5 m)，如表1.4-5所示：

表1.4-5 水体溶氧比较(装置中心1.5 m)

序号	实验组	河道溶氧*	10 min后溶氧*	30 min后溶氧*
1	未加导流装置	1.3	3.1	3.8
2	加导流装置	1.3	3.2	3.9

*实验数据中溶氧的单位为mg/L。

(5)曝气后水体溶氧随时间变化的比较(装置中心2.0 m)，如图1.4-6所示：

表 1.4-6　水体溶氧比较(装置中心 2.0 m)

序号	实验组	河道溶氧*	10 min 后溶氧*	30 min 后溶氧*
1	未加导流装置	1.3	2.7	3.2
2	加导流装置	1.3	2.3	3.6

* 实验数据中溶氧的单位为 mg/L。

上述实验数据表明，该装置在曝气一段时间内，可有效增加水体溶氧。从曝气距离来看，微气泡达到的位置，水体溶氧升高，但随着距离的增加，对增加水体溶氧作用稍微降低。从对比数据来看，导流装置的增加，对在相同距离水体的溶氧促进作用差异不是很大，尤其在时间增加后，这种差异更不明显。

4.2.2　黑臭水体治理装置对水体水质的影响应用实验

在完成装置的曝气效果测定后，对整个装置的应用效果进行了测试。在位于浙江农科院附近的钱家河的一个分支盲肠段进行了原位应用实验。实验区域位于长约 40 m 的盲肠河段中间，分为两个阶段，第一阶段进行不添加微生物的曝气实验，第二阶段用装置进行菌剂投加实验。在实验区域的北边和南边分别设置采样点 1 和采样点 2，在主河道设置采样点 3 作为对照。每天现场测定水体的溶解氧变化，采集的样品在实验室测定 COD_{Mn}、氨氮、总氮，以分析装置在原位应用中对水体水质的影响。如图 1.4-11 所示：

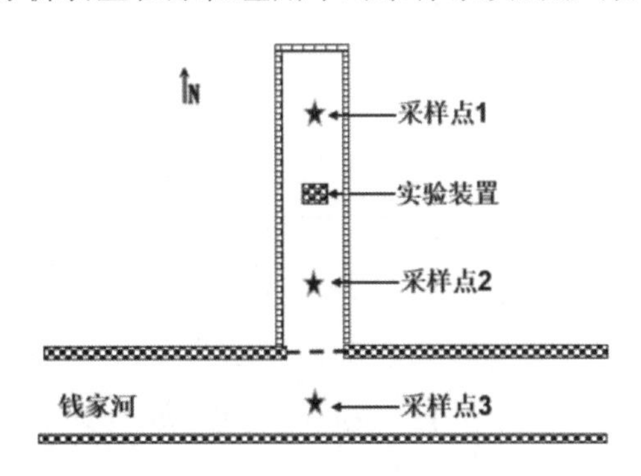

图 1.4-11　原位应用实验采样点

(1)装置在原位应用中对水体 COD_{Mn} 的影响

COD_{Mn} 是重要的水质污染指标，实验装置的运行过程中，随着溶氧的增加，水体好氧微生物的活性增加。随着微生物的利用，有机物的含量会逐渐降低，也即达到降解 COD 的作用。10 天的测定数据如表 1.4-7 所示。可以看出，装置运行过程中，实验区域水体中的 COD_{Mn} 开始逐步下降，最终低于河道对照区域的 COD_{Mn}，以降解率计算，采样的 1 号和 2 号采样点的 COD_{Mn} 降解率分别为 32.74%和 38.4%。如图 1.4-12 所示：

表 1.4-7　净水过程中 COD_{Mn} 的浓度(mg/L)

采样时间	采样点/1 号	采样点/2 号	采样点/3 号
2017/7/25	21.213 2	22.304 5	19.152 3
2017/7/26	20.243 6	22.436	18.743 6
2017/7/27	19.773 9	21.783 9	18.153 8
2017/7/28	18.204 1	19.163 3	19.122 4
2017/7/29	17.564 1	18.461 5	17.359
2017/7/30	17.066 7	17.169 2	20.117 9
2017/7/31	16.857 1	16.979 6	18.979 6
2017/8/1	16.357 1	16.020 4	18.734 7
2017/8/2	15.159	15.312 8	19.107 7
2017/8/3	14.265 3	13.428 6	17.824 5

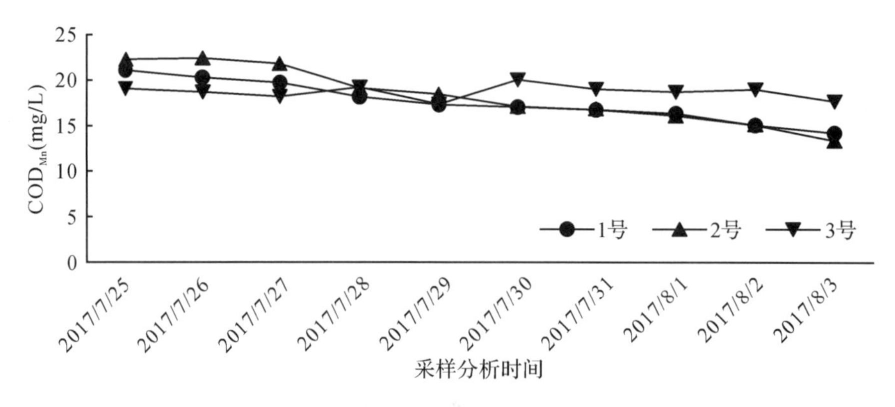

图 1.4-12　COD_{Mn} 浓度变化情况

(2)装置在原位应用中对水体氨氮的影响

氨氮是当前水体的另一个主要污染物,实验装置的运行后,实验区域的氨氮逐步下降,10 天的测定数据如表 1.4-8 所示。可以看出,装置开始运行,实验区域水体中的氨氮即开始下降,明显比对照河道低。以降解率计算,采样的 1 号和 2 号采样点的氨氮降解率分别为 31.73%和 24.9%。如图 1.4-13 所示:

表 1.4-8　氨氮的测定结果(mg/L)

采样时间	采样点/1 号	采样点/2 号	采样点/3 号
2017/7/25	7.692	7.301	8.191
2017/7/26	7.25	7.374 5	7.769 5

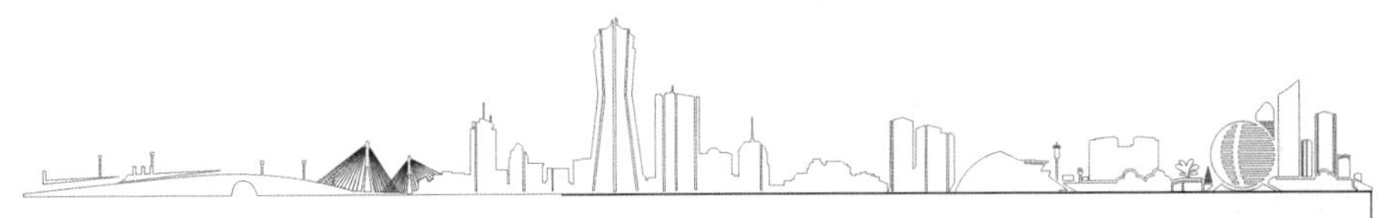

续　表

采样时间	采样点/1 号	采样点/2 号	采样点/3 号
2017/7/27	7.234	7.143 5	7.698
2017/7/28	6.694	6.549 5	7.977 5
2017/7/29	6.357	6.409	7.502 5
2017/7/30	6.176	6.276	7.481 5
2017/7/31	5.535	5.852 5	7.443 5
2017/8/1	5.188 5	5.498	6.909
2017/8/2	5.291	5.356 5	7.196 5
2017/8/3	5.25	5.480 5	6.995

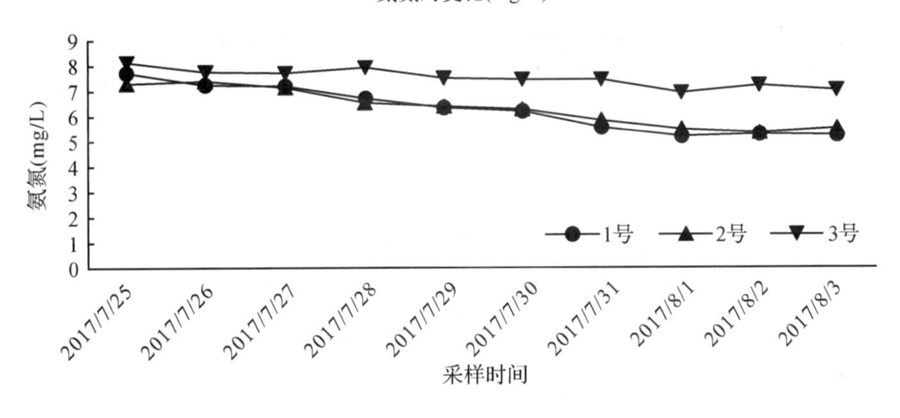

图 1.4-13　氨氮的变化情况

(3)装置在原位应用中对水体总氮的影响

总氮也是衡量水体污染的一个重要指标。总氮的去除，在水体中主要依赖微生物的作用。实验结果表明，在实验时间内，总氮的去除量较少，以降解率计算，采样的 1 号和 2 号采样点的总氮去除率分别为 10.2%和 9.5%。如表 1.4-9 所示。总氮的去除通常是一个厌氧过程，本实验装置在应用中大幅增加水体溶氧，可能还不利于水体总氮的去除。如图 1.4-14 所示。

表 1.4-9　总氮的浓度(mg/L)

采样时间	采样点/1 号	采样点/2 号	采样点/3 号
2017/7/25	9.194 25	9.043 5	11.103 3
2017/7/26	8.836 5	9.052 5	11.650 5
2017/7/27	8.535	8.686	10.835

续　表

采样时间	采样点/1 号	采样点/2 号	采样点/3 号
2017/7/28	8.847 5	8.842 5	10.788
2017/7/29	8.827 5	8.088 5	11.179 5
2017/7/30	9.098	9.56	10.601
2017/7/31	8.737	8.843 5	11.142
2017/8/1	8.84	8.046	10.699
2017/8/2	8.291	8.356 5	11.196 5
2017/8/3	8.25	8.180 5	10.995

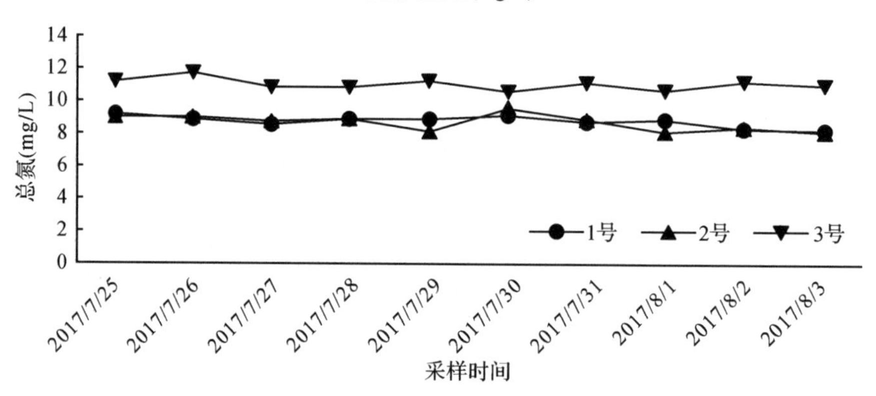

图 1.4-14　总氮的变化情况

5　研究创新性

(1)思路创新

本研究针对当前严峻的水环境形势和黑臭水体治理的迫切技术需求,从简单、易用、低成本、便于推广的角度,集成技术开发出具有通用特性的水体污染治理装置,有别于普遍存在的重技术、轻应用,重效果、轻成本的研发思路,是针对现实情况的一种有价值的探索。

(2)技术创新

本研究将水体曝气复氧和微生物强化修复技术较好地集成在一起,并附加了太阳能供能系统,形成了一种高效率、低成本、使用方便、适用性广的水污染治理的装置,是一种在现有技术上集成创新形成的新装置。

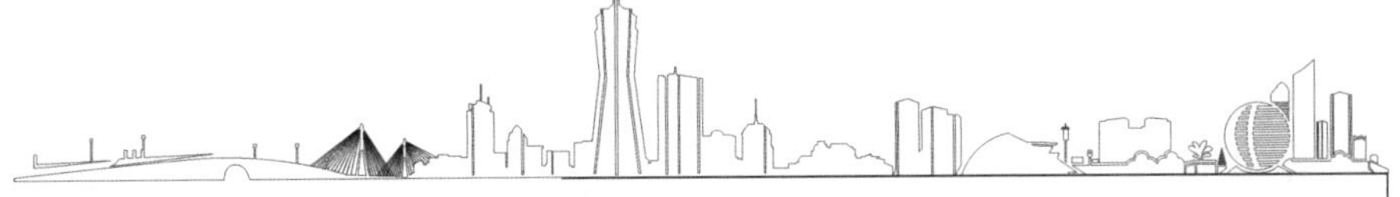

(3)理念创新

环保是永恒的话题,但环保的理念,不仅限于技术、宣传,更应该考虑的是成本！在当前我国严重的水污染形势下,开发新的或集成现有水污染治理技术,使其应用成本大幅降低,是有利于水污染治理的重要因素。本项目实施的重要目标之一,即获得高效率低成本的技术,在环保理念上具有创新意义。

6　结论与展望

本研究在针对黑臭水体治理中的技术问题,集中在微孔曝气复氧和微生物生态修复技术的应用方面,进行技术集成和创新,研发一种高效率、低成本、使用方便的黑臭水体治理装置,可有效增加水体溶氧,加强水体的流动交换,自动投加净水微生物,在黑臭水体治理中具有较好的处理效果,对水体COD、氨氮、总氮的降解和去除具有明显的效果,综合应用成本低。该装置在水体污染治理中,具有迫切的社会需求和广阔的应用空间,对我省"剿灭劣V类水"具有重要作用,对水环境改善具有重要意义,将产生巨大的经济和社会效益。

本研究的不足之处在于,由于条件的限制,对于装置的远程自动化控制方面的研究还不够,对不同类型的水体中的应用对比做的还不够,该装置在应用的广泛性上还缺乏足够的数据支持。在下一步的研究与开发中,将针对存在的问题做进一步的深入研究,使该装置真正成为高效、易用的产品,并得到推广应用。

7　项目研发体会

以前关注身边很多河道水治理的时候,我觉得很难。在调研整个项目的过程中,随着对各种技术的了解,觉得也没有自己想象中的那么难。在提出自己的思路,设计出黑臭水体治理装置时,也带着学习、总结、创新这个过程中的成就感。但在项目执行过程中,尤其是装置的制作、测试、应用实验开展过程中,才深深地感到,原来看似简单的问题,是需要付出很多的辛劳和汗水的。

通过这次项目的研发,我学到了很多新的知识,对水体污染治理有了更多的了解。同时,在项目执行过程中,也认识了很多真正从事科研开发的人,感受到了他们身上那种严谨的科研精神、精益求精的工作作风和一丝不苟的工作状态,这也是我以后学习的榜样。最后,还要感谢在项目研究和作品模型制作过程中提供帮助的各位老师、专家和技术人员。

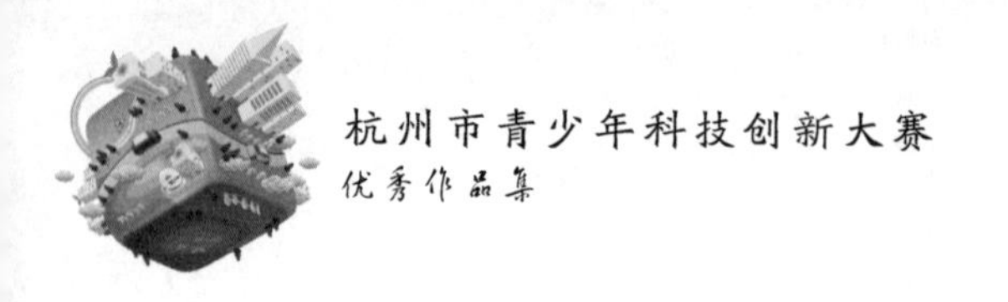

参考文献

[1] 中国环境状况公报 2014. 北京:环境保护部,2015。

[2] 中国环境状况公报 2016. 北京:环境保护部,2017。

[3] 浙江环境状况公报 2013. 杭州:浙江省环境保护厅,2014。

[4] 浙江环境状况公报 2016. 杭州:浙江省环境保护厅,2017。

[5] 胡湛波,刘成,周权能,等. 曝气对生物促生剂修复城市黑臭河道水体的影响[J]. 环境工程学报,2012,6(12): 4281-4288.

[6] 李继洲,程南宁,陈清锦. 污染水体的生物修复技术研究进展[J]. 环境污染治理技术与设备,2005,6(1):25-30.

[7] 王文君,黄道明. 国内外河流生态修复研究进展[J]. 水生态学杂志,2012,33(4): 142-146.

[8] 郑焕春,周青. 微生物在富营养化水体生物修复中的作用[J]. 中国生态农业学报,2009,17(1):197-202.

[9] 董哲仁,孙东亚,彭静. 河流生态修复理论技术及其应用[J]. 水利水电技术,2009,40(1):4-8.

[10] 谷勇峰,李梅,陈淑芬,等. 城市河道生态修复技术研究进展[J]. 环境科学与管理,2013,38(4): 25-29.

[11] 王建龙. 生物固定化技术与水污染控制. 北京:科学出版社,2002: 1-6,12-13.

[12] 中华人民共和国环境保护部. 水质 氨氮的测定 水杨酸分光光度法:HJ 536-2009. 北京:中国环境科学出版社,2010: 1-5.

[13] 中华人民共和国环境保护部. HJ 399-2007. 水质 化学需氧量的测定 快速消解分光光度法. 北京:中国环境出版社,2008: 1-10.

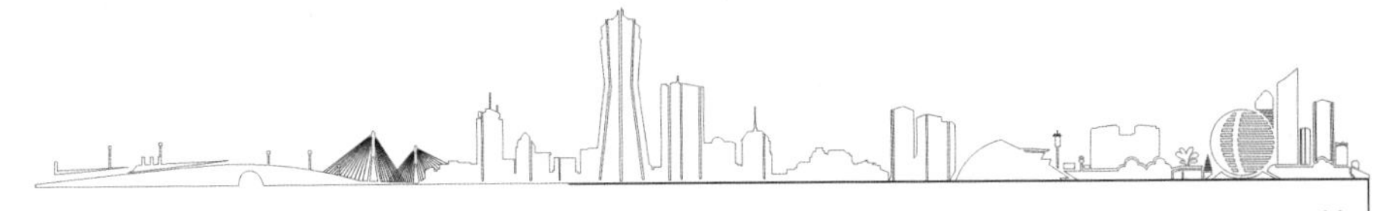

运动训练促进心肌一氧化氮释放改善高血压的实验研究

杭州第二中学　杭　桢　指导教师：陈颜龙　王伟忠

摘　要：高血压是人类常见多发疾病，其心力衰竭和脑中风等多种并发症严重危害人类健康。运动训练已被证明能有效地改善高血压状态下的心血管功能紊乱，如降低血压、改善心功能和抑制心肌肥厚。该研究通过对正常血压Wistar-Kyoto大鼠(WKY)和自发性高血压大鼠(SHR)进行低强度的运动训练，检测实验大鼠的尾动脉无创血压值、心肌组织内一氧化氮(NO)含量、一氧化氮合酶(eNOS)及其磷酸化程度。研究证实运动训练能增加高血压大鼠心肌组织内eNOS磷酸化程度，增加eNOS活性利用度，刺激NO生成和释放，这一通路可能是运动训练有效改善高血压心血管功能紊乱的重要机制。为高血压的非药物治疗方案提供重要依据。

关键词：运动训练；一氧化氮；心肌；高血压

1　研究背景和目的

高血压是人类常见多发疾病，近年来其发病率呈上升趋势，高血压与心血管疾病的发病率和死亡率密切相关，其心力衰竭和脑中风等多种并发症严重危害人类健康，是目前心血管疾病研究的重点领域之一。使用药物降低血压是目前高血压治疗的主要策略，而生活方式的调整在预防和治疗高血压中具有同样重要的意义，并具有药物治疗不具备的一些优点。

运动训练(Exercise Training，ExT)已被证明有益于人体的生理活动，同时有研究证实低强度的运动训练(低强度ExT)能有效地改善高血压状态下的心血管功能紊乱，如降低血压、改善心功能和抑制心肌肥厚，目前已是抗高血压非药物治疗的重要方法之一[1]。目前已有许多学者对ExT在高血压防治中的作用进行了大量研究，但是ExT改善高血压的作用机制以及减少并发症的机制并不完全清楚。因此，对其机制进行深入研究对推广积极运动的生活方式和防治高血压具有重要的理论和现实意义。

在高血压形成发展过程中，血压和外周血管阻力的明显增加使心脏需要更加有力地收缩才能将血液泵出心脏进入血管，从而维持外周组织细胞的正常生理活动，久而久之，心肌会变得增生肥厚，心室腔变小，并导致心力衰竭等严重并发症的发生[2]。有研究证

实高血压病心肌组织的肥厚与心肌中的一氧化氮(Nitric Oxide,NO)生成释放减少密切相关,增加NO的生成释放能有效改善心肌肥厚、心功能降低等高血压心脏的病理改变[3]。NO是一种重要的生物气体分子,具有舒张血管和增加血流量等作用,对心脏冠状动脉的血液供应增加具有重要意义。NO是通过血管内皮细胞内一氧化氮合酶(eNOS)催化L-精氨酸过程中释放,因此eNOS是决定NO生成的主要因素,而eNOS只有在磷酸化的状态下才具备生成NO的能力[4]。因此,如何有效地促进eNOS合成尤其磷酸化来促进心脏血管舒张增加心脏血液供应是防治心肌肥厚的重要治疗策略之一。

已有研究显示,运动训练可能与机体内NO的释放有关[5],但其如何作用,具体机制并不清楚。因此,我们设计以下实验来明确低强度的运动训练是否通过促进心肌组织内eNOS的磷酸化来刺激NO的生成释放从而治疗高血压。

2 研究方案和技术

2.1 动物分组及其运动训练方法

6周龄正常血压Wistar-Kyoto大鼠(WKY)和自发性高血压大鼠(SHR)各20只,共分为4组:WKY、WKY+ExT(WKY运动训练组)、SHR和SHR+ExT(SHR运动训练组),每组10只动物。本研究将采用低强度训练方法,其步骤和方法如下:标号分组的动物在动物跑步机(FT2000,成都泰盟)上共跑步训练12周,每周5天,训练组开始按照每天增加1 m/min速度和5 min时间训练3周,直到它们按照20 m/min速度每天训练60 min,并按照这种强度持续到第12周。对照不训练组大鼠每周一次放置于跑步机中适应相同环境,并进行5 min无斜度训练(速度5 m/min)。如图1.5-1所示:

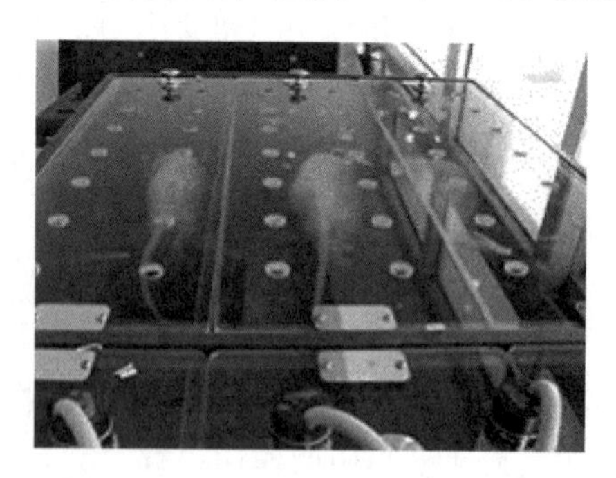

图1.5-1 运动训练(ExT)中的大鼠

2.2 动物心肌组织NO含量测定

通过NO试剂盒测定心肌组织中的NO含量。未训练和训练组的动物生长至18周

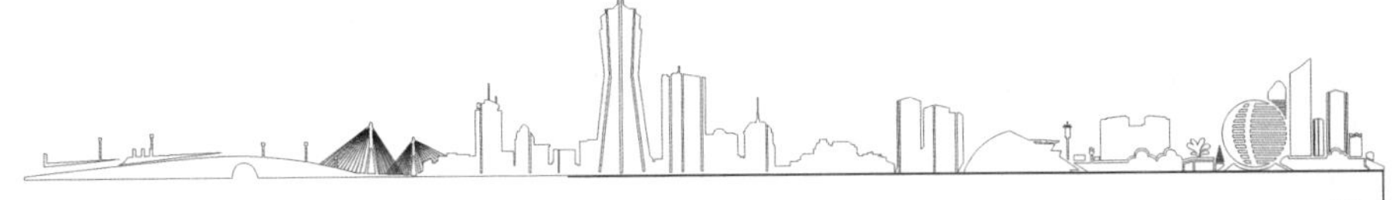

后全部通过注射过量麻药处死，取心脏组织(左心室)并冰冻在－80℃冰箱中，心肌组织进行匀浆离心后测定蛋白浓度。NO 的浓度通过 NO 试剂盒(碧云天公司)，通过540 nm光谱的吸收率测定其产物亚硝酸盐的浓度，分析 NO 的含量(吸收单位/每毫克蛋白)，本研究中正常 WKY 动物心肌中 NO 值设定为 100%。

2.3 动物心肌组织 eNOS 总蛋白和磷酸化的测定

Western blot 方法检测心肌组织 eNOS 总蛋白和磷酸化的表达。运动和非运动组动物第 18 周时过量麻醉后处死，迅速取心脏(－80℃)保存，测定蛋白浓度、做胶上样(30 g)、电泳并转膜、封闭后加一抗(Santa Cruz、CST 和 ABcom 等公司)4(C 孵育过夜，并与相应动物来源的二抗结合曝光，测定目标蛋白带与 β-actin(Sigma 公司)光密度的比例，明确在不同组各目标蛋白的表达情况。

2.4 统计方法

所有实验数据均采用平均值±标准误(Mean±SE)来表示，组间的差异通过方差分析来进行比较分析，$P<0.05$ 表示具有统计学意义。

3 研究内容和结果

3.1 运动训练对 WKY 和 SHR 大鼠的血压的影响

大鼠尾动脉无创血压检测：将动物笼大小调节合适，抽出尾部挡板，将大鼠头向前装入动物笼，然后放回尾部挡板。尾固定器放到动物笼尾部，旋紧螺丝固定。将脉搏传感器放入尾固定器中的脉搏传感器插孔，保证传感器位置正确。鼠尾的腹面正下方要正对着脉搏传感器。待大鼠状态、温度及脉搏稳定后开始进行血压测量。当加压套充气加压使外加压力超过收缩压时，尾动脉血流阻断，脉搏消失，然后逐渐减小外加压力，当外加压力减至收缩压时，脉搏开始出现，此为收缩压；随着外加压力不断减小，脉搏波幅不断增大，当外加压力减小至舒张压时，加压套对尾动脉的压力消除，脉搏波幅度达到最大值，此为舒张压。以后，虽然外加压力仍然继续减小，但脉搏幅度不再变化。该方法依据脉搏波幅随外加压力的变化而变化，通过计算机程序自动曲线拟合计算出收缩压、舒张压、平均动脉压和心率等数值。

通过尾动脉无创测压法监测运动训练过程中各组动物的血压变化，监测时间每两周一次，分别为动物第 6(即 ExT 前)、8、10、12、14、16 和 18(即 ExT 结束)，每次测量均在动物 ExT 休息时间的第 2 天，测得的血压存盘储存并分析作图，明确 ExT 对 WKY 和 SHR 血液动力学的作用。如图 1.5-2 所示，运动训练并不影响正常大鼠 WKY 的血压，而在 SHR 组中，运动组的 SHR 的血压从第 12 周开始要比未运动的 SHR 血压明显降低（$P<0.05$）。

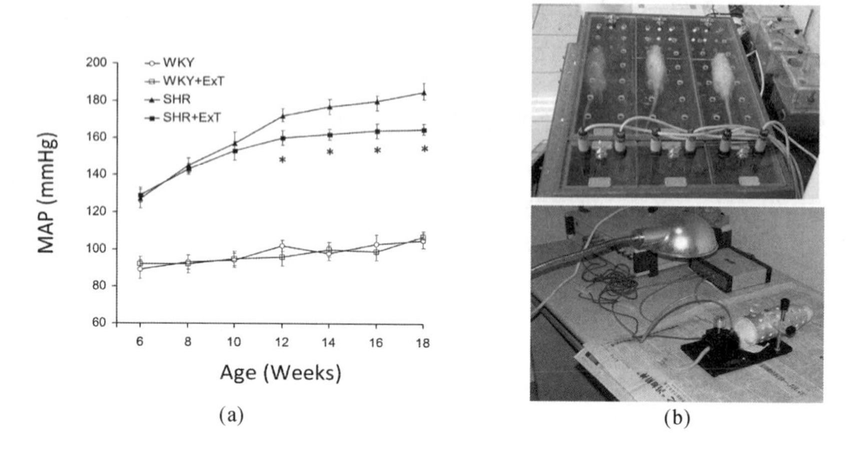

(a) (b)

图 1.5-2 运动训练(ExT)对 WKY 和 SHR 血压(BP)的作用

图(a)通过尾动脉血压无创测定法监测 4 组动物中的平均动脉压（MAP）变化，低强度 ExT 第 6 周（12 周鼠龄）后 SHR 的 MAP 与对照 SHR（未 ExT）相比明显降低并维持到 ExT 结束，而 ExT 对 WKY 大鼠没有明显降压作用，$P<0.05$ vs. SHR（相同时间点），每组例数 $n=8$。

图(b)的上面照片，是正在接受 ExT 的大鼠；图 1.5-3 是大鼠在接受尾动脉无创血压监测。

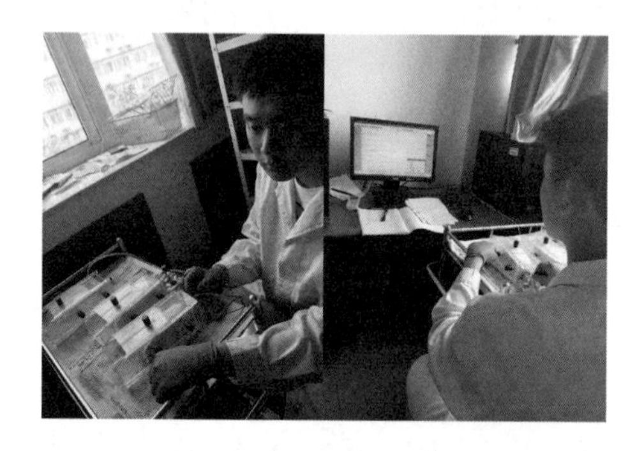

图 1.5-3 本文作者在进行大鼠尾动脉无创血压监测

3.2 运动训练对大鼠心肌组织内 NO 含量的影响

通过观察测定了 4 组动物心肌组织内的 NO 含量，结果发现，SHR 组动物心脏内 NO 的含量要明显低于 WKY 组，而 SHR＋EXT 组动物心脏内 NO 含量要明显高于未运动训练的 SHR 组，结果如图 1.5-4 所示。

SHR 心肌的 NO 产生量比对照 WKY 要明显减少，而运动训练（ExT）能显著上调

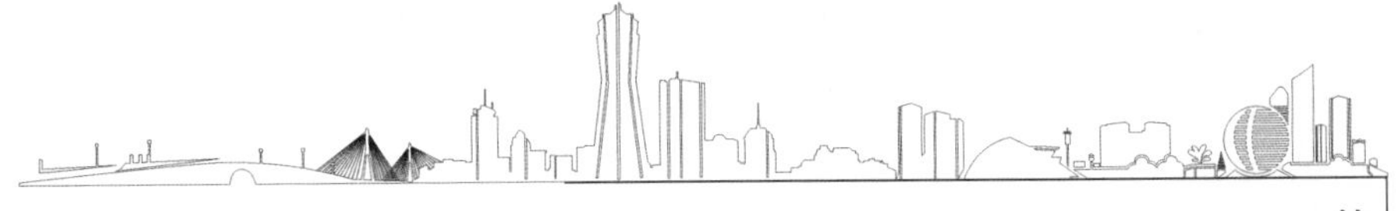

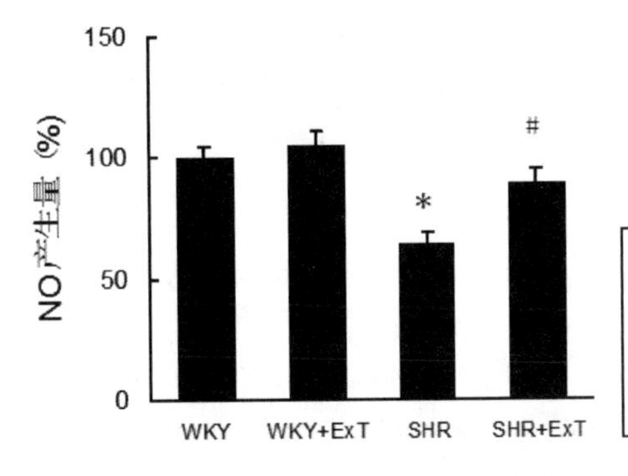

图 1.5-4 运动训练对心肌一氧化氮(NO)的影响

SHR 的 NO 释放,而 ExT 对 WKY 心肌 NO 释放并不影响。WKY 的值标准化为 100%,P<0.05 vs. WKY,P<0.05 vs. SHR,每组例数 $n=5$ 。

3.3 运动训练对大鼠心肌组织 eNOS 总量及其磷酸化蛋白表达的影响

通过 Western blot 技术检测了 4 组动物心肌组织内 eNOS 蛋白的总量(t-eNOS)及其磷酸化表达(有活性的 eNOS:p-eNOS)的变化。结果显示,心脏内 eNOS 的表达在 SHR 组内明显高于 WKY 组,但运动训练能减少 SHR 的 eNOS 高表达;而 eNOS 磷酸化在 SHR 心脏的表达要明显低于 WKY 组,但运动训练能增加 SHR 动物心脏 eNOS 磷酸化的表达如图 1.5-5(a)所示。eNOS 的磷酸化与总蛋白比例在 SHR 组要明显低于 WKY 组,而运动训练后其比例要明显增加,提示 eNOS 的活性明显增加如图 1.5-5(b)所示。图 1.5-5 显示的 eNOS 及其磷酸化蛋白表达条带图以及比值。

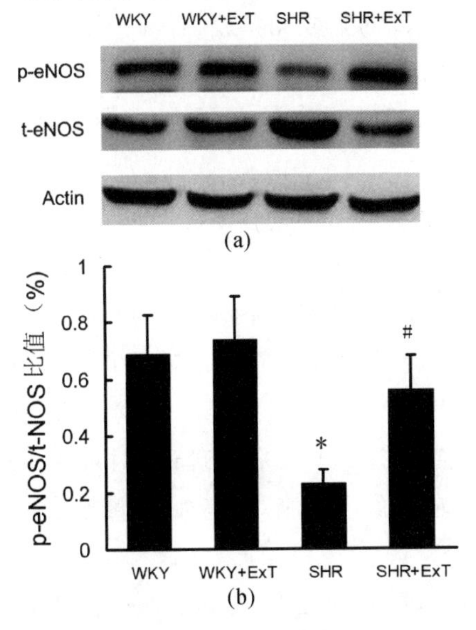

(标注:p-eNOS/t-NOS:有活性 NOS/总 NOS)

图 1.5-5 运动训练对心肌 NOS 蛋白表达的影响

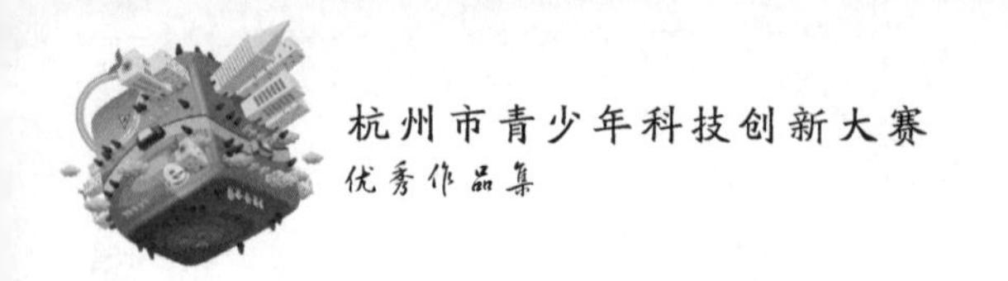

(1)心肌总 NOS(tNOS)与其磷酸化表达的蛋白表达条带图。

(2)反映 NOS 活性的磷酸化(p-eNOS)占总 NOS(t-NOS)的比值。P<0.05 vs WKY,P<0.05 vs SHR,每组例数 $n=5$ 。

4 结论和讨论

本研究的主要发现是低强度运动训练能明显降低高血压大鼠的血压,刺激高血压大鼠心肌组织内 NO 的生成与释放,并与低强度运动训练增加高血压大鼠心肌组织内 eNOS 磷酸化程度,增加 eNOS 活性利用度机制有关。本研究采用的低强度训练(耗氧量占最大值的 55%)是根据先前的同类研究步骤,这种强度的训练并不影响正常机体的血压程度,而对高血压动物具有改善作用,同时也有研究提示高强度的训练(耗氧量占最大值的 75%以上)并不对高血压病人或动物具有改善作用。我们的研究也证实了这种观点,如图 1.5-2 所示低强度训练并不影响正常动物的血压,而对 SHR 的高血压具有明显的改善作用,因此我们认为目前所采用的运动训练方法是有效合理的。在高血压状态下,心肌组织内 NO 释放是明显下降,NO 减少与心肌组织细胞的增生、纤维化密切相关,是高血压心肌病理改变的主要机制之一,我们证实运动训练能明显增加高血压大鼠的 NO 含量,提示运动训练可通过增加 NO 生成释放从而具有改善高血压心肌组织的病理改变。NO 的生成释放需要 eNOS 的活性,有趣的是我们发现高血压大鼠的 eNOS 总蛋白是增加的,但真正体现 eNOS 活性的是其磷酸化程度,我们证实高血压大鼠心肌组织内 eNOS 磷酸化程度不高,提示高血压大鼠内 eNOS 总蛋白的增加可能是一种代偿性,但其利用度低,NO 的生成释放还是低的,但运动训练能明显改善这种情况,能明显增加 eNOS 的磷酸化程从而诱导 NO 的生成和释放,有利于改善高血压心肌的病理改变,并纠正高血压状态下的心血管功能紊乱。但运动训练具体如何促进心肌组织内 eNOS 磷酸化,其机制还不明确,有待今后进一步研究。

5 创新点、意义与展望

创新点:①本课题首次明确了运动训练通过上调心肌组织中 NO 释放进而改善高血压状态下心肌的功能;②本研究首次从分子层面上明确了运动训练改善心肌组织 NO 释放是通过增加 eNOS 磷酸化和其利用度来实现的;③本课题采用自发性高血压大鼠为病理模型,为运动训练改善高血压提供了可靠的理论支持;④本研究采用低强度运动训练模式,证明适量运动能够改善心血管功能,为高血压患者采取适量运动改善心功能提供了有力的理论依据。

意义与展望:通过本研究,证实低强度的运动训练对 SHR 的高血压具有明显的改善作用,有效增加高血压大鼠心肌组织内 eNOS 磷酸化程度,增加 eNOS 活性利用度,刺激

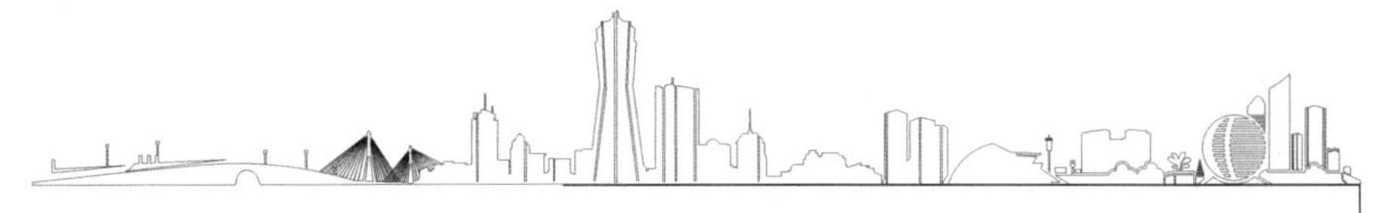

NO生成和释放，从而降低血压并改善高血压状态下的心血管功能紊乱。这一通路可能是运动训练有效改善高血压心血管功能紊乱及心肌肥厚发生的重要机制。可以为今后广大高血压患者制定有效可行的非药物治疗方案提供重要依据。

本人出生于医学世家，从小耳濡目染，酷爱医学，喜欢研究探索生老病死的奥秘，立志成为一代医学宗师。现阶段，我是一名优秀的生物竞赛生，已经初步涉足生理学、遗传学、细胞学等领域的学习研究以及动植物实验，掌握了一定的实验研究技能。因我父亲家族高血压高发，数位老人因高血压导致的脑中风离世，故本次实验研究我以“高血压”为题材，用Wistar-Kyoto大鼠做成自发性高血压的病理模型为实验对象，并得到了国内知名生理学教授的指导，完成了我人生中第一篇生物医学领域的处女作。期间碰到了很多未知的知识领域比如生理学、生物化学以及实验操作与医学统计中的疑难问题，在查阅文献与教授、学长们的指导下一一得到解决，既增长了医学知识又初步掌握了生物医学的实验研究技能，从而更加坚定了我的专业研究方向，为实现自己的理想奠定了基础，增加了信心。

备注

一、论文中图1.5-2的具体实验数据说明见表1

论文图1.5-2 运动训练(ExT)对WKY和SHR血压(BP)的作用

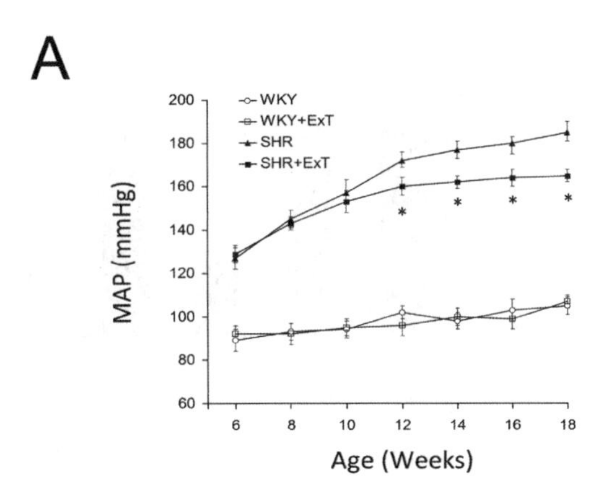

表 1　四组大鼠平均动脉压监测均值(单位:mmHg)

分组 \ 大鼠周龄 age(week)		6w	8w	10w	12w	14w	16w	18w
正常血压大鼠	非运动组 WKY	89	90	92	102	98	102	106
	运动训练组 WKY+ExT	91	90	92	96	99	100	108
高血压大鼠	非运动组 SHR	126	144	155	173	179	183	188
	运动训练组 SHR+ExT	128	142	152	160	164	165	166

解读:1. 大鼠血压随着年龄增大而逐渐增高;

2. 正常血压大鼠实验组(运动训练组)与对照组血压无显著改变,即运动对正常血压大鼠的血压无影响;

3. 高血压大鼠实验组(运动训练组)在运动训练后(第 12 周起)显著低于对照组血压,即运动能降低高血压大鼠的血压。

二、论文中图 1.5-5 运动训练对心肌 NOS 蛋白表达的影响

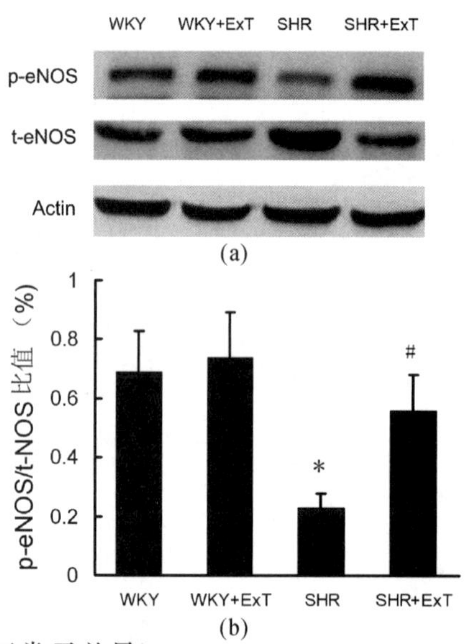

图 1.5-5(a)说明(/ :正常无差异)

	正常血压组 WKY	正常血压运动组 WKY+ExT	高血压组 SHR	高血压运动组 SHR+ExT
有活性 eNOS (p-eNOS)	/	/	显著降低	显著增高
eNOS 蛋白总量 (t-eNOS)	/	/	增高	减低
心肌细胞肌动蛋白 (Actin)	/	/	/	/

解读：1. eNOS磷酸化(p-eNOS)在高血压心脏的表达要明显低于正常血压组，但运动训练能增加高血压动物心脏eNOS磷酸化的表达；

2. 心脏内eNOS的总量在高血压组明显高于正常血压组，但运动训练能减少SHR的eNOS高表达。

图1.5-5(b)说明

	正常血压组 WKY	正常血压运动组 WKY+ExT	高血压组 SHR	高血压运动组 SHR+ExT
p-eNOS/t-eNOS (有活性NOS/总eNOS)	0.64	0.73	0.24	0.57

解读：eNOS的磷酸化与总蛋白比例在高血压组要明显低于正常血压组，而运动训练后其比例要明显增加，提示eNOS的活性明显增加。

参考文献

[1] Joyner MJ, Green DJ. Exercise protects the cardiovascular system: effects beyond traditional risk factors. J Physiol. 2009;587: 5551-5558.

[2] 李妍妍. 高血压左室肥厚的机制研究进展[J]. 中国当代医药, 2010, 17(6): 16-18.

[3] 陈琦，吴延庆，程晓曙，等. 香氧自由基在一氧化氮缺乏所致高血压及心血管重构中的作用[J]. 中国临床康复, 2006 10(44): 198-201.

[4] 陈瑞娟，汪道文. 内皮源性一氧化氮合酶的活性调节[J]. 中国分子心脏病学杂志 2005.06.15; 5(3): 549-552.

[5] 孙红梅. 不同运动负荷对大鼠心肌与血清一氧化氮及其合酶的影响[J]. 中国运动医学杂志, 2008, 27(2): 214-215,213.

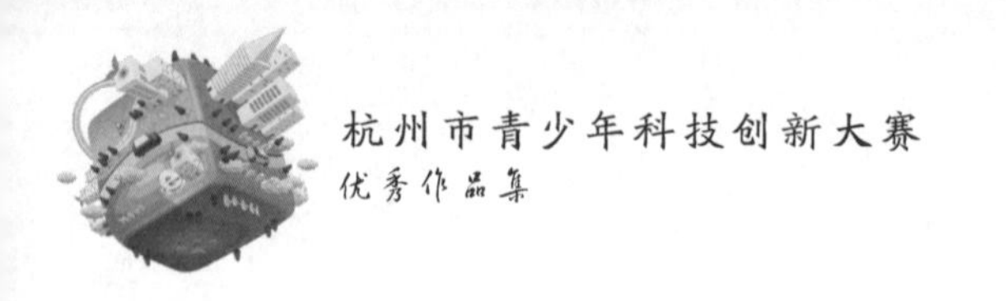

一种环保节能降温加湿空调的研制

杭州第二中学　裴宇洋　指导教师：陈颜龙

摘　要：该项目的研究目的是研制一种可以解决目前普通空调所具有的高能耗、高排放及氟利昂制冷剂对环境破坏等问题，并主要适用于厂房、仓库及大型半开放场所的环保节能空调。该空调的PVC进风降温系统由废旧塑料瓶制成，瓶身在外瓶口在内，利用气体压缩释放热量的原理对热空气自然降温；蜂巢状环保水幕材料则利用了同等面积内蜂巢的正六边形表面积最大的原理，使热空气流经水幕时可以获得有效的冷却；水循环系统则可以对水幕材料进行循环喷淋，避免水资源的浪费。在实验中，将该空调安装在10 m^2 房间的窗口处，当室外温度为35℃时，运行3小时后室内温度可以降低到27.8℃。研究结果表明，该空调具有经济（总造价仅为中央空调10%左右）、节能（100 m^2 车间耗电0.5度/小时）、环保（水蒸发制冷，无氟利昂）、健康（自然送风、无污染）等特点，可广泛适用于大型工厂、大型仓库及畜牧场所。

关键词：环保节能空调；降温加湿；蜂巢水幕；厂房仓库；净化空气；PVC进风

1　研究背景

近年来随着人民生活水平的日益提高及全球气候变暖，我国每年都在提高空调的需求量。但传统空调目前存在以下主要问题：

1.1　制冷剂对环境的污染

普通空调中的制冷剂氟利昂会对臭氧层产生破坏。破坏的元凶，会在强烈紫外线的作用下被分解，分解释放出的氯会发生连锁反应，不断破坏臭氧分子。科学家估计一个氯原子可以破坏数万个臭氧分子。

1.2　"空调病"对人体健康的影响

家用空调散热片的污染情况极为严重，在被卫生组织抽查的家用空调中，88%散热片细菌总数超标，84%散热片霉菌总数超标，平均数值多达每平方厘米3 866.48个，超过中央空调通风系统卫生检查标准近40倍，最严重的超标高达近百倍。在检测出的细菌

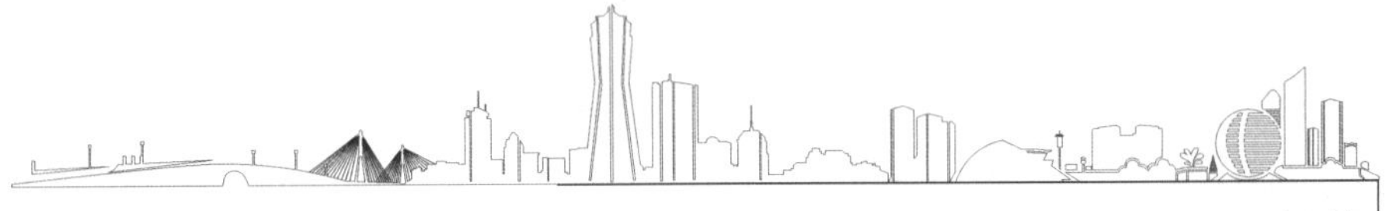

中，包括金黄色葡萄球菌、军团菌等各种致病菌，成为一大室内环境污染源。

1.3 高能耗

随着现代社会电力日渐紧张，传统的高费用、高耗能空调已经逐渐不能满足社会发展的实际需求。尤其是应用于大型场所的公共空调，更加是能耗的主要因素之一。

2 研究目的

本项目的研究目的，是设计一款新型的环保节能降温加湿空调，可以解决目前普通空调所具有的高能耗、高排放及氟利昂制冷剂对环境破坏等问题的，可广泛应用于纺织、注塑、鞋材、电子等各种密集度大、热源大、易产生污染、通风不良工业企业车间、大型仓库，在集约化畜禽场中也可以广泛使用，不受场所是否密闭的限制，无需增加送风管道设备，即可达到通风降温，能有效地改善空气的温度、湿度和空气气流等情况，以便切实满足实际生产需求。

目前大型工厂、仓库、养殖场夏季采用的防暑降温方法有：自然通风、风扇通风、滴水降温与喷雾降温、制冷空调等。但这些方式方法均存在各自的缺点：当气温较高时，用风扇降温无济于事；采用滴水或喷雾降温，其喷嘴易堵塞或漏水，雾化不好时容易造成病原微生物污染；使用传统空调、工业制冷设备，不仅设备投入高、运营成本大，而且还受到场所开放情况的限制，效果不理想。

本系统在防暑降温性能上接近市售空调，价格稍高于风扇，在降温加湿效率上又大大高于喷雾降温，在使用上又比负压式降温机灵活经济，适合目前封闭、开放、半开放的工厂、仓库、畜牧养殖场，可解决夏季防暑降温和通风问题的生产现状和实际需要。

3 研究方法

3.1 环保节能降温加湿空调的组成及工作原理

环保降温加湿空调系统包括水循环喷淋系统、环保水幕降温材料、负压风机、PVC进风降温系统、控制装置及相关配件。整个系统的关键部分是进风降温系统、水循环喷淋系统、环保水幕降温材料。

本空调的PVC进风降温系统由废旧塑料瓶制成，瓶身在外瓶口在内，利用气体压缩释放热量的原理对热空气自然降温；蜂巢状环保水幕材料则利用了同等面积内蜂巢的正六边形表面积最大的原理，使热空气流经水幕时可以获得有效的冷却；水循环系统则可以对水幕材料进行循环喷淋，避免水资源的浪费。如图1.6-1所示：

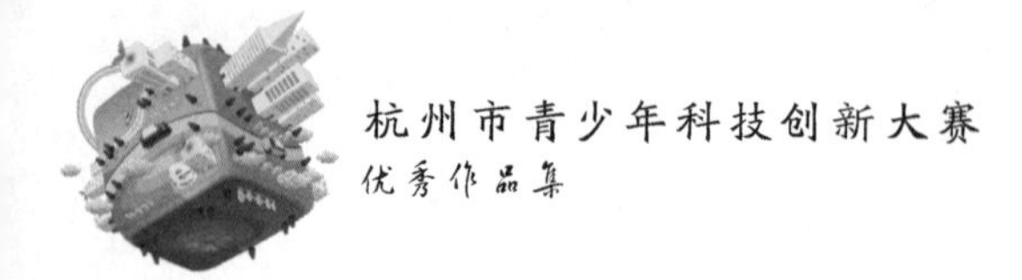

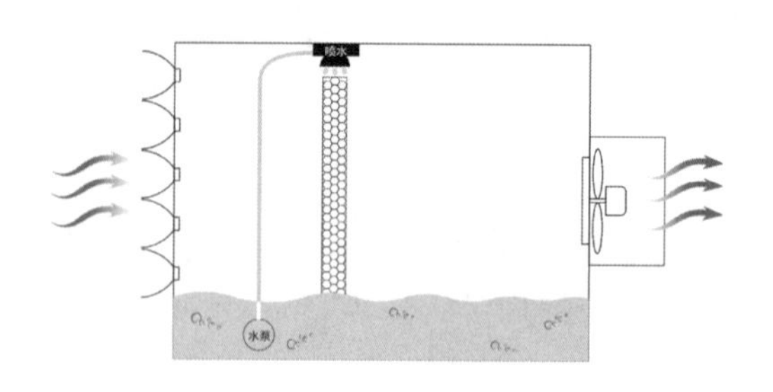

图 1.6-1　PVC 进风降温系统

环保水幕降温材料由蜂巢状的特殊纤维材料制造，其工作原理是：当风机运行时，机腔内产生负压，使机腔外空气流进多孔湿润的水幕降温材料表面进入腔内，同时水循环系统工作，水泵把机腔底部水箱里的水沿着输水导管送到水幕降温材料的顶部，多角度喷淋，使蜂巢状纤维材料充分湿润，蜂巢状纤维材料表面上的水在空气高速流动状态下蒸发，带走大量潜热，迫使流过蜂巢状纤维材料的空气的温度低于机腔外空气的温度，即负压风机出口的温度比室外温度低 5～12℃。

设计水幕降温系统的时候，需要合理应用蒸发吸收热量的方式来达到降低室内温度的目的。设计结构时需要依据散射状水幕形式流过蜂巢纤维材料，确保风机可以向机体外部进行吹风，在经过水幕以后机腔内部空气在物理因素的影响下，通过水幕散失热量，从而起到降低室内温度的作用。

PVC 进风降温系统是用废旧的塑料瓶制成，环保实用。瓶身在机箱外，瓶口在机箱内，当室外的热空气从较宽瓶身进入较窄瓶颈时，由于压力发生变化，空气自然冷却。就像我们平时往手上哈气，会发现气流是温热的，但当你撅起嘴吹气，吹出来的气却是清凉的。这是利用了气体压缩，释放热量的原理，来冷却空气。热量又被机腔内的水吸收，从而实现降温。塑料瓶制成的进风降温系统，环保，易制作，还不需要用电，是一种新型实用环保的降温系统。如图 1.6-2 所示。

此设备主要安装在大型仓库，养殖场、厂房等半开放的室内室外交界处或者窗口。空气愈干热，温差愈大，降温效果越好。由于进风口安装于室外，安装于仓库内的出风口吹出的冷风始终来源于室外空气，所以能保持室内空气新鲜清凉；同时由于该机利用蒸发降温原理及气体压缩降温原理，降温效果明显，又经济环保。机腔内的水循环喷淋系统，可以增加空气的湿度。因此，此环保降温空调具有降温、加湿和改善空气质量三重功能。

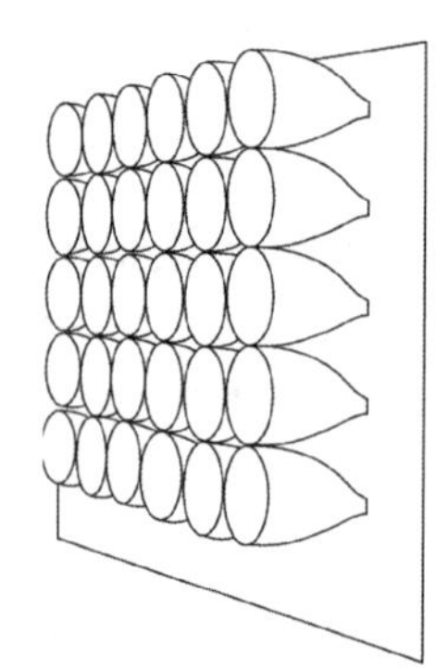

图 1.6-2　蜂巢状的水幕降温材料

环保降温加湿空调其降温加湿效果受诸多因素影响，包括水幕降温材料，风机大小，循环水量，PVC 降温瓶的弧度尺寸等。我们模拟了仓库环境测试了该环保降温加湿空调的降温加湿效果。

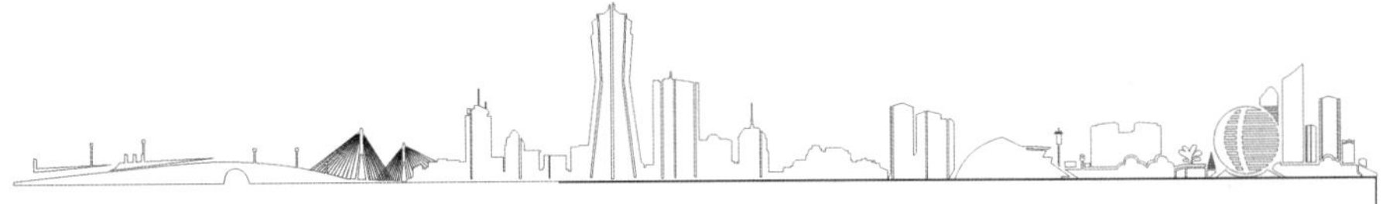

3.2 模型制作

环保降温加湿空调系统包括水循环喷淋系统、环保水幕降温材料、负压风机、PVC进风降温系统、控制装置及相关配件。如图1.6-3所示。

环保降温空调系统的设计及制作：

(1) PVC进风降温系统：准备12个矿泉水瓶，将瓶子中间剪开。插入开孔的塑料箱面板上。

(2) 水循环喷淋系统：自购小型潜水泵一台，功率7 W。喷头，水管若干(森森牌多功能潜水泵，型号HJ-500)。

(3) 环保水幕降温材料：定制高密度蜂窝状纤维材料(型号5090)。

(4) 负压风机：自购一台直径约20 cm的工业抽风机(彭克牌工业排风扇，型号T-200)，功率80 W，吸风风量1 500 m^3/h。

(5) 控制装置、电源等。

(6) 机体：自购塑料箱一只，长约50 cm，高35 cm，宽35 cm。两边开孔，左边开12个左右的小孔(孔径3 cm左右)，用于安装塑料瓶。右边开一个20 cm直径的大孔，用于安装负压风机。

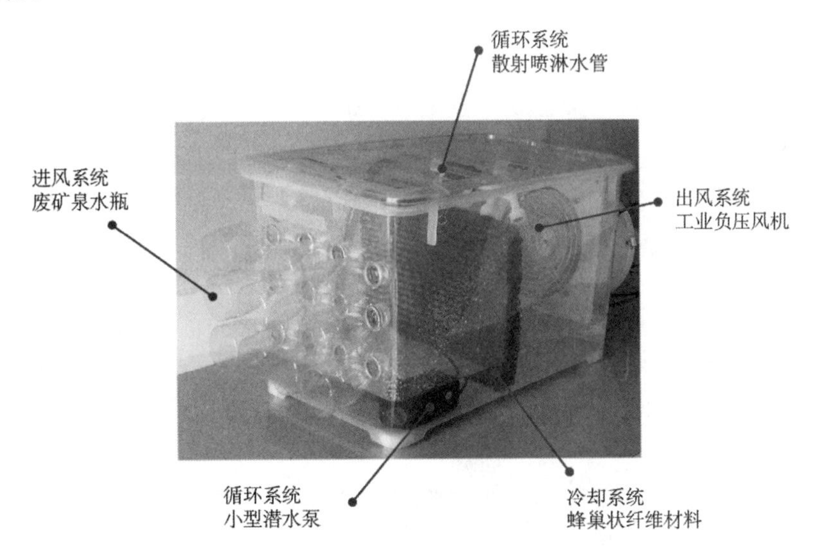

图1.6-3 降温系统模型

3.3 安装方式

(1)密闭的车间：安装在窗户上，窗式环保降温风机。

(2)半敞开环境(大型仓库，活禽养殖场)：安装在室内室外交界处。

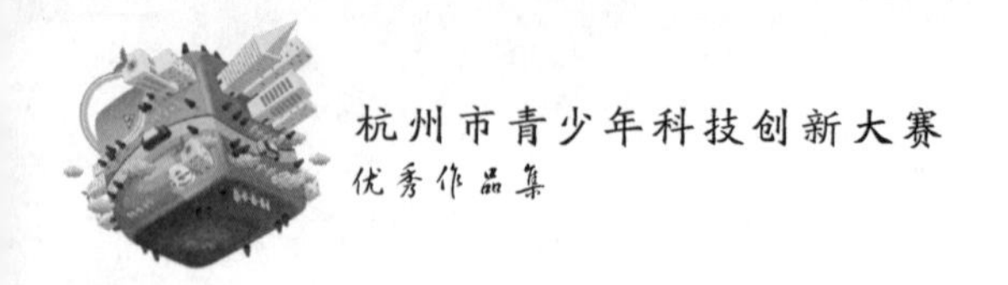

4　实验结果

模拟环境，测试环保降温空调降温、增湿效果。

选一气温较高的时间(中午35℃)，找一个10 m^2(约3 m×3 m)左右的房间，在窗口安装此环保降温空调，测试室外空气的温度及湿度和室内的温度及湿度。开启此环保空调0.5 h、1 h、2 h、3 h，测试室内的温度及湿度。同时分别在室内出风口的0.5 m、1 m、2 m、3 m处分别测试温度及湿度。如表1.6-1所示：

表1.6-1　安装前后温、湿度变化表

测试结果	室外温湿度	使用环保空调前室内温湿度	使用后0.5 h室内温湿度	使用后1 h室内温湿度	使用后2 h室内温湿度	使用后3 h室内温湿度
温度(出风口0.5 m)℃	室外温度35℃ 湿度58%	室内温度35.5℃ 湿度57%	31.8	30.2	27.6	26.9
湿度(出风口0.5 m)%			62	65	68	70
温度(出风口1 m)℃			32.2	30.8	28.2	27.2
湿度(出风口1 m)%			60	64	67	69
温度(出风口2 m)℃			32.7	31.5	28.6	27.5
湿度(出风口2 m)%			59	63	66	68
温度(出风口3 m)℃			33.1	32	28.8	27.8
湿度(出风口3 m)%			58	62	65	67

测试结果显示：室内温度随使用时间呈递减趋势，湿度呈递增趋势。

离出风口越近，温度越低，湿度越高。

如果室外温度35℃，室内温度最低能降到25℃。

温湿度测量仪器型号：乐享工业级温湿度计LX8013。

为进一步证实此款环保节能降温加湿空调安全有效，我们委托了第三方检测机构进行检测，此款环保节能降温加湿空调已经通过浙江方圆检测集团检测，可有效降温加湿(详见附件检测报告)。

浙江方圆检测集团是全国质量技术监督系统非盈利的第三方检验机构，具有国家电器安全质量监督检验中心资质认定授权证书(编号：2016国认监认字447号)。检测机构应用相关设备和数据采集系统对此款环保节能降温加湿空调做了检测。具体根据国家

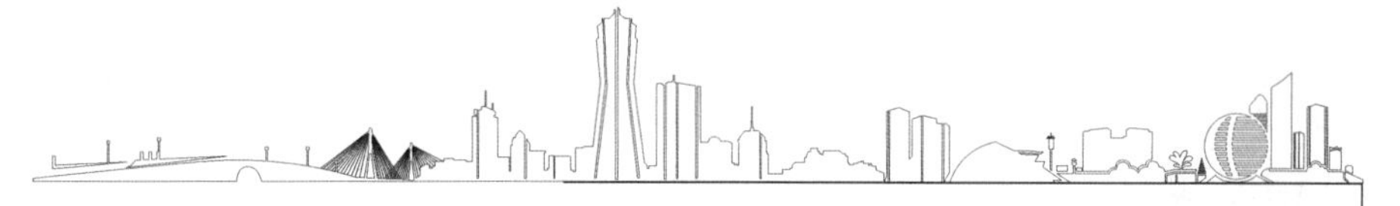

检测标准 GB/T23333-2009《蒸发式冷风扇》进行检测(测试方法见下文),结果显示,此机器入风口温度 38.03℃,出风口温度 32.91℃,可降低温度大于 5℃;蒸发量为 0.502 L/h,测试充分证明此模型确实有降温加湿效果。如表 1.6-2 所示:

表 1.6-2 检测结果

检测项目	技术要求	检测结果	单项判定	备 注
蒸发量	在标准规定的工况条件下进行蒸发冷却运行时,测试单位时间内所消耗的水的容积,提供实测数据	0.502 L/h	/	/
能效比	在标准规定的工况条件下进行蒸发冷却运行时,测试单位时间内气流所减少的显热量与器具所输入功率之比,提供实测数据	5.49 W/W	/	入口空气干球温度 38.03℃,出口空气干球温度 32.91℃

检测依据:GB/T23333-2009《蒸发式冷风扇》蒸发量测试方法:

(1)测试时冷风扇包含实际使用时所需的所有零部件和附件,并加满水;

(2)室内空气循环使距冷风扇 1 m 处的风速不超过 0.5 m/s;

(3)试验室大小满足冷风扇至四周墙壁的最小距离不小于 1 m,出风口至墙壁最小距离不小于 1.8 m,试验装置能模拟冷风扇实际工作状态;

(4)干湿球温度的检测方法与 GB/T7725 所列的方法一致。干球温度的测量不确定度不超过±0.15℃,湿球温度的测量不确定度不超过±0.2℃。所有湿球温度的测量值都降至热力学湿球温度;

(5)冷风扇的加湿过滤材料(湿帘)与风量测试时的相同,并在高速下运行足够长的时间,以确保湿帘蒸发稳定;

(6)进入冷风扇的空气干球温度:38℃,湿球温度:23℃;

(7)使用普通蒸馏水;

(8)测试在冷风扇达到平衡状态,并且维持此平衡状态 20 min 后进行。每隔 5 min 读取一次测量值,共测 10 次,且在测量过程中,测量值偏离其设定值的最大差值不超过规定值;

(9)需记录数据。

蒸发量 Q 可由式计算:

$$Q=A[(m_1-m_F)/t][15/(t_i-t')]$$

能效比试验:

在测量蒸发量的同时,测定冷风扇的能效比。

试验时出口干球温度的测量与 GB/T7725 所列的方法一致。测量不确定度不超过±0.15℃。

测量仪器具有不低于±0.1℃ 的准确度。测试在冷风扇达到平衡状态,并且维持此

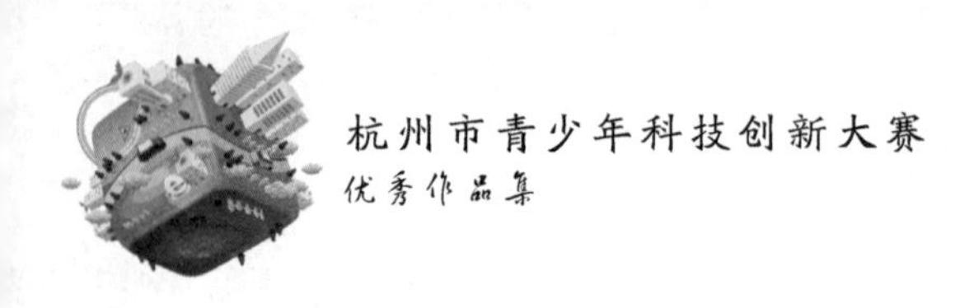

平衡状态 20 min 后进行，每隔 5 min 读取一次测量值，共测量记录 10 次，同时记录冷风扇每次的实测输入功率。

每次测定能效比的值按式进行计算：

$$EER = q_v \rho c_p (t_i - t_o)/W$$

可根据实际需求，将 2 台或者 3 台同样的设备并联，加大降温加湿效果。

5 研究结论

人体最舒适的室内温湿度是：冬天温度为 18～25℃，湿度为 30%～80%；夏天温度为 23～28℃，湿度为 30%～60%。在此范围内感到舒适的人占 95%以上。经过测试，当室外温度为 35℃，湿度为 58%时，使用此环保空调后，室内温度最低可降到 25℃，湿度可增加到 70%。说明此环保降温空调，有较好的降温加湿效果。且经济实用，耗电量低，绿色环保，无污染，具有广泛的应用价值。

环保降温空调的风机大小及功率，降温水幕材料的面积及厚度，水循环量，PVC 进风降温系统的构造及进风口大小，室内外温度差等因素，都会影响此设备的降温增湿效果，影响系数还需要通过实验进一步测试。

如果用于大型厂房，大型仓库，大型畜牧养殖场，则需要根据实际情况，增加设备数量及设备配件的功率及尺寸。

环保节能降温加湿空调与普通空调对比：

(1) 投资少，总造价相当于中央空调的 10%。(100 m^2 的中央空调，费用 2 万元左右，此环保空调只要 1000 元)。

(2) 耗电少，100 m^2 生产车间每小时耗电 0.5 度，与同等面积安装的传统中央空调比，只有 1/5 左右。

(3) 全环保、无污染、无氟利昂、运行稳定性极高。

(4) 结构简单，故障率极低，维修成本低。(中央空调几年后，发电机故障等，维修成本高。)

(5) 使用寿命比传统空调长。

(6) 传统中央空调直接利用氟利昂制冷，空调容易污染，通风换气功能差，长时间使用易得“空调病”。此环保空调自然送风，应用空气压缩制冷，水蒸发制冷的原理减低气温，增加空气湿度，还能净化空气。

(7) 夏天天气干燥，此环保空调降温同时，可以加湿，增加环境舒适度。一般温度可以降低 5—12℃。

(8) 环保空调清洗方便，可减少细菌滋生，粉尘的积累。

(9) 适用于敞开式、半敞开、封闭环境，直接输送自然风及降温后的凉风。降温同时兼顾换气，将室内带有异味、混浊闷热的空气排出室外。

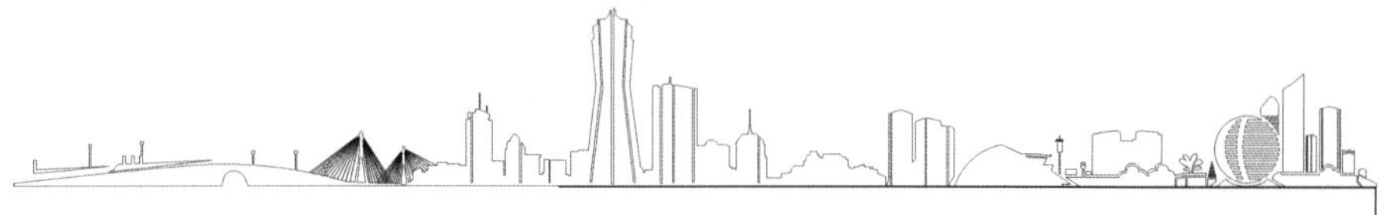

（10）适用的场合众多。工业厂房、养殖畜牧业、大型仓库等，敞开式、半敞开、封闭环境都可应用。

此环保节能降温加湿空调除降温效果及速度略低于传统空调，其他方面均优于传统空调，具有广泛的应用价值。

6 创新亮点

此环保节能降温加湿空调能有效解决通风降温的问题，利用 PVC 进风降温系统的气体压缩冷却原理和循环水喷淋系统及水幕降温材料的水蒸发吸热原理，可有效排出热气、废气、污气，解除高温闷热、空气污浊的问题。此降温系统能有效地改善室内空气的温度、湿度，同时也能减少有害气体的浓度。

在整个系统的相互配合下，抽风机迅速排走室内热气、废气和异味，系统开机后，室内空气处于不断更新中，有效解决闷热问题。此环保空调采用水作制冷剂，制造和使用过程中对环境无污染. 水幕可增加空气湿度，还可净化外来空气携带的粉尘和微粒，高效循环地净化空气。

在当前节能减排形势下，将节能、经济、环保的降温系统用于中小型厂房、大型仓库、畜牧养殖业，同时还可将其应用于更广泛的领域。不仅能提高室内及半开放型车间仓库的舒适性，还能增加新鲜空气的流通，投资少，运行安装费用低，绿色环保，低能耗，同时兼顾换气、加湿、降温等多种效果，具有广泛的应用价值。

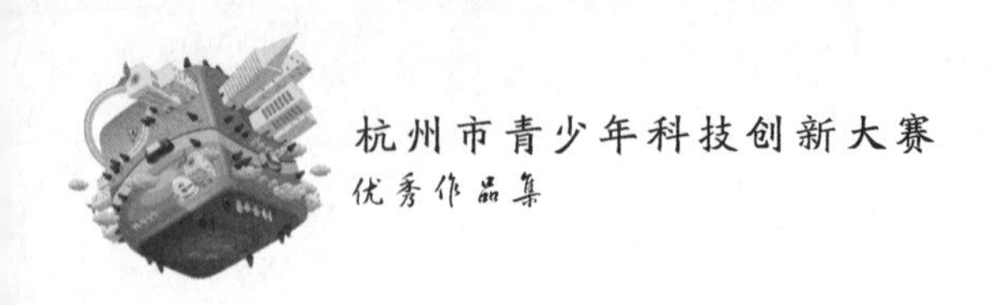

基于垂直变向的风力发电装置

浙江大学附属中学　王　贤　金祺然　指导教师：白小珍　项宇轩

摘　要：虽然南极的风力资源极为丰富，但是科考站内的发电方式却不是风力发电，而是使用柴油发电机发电。因为现有的风力发电装置在较大的沙、石粒吹打在扇叶的迎风面上时，其扇叶会受到损伤，发电效率也会降低。在南极科考大力进行、南极旅游不断发展的今天，柴油发电不仅消耗大量的柴油，而且还污染环境。该项目旨在设计一种在极地环境下能有效利用风能并减少风力发电机损伤的装置。

关键词：发电机保护；风压发电；梭型外壳

1　研究背景

我们科技活动小组在研究南极的能源利用时发现：南极的风力资源虽然极为丰富，但是科考站内的电能却不是来自风力发电，而是使用柴油发电机发电，在南极科考大力推进、南极旅游不断发展的今天，柴油发电不仅要消耗大量的柴油，而且还污染环境，破坏南极脆弱的环境，很不符合我国加快生态文明体制改革，建设美丽中国的环保理念。

气象上所说的12级台风，风速能达到32.6 m/s，但南极的风速常常能达到55.6 m/s，有时甚至达到83.3 m/s，这么丰富的风力资源，为什么不能用来发电呢？我们经过上网查阅发现：虽然南极的大风天气很多，风能资源非常丰富，但由于现有的风力发电装置基本是由多片扇叶组成，中间有一根中轴。这种结构的风力发电装置在南极使用存在较大的技术缺陷：当较大的沙、石粒吹打在扇叶的迎风面上时，会造成扇叶的损伤；尤其在寒冷的暴风雪天气里，较大的雪粒高速打击在扇叶的迎风面上，其破碎的冰末会粘附在扇叶的表面，冰末的慢慢堆积冻结，扇叶越来越笨重，就会大大降低扇叶的旋转效率，且慢慢堆积冻结，还会改变扇叶原有的迎风面形状，当扇叶的迎风面不再是倾斜的光滑表面时，风吹在扇叶的迎风面上（实际上是吹在扇叶迎风面冻结的冰层上），扇叶的受力散乱，也会大大降低扇叶的旋转效率，甚至导致扇叶无法正常转动。

2　研究思路

通过观察分析、查询资料，我们发现要想实现这样的设想，需要设计一个具有以下关

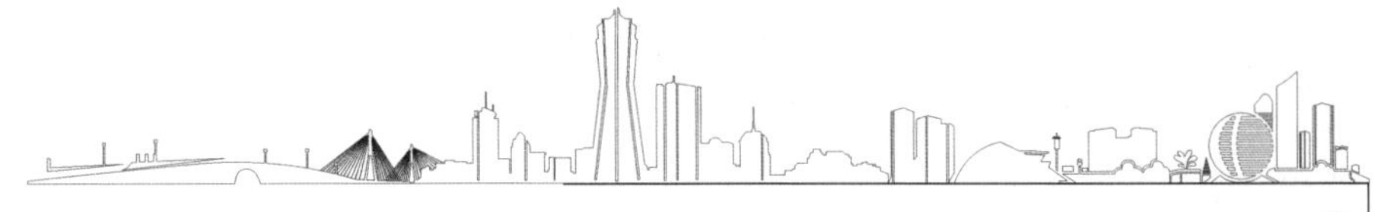

键特点的风力发电装置：

(1)具有在极地环境下减少风力发电装置损伤的结构；

(2)有效利用风能。

3 研究过程

3.1 如何在极地环境下减少风力发电装置损伤的方法讨论

关于减少风力发电装置损伤的方法，我们有一个初步的设计方向：是否能减少甚至避免风力发电装置的扇叶与沙、石粒、雪粒等颗粒的直接干扰。

因此，我们提出的第一个设想是利用空腔使大风中的颗粒物沉降以保护风扇。但经过讨论分析，我们发现需要定期清洁空腔，维护成本较高。且计算风能利用率时发现效率较低。

附：未经温度压力工况修正的气体流量的公式为：$v \times S$

经过温度压力工况修正的气体流量的公式为：

$v \times S \times (F \times 10+1) \times (T+20)/(T+t)$

v：流速；

S：截面面积；

F：气体在载流截面处的压力，MPa；

T：绝对温度：−273.15℃；

t：气体在载流截面处的实际温度。

在管道中的空气流入空腔中时，流量不变，截面面积增大，根据气体流量的公式，空气流速会相应减少。又因为空腔的截面面积很大，风速削弱作用较强，与我们的设计初衷相悖，于是我们继续研究别的方法。

3.2 如何有效利用风能

对于如何有效利用风能，我们思考有没有一种方法能提高风速来达到增加发电功率。这时，我们想到了飞机机翼的模型，飞机的机翼产生升力就是由于上下表面产生了不同流速的空气，那么我们可不可以也通过类似的结构，利用极地风带来的发电站内部与外部的气压差，于是我们设计了一个拱形的装置，如图 1.7-1 所示。为了探究这种设计是否可行我们决定通过实验探究这个问题。利用学校的实验室，我们做了一个实验 1，如图 1.7-2，图 1.7-3 所示。

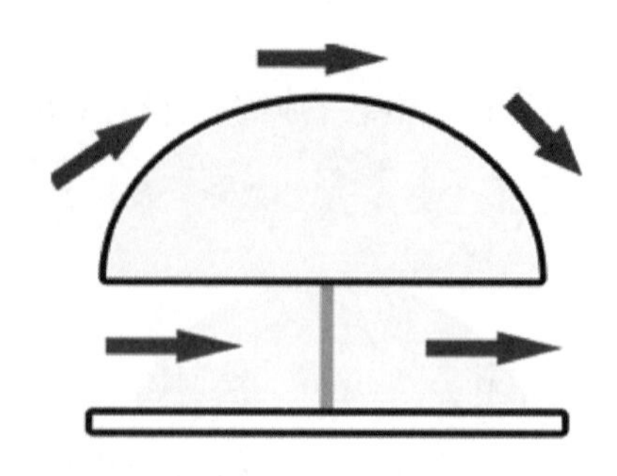

图 1.7-1 拱形装置示意图

实验报告 1

实验原理：通过轻小物体的摆动角度将难以测量的风速量化测量，从而判断装置的可行性。

实验过程：

（1）利用泡沫制作一个与发电站外形相似的拱形外壳，并在其下方做出风道。如图 1.7-2 所示。

（2）将一个较轻的物件悬挂在风洞中，用于将看不见的风速转换为物件的偏转角。

（3）利用吹风机制造出稳定的风。并测量有、无拱形顶部时风洞中的物件摆动角度。如图 1.7-3 所示。

设：测定物件的偏转角 θ，物件质量为 M，绳子的拉力 T，水平风力为 F，重力加速度为 g，可得：

$G_{物}=M_{物}\cdot g, G_{物}=T\cdot\cos\theta, F=T\cdot\sin\theta$，

综上，$\because F=M_{物}\cdot g\cdot\tan\theta$，$\therefore F\propto\tan\theta$，又$\because 0<\theta<1/2\pi$，$\tan\theta\propto\theta$，$\therefore F\propto\theta$。

实验现象：物件的偏转角 θ 在有、无拱形顶部的条件下几乎相同。

实验结果：发现有、无拱形顶部，风洞中的风力几乎没有差别。得出拱形的外壳对其下方的风道进风效果没有影响。实验结果证明我们的设计有问题，无法达到预期的效果，我们放弃了这个设想。

图 1.7-2 利用泡沫制作一个与发电站外形相似的拱形外壳，并在其下方做出风道，准备进行实验

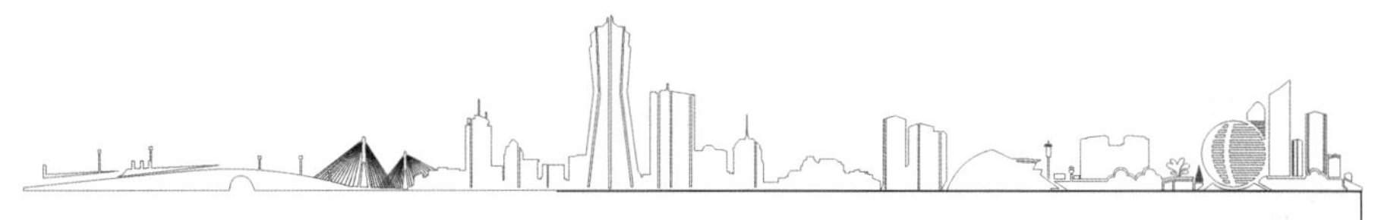

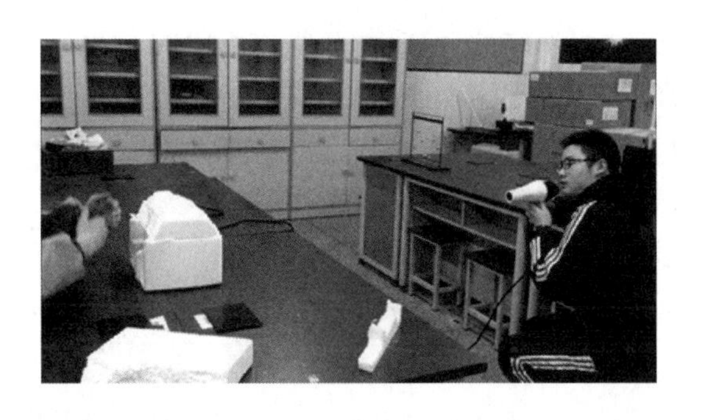

图 1.7-3　利用吹风机制造出稳定的风，并观察有、无拱形顶部时风洞中的物件摆动幅度

3.3　气压差的另一种利用

虽然放弃了实验 1 的设想，但我们认识到运用气压差来发电是一个很好的突破口。为满足"避免风力发电装置的扇叶与沙、石粒、雪粒等颗粒的直接干扰"这一需求，我们决定将拱形装置中开一个竖直管道，如图 1.7-4 所示：

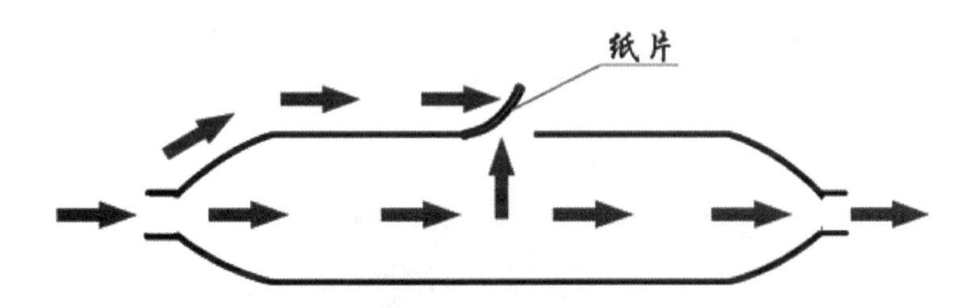

图 1.7-4　实验 2 的气流分析

根据气体流速越大压强越小的原理，拱形上部空气流速大，下部管道空气流速小，从而产生了上下空气的压强差，空气就会顺着竖直管道上升，此时若在竖直管道中安装风扇，那么气流会带动风扇转动，起到发电的效果。与此同时，空气中所携带的固体颗粒物因为自身重力以及惯性作用而无法随上升气流进入竖直管道，就随着水平管道的气流一起排出装置。

为了验证利用流体速度的不同所产生的压强差发电是否可行，我们利用塑料瓶进行了试验。

实验报告 2

实验问题：利用流体速度的不同所产生的压强差发电可行吗？

实验原理：流体速度不同，压强不同。且流速越大，压强越小。

实验过程：

(1)将两个塑料瓶去掉底部之后接在一起,制成空腔的形状。

(2)在第一步制成的空腔中部开一个小口,并粘上纸片。

(3)固定好上述装置,利用吹风机制造出稳定的风。

(4)观察在拧上瓶盖前、后纸片的形状变化。

空气流速与压强关系式:$1/2\rho v^2+p=C$

设:ρ 为气体密度;v 为气体流速;p 为气体压强,p_0 为标准大气压强;C 为常量(流速为 0 时的压强);S 为小孔面积;L 为纸带长度;纸片偏转角为 θ。

保持纸片平衡,可将纸带与瓶壁接触部分看做支点,列力矩平衡方程:

$\because (F_{竖直}-G)\cdot 1/2L\cdot \cos\theta=F_{水平}\cdot 1/2L\cdot \sin\theta$,

$\because G=M_{物}\cdot g, F_{竖直}=p\cdot S, 1/2\rho v^2+p=C$,

$\therefore F_{竖直}=[P_0-(C-1/2\rho v^2)]\cdot S=F_{水平}\cdot \tan\theta+G$,

$\therefore v^2\propto \tan\theta$.

$\because 0<\theta<1/2\pi, \therefore \tan\theta\propto\theta, v^2\propto\theta$.

实验结果:发现瓶盖拧上时(只有瓶子外部有风),纸片不能被吹起如图 1.7-5 所示。而在拧下瓶盖后(瓶子内外都有风),纸条向上立起了一个较大的角度,说明瓶子内外的压强差所产生的气体流速很大,证明了利用流体速度的不同所产生的压强差发电可行。示意图如图 1.7-6 所示。

图 1.7-5　瓶盖拧上时(只有瓶子外部有风),纸片不能被吹起

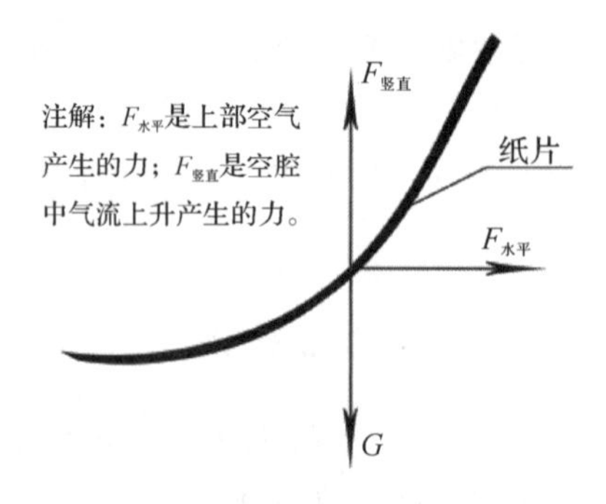

图 1.7-6　拧下瓶盖后(瓶子内外都有风),纸条向上立了起来

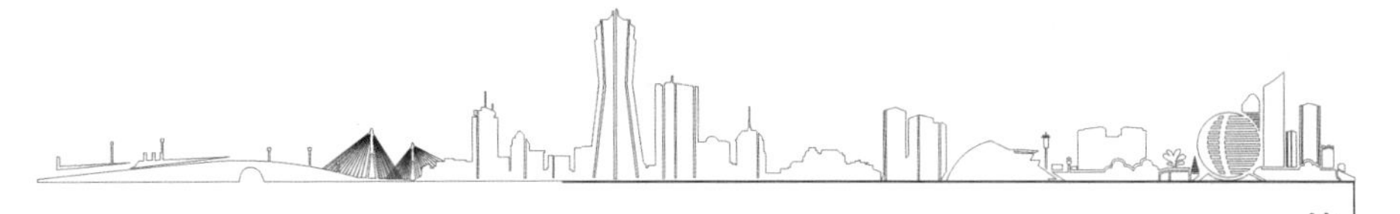

这样，我们实现了在减少甚至避免风力发电装置的扇叶与沙、石粒、雪粒等颗粒的直接干扰的情况下实现了风能的利用。

3.4 如何提高装置的风能利用率

我们首先提出的方法的是并排设置竖直风道，显然这虽然是提高风能利用率的基本方法，但这本质上没有做出重大改变。之后我们为了加大上下部空气的压强差，我们将底部的风洞合并在一起。

在翻看之前的设想和实验记录后，我们发现我们最初的设想的缺点，即空腔对空气流速的削弱作用，不正好加大了上下的气压差吗？于是，我们在图 1.7-4 的基础上进行改进，又进行了 3D 建模（图 1.7-7），绘制了三视图（图 1.7-8、图 1.7-9）。

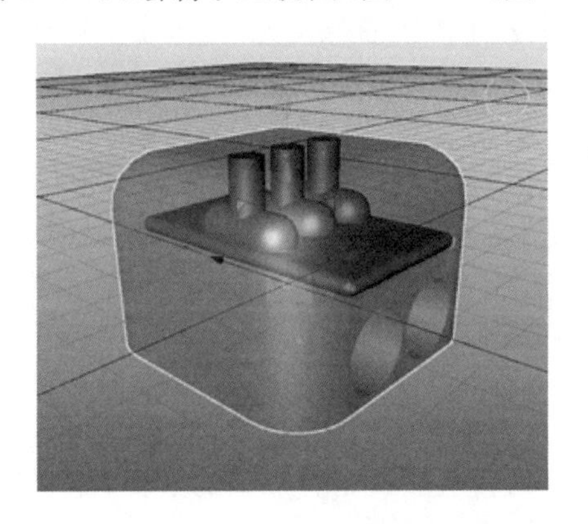

图 1.7-7　并排风道的 3D 设计图

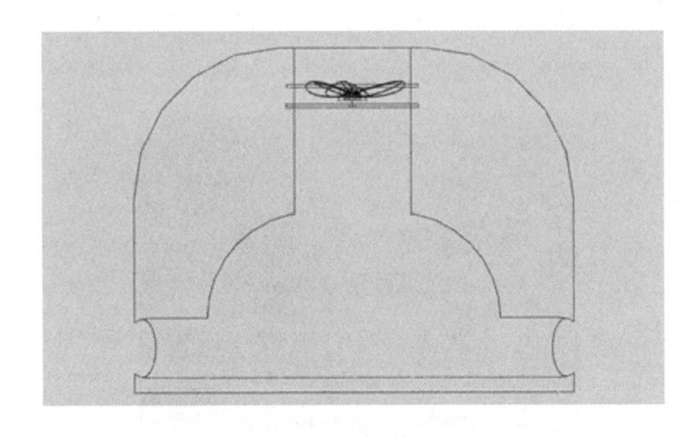

图 1.7-8　模型侧向剖面图

如图 1.7-8 所示，气从下部的通道进入中间的空腔，由于空腔的管径比通道大，所以气流在进入空腔后会减速，与上方的较快的气流产生较大的压强差，带动发电风扇转动发电。

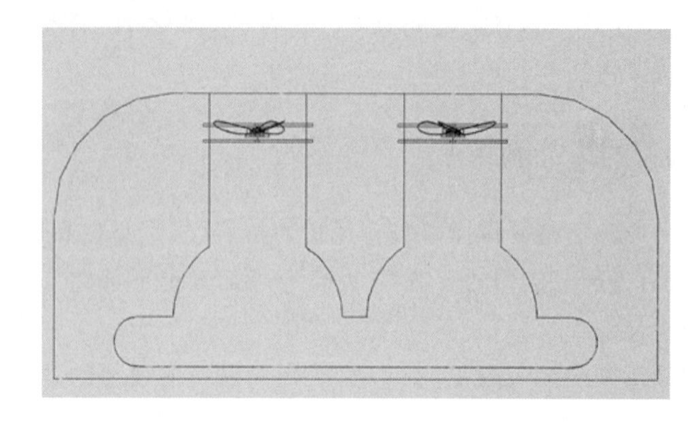

图 1.7-9　模型主视方向剖面图

如图 1.7-9 所示，有两个并排的竖直发电机，增大了对风能的利用率。

4　创新与完善

制作实物模型的过程，我们利用了 3D 打印技术。

在老师的帮助下，我们近距离接触到了这项技术，我们自学了“三维设计”与“3D 打印”（图 1.7-5 的模型就是其中一个设计）。虽然打印原理、软件操作、设计思维、打印机操作等各方面都没有基础，但我们秉着“修行靠自身”的精神，还是有所进步，我们的许多改进都是在电脑的模型上进行的。这些模型有准确的数据，能让我们很好地把控住模型的比例关系。

我们设计的模型内部较为复杂，所以我们将之放大并取其中的一半（剖面）来制作，并分了两部分打印。如图 1.7-10、图 1.7-11 所示。

图 1.7-10　我们借用学校的 3D 打印机打印模型

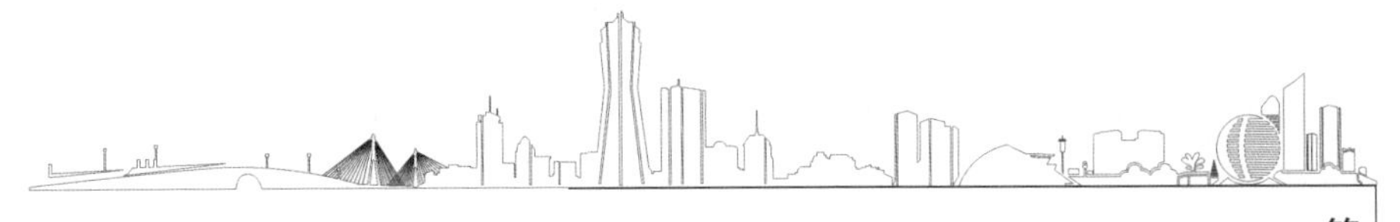

图 1.7-11　打印好的 3D 模型

5　成功的改进

在完成以上设计之后，我们将作品拿给老师看，向老师寻求意见。老师就我们设计的初衷“提高风能利用率”提出了几点建议。老师指出的第一点让我们脱离了思维定式，他提出，我们目前利用的仅仅是装置上侧，那是否可以改变装置形状，将装置改成梭形（圆筒形体），则可在装置的沿轴一周设置管道，这样就大大地提高该装置的利用率（见图 1.7-12，此为四根管道时的图，管道数目可更多）。当然，通风管道的口径也做出变化。

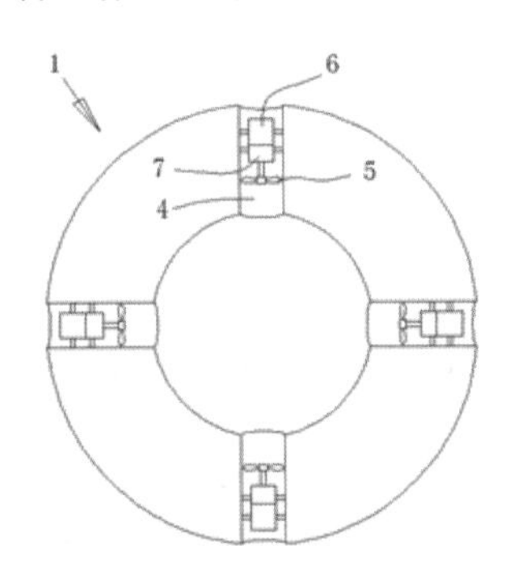

图 1.7-12　模型侧向剖面图

中间口径较大的为主通风管，四周设计了一周 4 个通风管道以加大对风能的利用。模型俯视图如图 1.7-13 所示。

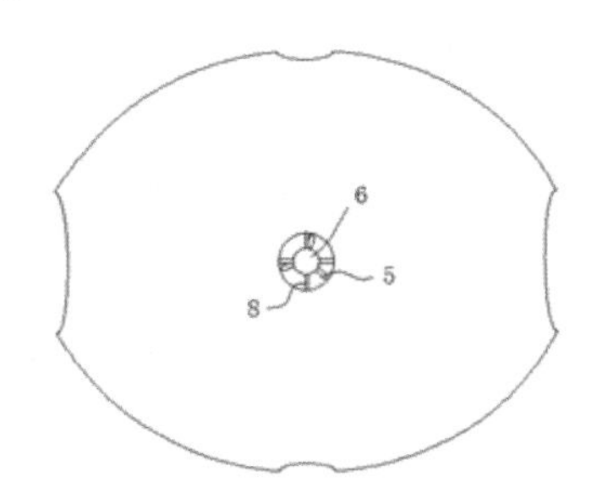

图 1.7-13　模型俯视图

之后，老师又提出了一个想法。他认为我们过于拘泥装置的对称性，于是我们有设想了新的形状（图 1.7-14、1.7-15）。我们查找了相关组件，最后设计了这种会随风向而改变朝向的装置，这样，我们的发电装置就能一直保持迎风的方向，又进一步提高了发电的效率。

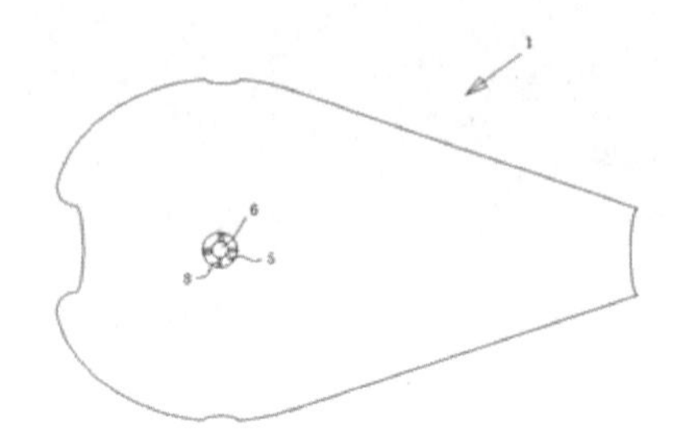

图 1.7-14　装置俯视图

装置外形已从原来的橄榄型变为水滴型。当风向改变时，装置的方向也会随之改变，保持迎风，增大效率。

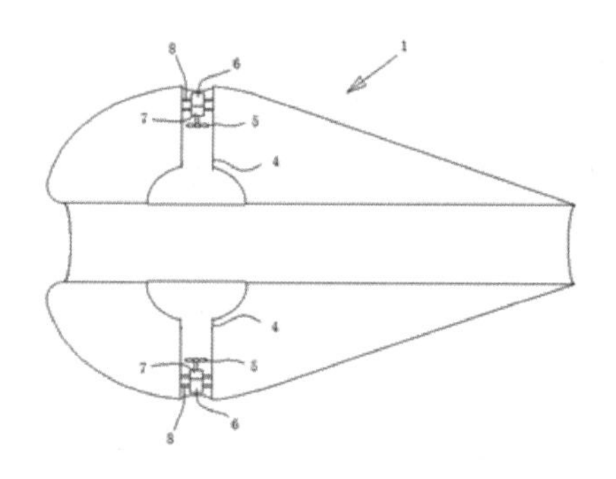

图 1.7-15　装置剖面图

这其中的公式推导及效率计算过程如下：Q 为流量，S 为管横截面积，$v_{上}$ 为上方速度，$v_{水平}$ 为水平速度，$v_{竖直}$ 为竖直速度，ρ 为空气密度，t 为流过时间，p 为实际压强，p_0 为标准大气压，Δp 为压强差，$p_{水平}$ 为水平压强，$p_{上}$ 为上方压强，L 为管长，Δt 为流完竖直管道所用时间，F 为所用力，$F_{平均}$ 为平均力（底到上约为线性关系 $F \to 0$），E_k 为气体总动能，η 为总效率，η_1 为风扇转换效率，η_2 为发电机效率，η_3 为转逆系统效率，W 为所发电功，P 为发电功率。

$Q=S \cdot v$

$m=\rho \cdot Q \cdot t$

$p+(1/2) \cdot \rho \cdot v^2=p_0 \quad (v_{水平}, v_{上})$

$\Delta p=p_{水平}-p_{上}$

$L=v \cdot t$

$F=\Delta p \cdot S-m \cdot g$

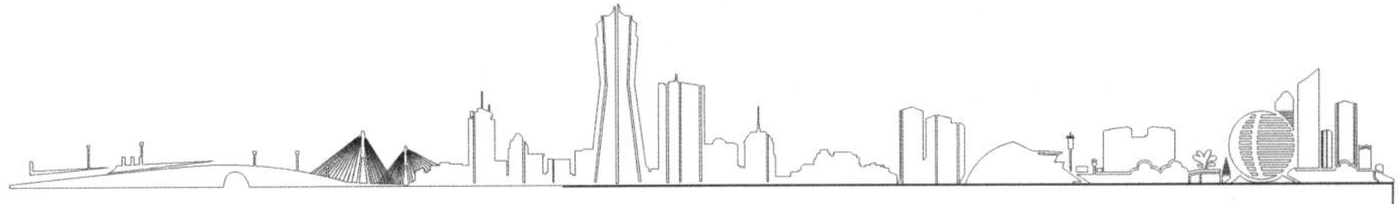

$F_{平均}=(1/2)\cdot F$

$F_{平均}\cdot \Delta t=m\cdot v_{竖直}$

$E_k=1/2\cdot m\cdot v_{竖直}^2$

$W=\eta\cdot E_k$

$\eta=\eta_1\cdot\eta_2\cdot\eta_3$

$P=W/t$

$(v_{水平}\cdot t)/L=(v_{上}\cdot t)/x_{上}$

$x_{上}=(1/2)\cdot\pi\cdot L$

综上得出，

$P=[(\eta_1\cdot\eta_2\cdot\eta_3)/2]\cdot[(1/16)\cdot\pi\cdot {v_{水平}}^2-(1/2)L\cdot g]^{3/2}$

$\eta_1=0.45$

$\eta_2=0.95$

$\eta_3=0.9$

$L=10$ m

$V=32.6$ m/s

计算得发电功率约 385 W。

后来，老师帮助我们将这个设计方案申请了国家发明专利，目前已经取得授权（见图 1.7-16）。

310012

杭州市西湖区天目山路 46 号宁波大厦 1301 室 杭州中成专利事务所有限公司

冉国政(18758067279)

发文日：

2018年01月18日

申请号或专利号：201710571749.5　　**发文序号：2018011500064040**

申请人或专利权人： 王贤 金祺然

发明创造名称： 基于垂直变向的风力发电装置

办理登记手续通知书

根据专利法实施细则第 54 条及国家知识产权局第 75 号公告的规定，申请人应当于 2018 年 04 月 02 日之前缴纳以下费用：

图 1.7-16　授权缴费通知书

[发明] 基于垂直变向的风力发电装置 - 201710571749.5 审中-公开
申请人：王贤 金祺然 - 申请日：2017-07-13 - 主分类号：F03D9/25(2016.01)I
摘要:本发明公开了一种基于垂直变向的风力发电装置，包括一圆筒形体，所述圆筒形体的筒壁延轴向的截面为：外侧的中部向外凸起构成弧形，内侧为直线形，在圆筒形体中部的筒壁上环绕该圆筒形体的轴线设有多个径向通道，在各个所述径向通道内均设有风力发电装置，所述...
阅读 - 下载 - 法律状态 - 信息查询 - 同类专利

基于垂直变向的风力发电装置 审中-公开

申请号：201710571749.5 申请日：2017-07-13

摘要： 本发明公开了一种基于垂直变向的风力发电装置，包括一圆筒形体，所述圆筒形体的筒壁延轴向的截面为：外侧的中部向外凸起构成弧形，内侧为直线形，在圆筒形体中部的筒壁上环绕该圆筒形体的轴线设有多个径向通道，在各个所述径向通道内均设有风力发电装置，所述风力发电装置包括用于驱动该风力发电装置的扇叶，所述扇叶的扇叶转轴之轴心与径向通道的轴心重合。本发明的一种基于垂直变向的风力发电装置，能够避免暴风将较大的沙、石粒吹打在扇叶的迎风面上损伤扇叶；在寒冷的暴风雪天气里，能够避免较大的雪粒高速打击在扇叶的迎风面上，克服扇叶旋转效率降低、甚至无法正常转动的技术缺陷。

申请人： 王贤 金祺然

地址： 310000 浙江省杭州市西湖区曙光路89号浙江大学附属中学玉泉校区

发明(设计)人： 王贤 金祺然

主分类号： F03D9/25(2016.01)I

分类号： F03D9/25(2016.01)I F03D9/45(2016.01)I F03D80/00(2016.01)I

图 1.7-17 SooPAT 专利网站检索结果

这次发明创造的尝试中，有失败，也有成功，这些都让我们受益匪浅，在这过程中，我们锻炼了自己的自学能力，学会了 3D 建模与打印技术。我们明白了一个道理，做事不要畏惧艰难，放手去做，相信自己。这也开拓了我们的视野，培养了我们的动手能力。这次经历，我们难以忘记；以后的路，我们再接再厉。

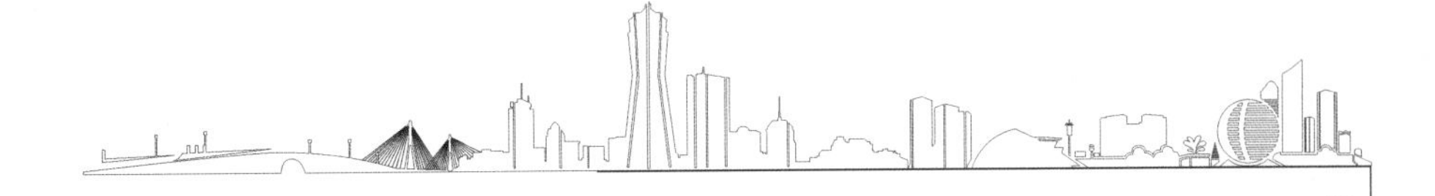

基于视觉技术的柚子品质分选机

杭州学军中学紫金港校区　罗凯缤　指导教师：杜　华

摘　要：柚子是人们非常喜欢的水果，它清香、酸甜、凉润，营养丰富，药用价值很高。但人们在购买柚子的时候，只能凭感觉（用手掂，感觉重一点的，表示水分足）来选择含汁量充足的柚子，但这种凭经验的选择往往准确度较低。经过大量的试验，发现挑选柚子，不能以大小来区分，而应该根据密度，密度越大，表示含水量越充足。为此，以密度为分级标准，我们设计了柚子品质分选机。项目包括上料装置、重量测试模块、体积测量模块、分选装置等。对同一批柚子来说（相同品种、相同产地、相同采摘期），以密度、大小、重量、形状这几个综合指标，来对柚子进行较为精确的分级。结果表明，项目可以区分出柚子的品质等级。项目取代人工，实现了柚子的精确分级，且体积小，成本低，使用方便，既可以改造为生产线适合柚子加工、销售企业使用，又适合普通水果店使用。还进行了查新，并申请了1项发明专利（申请号：201711312179.4）、1项实用新型专利（申请号：201721714823.6）。

关键词：柚子；品质分选；视觉

1　项目主题的选择

我的爷爷奶奶家临近海边，那里有着广阔的已经被围垦的滩涂，种植了各种果树，可谓是“百果园”，但我最喜欢吃的还是柚子，所以每逢柚子成熟时，我总想着去爷爷奶奶家，但每次要挑选品质好的柚子吃却并非易事。如图1.8-1所示：

图1.8-1　柚子

我从爷爷的口中了解到挑选柚子的技巧：首先，挑选柚子要选“不倒翁”，即上尖下

宽,颈短的柚子最好,底部如果是平面的柚子更佳。其次,还可从眼观、比重、手感等方面筛选优质柚子。如果柚子皮细洁,表面油细胞呈半透明状态,颜色呈现淡黄或橙黄的,说明柚子的成熟度高,汁多味甜。如果想放段时间再吃,最好选择颜色黄绿的柚子,在通风处可放1个月左右。同样大小的柚子,要挑分量重的。用力按时,不易按下的,说明果实紧密,质量更好。

图1.8-2 市场上的柚子

每逢这个季节,那里有大量的水果商,他们对水果品质要求越来越高,为促进贸易利益的最大化,实现公平竞争,果农们成群结队对水果进行采后分级处理,实现用水果"分级标准"将利润"分级",打造"卖点"。我爷爷也像大家一样,一个一个地抓在手里观察,然后又掂掂分量和手感,区分出一、二、三品质等级。确实我剖开"一级品"柚子,果然好吃。但挑选完一大堆的果子,眼看我爷爷已经直不起腰了,我好心疼。这使我产生能否设计一台能够自动分选柚子等级的装置的想法。我想减轻像我爷爷一样的大批果农挑选柚子的工作量,同时更好地解决柚子品质识别对人经验依赖的因素。于是我把想法告诉我一直从事机电设计工作的父亲,得到了父亲的鼓励。我暗下决心,将利用业余时间考虑解决挑选柚子遇到的问题。

2 发明的目的、思路及进度

2.1 发明目的

针对挑选柚子时遇到的种种问题,设计一款自动柚子分选机,代替人工(用手掂量),对柚子进行准确的分级(综合体积、重量、密度等指标)。

2.2 发明思路

(1)设计传送装置,使得柚子能够逐个上料。

(2)设计推送装置,将柚子推送至检测平台(可做360°旋转)。

(3)重量测量模块:选择重量传感器,测量柚子的重量。

(4)体积测量模块:摄像头的选择、体积计算。

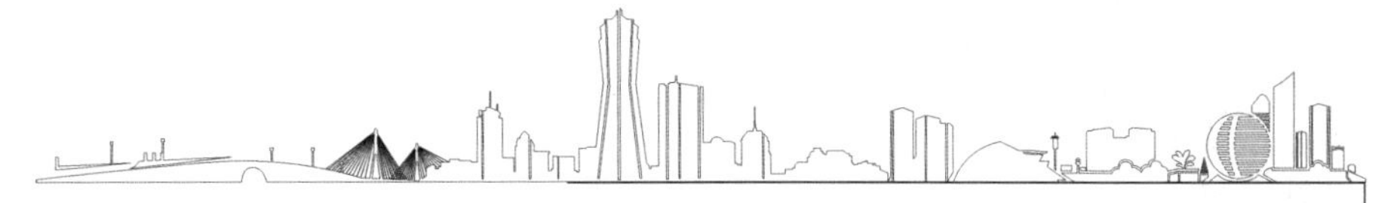

(5)设计分选装置，按照上述的测量结果，对柚子进行分级。

(6)体积比对试验：柚子真实体积与摄像头测量体积之间的比对。

2.3 发明进度

根据发明思路安排了课题进度表，如表 1.8-1 所示：

表 1.8-1 课题进度表

时 间	内 容	具体措施	备 注
2016 年 7 月 15 日	暑假开始		
2016 年 7 月 15 日—7 月 22 日	课题调研和资料查询	查阅国内外水果分级标准资料。调查、了解当前我国有没有相关或者相近的水果品质自动分级设备销售和报道	主要借助网站了解
2016 年 7 月 23 日—7 月 31 日	了解柚子品质分级筛选要点，构思实现每一要点需要配置的要素	① 爷爷的挑选经验与书本上相近水果分级标准要求结合，得出柚子品质分级筛选要点 ② 实现分选流程的工作原理	根据结合比较，高品质柚子的要点： (1)眼观：①外形：上尖下宽，颈短，底平，皮细，②颜色：表面油细胞呈半透明状态，颜色呈现淡黄或橙黄的 (2)比重：比重越大，果汁和水份含量越大，柚子品质越好
2016 年 8 月 1 日—8 月 10 日	根据配置要素，草拟装置实现方案	方案的模拟设想： 送料——柚子到达测重台位(称重传感器测出柚子重量)——实现柚子自动扶正机构——摄像装置——测重台面旋转装置(便于实现非接触式光电体积测量系统实现柚子体积的测量)——获取的柚子空间三维信息和相关算法得出物体的实际体积——根据柚子重量和体积数据，得出柚子的密度——划分柚子优、良、劣等品质密度参数范围，输入识别参数，实现柚子自动分级落座	
2016 年 8 月 11 日—8 月 31 日	研究实现草拟方案		
	(1)柚子送料结构方案	利用传送带自动实现柚子上料到测量平台	传送带类型的选择、传送带尺寸的确定、传送带速度的计算
	(2)柚子上平台后实现 360°旋转的平台方案	①推杆的设计、推杆尺寸计算、推杆行程计算、推杆形状的优化、推杆材料的选择 ②旋转装置构思	
	(3)利用重量模块实现柚子质量的测量	传感器的选择，实现柚子重量的测量，并具有信号的传输功能	柚子重量测量，选用称重传感器，根据正常柚子单果质量一般在 800—2 800 g，查询网站选择比较适宜的称重传感器，保证称重测量精度

续 表

时　间	内　容	具体措施	备　注
2016年8月11日—8月31日	研究实现拟草方案		
	(4)利用非接触式光电体积测量系统实现柚子体积的测量	系统通过对柚子从最底面到最高点进行逐层扫描，来获取构成柚子外表面的密集点云的三维坐标数据，然后根据获取的柚子空间三维信息和相关算法计算出物体的实际体积	具体的实现方法是上位机控制COMS摄像头和激光发射器作为三维数据获取和数据处理单元，单片机控制步进电机作为机械控制单元，串口通信单元使上位机和单片机的这两个核心控制模块协同工作以达成体积测量的目的
	(5)落料装置	落料斜坡的设计、落料框的设计	实现质量和体积测量数据处理，得出密度大小，自动识别柚子分级，利用工作台转动角度可控功能，实现不同等级的柚子分别落座在不同的料框中
新学期开学			
2016年9月1日—9月30日	选择和绘制各装置方案草图	结合自学及亲戚教我学习CAD软件，画出改进方案的草图	反馈给老师和家长，希望得到指导和完善，先选择一种方案实施
2016年10月1日—10月7日国庆假日期间	完善装置装配图和零件加工图	在老师和爸爸的指导下，完成装置结构图和零件加工图	出图，列出材料采购清单明细
2016年10月8日—11月15日	落实加工及采购	完成零部件加工；标准件的采购	称重模块，摄像头的采购
2016年11月16日—11月30日	设备组装	组装上料装置，柚子称重平台，回转装置，落料装置等硬件设施；安装称重传感器、摄像头及与上位机的信号连接线，具备联动调试条件	借助父亲及父亲工厂师傅的指导，完成设备组装，具备联动调试条件
2016年12月1日—12月10日	设备调试	先调试完成各执行部件，然后进行联动调试	
2016年12月11日—12月31日	总结实验装置问题，考虑改进方案，完成更改设计图	拍摄效果不好	与老师和父亲一起探讨，找出问题根源，提出改进方案
2017年1月1日—1月3日	元旦假期	完善整改图纸	出图落实加工
2017年1月4日—1月15日	落实整改零部件加工		

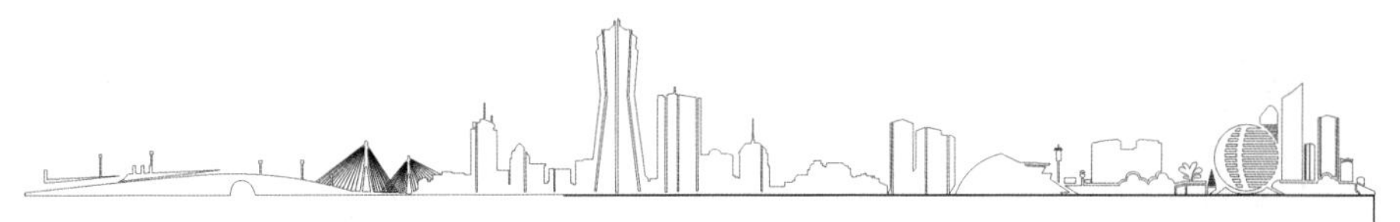

续 表

时　间	内　容	具体措施	备　注
寒假开始			
2017 年 2 月 5 日—2 月 25 日	整改更换装置，继续联动试验	观察机构的衔接性，运行的稳定性，可靠性	与指导老师一起，分析总结实验阶段性的成果，确定改进成功的理论依据所在
2017 年 2 月 26 日—2 月 28 日	柚子真实体积的测量	选用不同体积的多个柚子，给每个柚子进行不同编号。利用大量筒，根据排水的体积，算出柚子的体积。并做好数据记录	
2017 年 3 月 1 日—3 月 10 日	摄像法测柚子体积实验	利用摄像法测量出不同编号柚子的体积，并记录测量数据	利用摄像头对柚子进行 360°扫描，然后根据获取的柚子空间三维信息和相关算法计算出物体的实际体积测出上述的 3—5 个柚子的体积
2017 年 3 月 11 日—3 月 18 日	柚子真实体积记录与摄像法测得的体积继续进行比对实验	比较排水法和摄像法所测体积数据，找出误差规律，修正数据处理程序系数，使摄像法体积与真实的体积更接近	
2017 年 3 月 19 日—4 月 10 日	不同品质和不同外形的小批量柚子进行随机分级筛选试验	同一批柚子进行多次反复实验，记录好每次实验结果，然后对每次分级筛选实验结果是否具有一致性进行比较，如有不一致，说明实验装置性能的满足性还存在问题	综合体积、重量、密度等指标根据反复实验数据进行比较，如能够达到预期，将转入小结试验成果
2017 年 4 月 11 日—5 月 10 日	小结试验成果	根据小批量分级试验完成的结果，完善改进方案	与指导老师一起，分析总结试验阶段性的成果，确定改进成功的理论依据所在
2017 年 5 月 11 日—7 月 15 日	完善样机	记录开机运行时间和异常情况	不定期询问了解设备使用情况，了解转化市场推广进行调研
暑期开始			
2017 年 7 月 16 日—7 月 20 日	总结样机使用中出现的问题	针对问题现象，进一步查找原因，分析原因，思考解决方法	与老师和家长一起探讨，分析原因和解决措施，在总结原有样机得、失的基础上，进行舍取，重新规划设计新一代样机
2017 年 7 月 21 日—8 月 1 日	构思新样机结构布局	总结原样机成功基础上，对一些不合理的结构进行改进	草拟新改进的结构图，探讨改进方案的可行性，再出改进的零件加工图

续　表

时　间	内　容	具体措施	备　注
2017年8月2日—8月8日	落实零件加工和采购	寻求父亲工厂师傅的帮助，完成零件加工（主要是联轴器及输送带驱动轴）	在结合老样机控制软件的配置基础上，重新对设备配套的步进电机及驱动电源、摄像头及软件控制，PLC及触摸屏等做进一步的优化和完善（借助老师和父亲的力量）
2017年8月9日—8月22日	新样机组装	(1)完成样机框架组装 (2)完成设备传动部分、上料装置、柚子回转和称重平台气缸推杆的落料装置等硬件设施 (3)安装称重传感器、摄像头及与上位机的信号连接线 具备联动调试条件	(1)凭借多次动手的经验和能力，本人具备独立完成设备相关传动等硬件设施的安装 (2)仪器仪表等软件设施，需要在老师和师傅们的帮助指导下完成
2017年8月23日—8月31日	设备调试	(1)硬件调试 (2)软件调试 (3)联动调试。调试称重、摄像头成像体积计算及柚子品质分选下料机构 (4)误差系数修正：①通过电子称得出柚子质量和柚子分选机称重模块显示数据进行比较修正；②摄像头成像体积和利用大量筒的排水法得到的体积进行比较修正；修改软件程序和控制进行数据连接	调试发现 (1)输送带存在滞卡现象——输送带张力过大； (2)气缸推柚子有时没有正确落座——输送装置和测重平台不在同一平面上，需要修正气缸导向
新学期开始			
2017年9月1日—9月30日	完成问题的整改后，进行连续运行试验及挑选柚子的功能性实验	(1)完成整改记录，修改图纸 (2)开机循环，观察设备运行情况；记录不正常现象和频率 (3)不同品质和不同外形的小批量柚子进行随机分级筛选试验，判断功能的准确性和完整度	(1)图纸整理保存 (2)拆卸检查机械传动部件的不正常磨损情况，对需要加强刚性和表面硬度的零部件进行记录和提出整改措施 (3)整改完成后，组装回设备，再进行功能性实验：将同一批柚子进行多次反复实验，综合体积、重量、密度等指标，记录好每次实验结果，然后对每次分级筛选实验结果是否达到一致性进行比较，如有不一致，说明实验装置性能的满足性还存在问题

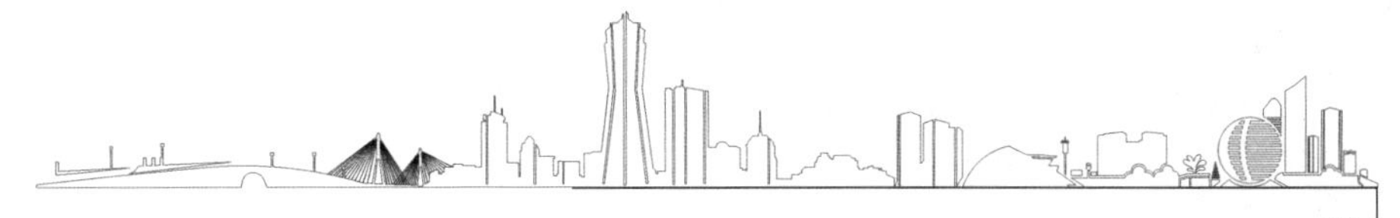

续 表

时 间	内 容	具体措施	备 注
2017 年 10 月 1 日—10 月 8 日	投放农场实地筛选实验	利用柚子成熟的季节，同时利用国庆节放假机会，对样机进行实践操作	主要验证设备使用的稳定性、可靠性和柚子品质筛选的准确性、便捷性。总结实践成果和反馈意见
2017 年 10 月 9 日—10 月 30 日	完善设计图纸、总结阶段性的经验和成果，验证装置结构设计的理论依据	(1)完善设计图纸 (2)总结试验结果，撰写试验报告	
2017 年 11 月	申请知识产权保护	撰写查新报告和专利申报申请	
2017 年 11 月 10 日—12 月 11 日	为项目设备参加杭州市比赛做准备	(1)样机整理与调试 (2)准备答辩资料(PPT 讲稿)	充分利用星期天时间完成相关准备工作
2017 年 12 月 12 日	项目参赛日		
2017 年 12 月 13 日—2018 年 2 月 20 日	通过比赛现场情况，根据评委老师的意见，对作品进行改进探索，完善理论方案书，准备参加省级比赛	评委意见： (1)设备分选的级别目前只有 3 种(特级品、一级品、二级品)，需要扩展增加等级筛选 (2)项目设备利用气缸推杆向上顶柚子进行落料，利用柚子惯性掉落容易造成柚子表面损伤	草拟改进措施： (1)柚子通过输送带输送的指定位置，然后由步进电机丝杆推送柚子到检测台进行品质分选，由控制程序根据柚子品质优劣，通过丝杆输送到指示落位方向，然后利用气缸将柚子缓慢滑入分选框中，如此循环 (2)通过结构修改可以根据柚子密度范围，达到扩展更多的分选工位，同时柚子缓慢滑入分选框，有效地避免了柚子的损伤 (3)本课题已够充实了我这个寒假的课余生活

3 研究过程

3.1 现有技术研究

柚子清香、酸甜、凉润，营养丰富，药用价值很高，是人们喜食的水果之一。随着人们生活水平的提高以及对柚子药用价值认识的深化，柚子在国内市场上非常走俏，需求量

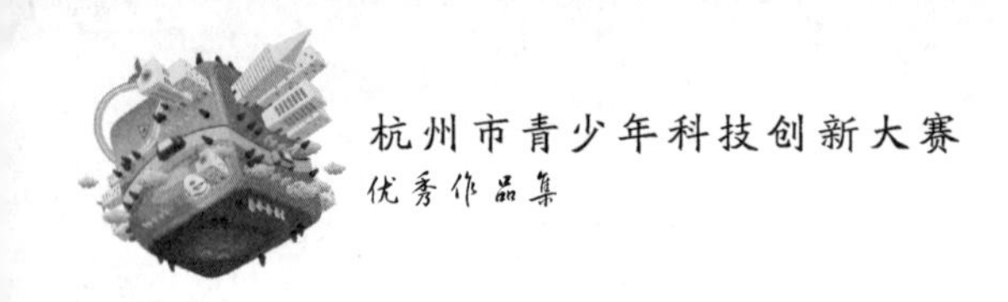

不断增加，价格连年上升。由于加工和贮藏技术的提高，季节性消费已转变为了全年性消费，市场上柚子销售量不断增高。

我通过查找各种资料得知，柚子的栽培主要分布在中国、泰国、马来西亚等国，而中国的种植面积居世界之首，约占 11 万公顷，针对于市场上柚子销售量不断增高的现象，除了生产管理粗放，技术服务不到位等问题之外，加工处理技术落后更是一个不容忽视的问题，由于现有的加工处理技术落后，大大减慢了厂商向市场输送的速度，对生产厂家的经济效益会有一定的损害，同时，中国作为出口大国，加工处理技术的落后大大降低了柚子的出口量，柚子的出口逐渐受到泰国等国家的挤占。

根据容县沙田柚地方系列标准《容县沙田柚采收贮藏技术规程》和 DB45/210-2004《原产地域产品 容县沙田柚》的质量等级规定，按单果重计，以 1.1～1.3 kg 的为优级（特级）品，大于和略轻的为一、二级品。挑选时，同样体积的柚果，用手掂一下，较重的多数为皮薄、清甜脆嫩、口感好的果；轻的则较差些。但是，实际生产加工过程却没有真正使用该标准，至多只按照重量大小对柚子进行分级，也有些企业完全不进行分级。

因为即使柚子的质量相同，柚子的大小可能有很大的差别，即柚子的品质不同，有些企业会通过人工进行体积的分选，然而，无论是消费者个人还是柚子加工企业，都希望能买到果肉品质高的柚子，因此，如果能在销售前对柚子进行品质分选，既能满足各消费阶层的需求，又能增加我国柚子产品的出口竞争能力，对促进我国柚子产业的发展具有十分重要的意义。

3.2 项目研究、设计过程

项目将体积分选和重量分选设备相结合，大大提高了柚子品质分选的精度，而且占地面积小，节省空间，将体积分选和质量分选有效地结合在一起，真正实现了柚子品质的分选，解决了柚子的加工处理技术。这不仅适用于大型柚子加工企业，也适用于小型工厂和普通水果店。

对于水果密度的测量，我们查找了有关网站后发现：水果质量可以用天平称出来，在一个容器里装水，记下水的体积，然后把水果放进去，再记下流出水的体积，两次的体积差就是水果的体积（利用容器溢水法测量体积），然后密度＝质量/体积这么计算出来。同时网站上见到的水果分选机一般根据外形大小或者重量大小来进行分级筛选，未曾见有利用非接触式体积测量系统对柚子 360°全方位拍摄，使得测量体积与实际体积相接近，找出两者的相关性，结合重量指标，判别柚子品质优劣的报道，为此本课题采用自动定位姿态调整、自动分级等装置，取代人工，实现了柚子品质分级的自动化；项目设备不但保证柚子品质的一致性，同时自动化的实现，大大提高了效率，如果设备能够推广，将会具有良好的经济效益和社会效益。

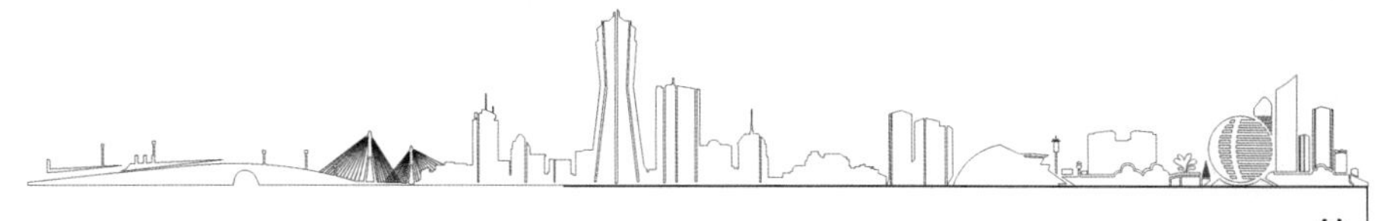

3.3 设计总体流程

首先设计上料装置,使柚子能够逐个上料到达指定的测量位置。到达测量位置后,柚子做360°旋转,摄像头对柚子拍摄多幅照片,经过计算,得出柚子的体积。重量传感器得出柚子的重量。根据测得的重量、体积两个指标,得出柚子的密度值。最后根据柚子的密度进行分级。如图1.8-3所示是总体流程图。

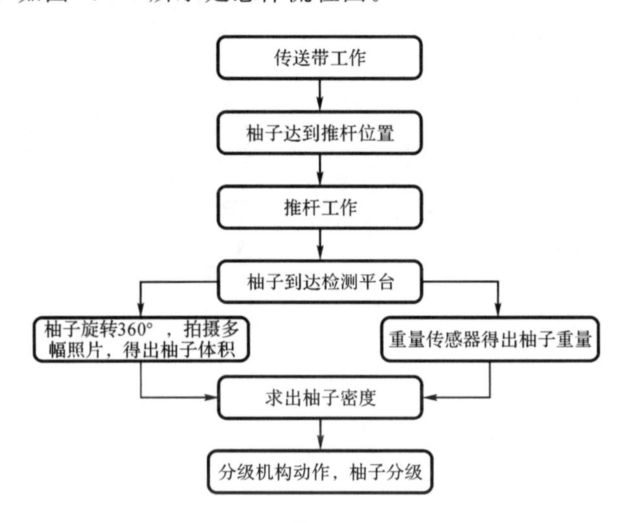

图1.8-3　柚子分级流程图

4　装置本体设计

4.1　运输装置

上料装置主要有传送带组成,当传送带工作时,根据程序设置,每次向检测位置输送一个柚子。如图1.8-4所示:

图1.8-4　传送带

4.2 上料装置

传送带工作,将柚子运送到推送装置处,推送装置将柚子推送到测量位置。如图1.8-5所示:

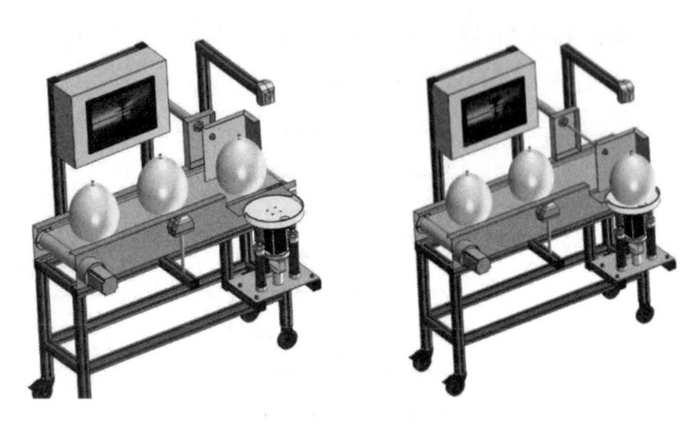

图 1.8-5 上料

4.3 测量装置设计

重量模块得出柚子重量;柚子旋转 360°,摄像头拍照,得出柚子体积。分级杆根据柚子的密度,将柚子分级。如图 1.8-6 所示:

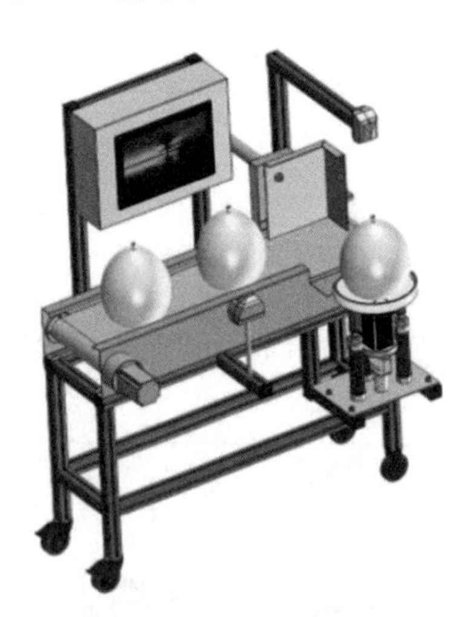

图 1.8-6 测量过程

4.4 重量模块设计

重量传感器采用 HX711 芯片,量程是 0～5 000 g,精度 1 g,设置在检测平台的下方,

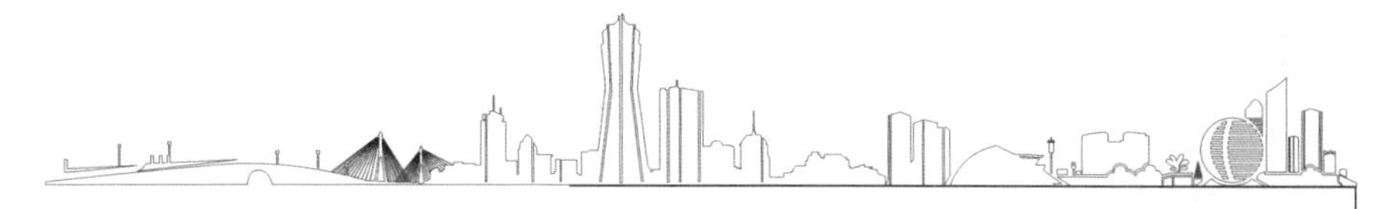

当柚子放在检测平台上方时，即可测出柚子的实际重量。

HX711 是一款专为高精度而设计的 24 位 A/D 转换器芯片。与同类型其他芯片相比，该芯片集成了其他同类型芯片所需要的外围电路，具有响应速度快、性能强等优点。如图 1.8-7 所示：

图 1.8-7　HX711 芯片

4.5　体积测量模块

当柚子到达检测位置并被扶正、居中后，检测平台旋转 360°，摄像头对柚子拍摄多幅照片，测出柚子的体积。摄像头的型号是 ov7725，30 万像素，搭载在 openmv3 上面。如图 1.8-8 所示：

图 1.8-8　柚子到达检测平台

柚子到达检测平台，检测平台可以做 360°旋转，这样的话，摄像头对柚子进行 360°拍摄。如图 1.8-9 所示为摄像头拍摄的图像。

图 1.8-9　摄像头拍摄的柚子

图 1.8-10 为柚子的体积及密度测试流程图。当柚子重量测量完毕后，摄像头采集柚子图像，随后进行数据处理，并输出柚子的像素点个数，同时旋转台做 360°旋转，对柚子做 360°拍照，最后得出柚子的体积，并进行密度计算。

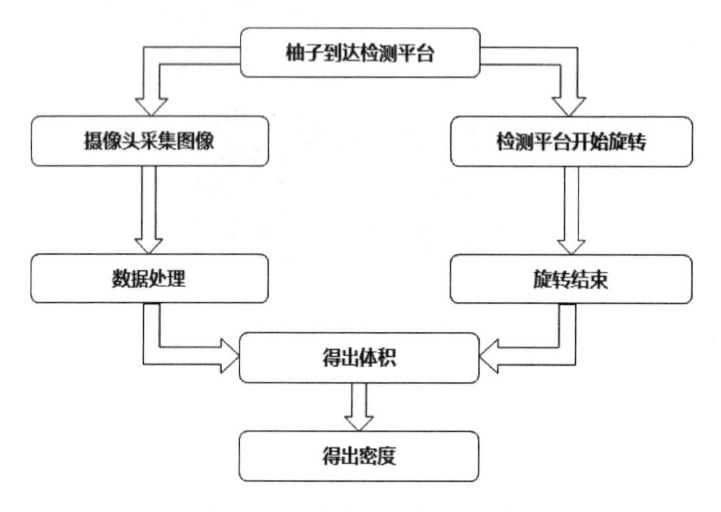

图 1.8-10　体积及密度测试流程

4.6　分选装置

根据测得的重量、体积，我们可以马上得出柚子的密度，然后根据密度的大小，将柚子分为 3 个等级，密度＞0.75 g/cm^3 为一级品；密度 0.70～0.75 g/cm^3 为二级品；密度＜0.7 g/cm^3 为三级品。此时机构动作，若柚子为一级品，则对应一级品的姿态调整片动作，将柚子推至一级品分选框。若柚子为二级品，则对应二级品的姿态调整片动作，将柚子推至二级品分选框。若柚子为三级品，则对应三级品的姿态调整片动作，将柚子推至三级品分选框。如图 1.8-11 所示：

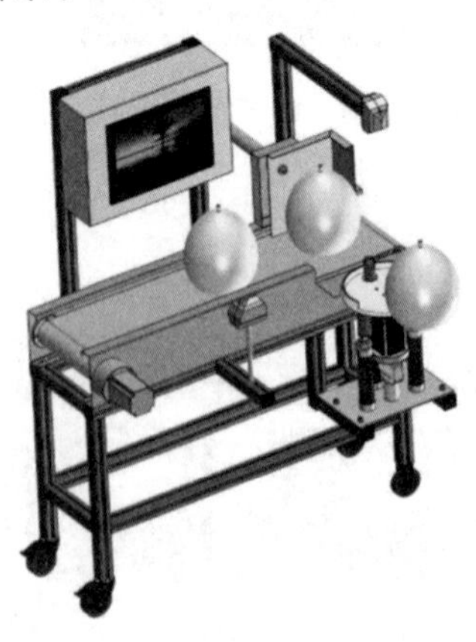

图 1.8-11　柚子分选

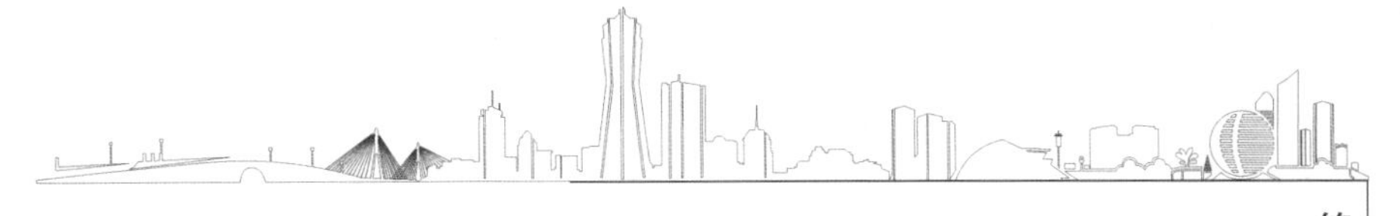

4.7 电控部分设计

电控部分的结构框图如图 1.8-12 所示，其中：

MCU（微控制单元）：选用 STM32F1 系列单片机作为主控芯片。

（1）控制步进电机驱动器，步进电机驱动器是一种将电脉冲转化为角位移的执行机构。可以通过控制脉冲个数来控制角位移量，从而达到准确定位的目的；同时可以通过控制脉冲频率来控制电机转动的速度和加速度，从而达到调速和定位的目的。

（2）通过 STM32F1 引脚加外围采样电路，完成体积数据（来自摄像头模块）和重量数据（来自称重模块）采集并计算出密度。

（3）根据计算密度做出分级选择并控制旋转舵机及推杆做品质分级选择。

（4）通过 STM32F1 通信引脚加 RS232 芯片及外围通信电路，把数据传送到上位机及接受上位机控制命令。

摄像头模块：选用 openmv3 模块，搭载 ov7725 摄像头，采用 Python 语言程序设计及图像处理技术完成体积测算。

称重模块：压变片加 HX711 芯片；压变片[一种将质量信号转变为可测量的电信号输出的装置：弹性元件在外力作用下产生弹性变形，使粘贴在它表面的电阻应变片（转换元件）也随同产生变形，电阻应变片变形后，它的阻值将发生变化（增大或减小），再经相应的测量电路把这一电阻变化转换为电信号（电压或电流），从而完成了将外力变换为电信号的过程]。

旋转平台：旋转舵机，推杆电机，直线行程电机。

电源模块：3 s 航空锂电池，5 V 稳压模块；供 STM32F1 单片机，RS232 芯片，HX711 芯片，openmv3 模块，步进电机等。

传送带：步进电机驱动同步带。

上位机：电脑通过串口（RS232）接受 MCU 的体积，重量和密度数据并储存。

LED 灯：选用双色 LED 灯，LED 灯变红表示摄像头开始拍照测量计算体积数据，LED 灯变绿表示摄像头结束拍照完成体积数据计算。

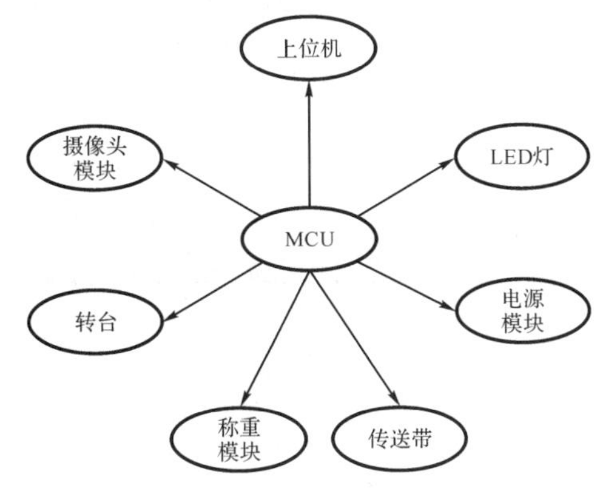

图 1.8-12　控制框图

4.8 实验比对

首先通过排水法，得到柚子的真实体积，然后用电子秤，得出柚子的真实重量。如表1.8-2所示。根据密度的大小，将柚子分为3个等级，密度>0.75 g/cm³为一级品；密度0.7～0.75 g/cm³为二级品；密度<0.7 g/cm³为三级品。

表1.8-2 柚子体积、重量实际测量

序号	柚子和水				剩水				柚子			备注
	长 cm	宽 cm	高 cm	体积 cm³	长 cm	宽 cm	高 cm	体积 cm³	体积 cm³	重量 g	密度 g/cm³	
1	14.05	14.05	15.7	3 099.2	14.05	14.05	10	1 974.03	1 125.1	803.8	0.714	二级
2	14.05	14.05	16.3	3 217.6	14.05	14.05	10	1 974.03	1 243.6	851.4	0.684	三级
3	14.05	14.05	15.9	3 138.6	14.05	14.05	10	1 974.03	1 164.6	892.4	0.766	一级
4	14.05	14.05	15.2	3 000.5	14.05	14.05	10	1 974.03	1 026.4	803.1	0.782	一级
5	14.05	14.05	16	3 158.4	14.05	14.05	10	1 974.03	1 184.4	869.7	0.734	二级
6	14.05	14.05	15.7	3 099.2	14.05	14.05	10	1 974.03	1 125.1	795.4	0.706	二级
7	14.05	14.05	15.6	3 079.4	14.05	14.05	10	1 974.03	1 105.4	845.7	0.765	一级
8	14.05	14.05	15.7	3 099.2	14.05	14.05	10	1 974.03	1 125.1	790.5	0.702	二级
9	14.05	14.05	15.3	3 020.2	14.05	14.05	10	1 974.03	1 046.2	755.9	0.722	二级
10	14.05	14.05	14.8	2 921.5	14.05	14.05	10	1 974.03	947.5	773.2	0.816	一级

接下来将摄像头测试的体积结果与柚子的真实体积做了一个比对，从表1.8-3可以看出，摄像头测得的结果与排水法测得的结果基本一致。由于柚子为不规则形状，摄像头拍摄的结果与真实体积还存在微小的偏差，有的偏大一些，有的偏小一些，后期我会在算法和程序上面再下功夫完善。

但由于柚子分为3个等级，微小的偏差并不影响对柚子的精确分级。

表1.8-3 体积对比数据 （单位：cm³）

对比内容	柚子1	柚子2	柚子3	柚子4	柚子5	柚子6	柚子7	柚子8	柚子9	柚子10
真实体积	1 125	1 243	1 164	1 026	1 184	1 125	1 105	1 125	1 046	947
测量体积	1 092	1 233	1 176	1 034	1 176	1 146	1 075	1 109	1 067	931
偏差大小	33	10	30	8	8	21	30	16	21	16

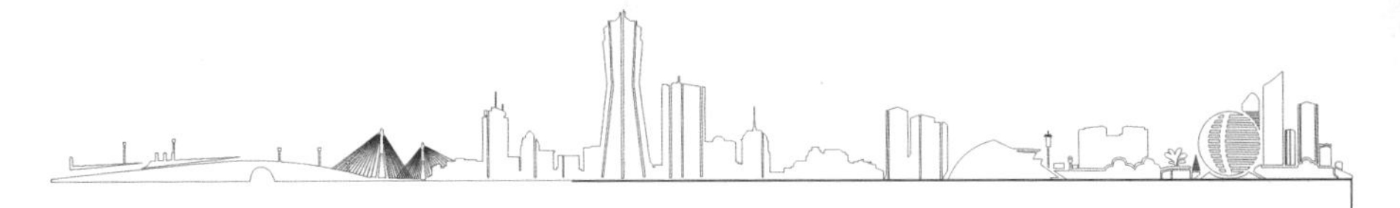

5 设备制作过程

5.1 设计

在亲戚的帮助下，我学会了用 AutoCAD 画图软件的基本功能键的操作和画法，同时结合学校所学的一些三视图识图课程，加上亲戚帮助指导，使我逐步了解和掌握工程图纸的图形布置要点，能够独立完成简单零件的绘制。我还学会了利用 Solid Works 软件绘制简单的三维仿真图。如图 1.8-13 所示：

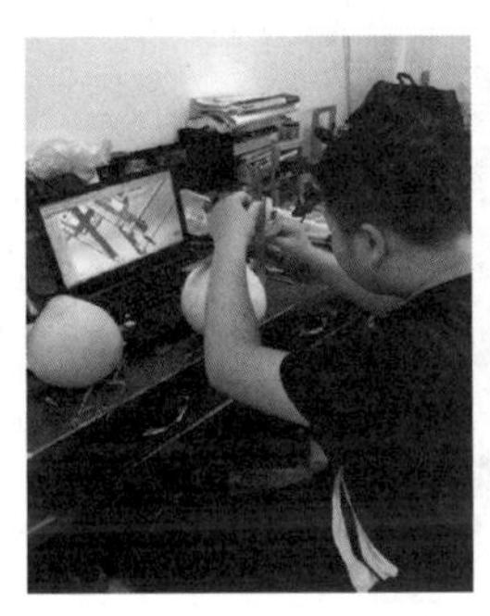

图 1.8-13　计算机绘图及设计

5.2 加工

在我父亲单位车间师傅的辅导下，我第一次接触并动手操作车床，也第一次了解到车床加工零件的一些特性和要求。我也第一次懂得什么叫工装、夹具等，第一次看到车刀这么锋利，切铁如泥，第一次看到螺纹是怎么加工出来的，第一次懂得加工表面粗糙度的要求，刀具的角度等，要学的内容太多了，我很荣幸利用暑假的机会锻炼了自己，为今后有更多机会参与小改小革小发明创造灵感。

5.3 装配

先前我一直认为装配是一个很简单的工作，就是将不同的配合零件通过不同的螺栓螺钉组合起来就行，在车间工人师傅的帮助下，才知道装配过程必须细致、细心，装配前需对每个零件进行毛刺清理和清洗。在车间装配那段时间自己感觉特别长知识，受益匪浅。如图 1.8-14 所示：

图 1.8-14　调试装配

5.4　测试

将量杯灌满水，再将被测试的柚子放入其中，测得排出水的体积，从而求出柚子的真实体积。我将这个结果与摄像头所测得的结果相比对，测量结果发现，两组数据基本吻合。如图 1.8-15 所示：

图 1.8-15　测试

6　项目总结

项目从了解、发现问题、完善改进，实验完成，一共历时 15 个月。回顾这个过程，项目的创新成功，归功于自己的好奇心和不懈的坚持。从本课题研究试验结果看，完全能够实现对柚子的精确分级。这不仅可以用于果农对柚子的筛选分级，同时还可以适宜于水果商筛选、水果店，以及柚子加工销售厂家。

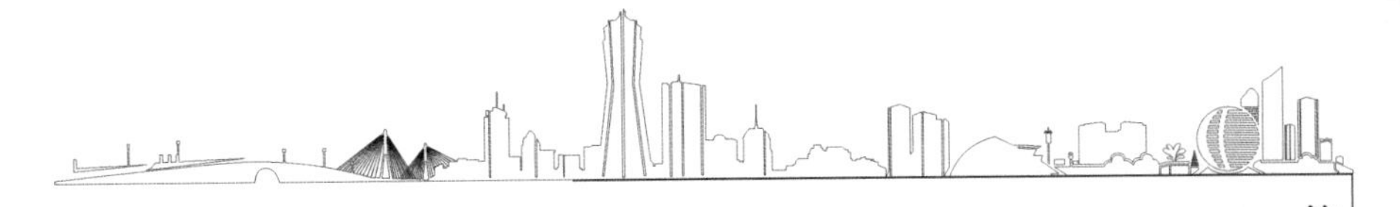

6.1 创新点

(1)首次结合体积、重量两个指标,取代人工,实现了柚子分级的自动化。

(2)对柚子 360°全方位拍摄,得出了柚子的精确体积。

(3)设计了分级顶杆以及与分级顶杆配合的传送装置,实现了柚子的分选动作。

6.2 专利申请情况

我将研究成果整理后,委托专利事务所,申请了 1 项发明专利,1 项实用新型专利,如表 1.8-4 所示:

表 1.8-4 专利申请情况

序号	专利名称	受理号	申请人	专利类型
1	基于视觉技术的柚子品质分选装置	201711312179.4	罗凯缤	发明专利
2	一种基于视觉技术的柚子品质分选装置	201721714823.6	罗凯缤	实用新型

6.3 查新情况

我委托浙江省科技信息研究院对我的发明成果进行了查新:

查询项目名称,中文:基于视觉技术的柚子品质分选机

英文:Visual-based quality sorter for grapefruits

委托人:罗凯缤

结论:上述所检文献中,已分别有柚子品质分选机,采用自动定位、自动分级等机构,取代人工,实现了柚子的自动分级;以美观、大小、好坏这几个综合指标,来对柚子进行分级等结构的相关报道,其中基于视觉技术,采用软件优化算法,对柚子 360°全方位拍摄,克服了测量体积时,柚子不规则体型对测量结果的影响等方法。以上特点未有述及。

经分析比较委托人研发的结合体积、重量两个指标,对柚子进行了品质分级具有一定的特点。

7 市场前景

通过多次市场调查,目前国内还没有自动化分选柚子品质的产品,而人工分选只能凭经验,并不精确。随着柚子消费市场的持续增长以及人们对品质要求的提高,再加上国外市场对柚子分级的要求,对柚子品质定级的要求会越来越高。

我设计的这款设备,包括上料装置、重量测试模块、体积测量模块、分选装置等,对同一批柚子来说(相同品种、相同产地、相同采摘期),以密度、大小、重量、形状这几个综合

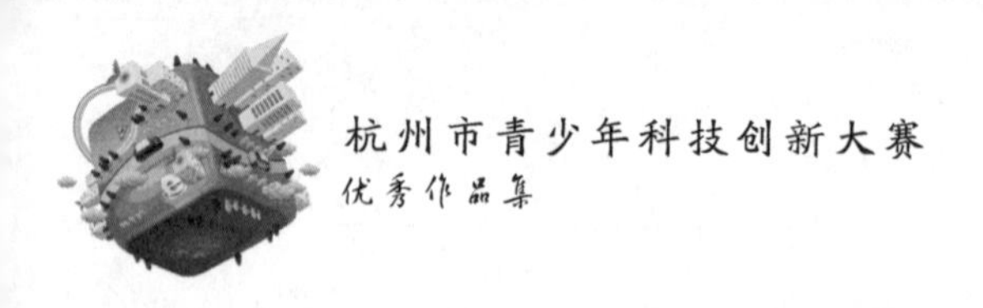

指标，来对柚子进行较为精确的分级。结果表明，本设备可以区分出柚子的品质等级。

作品取代人工，实现了柚子的精确分级，体积小，成本低，使用方便，既可以改造为生产线适合柚子加工、销售企业使用，又适合普通水果店使用。本设备能完成柚子的品质分选和次品柚子的准确剔除，并使有关的品质标准得以实现。

随着人们生活水平的不断提高，柚子的消费量在不断增加，但由于目前市场上销售的柚子仍是品质混杂的柚子，消费者在挑选时会遇到问题，所以对柚子进行有效的品质分选不仅可以提高水果加工企业的利润，还可以大幅提高我国柚子出口量，因此，柚子品质分选的市场前景广阔。

8　收获和体会

这次发明创作活动得到了我的指导老师以及父亲工厂的各位师傅的帮助和支持，同时感谢我父亲的鼓励。这次活动，提高了我对科技创新的浓厚兴趣，使我受益匪浅。

我的主要收获有：

(1)增长了见识，提升了我的学习能力，充实了业余生活。

(2)在制作零件、装配设备的过程中，提高了动手能力，由于实验期间深入了工厂，了解到一些结构件是如何加工出来的。熟悉了车床、铣床、加工中心、磨床等许多加工机床的功能和用途。在师傅们指导下，了解了一些加工专业术语，掌握了车床操作技能，刀具知识，同时通过装配和调试，掌握了一些钳工的技能。

(3)初步掌握了一些工程绘图软件，如 AutoCAD、solid works 等。目前我正在学习如何制作爆炸图、三维动态仿真等，能更直观表达了设计更改的意图。同时学会了资料查阅技巧，能为我所用等。

(4)懂得了图面设计和布置的基本要求。图纸是工程传递语言。工厂设计技术人员工作的认真和严谨，值得我端正学习态度的榜样。

(5)这个创新课题的成功，提高了我学习的目的性，增进了我的自信心。

在此过程中，我也深深地体会到：

(1)通过这次活动，深深体会到知识是何等的重要，发现问题、解决问题、创新改变的能力都需要广博的知识。

(2)一切的成功贵在坚持，如果没有坚持，就收获不到成功的喜悦和成就感。如果在实际工作中遇到点困难就知难而退，不可能有新的发现和能力的增长。

(3)通过这次活动深深体会到理论和实践结合的重要性，团队协作的重要性。

(4)利用业余时间发明、创新，使课本知识得到实践巩固，不会影响学习成绩。

总之，这次柚子品质分选机的发明创作及最终能够成功完成，收获颇多，受益终生。

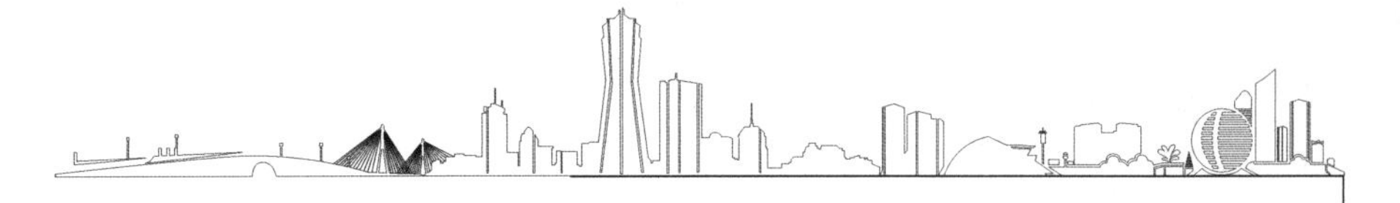

小型化多功能水下机器人

杭州学军中学　胡竞科　指导教师：沈晓恬

摘　要：海洋资源是浙江省的优势资源，开发和利用海洋资源也是浙江省“十三五”海洋规划的重点发展方向。习近平同志曾经指出，“浙江是海洋资源大省，拥有海域面积 260 000 km^2，是陆域面积的 2.6 倍”，“大陆海岸线和海岛岸线长达 6 500 km，占全国海岸线总长的 20.3%，居全国第一位；面积大于 500 m^2 的海岛 3 061 个，占全国的 2/5；各类海洋资源极其丰富，港口、渔业、旅游、油气四大资源得天独厚”。该项目自主设计的小型水下机器人，是一种对于水下资源探索与研究的先进工具，该台水下机器人拥有 6 个推进器，具备水下照明和实时摄像功能，并具备水下姿态传感反馈和自稳定功能，能够通过专用的水下仪器挂载平台实现外接多种类型的实验仪器与设备，经过水下实验，这台机器人具备在水下良好的观测能力，最大运行速度 1.5 m/s，全速续航时间达到 1 小时，同时自重仅为 13 kg，总体尺寸仅为 480 mm×340 mm×280 mm，十分便于携带与野外作业，可以应用于水下地形观测、水下水体采样、桥梁水下桥墩检测、水产养殖观察、水下污染源观测、水下考古、洞穴探险等专业领域，同时由于成本合理、体积小巧，也可以应用在潜水拍照、水下摄影、水下机器人比赛等日常领域。

关键词：水下机器人；结构设计；多工具挂载模块；防水耐压设计；姿态控制；续航能力；水下实验

1　研究背景

在地理课上，老师在讲到海洋海岛地质结构的时候，向我们着重介绍了我们浙江省广阔的海洋资源，以及这些丰富的海底资源巨大的利用价值，还有神秘莫测的水下未知世界。曾经我对大海的概念只是蓝天白云和广阔无边的大海，海边的沙滩与朵朵浪花，但是从课堂上我第一次了解到，我们浙江省是名副其实的海洋大省，不仅海域面积巨大，各种渔业和港口资源丰富，海岸海岛线长度更是雄踞全国首位。拥有如此丰富海洋资源的浙江省，也越来越重视海洋资源的开发与利用。从此以后，怀着对老师课堂上所讲的神奇的海下世界与丰富的海底矿藏的无限渴望，如何探索和利用海洋资源就成了我课余经常思考的问题。通过网上查阅资料与科普文章，我发现想要合理地开发与利用浙江丰富的海洋资源，首先需要对海洋资源与海底情况进行科学全面的探索与研究，在浏览众

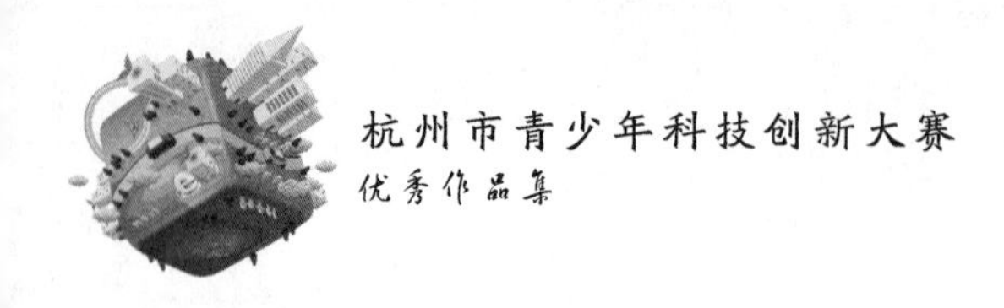

多网页资料的过程中，我发现水下无人机器人是一种国际上广泛使用的用于海洋资源勘探与开发的先进设备。人们通过水下机器人及安装在水下机器人上的各种先进仪器不仅可以潜入几百乃至数千米的深海观测海底情况，拍摄图像视频，更可以对海下矿物进行探测与采样，进行多种科学实验或水下考古发掘，甚至很多大型水下机器人还是海下光缆电缆施工，石油钻井平台安装与维护的重要工具。查阅到的这些资料，激起了我想通过水下机器人一探海底奥秘的浓厚兴趣，但是网上资料中的水下机器人，动辄需要几十甚至上百万美元才能购买，即使是租用每天也需要付出几万元人民币的不菲费用，这对于一个中学生而言，显然是不现实的。此外，因为通常的水下机器人体积和重量巨大，需要专门的大型设备和船舶来作为海面操控平台等附加的使用条件也让作为中学生的我感到无能为力。为此我感到十分苦恼，一方面是想潜入海下一探究竟的好奇心驱使，另一方面却是实在难以负担的高昂费用。日复一日，随着我对水下机器人相关资料查找的不断深入，对水下机器人运行原理的理解不断加深，我觉得或许我可以依靠以往自己动手制作航模飞行器的相关知识和部分航模零配件，通过学习成熟的水下机器人设计理念，自己动手搭建一台小型化的水下机器人，并通过它来探索一直梦寐以求的海底世界。

2 研究思路及原理

2.1 通用型水下机器人设计思路

通过查阅大量的资料及观看水下机器人相关的视频图片，我发现大部分通用型水下机器人通常都具有 3～8 个螺旋桨推进器作为动力源；具有一个或者多个钛合金密封舱用来保证精密的电路或仪器等不受到海水高压的破坏与腐蚀；水下机器人上装有一个或者多个探照灯与摄像机，来保证清晰地拍摄水下画面；一般大型的水下机器人都可以在底部或者侧面挂载机械手等附加仪器，并通过远程操控运行。

在了解了水下机器人的基本功能后，我将水下机器人的核心功能进行了分类整理，如图 1.9-1 所示：

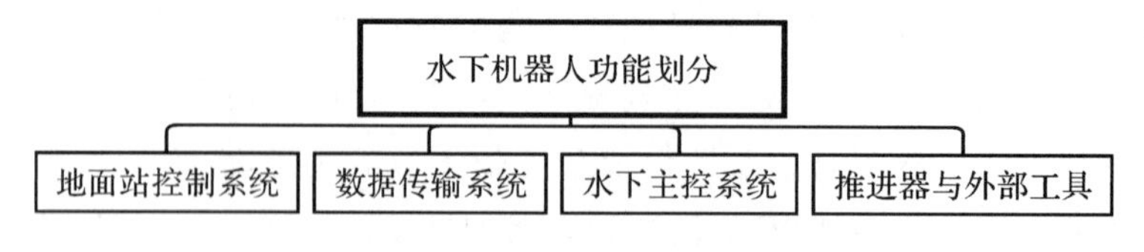

图 1.9-1　水下机器人的功能划分

水下机器人的主体功能模块主要可以分为地面控制系统、数据传输系统、机器人水下主控系统、推进器与外部工具 4 个主要模块。而我要做就是依据分析整理的这 4 个主体系统模块，结合水下机器人设计相关的理论知识以及我自己现有的航模设计与制作基础去设计和搭建一套水下机器人系统。

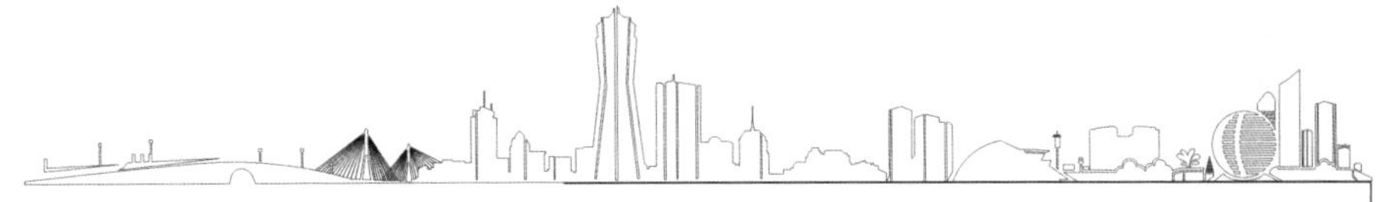

2.2 通用型水下机器人运行原理

依据水下机器人的设计思路，首先要做的就是弄清水下机器人的一般性工作原理。

如图 1.9-2 所示，水面的计算机与操控系统负责控制和输入水下机器人的动作，计算机上运行水下机器人控制主程序，计算机和水下机器人之间有很长距离的有线数据传输，为了保障信号传输质量，需要有载波模块用来实现远距离抗干扰通信，信号传输到水下机器人后，由水下机器人主控器接收，水下机器人主控器负责协调摄像头，传感器或者机械手等系统组件的协同运行，水下机器人的运动控制是由连接到主控器的姿态控制模块专门控制的，姿态控制模块能够感知水下机器人的运动姿态与加速度，从而控制多个推进器输出不同的转速及扭矩，最终控制水下机器人本体在水中运动。

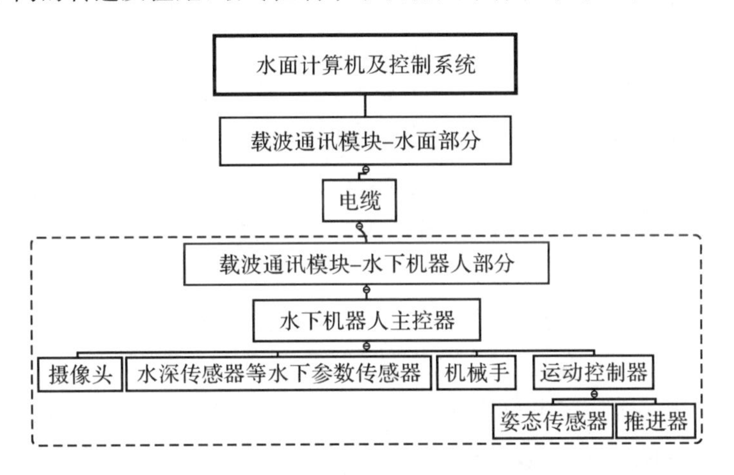

图 1.9-2 水下机器人的运行原理图

2.3 小型化多功能水下机器人设计思路

在分析和理解了国内通用的水下机器人设计思路和原理后，我开始思考并规划了自制小型化多功能水下机器人的设计思路。作为一台自主设计的小型水下机器人，必须能够完成现有大型水下机器人的一些基本功能，比如遥控运动，姿态稳定，水下航拍和挂载工具仪器等。此外，还要综合考虑成本和可行性，并且充分发挥小型化水下机器人灵活轻巧的特点，使这台自己设计的水下机器人拥有自己的特色功能。综合以上考虑，我初步制订了一套以航模飞行器器材为主体的水下机器人设计思路。如图 1.9-3 所示。

在细化具体设计思路的过程中，我首先遇到的是水下机器人的推进器动力来源选择的难题，在海水中工作的电机，首先需要能够很好的防水密封，同时能耐受海水的腐蚀，而当水下机器人下潜较深时，还需要在很高的水压下正常工作。为了达到这一目标，我首先参考了国内外已有水下机器人驱动器的设计，现有的水下机器人驱动器都采用高扭力电机密封在钛合金外壳中，并在外壳和电机之间填充矿物油，以此来达到防水密封耐

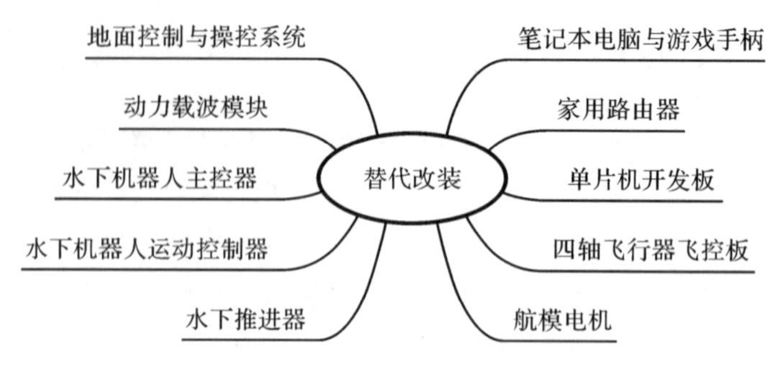

图 1.9-3　初步替代方案

腐蚀耐高压的设计要求。但是在我的小型水下机器人上，这种思路显然是难以实现的，不论是钛合金外壳的加工还是电机密封件的选择，甚至是体积和重量都是难以在小型水下机器人中实现的，考虑到现有实际情况，并仔细在常用的航模驱动电机中寻找，最终我选择了航模用无刷外转子电机，通过查询资料我发现，无刷电机是一种依靠改变输入电流和频率产生变化磁场来驱动转子运动的电机，具有体积小、功率高的特点。最重要的是，无刷电机不需要碳刷换向器结构来维持电机运转，这就为无刷电机在海水中直接使用创造了很好的前提条件。现有的使用有刷电机驱动的水下推进器，为了不被导电的海水影响换向碳刷工作，并且减少碳刷磨损与腐蚀，通常使用密封磁力耦合驱动的方式带动螺旋桨旋转，这种方式是通过整体的密封壳体把电机密封在耐压空腔内部，然后在电机旋转轴部分连接磁力耦合盘，磁力耦合盘上有很多均匀交错布置的强力磁铁，同样的，在电机密封壳外面的螺旋桨上也连接有磁力藕合盘，两个藕合盘磁场相互吸引，就可以让封闭壳体内的电机通过磁场来驱动壳体外面的螺旋桨旋转。磁耦合水下驱动器虽然可以很好地隔绝海水腐蚀与耐压，但是体积跟重量都较大，而且结构复杂，加工装配难度也很高。而如果使用无刷电机作为驱动器，因为电机转子与线圈之间没有任何电流交换，也没有接触磨损，所以只要我能够想办法给无刷电机容易受到腐蚀的部分做好防锈绝缘处理，就可以不经过外壳防护直接在海水中使用航模无刷电机作为水下机器人驱动器的动力来源。在仔细研究了无刷电机的相关资料和原理图后我发现，无刷电机内部的各个部分都没有中空结构，这样就不需要设计耐压外壳防止电机本身被水压破坏，而且电机使用的漆包线本身也具备很好的绝缘耐腐蚀特性，所以能够让普通航模无刷电机在海水中使用的重点就在于对电机线圈的硅钢片以及电机内部的永磁体防锈处理上。通过观察我想到，电机中的漆包线本身是铜，而铜是一种很容易锈蚀的金属，但是在铜线外面涂满了特别的油漆后，铜线就具有了很好的绝缘和耐腐蚀特性。受到漆包线的启发，我把航模无刷电机的磁铁和硅钢片上都涂覆了模型浇筑树脂，模型浇筑树脂在未固化前流动性很好，不仅能留在表面，还可以渗入无刷电机磁铁和硅钢片内部的缝隙中，固化后形成了均匀的树脂防水层。通过同样的方式也可以处理电线接头等容易被海水腐蚀的部分，这样一来，航模无刷电机在水下使用的防水以及安全性问题就得到了很好的解决。

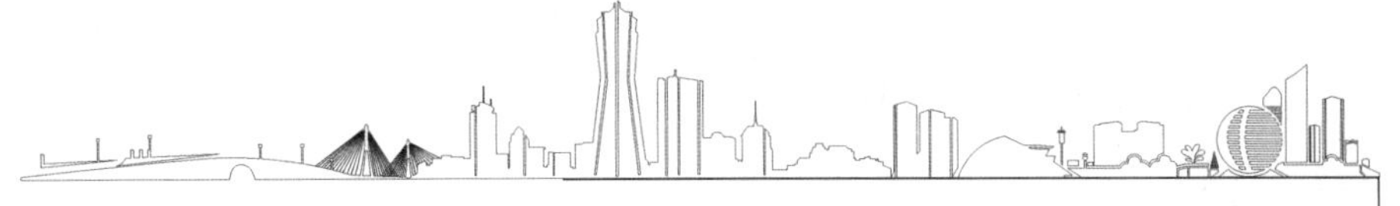

对驱动电机的选型问题的思考和寻找解决方案的过程开拓了我的思路，也让我明确了这台小型水下机器人的明确设计思路——从现有航模材料中尽可能地选取功能类似的部件，并对这些零部件进行创新性的改造升级，使其成为适合于小型水下机器人使用的材料，并以此为基础制作出自主设计的小型水下机器人。

3 实验材料与方法

3.1 实验材料与仪器

(1)水下机器人控制系统搭建实验材料

笔记本电脑、游戏手柄、树莓派、可编程多轴飞控板、电力猫、航模电机、电调、航模锂电池、LED照明灯、摄像头、舵机、硅胶线、电缆、电缆连接器。

(2)水下机器人主体搭建实验材料

亚克力板、亚克力圆管、PVC管、尼龙材料、浮力材料、铝型材、3D打印零配件、螺丝螺母、密封圈。如图1.9-4所示。

(3)测试用仪器及工具

压力传感器、万用表、焊台、热风枪、实验水槽、雕刻机、激光切割机。

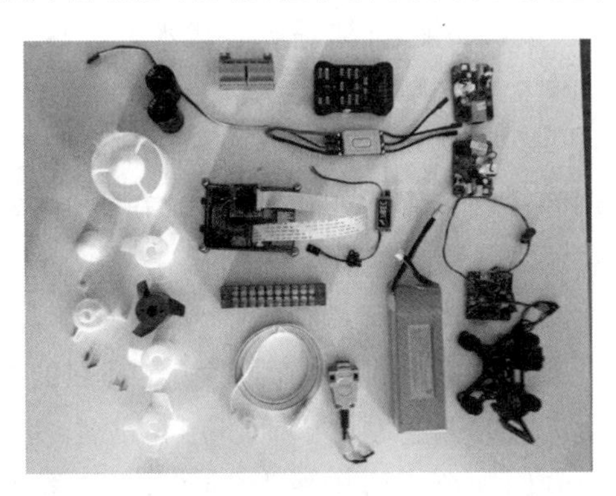

图1.9-4 水下机器人使用的部分零配件

3.2 水下机器人总体方案设计

查阅众多水下机器人图片及视频资料后，综合考虑了体积、便携性、设计与制作难度等因素，我决定设计一台长方体框架结构，具备6个推进器，高亮度LED照明灯，摄像头，水压传感器与姿态传感器的水下机器人。在航模材料与常用的手工制作材料中仔细寻找选择，最终我确定了一套基本的选材方案，如图1.9-5所示。

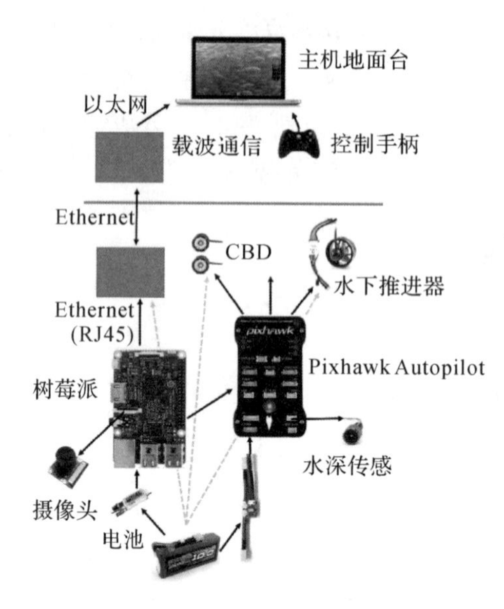

图 1.9-5　基本选材方案

我使用笔记本电脑与电脑游戏手柄作为水下机器人的地面通讯台，通过游戏手柄的按键与摇杆映射控制水下机器人的动作和基本功能；使用家里扩展网络 wifi 信号的电力猫作为载波模块使用，电力猫可以在几百米内仅仅依靠普通电线扩展和传输网络信号，并具备有线网络和无线 wifi 接入功能，非常适合替代水下机器人的专用载波通讯模块使用，只需要在水下机器人本体上也安装一个电力猫，就可以在 2 个电力猫之间靠普通双芯电缆实现可靠的远程通讯；在水下机器人本体部分，我选择了树莓派作为水下机器人的主控器，树莓派是现在很流行的创客开发板，以前我在学习编程语言和机器人兴趣班的时候就曾经使用过，树莓派本身接口十分丰富，不仅有常见的网线，usb 接口，还有专用的摄像头接口，串口等常用底层通讯接口，而且树莓派上还有众多的开源操作系统可以选择，十分适合作为水下机器人的主控制器，既可以满足现在的连接需求，也可以基于开源操作系统编程控制水下机器人的相关功能，而不用自己去编写难度极高的操作系统；相应的，我还选择了树莓派专用彩色高清摄像头作为水下机器人的图传摄像机，航模用 11.1 V 转 5 V 变压板用于给树莓派主板供电；在运动控制方面，我选择了 Pixhawk 多轴飞行控制器作为水下机器人的运动控制板卡，Pixhawk 原本是制作 4 轴飞行器常用的主控器之一，本身最多支持 8 轴飞行器的电机控制与定高巡航等功能，具备十分丰富的接口功能，并且也可以通过自己修改控制程序完成原本控制器无法实现的功能，这一点非常适合水下机器人的运动控制器开发，而且 Pixhawk 还有用于航模飞行器定高的气压计采集接口，我可以使用这个接口采集水下压力，Pixhawk 本身自带用于飞机稳定控制的 9 轴陀螺仪功能，我同样可以使用这个功能采集水下机器人的运动姿态；动力方面，我选择了大容量的 11.1 V 航模电池和飞机用大扭力无刷电机和电机调速器，为了保证水下运行，我还需要对无刷电机进行合理的密封性改装。

在水下机器人机械结构方面，我主要选择了亚克力板、亚克力管、PVC管等在网上或者广告店容易购买和加工的材料作为水下机器人机械结构的主体材料。在一些形态复杂的结构上，我准备使用现在十分热门的3D打印技术制作一部分树脂零件，3D打印技术基本可以制造我设计的任何形状与结构的零件，使用3D打印技术，可以让我能够制作很多以前不知道应该如何制作的零件。

在完成以上这些基础选型之后，我开始着手设计水下机器人的三维模型，在模型设计上，我使用SolidWorks三维设计软件用来进行三维建模，SolidWorks软件使用和操作十分简单易学，许多功能只要查看软件帮助文档就可以很快学会，非常适合用来做水下机器人设计。

在对已选择的零配件进行建模，并依照之前的设计规划进行设计之后，我完成了水下机器人的总体三维设计。如图1.9-6所示：

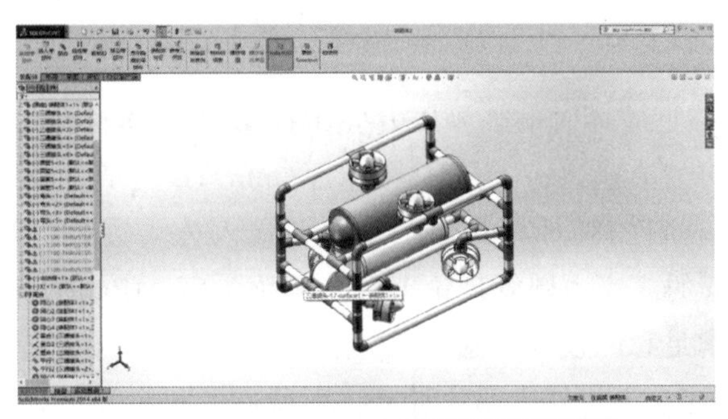

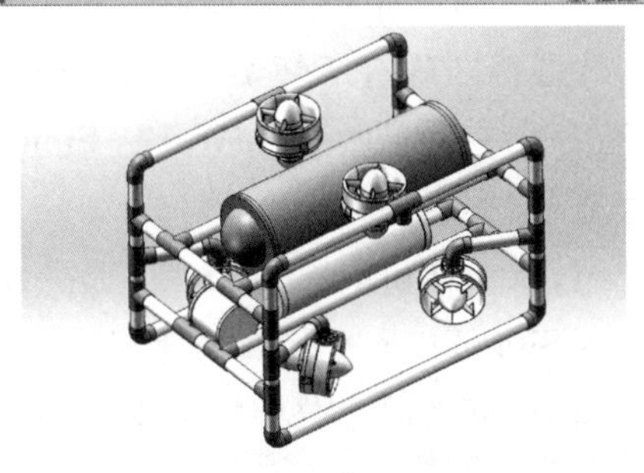

图1.9-6 水下机器人三维设计图

在完成总体设计之后，因为不知道设计的三维模型制作出实物之后能够达到什么样的效果，以及是否能够满足在深水下工作的各种需求，我还需要进行进一步的细化设计和计算才能进入到水下机器人的制作环节。

3.3 水下机器人耐压设计

水下机器人在工作时，需要将控制电路等部分及相关设备保护起来，以避免浸没在海水里导致短路、腐蚀或者压裂等损坏。这就需要设计一个保护壳来保护这些相关的设备。根据我在网上查阅的图片视频资料，一般的水下机器人耐压保护仓都是圆柱形设

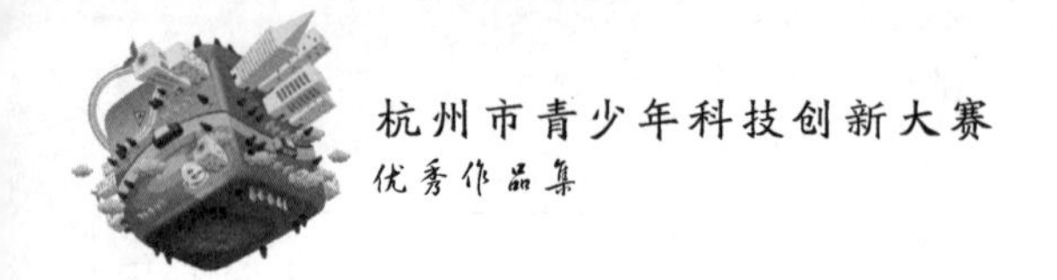

计。此外，由于水下机器人经常在海水环境下工作，海水很容易对各种金属材料造成腐蚀，需要使用昂贵的钛合金作为制造材料，但是考虑到钛合金昂贵，不易购买并且很难加工等问题，我选择了常见的亚克力塑料管作为耐压保护仓的主体材料，亚克力塑料本身耐腐蚀性很强，只要通过计算选择合适的壁厚就可以达到水下使用的要求了。

通过查阅网上文库相关计算水下机器人耐压强度的论文，我了解到水下机器人的耐压壳体其壁厚与半径尺寸相比很小，因而可以被视作薄壁结构，可以通过薄壳理论来计算壳体强度。由于水下机器人耐压壳体主要是承受来自外部海水的压力，真正导致壳体被压破的主要原因通常是一种叫做失稳的形式而导致破坏，而非强度不足。因此，只要首先保证其壳体稳定性，就可以满足最终的水下使用要求。按照资料中耐压容器的失效条件计算方法，我发现水下机器人耐压性能的计算可以使用工程上采用的著名的 Bresse 公式计算

$$P_{\sigma} = \frac{2E}{1-\mu^2}\left(\frac{T}{D}\right)^3$$

式中：P_{σ} 为壳体接近破坏时的临界压力(MPa)；E 为壳体材料的弹性模量(MPa)；μ 为壳体材料的泊松比；T 为壳体的壁厚(mm)；D 为壳体的平均值直径(mm)。

通过查询亚克力材料的弹性模量与泊松比并代入公式进行计算，我所选择的直径 125 mm 长度 336 mm 的亚克力圆管理论上可以承受 3.87 MPa 的压力，也就是 387 m 深海下的水压，这足以满足我的设计需求了。

因为我还不具备在水下机器人耐压计算上面所需的很多知识，我对于自己依据公式和理论模型所计算得出的结果是否准确有所怀疑。此时我发现用来设计水下机器人机械结构的软件 SolidWorks 里面有一个叫做 SolidWorks Simulink 的功能可以很直观简便地分析物体受力变形的情况。

根据软件帮助文档的介绍，SolidWorks Simulation 是一个与 SolidWorks 完全集成的设计分析系统。SolidWorks Simulation 凭借着快速解算器的强有力支持，使得在使用 Simulation 解决水下机器人的耐压问题时十分便捷迅速。SolidWorks Simulation Xpress 还为耐压仿真实验提供了一个容易使用的初步应力分析工具。

Simulation Xpress 使用的仿真技术与 SolidWorks Simulation 用来进行应力分析的技术相同。Simulation Xpress 的向导界面采用了所有 Simulation 界面的内容，在进行耐压实验时，即可一步步按顺序指定夹具、载荷、材料，进行分析和查看结果。整个过程简单迅捷，而且很快就能看到结果。通过 SolidWorks 的工具菜单即可完成对 Simulation 的添加，如图 1.9-7 所示。

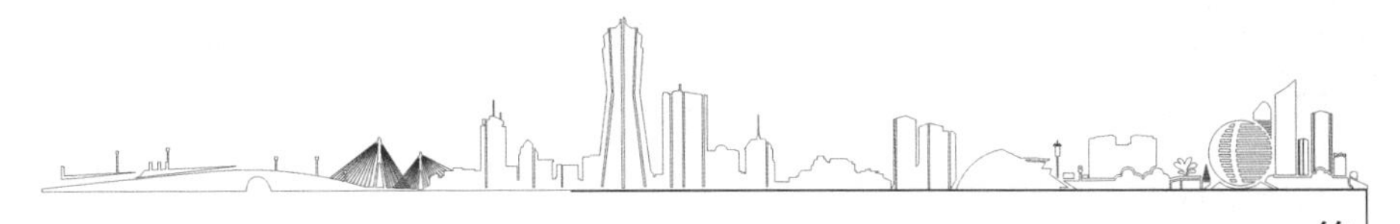

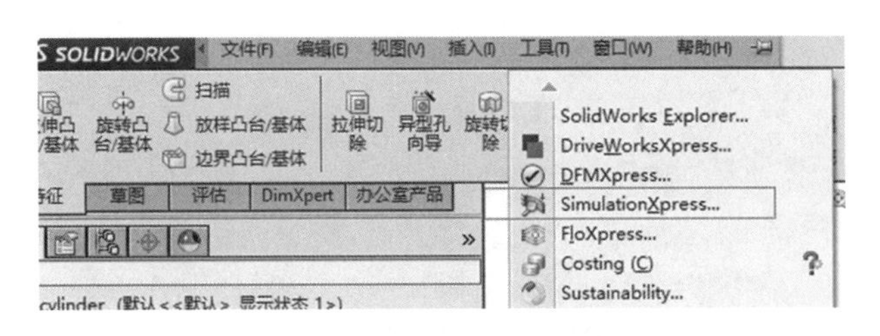

图 1.9-7　添加 Simulation

进行耐压仿真实验前，根据前述得到的尺寸，先在 SolidWorks 中建立相应的实体模型。如图 1.9-8 所示：

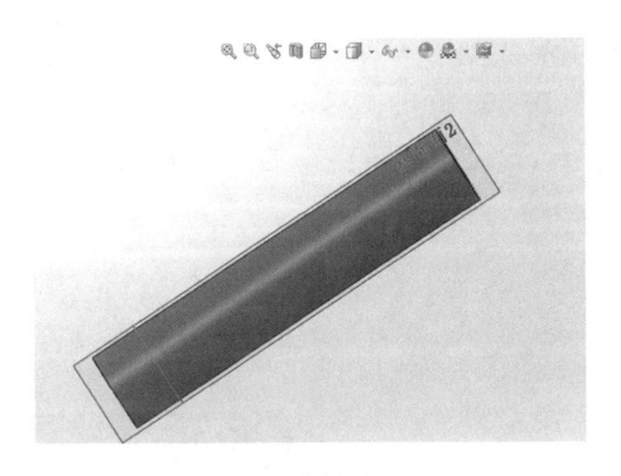

图 1.9-8　SolidWorks 实体模型图

然后添加指定的应力、材料、安全系数等参数，如 ROV 工作在 300 米水深，则其水下的压力为 3 MPa，参数添加后会在右边树状栏中显示，如图 1.9-9 所示：

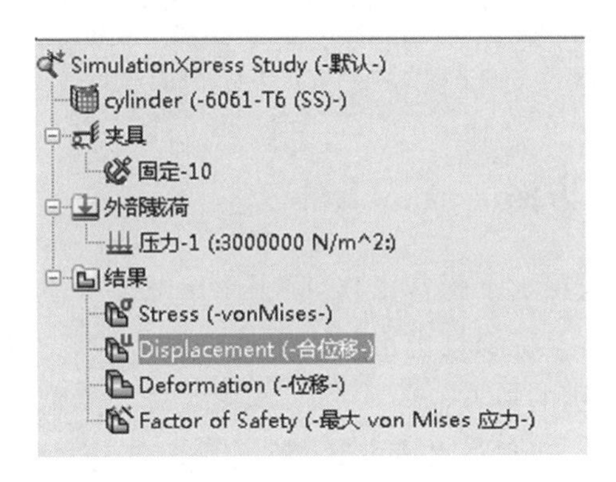

图 1.9-9　树状栏显示图

加完基本的仿真参数后，就可以建立网格，如图 1.9-10 所示。

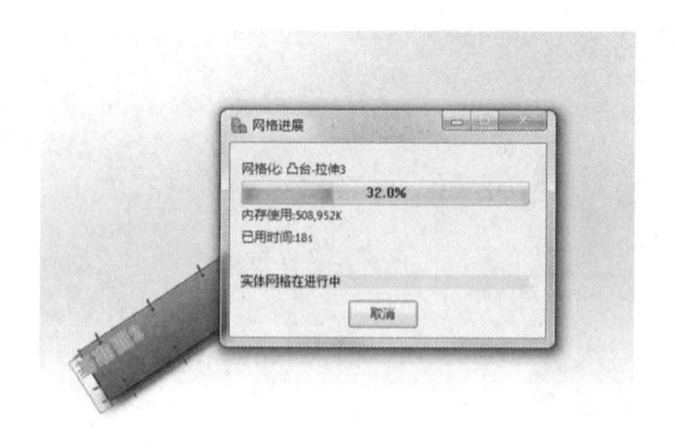

图 1.9-10　建立网格

最后通过 SolidWorks Simulation 的解算器，可得到如图 1.9-11 所示的应力分布图。从仿真的结果中可以看到，在 300 m 的水深下，即使在最危险的红色区域（圆筒的中间部分），其型变量大约为 50 μm，这是个非常微小的变形量，基本对耐压筒在水下的性能不会产生影响，故符合实际需求。

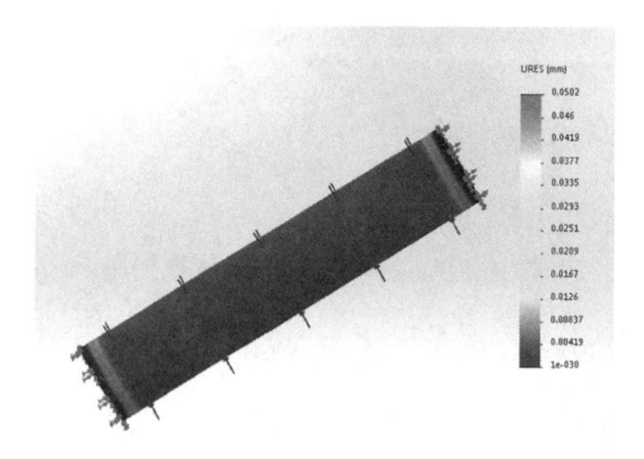

图 1.9-11　应力分布图

3.4　水下机器人防水方法

为了保证水下机器人在水下正常工作，除了耐压舱能够承受海水的压力外，还要对耐压舱整体进行防水处理。特别是进出耐压舱的电线电缆以及舱体前后的密封端盖部分，都是比较容易发生漏水的地方。

在舱体的密封问题上，我根据水下机器人各部分零部件材料选用的不同而采取了不同的密封方法。

对于像密封舱主体亚克力管与密封舱两侧端盖这样需要经常拆装维护的部分，我使用多层橡胶密封圈进行密封，密封圈的安装间隙需要符合密封圈说明书的使用要求，以确保橡胶密封圈有足够的压缩量从而防止漏水。此外，为了使安装更顺利，还需要在密封圈表面涂满油脂润滑。

而对于水下机器人的电缆与密封舱的连接，我使用了电缆专用的密封胶把穿过中空密封接头的电缆与接头粘合在一起，由于密封胶同样是橡胶材质，可以与电缆的外皮紧密地结合，同时凝固后的密封胶还具有一定的弹性，在受到外部压力的时候会和密封接头紧密压合在一起。密封接头的一端带有螺纹和密封圈，通过旋转拧紧安装在密封舱尾部的端盖上，从而使进入密封舱的电缆实现防水的效果。如图1.9-12、1.9-13所示。

对于其他需要密封的部分，我一般按需要经常拆装的部分使用密封圈，不需要拆装的部分直接胶水粘接的思路进行防水处理。

图1.9-12　密封圈与密封胶

图1.9-13　电缆与耐压舱端盖的防水连接

3.5　水下机器人浮力平衡设计

水下机器人在不工作的时候，是可以不依靠任何动力在水中保持静止的。这也就需要水下机器人本身的重力和海水的浮力相平衡。为实现整体水下机器人的平衡，我按照以下的步骤进行了分析：

(1)参照水下机器人本体的结构特点，分别对框架、浮力材料、耐压仓体等组件在SolidWorks进行三维建模，并把各部分三维模型装配起来，形成水下机器人的主体三维模型。有了水下机器人的主体三维模型，就可以在软件中查看水下机器人各部分的体积。

(2)因为水下机器人有很多个部分，详细的计算非常复杂，但是由于我设计的小型水下机器人主体材料都是PVC、亚克力、树脂等高分子材料，而这些材料的密度相差不大，根据浮力中心的定义，我就将水下机器人各部分视为密度为1的实心物体，在此基础上计算各部分的重心即为水下机器人的浮心。虽然这种计算方式和实际情况存在差异，但是相对而言是一种比较简单的估算浮力中心的方式。

(3)参照水下机器人各设备模块的技术指标，分别计算出框架、浮力材料、耐压仓体等设备的浮力中心位置。

(4)再依次调整浮力材料、运载框架、耐压仓体、作业模块等设备的位置，保证各个设备模块的浮心处于同一垂直线上。

依照以上步骤的分析，我设计了一个符合水下机器人布局要求的结构简图，如图

1.9-14所示：

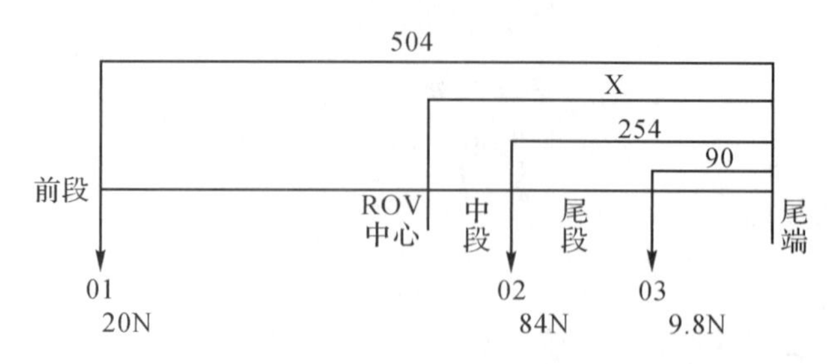

图 1.9-14 水下机器人平衡设计布局

由布局图 1.9-14 就可以计算出，水下机器人的实际中心位置为距离尾端 283.5 mm 处，偏离几何中心 31.5 mm，偏向机身前段。

3.6 续航能力实验

在完成水下机器人的耐压与在水中受力情况以后，我还需要知道水下机器人的续航能力，因为还没有完成全部水下机器人的模块搭建和组装，所以我还不能准确地知晓这台水下机器人究竟可以运行多长时间。但是在最终水下机器人性能测试之前，我可以设计一个简单的实验来确定安全的工作续航时间。

对水下机器人而言，最大的能耗来自于 6 个高速旋转的推进器对电池的消耗，其次是用于水下拍摄的照明灯，所以我将推进器与照明灯等零部件同水下机器人控制系统组合在一起，在还没有总装和调试优化之前，先简单地控制安装在水缸里的电机和照明灯常开运行，通过相隔一定时间测定电池电压的办法，得到了水下机器人全功率运行时对电池电量消耗的图，如图 1.9-15 所示：

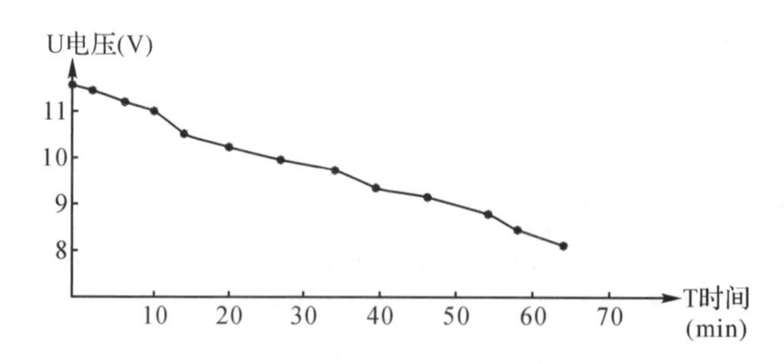

图 1.9-15 水下机器人续航模拟测试实验数据

根据实验结果，我得出结论，采用 11.1 V，8 000 mah 航模电池的水下机器人，在满负荷工作的情况下，电池从充满状态下降到电压 8.35 V 左右，可以实现大约 60 min 的满载续航时间，由于实际工作时不会全功率运行，所以正常情况下水下机器人大约可以在水中正常行驶 90～120 min。

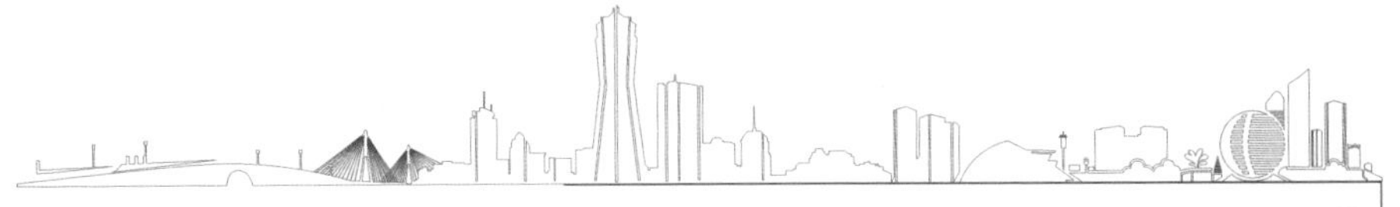

3.7 第一代水下机器人组装与调试测试

在完成基本的设计与计算之后，我就开始了水下机器人的制作与组装。在制作和组装水下机器人的过程中，找在实验老师的指导下，从雕刻机、钻床，到焊接电线电路、设计CAD图纸、调试程序，一点点完成了我的首台小型水下机器人制作。

首先是水下机器人推进器的改造和组装。我将自己设计的三维模型通过3D打印的方式制造的零配件，同经过防水处理的航模电机装配连接，组合成为自制的水下推进器。组装好的水下推进器还需要进行推力测试，以确保能够准确地得到水下推进器的推力转速关系，从而根据这个关系去控制水下机器人的运动状态。如图1.9-16～1.9-18所示：

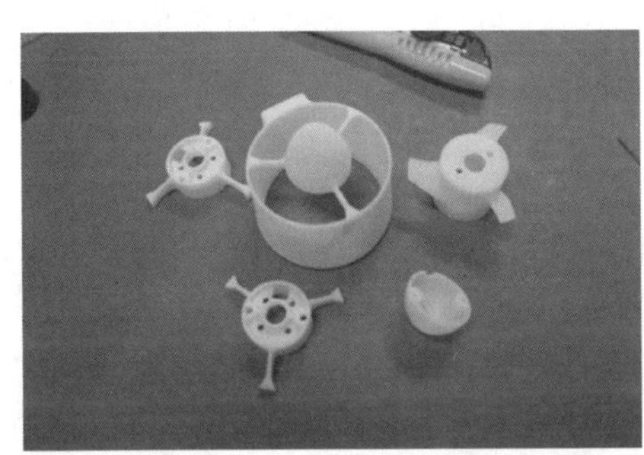

图1.9-16　3D打印制作的水下机器人推进器零件

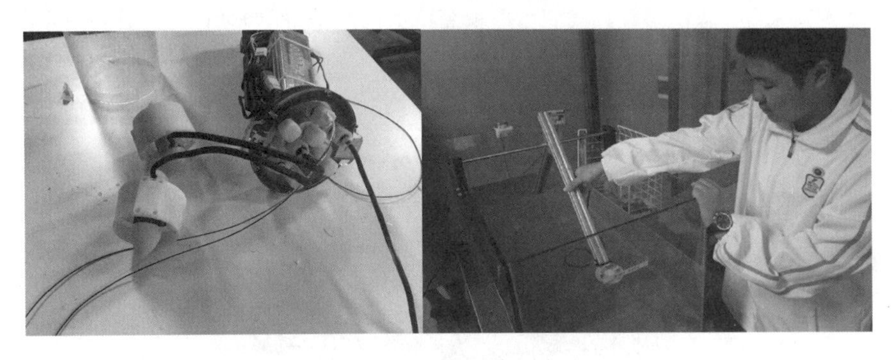

图1.9-17　装配好通电测试的水下机器人推进器

电机推力测试

测试时间：2017/4/5 测试电机：TP60 测试电调：ROV 电调 碰水臂长：380 mm 压力臂长：488 mm 比例系数：1.284 误差分析： 1:水流回流冲击测力架，导致示数极不稳定，影响实验结果； 2：电压不能实时测量，产生压降，影响实验结果，后期可以在电源与电调之间加个功率计。	占空比	电压（V）	电流（A）	显示推力（KG）	实际推力
	630	12.1	0.20	0	0
	650		0.28	0.03	0.04
	670		0.40	0.04	0.05
	690		0.75	0.08	0.10
	710		1.28	0.14	0.18
	730		1.79	0.22	0.28
	750		2.34	0.26	0.33
	770		2.95	0.36	0.46
	790		3.50	0.44	0.57
	810		4.20	0.54	0.69
	830		4.77	0.63	0.81
	840		4.98	0.67	0.86
	850	11.7	5.32	0.74	0.95

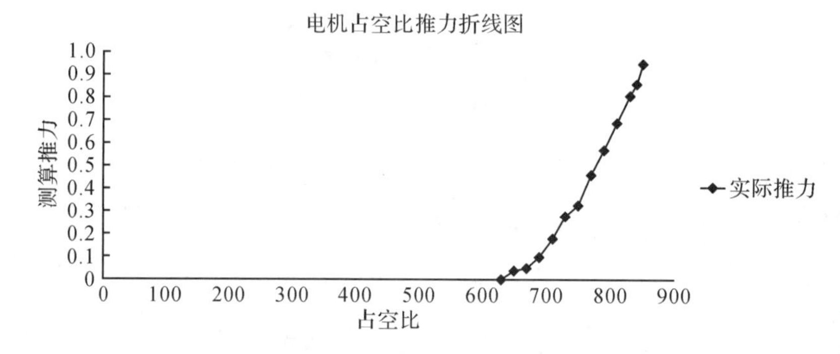

图 1.9-18　水下推进器推力实验参数表

完成推进器组装后，我进行了航模飞行器飞控改装与程序烧录，使它可以用于运行水下推进器的运动控制。Pixhawk 本身是一款成熟的开源飞控软件，它的成熟性体现在它支持 3～8 个推进器运转，它的开源性体现在我们可以很简单地修改推进器输出参数，另外设定推进器布局方向。通过修改推进器输出程序参数，以及设定新的推进器布局与矢量方向，包括调用本身板载的 9 轴姿态传感器，实现水下机器人的 6 个推进器控制。如图 1.9-19 所示：

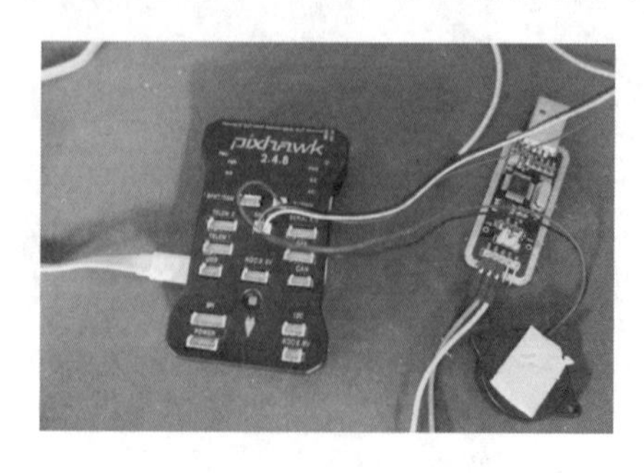

图 1.9-19　调试中的飞控器

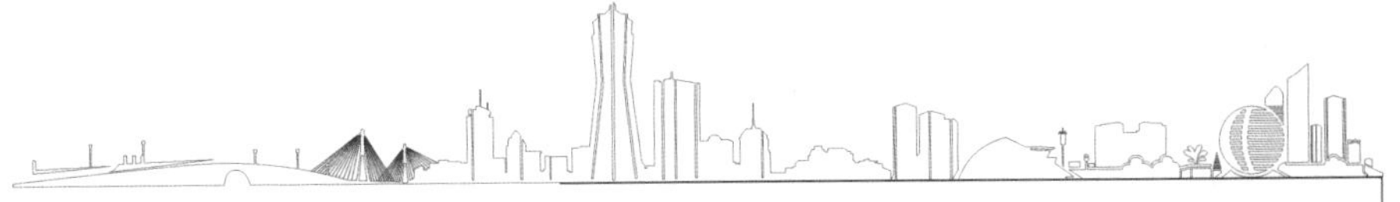

随后我在老师的指导下改装了家用电力猫，并用电力猫的内部电路制作了水下机器人的远距离动力通讯传输。如图 1.9-20 所示：

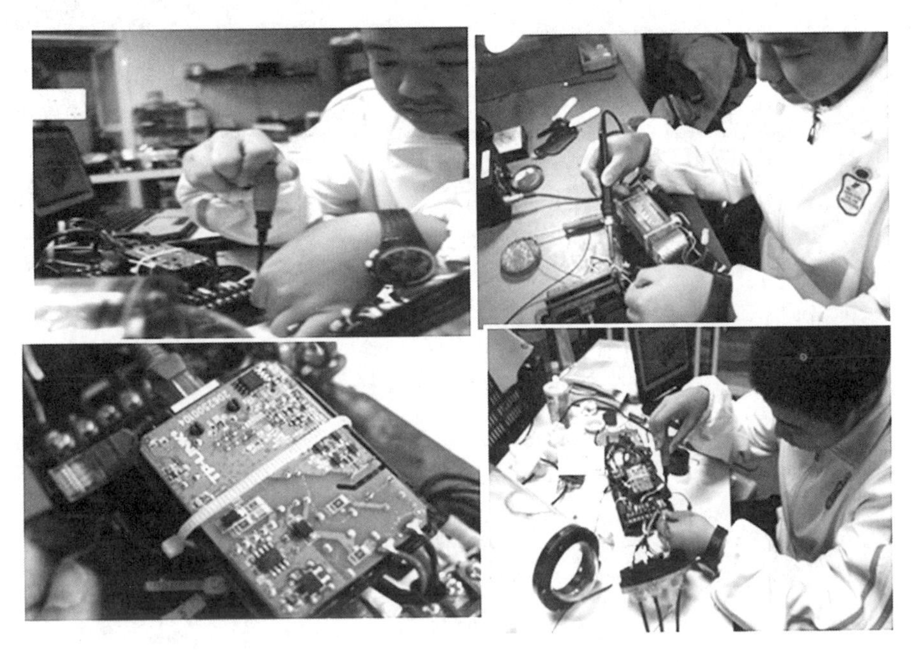

图 1.9-20　经过改造的电力猫通讯模块

对电力猫的改造主要是拆除设备的外壳以及在电路板上找到原有的供电焊点并与水下机器人的数据传输电缆连接在一起。

内部电路准备完后就进入到了主控桶的装配过程，经过安装密封圈，装配亚克力球型罩，安装防水接头与电缆等步骤，完成控制桶的装配。如图 1.9-21 至图 1.9-23 所示。

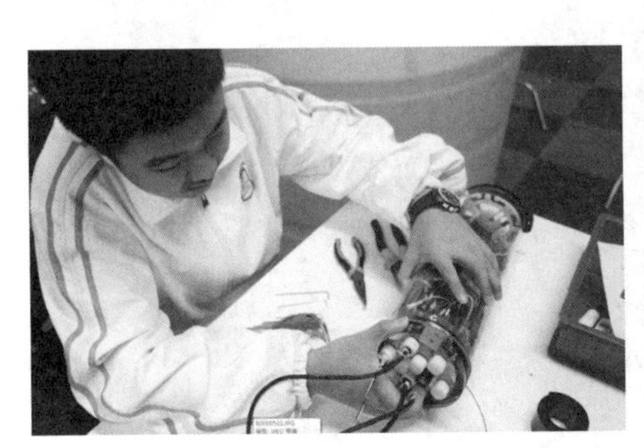

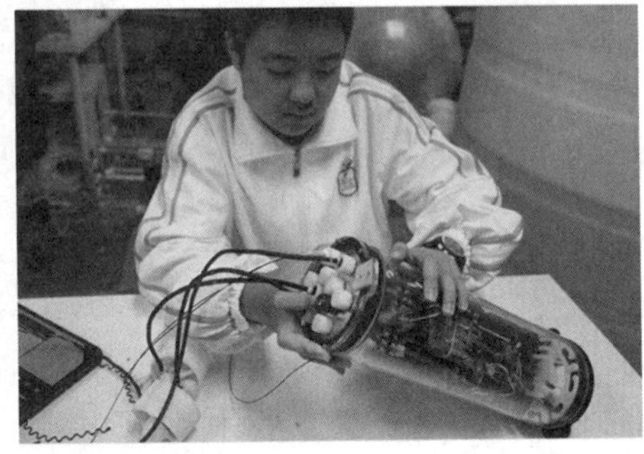

图 1.9-21　为装配好的耐压桶与控制电路

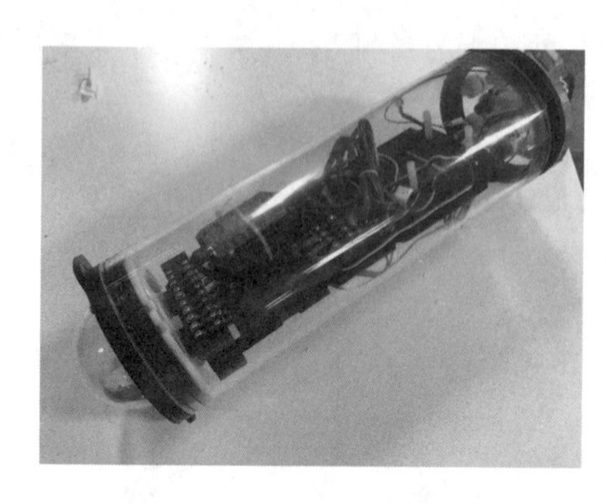

图 1.9-22　装配控制桶

图 1.9-23　主控系统调试

按照防水要求装配好控制桶之后，就可以进入到与笔记本电脑水面站控制程序的连调阶段。控制系统与推进器都准备好之后，将它们安装在由 PVC 管及 PVC 管接头组装的机架上，水下机器人主体就装配完成了。由 PVC 管系统制作的水下机器人机架具有成本低廉、模块构架灵活、方便组装与改装等优势。如图 1.9-24 所示：

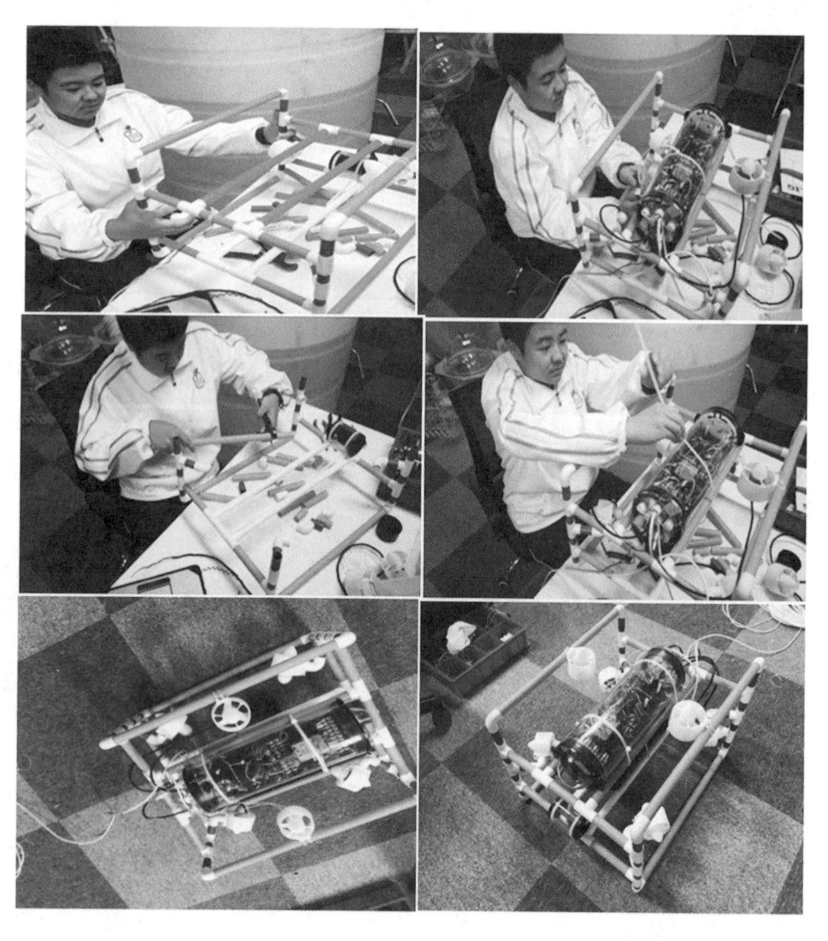

图 1.9-24　装配完成后的水下机器人

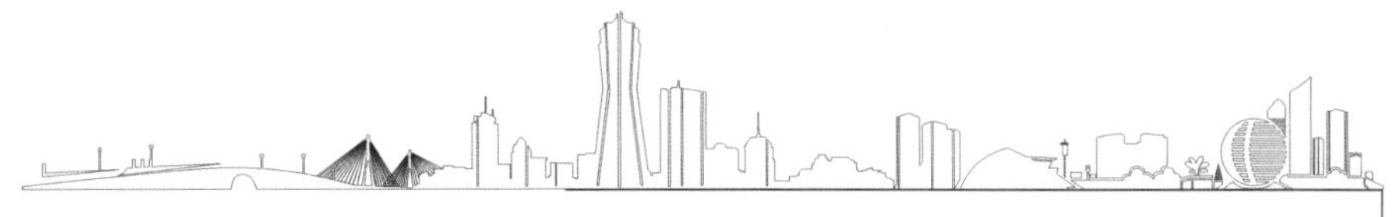

水下机器人装配完成后，进行简单的水箱实验。如图 1.9-25 所示：

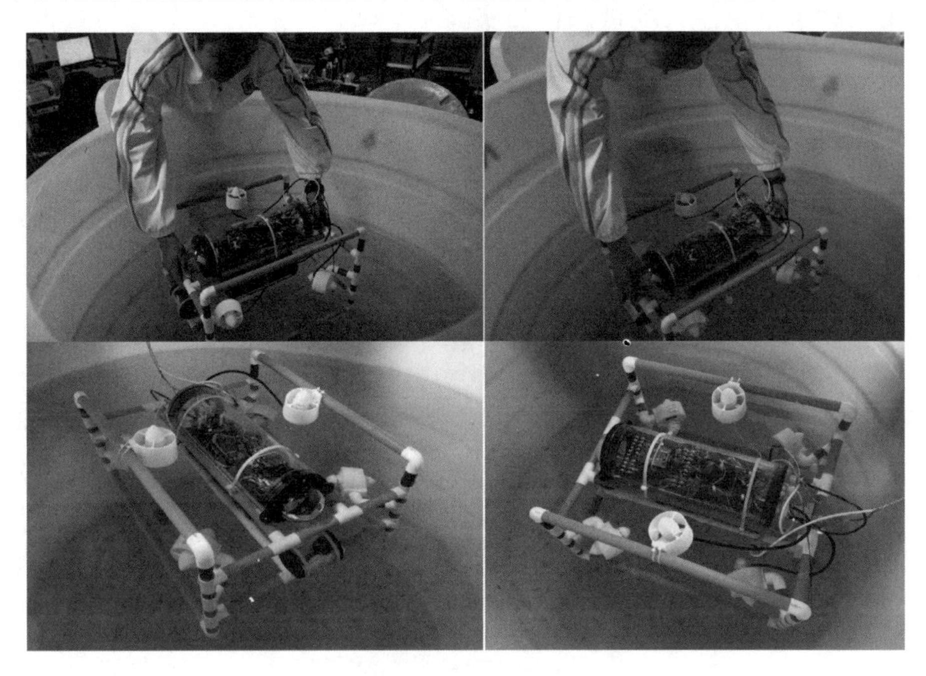

图 1.9-25　水箱测试

3.8　第一版水下机器人水下实验与问题

在实验室的水箱中，我对制作好的水下机器人进行了水下测试，我实验了包括水中悬浮、水中多方向移动、水中视频拍摄等水下机器人的功能性测试。实验结果表明，我对于这台水下机器人的设计思路是正确可行的，水下机器人的基本功能都能够在我设计改装的这一套使用了大量航模零部件的系统上良好地实现。但是在进行实验的过程中，我也发现了我设计的这一台水下机器人还存在很多问题，比如水下机器人没有考虑到电缆收放的问题，容易发生电缆缠绕；水下机器人的电池控制主板在同一个密封舱内，每次更换电池都需要把主控桶整个拆开，十分不便并且影响可靠性；平行布置的 4 个推进器没有布置在机身中段，因为上方体积过于庞大的密封舱对水流的阻力，在左右平行移动的时候水下机器人很容易出现倾斜的问题；由于水下机器人的推进器布置，导致机器人本身不能完成前后俯仰的动作，导致摄像头的观察视野受限；水下机器人设计的时候没有给加装机械手或者采水器等外部负载留有足够的安装空间等等。

我带着这些问题和指导老师讨论，她给我提出了很多建设性的意见，并从专业的角度再次详细地向我阐述了水下机器人的一些常规设计思维。和老师讨论后，我觉得我对水下机器人的认识又更深入了一步，从而产生了设计第二代小型化水下机器人的想法。

3.9 第二代水下机器人改进制作与实验

经过一个多月的重新设计与购买材料，我开始了第二代水下机器人的设计制作。在老师的指导下，我重新细化了三维设计，改进了之前的设计缺陷，重新设计了更紧凑更稳定可靠的机身结构，改进了推进器布局，改进了密封桶设计，并以此重新制作了第二代水下机器人。

3.9.1 推进器布局改进

首先要做的是对于推进器布局的优化。我采用了更紧凑的水下推进器布局方式，让6个水下推进器尽可能地布置在同一个平面周围，且各自的喷水水流互不干扰。为了验证新布局的运动性能，我首先设计了一个易于验证的简易亚克力机架来测试新的驱动器布局是否合理。为了方便验证和调整推进器布局，测试机架设计了很多用于调整推进器位置的安装孔，但是没有考虑防撞强度、外围设备安装、布线等问题。验证机架的三维设计如图1.9-26所示：

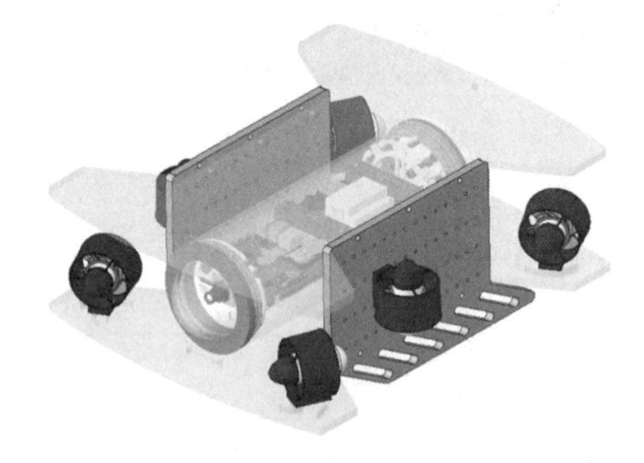

图1.9-26 水下机器人推进器布局改进验证机三维设计图

使用亚克力(PMMA)机身的改进验证机身设计，我通过简单的装配就做成了新的推进器验证机架。如图1.9-27所示：

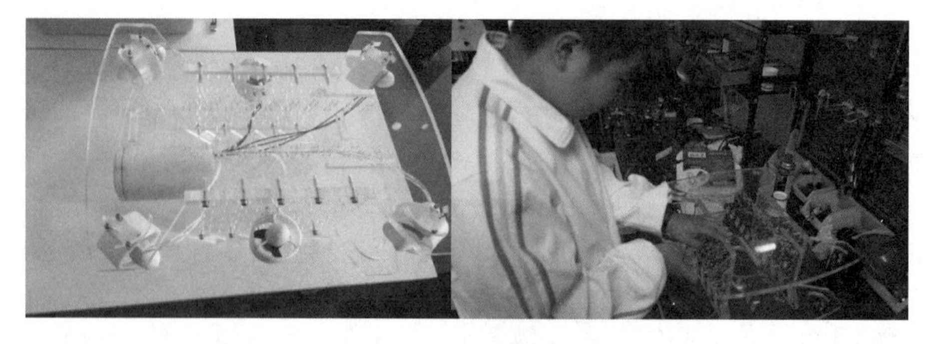

图1.9-27 激光切割亚克力制作的机身

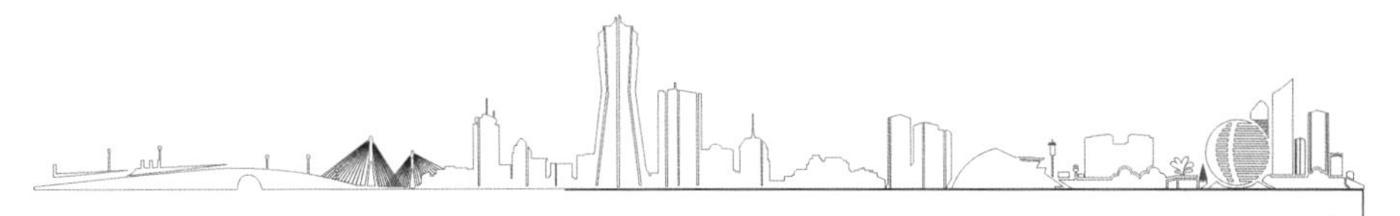

在安装了第一代水下机器人的推进器与控制系统后，我对这台验证机进行了水箱实验。如图 1.9-28 所示：

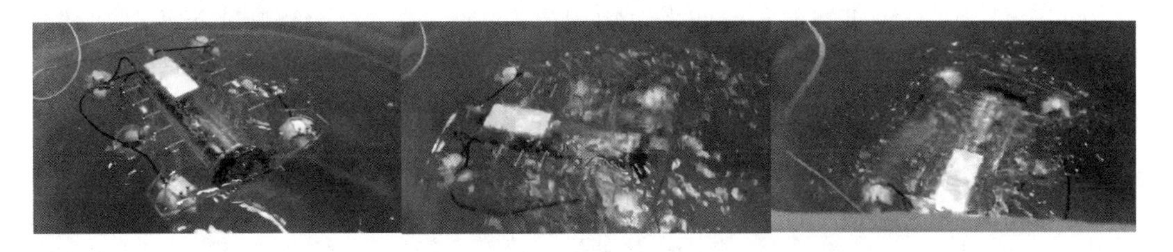

图 1.9-28　水箱实验视频截图

通过不断的调整与测试，水槽实验的结果表明，新的推进器布局方式可以令水下机器人的运动更稳定，在水中进行平面运动时受到的阻力更小，也不会产生倾斜的问题。

3.9.2　第二代水下机器人设计

在验证完成新的推进器布局的实际使用效果后，我根据第一代水下机器人测试中遇到的各种问题重新设计了第二版水下机器人的整体结构。如图 1.9-29 所示：

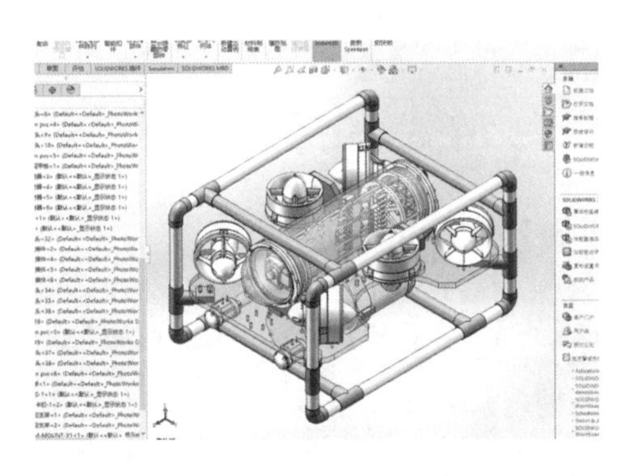

图1.9-29　第二版水下机器人整体结构设计图

第二版的水下机器人，在继承了第一版水下机器人灵活易用的 PVC 框架主体结构的基础上，我将原本的一个耐压舱拆分成为一个主控耐压舱与一个电池舱，这样就改进了主控舱内的电路布置，缩小了主控舱的体积。并且由于电池舱与控制舱分开，电池有了更大的空间。根据 $P=UI$ 定理，达到相同功率时，电压高的电流会偏小，可以有效地减小热量的损失。第二版水下机器人采用 14.8 V 电压(之前为 11.1 V)的电池，同时扩大电池容量，提高水下机器人的运行时间。在更换电池的同时，由于一些航模配件都是采用宽幅电压输入(11.1～24 V)，所以航模配件都不需要进行更换。

对于第一版水下机器人使用的家用电力猫因为需要交流 220 V 输入才可以在一对电力猫之间进行通讯，而水下机器人的使用主要在户外，很难使用 220 V 电压。对此，我决定更换直流输入的电力载波模块。电力载波模块的用途十分广泛，所以价格也不高。只要在地面控制系统中加入额外的一块电池给电力载波模块 A 供电，电力载波模块 B 由水下机器人上的电池供电，这样就可以进行简便长距离的通信。

我在摄像头的支架上增加了一个舵机来控制摄像头的俯仰，提高可视角度。并且由于水中光线少，即使打开灯也与水面上的效果有差距，为此，我选取了一款低光度摄像头装在树莓派上，它的原理类似于我们平时用的夜视摄像头，这样可以在水下得到比较好的效果。

此外，我还在摄像头的可视范围内预留了机械手等外加设备的安装空间；采用新的推进器布局方式，并增加了水下机器人主体框架的横梁数量。由于在设计之初我就对新的推进器布局进行了全面的实验，重新设计的第二版水下机器人主机不仅改善了第一版上出现的诸多设计问题，同时整机结构得到了强化，整机体积也有所减小。如图 1.9-30 所示，第二版与第一版水下机器人相比，整体设计上有了很大的提升。

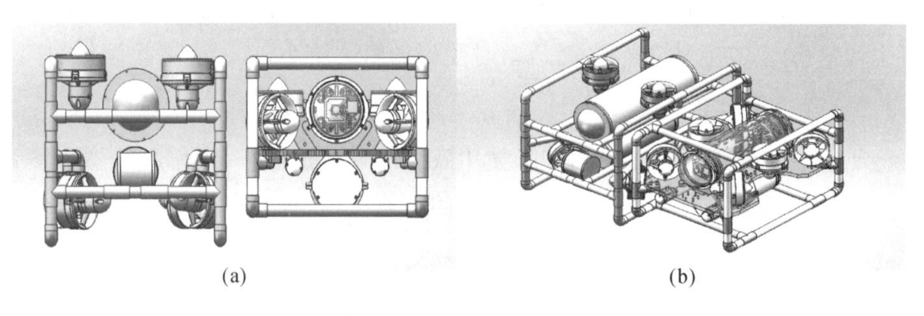

(a) (b)

图 1.9-30　第一版(a)与第二版(b)水下机器人设计对比图

3.9.3　第二代水下机器人制作

虽然在设计上进行了较大的改进，但是第二版水下机器人使用的原材料和制作方法基本相同。相比于第一版，为了提高密封舱的耐压性能，我把第一代水下机器人上原本使用 3D 打印制作的树脂电缆密封接头替换为定制的铝合金电缆接头，除此之外其他材料均维持不变。因此，第二版的改进水下机器人在制作成本上并没有比第一版有大幅度的提升，我设计的改进型水下机器人的制作成本依旧低廉。根据新的设计图，我进行了第二版小型化多功能水下机器人的制作。由于制作过程和第一代基本相同，这次我很快就完成了第二版水下机器人的制作。第二版水下机器人的制作过程和第一代相同，我就不再重复叙述了，如图 1.9-31 所示，就是重新设计制作的第二版小型化多功能水下机器人。

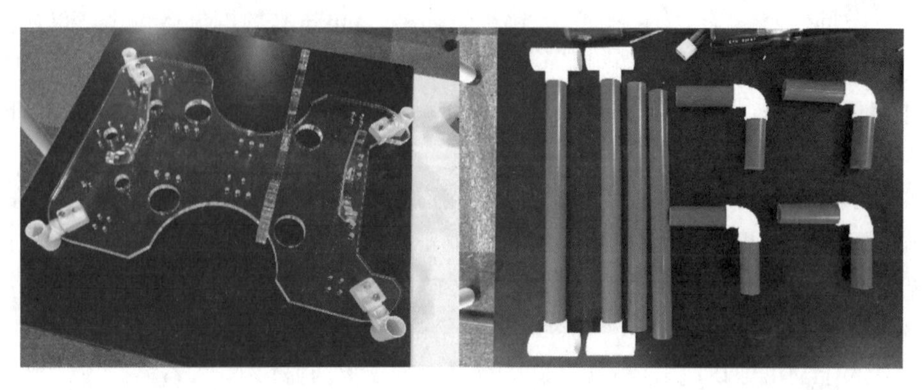

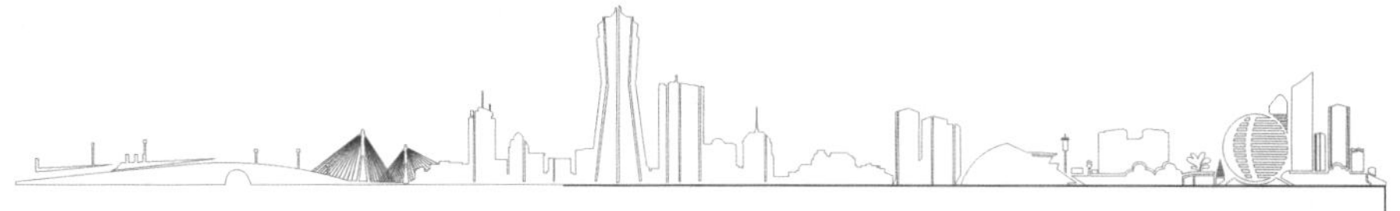

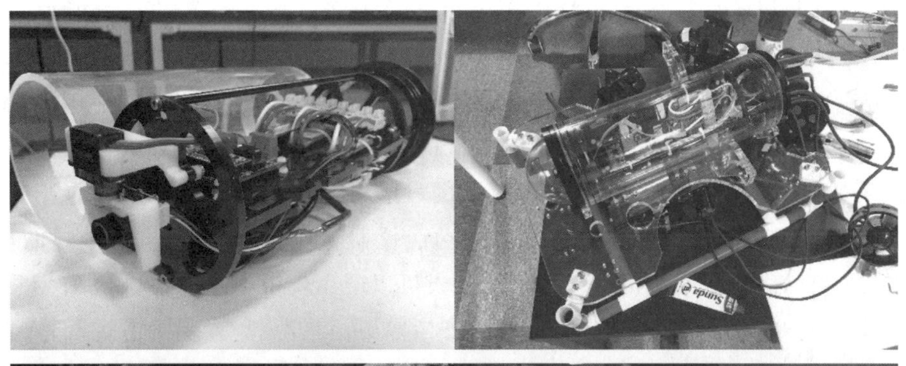

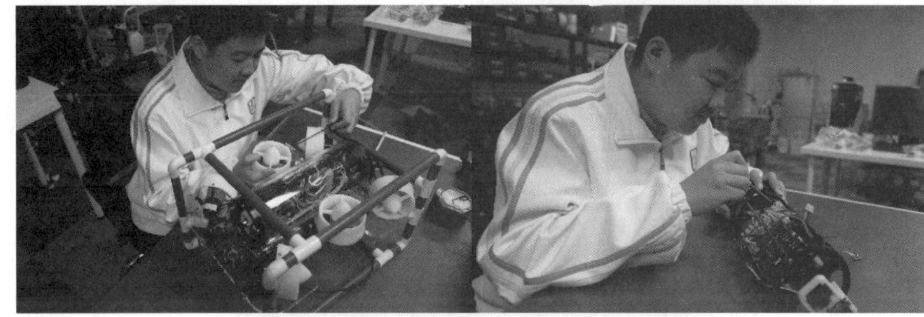

图 1.9-31　第二版小型化多功能水下机器人

重新设计后的水下机器人不仅外观更加紧凑美观，功能也更加可靠，第二版水下机器人兼具了成本低廉结构灵活的 PVC 框架式结构，同时使用更为可靠易用的控制系统，并且具备良好的拓展性与紧凑的体积。在进行了水箱实验与湖边测试之后，我将到海边进一步测试这台水下机器人的性能，在等到完成第二代水下机器人的野外测试后，我准备提供这台我设计的小型水下机器人给所有想要试用它的机构、学校或者海洋探索爱好者。我希望能够通过这种方式帮助更多的人投入到探索发现海洋，合理利用海洋资源的研究中去。

4　结论和应用前景

通过对水下机器人的设计与改进，我最终制作了一台小型化多功能水下机器人，具备水下姿态传感反馈和自稳定功能，能够通过专用的水下仪器挂载平台实现外接多种类型的实验仪器与设备。经过水下实验，这台机器人具备在水下良好的观测能力，最大运行速度 1.5 m/s，最长满载续航时间达到 1 h，同时自重仅为 13 kg，总体尺寸仅为 480 mm×340 mm×280 mm，十分便于携带与野外作业，在此过程中，我还申请了两项实用新型专利“水下机器人框架”(201721492293.5)，“机器人工具切换装置”(201721509364.8)。我制作的这台小型水下机器人，经过试用测试，可以在深水环境中运行，操作便捷简易，并能进行图像等实时传输，并具备搭载不同功能仪器和模块，能满足试用单位的使用要求，试用效果良好，具有推广价值。水下机器人可以应用于桥梁水下桥墩检测、水下水体采样、水下生物和地形环境观测、水产养殖观察、水下污染源观测、水下考古、洞穴探险等专业领域，同时由于成本合理，体积小巧，也可以应用在潜水拍照、水下摄影、水下机器人比赛等日常领域。我相信，这台由我自己设计制作的小型水下机器人随着未来不断的使用和探索，还能够拓展到更多水下应用，为浙江省的海洋资源开发与利用，为观察和探索未知的水下世界尽到自己的力量！

5 创新性

(1)自主设计并制作了一台低成本 6 推进器水下自稳定水下机器人，使用 6 个无需耐压密封壳的无刷推进器，该推进器包括连接螺旋桨叶的磁性防水外转子，以及与整流罩连接的防水内转子，内外转子都通过硫化橡胶灌封防水的方式实现耐压防水防腐蚀的效果。

(2)发明了一种灵活的低成本水下机器人本体框架搭建方法。申请实用新型专利“水下机器人框架”(201721492293.5)。使用模块化的标准件，比如管件、三通及弯头等，替代现有技术的焊接或 CNC 一体成型框架，相比原有技术具有成本低、灵活可变、后期改装和附加组件简单等优点。通过圆管系统搭建的水下机器人机架圆管内部还可以填充浮力材料或配重，使得水下机器人结构重量配平方式也得到了很大的优化。

(3)自主研发了一种基于树莓派与多通道飞控的水下机器人姿态保持系统，相比于传统水下机器人姿态控制系统，该系统具有体积紧凑、能耗低、原材料容易购买、自带集成多个传感器、开发工具灵活的特点，通过自带 6 轴姿态传感器与压力采集模块接口，可以通过读取相关传感器数据控制多个推进器分配推力，从而实现水下机器人姿态控制。

(4)发明了一种用于水下机器人的工具切换系统，申请实用新型专利“机器人工具切换装置”(201721509364.8)，可以快速简易地为水下机器人安装不同的工具或仪器，极大地提高了水下机器人的扩展性能。

参考文献

[1] 朱晓东，施丙文. 21 世纪的海洋资源及其分类新论[J]. 自然杂志，1998，20(1)：21-23.
[2] 吴丙伟. 浅水观察级 ROV 结构设计与仿真[D]. 青岛：中国海洋大学，2013.

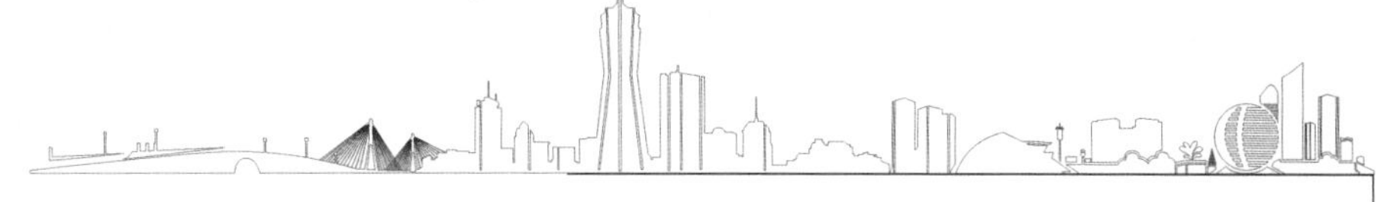

[3] 姜迁里. 浅水 mini-ROV 系统研发[D]. 青岛:中国海洋大学,2013.

[4] 王宇鑫. “海螺一型”ROV 控制系统结构与艏向控制技术研究[D]. 杭州:浙江大学,2012.

[5] 桑金. 观察型水下机器人 ROV 系统配置研究[J]. 海洋测绘, 2012, 32(4): 81-84.

[6] 胥本涛. “海螺二型”ROV 系统集成及其驱动控制技术的研究[D]. 杭州:浙江大学,2013.

[7] 天津海事局海测大队. 水下机器人(ROV)系统[J]. 中国海事, 2010(5): 26.

[8] 彭学伦. 水下机器人的研究现状与发展趋势[J]. 机器人技术与应用, 2004(4): 43-47.

[9] 杨新平. 遥控自治水下机器人控制技术研究[J]. 中国舰船研究院,2012.

[10] 夏雪. 深海声纳式高度计系统研究与设计[J]. 杭州电子科技大学学报,2006,6(3): 12-16.

[11] 张兆英. CTD 测量技术的现状与发展[J]. 海洋技术,2003,22(4):105-110.

[12] 刘敬彪,刘洋,盛庆华. 基于同轴电缆的能源与数据信息混合传输技术中数据耦合器的设计与实现[J]. 热带海洋学报,2009,28(4):6-11.

[13] 王小科. C# 开发实战宝典[M]. 北京:清华大学出版社,2010.

[14] 孙鑫. VC++深入详解[M]. 北京:电子工业出版社,2006.

[15] 马新军. 作业型 ROV 液压系统研制与艏向控制技术研究[D]. 杭州:浙江大学,2013.

[16] 杨文鹤. 我国海洋技术现状与发展[J]. 世界科技研究与发展,1998,11(4):9-12.

[17] 陈建平. 水下机器人液压系统密封技术研究[J]. 机器人技术与应用, 1998(1): 19-20.

[18] 张敏. 水下机械手设计及仿真研究[D]. 西安:西北工业大学,2005.

[19] 李希,杨建华,齐小伟,等. 光纤复合光缆的应用与探讨[J]. 电力系统通信,2011,32(7):52-56.

[20] 甘永, 孙玉山, 万磊. 堤坝检测水下机器人运动控制系统的研究[J]. 哈尔滨工程大学学报, 2005, 26(5): 575-578.

[21] 周海强,陈道良. 摆动液压缸内部结构改进设计[J]. 液压气动与密封, 2007,27(6): 32-34.

[22] 钟先友,谭跃刚. 水下机器人动密封技术[J]. 机械工程师, 2006(1): 40-41.

[23] 洪啸虎,薛尚文,常兴,等. 基于海洋环境的水下液压系统密封技术研究[J]. 液压气动与密封, 2012(3): 第 15-16+19 页.

[24] 韩宁. 动密封系统密封性能分析[D]. 太原:中北大学,2014.

[25] 王国志,张毅,刘恒龙,等. 深海环境下的 O 形圈静密封设计[J]. 润滑与密封, 2014(10): 88-91.

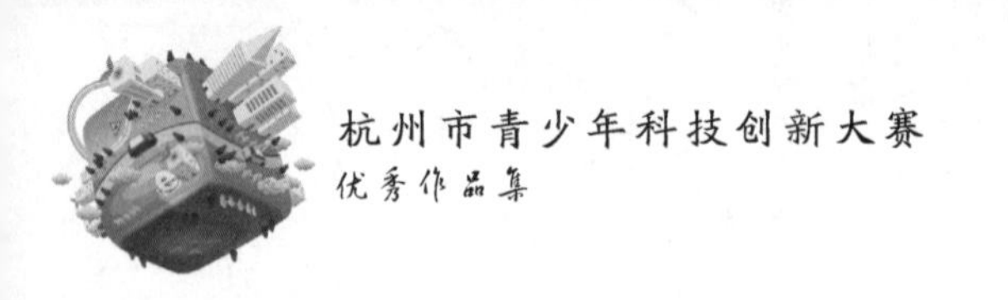

智能衣柜

杭州学军中学　徐艺绫　吕嘉辰　指导教师：张晓青　周　泓

摘　要：衣柜，伴随人类发展历经上千年的岁月，经过无数次演进和升级，现在几乎是每个家庭必不可少的家具。在科技高度发达的21世纪，在智能家居、人工智能等新理念深入人心的当代，人们生活中大量使用的衣柜依然停留在上个世纪的发展阶段，与崇尚创新、追求品质的现代生活格格不入，令人惋惜。该文主要陈述一种嵌入前沿科技、较具智能化和人性化的全新衣柜的研究方法及实现手段，力争为21世纪智能家居添砖加瓦。

关键词：衣柜；智能化；环境检测；语音交互；语音播报；触屏显示；穿衣建议

1　生活发现

为什么要研究一款新科技智能衣柜，主要有以下几个原因：

一是满足人们对生活品质越来越高的追求。传统的衣柜，只有一个简单的存放衣物功能，高档一点的就是增加一些照明、杀菌、消毒、除湿等功能。近期家里装修，虽然父母买了价格不菲的实木衣柜，但经测量还是甲醛超标，不仅没有科技含量，连环保质量都不达标。如果开发一种全新的高科技衣柜，能自动检测柜内外甲醛等有害物含量，能够根据环境及时补光，能够根据湿度及时调节等等，再加上人工智能对话、小朋友穿衣指导等，就能较好满足人们对高品质生活的要求。

二是应对越来越“善变”的气候。全球气候越来越不稳定，特别是在季节交换的时候，忽冷忽热，变化无常，不要说小朋友，有时连大人都搞不清楚今天是要加衣服还是减衣服，如果衣柜能够在清晨起来及时告知室外温度和湿度等，让大家清楚知道今天该穿什么衣服，不仅能减少因气候无常带来患病的风险，也给忙碌的清晨增添一丝“从容”和好心情；如果中午出门，能够告知户外阳光的强度，提醒人们外出活动是否需要注意防晒，爱美的女士们是不是会很开心？

三是应对雾霾等越来越糟糕的环境。伴随汽车的大量普及、森林的过度开发、自然保护的漠视……人类生存环境不断恶化，雾霾大量产生，侵袭各大城市，危害人民健康。是走路出行，还是开车出行？是戴防雾霾口罩，还是自由呼吸轻松行？许多时候，已经成为出门前必须考虑的一个重要问题，特别是在冬季漆黑的早晨，应该有个智能的“卫士”

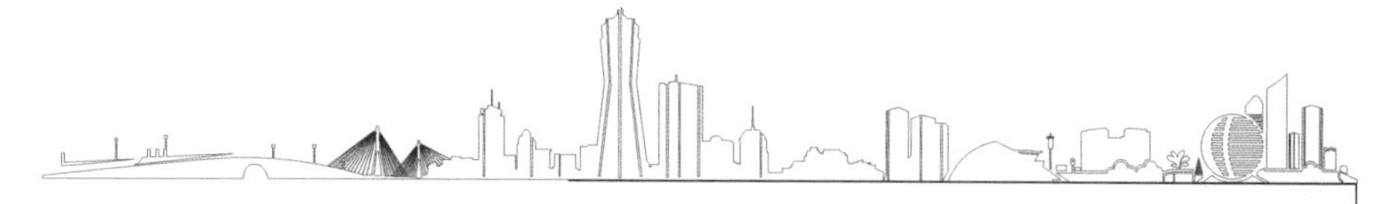

及时告诉你户外这些情况，让你充分准备、安心出门。

2 研究目的及思路

研究目的：设计一款具有室内外环境质量监测兼具语音交互功能的智能化衣柜，实现语音识别控制、环境质量语音播报、智能化语音穿衣建议指南等功能。

研究思路：从提出设想开始，我们先后与父母、老师进行多次交流讨论，并在老师的辅导下，系统学习了解所涉及的专业知识，逐渐完善整体设计思路，并最终确定整体设计思路框架，如图 1.10-1 所示。

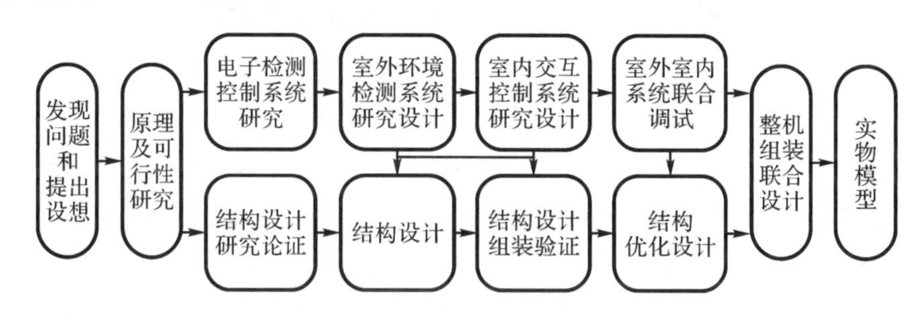

图 1.10-1 整体设计思路框架

提出智能衣柜这个概念后，我们要验证衣柜环境检测功能设计和结构造型设计等原理是否可行，比如户外环境功能是否从原理上验证得通、实验验证是否能通过电子设备获取环境数据、编程验证是否能将环境数据进行处理获得更多环境信息等。在此基础上，我们进行衣柜的结构设计和电子系统设计。结构设计包括前期研究论证、设计、组装、优化等程序；电子系统设计包括控制系统、室内外检测系统、室内交互控制系统等的研究设计，以及室外、室内系统的联合调试等，期间还要与结构设计、组装相磨合衔接。完成上述两大系统设计后，我们对智能衣柜的室内外模块进行程序设计，其中包括对各个模块的环境传感器进行软件编程设计、语音交互控制程序设计和室内外模块之间无线通讯程序设计，然后对整机组装联合设计，最后是组装模型。

3 研究过程

3.1 市场调查研究

前期市场调查研究主要范围是当地家装市场、亲朋好友家、网上搜索等，通过走访查阅对比发现，目前市场居家衣柜依然以传统衣柜为主，对于一些高端的衣柜会添加一些如杀菌消毒、除湿、温控、防夹、照明等简易功能。图 1.10-2(a)为市场占用率较高的推门衣柜，该类衣柜在高端市场领域的产品都添加除湿、温控、防夹手和照明等功能，图 1.10-

2(b)为添加臭氧杀菌的鞋柜，但这些都不是真正意义的智能衣柜。这些衣柜依然是传统式样，功能依然仅用于存放衣物，不存在智能化的“衣柜”交互模式，在智能家居越来越普及的市场趋势下，作为家居生活重要一环的衣柜显现得格格不入。

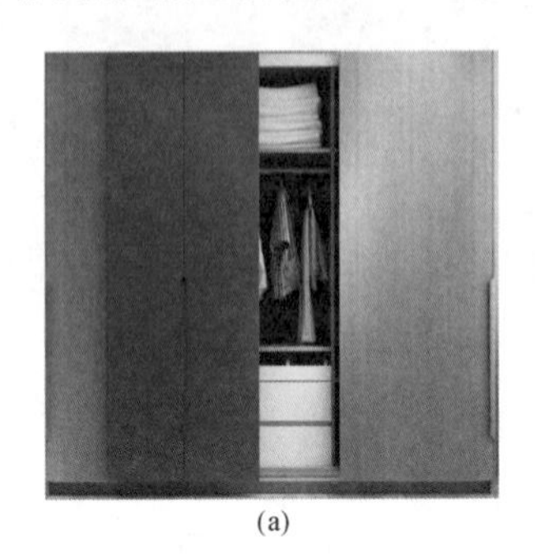
(a)

(b)

图 1.10-2　传统的柜子

智能家居一个核心理念，就是将家居物品智能化、人性化，从而实现人性化的交互操作体验。通过市场调研可知，目前，通过智能交互、室内外环境监测、穿衣建议等，有助提升用户体验的衣柜，并没有在市场上出现。通过初步市场调研，许多人都非常期待能有一款智能化的衣柜新产品，研究设计一款具有上述功能的智能化衣柜有着较大的市场需求。

3.2　结构研究

智能化衣柜设想提出之后，完成研究设计最关键的是需要结构外观设计以及电子系统设计两方面。前期市场调研获知，在结构设计上，我们面临两种选择，一种是在现有衣柜基础之上进行改造设计，另一种是针对实际功能需要进行重新设计。两种不同的选择各有优缺点，第一种方法更贴合实物外观，但面临着尺寸大、改造复杂、工作量大、成本高等问题；第二种方法更符合设计、成本低、尺寸可控，但设计工作量大、外观不美观等缺点。通过仔细对比研究，我们确定了完整的结构研究流程，如图 1.10-3 所示，清晰规划了完整的设计流程，并最终选定重新设计的方案。

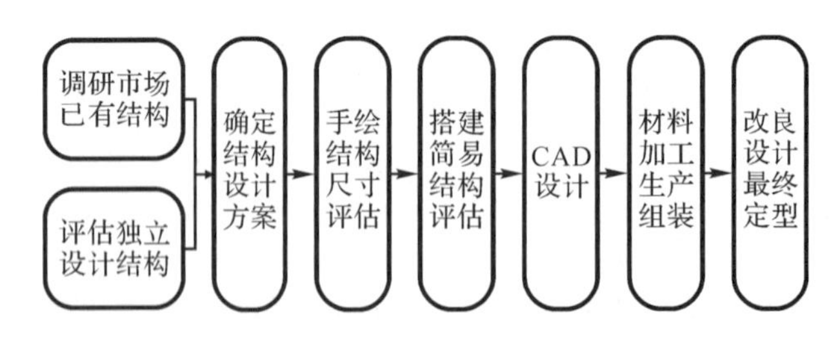

图 1.10-3　结构研究流程图

结构设计软件最终选定 CAD2014，外观结构材质考虑加工难易程度、加工精度、材料

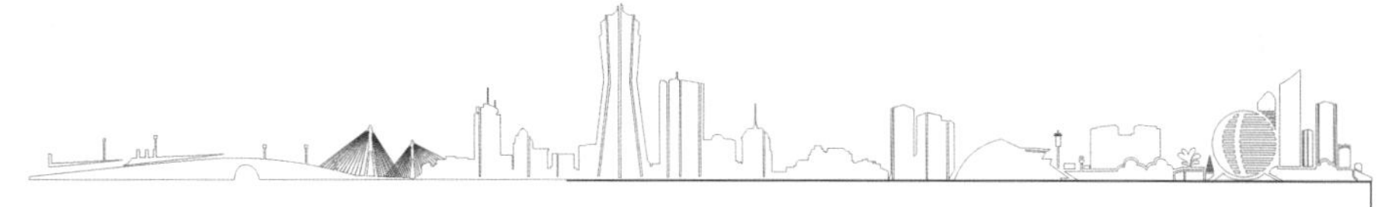

成本、材料质感等因素选定亚克力板。衣柜结构外观设计综合考虑加工成本、加工难度、安装难度等因素，仅制作模型展示，尺寸为45 cm×40 cm×20 cm(高×宽×深)。

3.3 电子系统研究

电子控制系统是决定智能衣柜是否“智能”的关键部件，无论是前文所述的环境监测还是智能化交互方式等功能，都需要通过电子控制系统来解决。通过研究讨论，我们最终确定了如图1.10-4所示的完整电子系统原理框图。

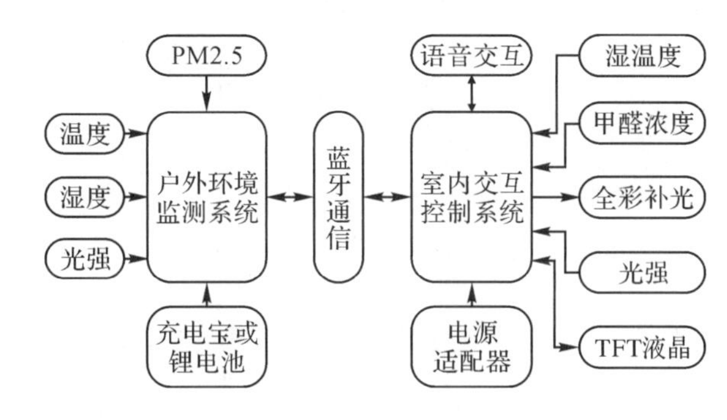

图1.10-4 电子系统原理框图

整套电子控制系统由户外环境监测系统(下称户外系统)和室内交互控制系统(下称室内系统)组成，综合对比各种系统间有线和无线的多种通信方式，最终决定两系统之间采用蓝牙通信方式进行无线连接。针对用户所关心的生活环境参数进行多次调研总结后，户外系统根据需求，主要监测户外环境温度、相对湿度、光照强度、PM2.5等参数，考虑到便携性的使用要求，户外系统采用充电宝或者锂电池组进行供电；我们在综合对比各年龄段用户所偏好的交互方式后，最终确定室内系统采用语音加液晶的交互方式，同时，针对用户关注较多的室内甲醛含量问题，室内系统特别添加了甲醛含量监测，并可通过蓝牙获取户外系统监测的各项环境参数；语音交互可实现用户语音识别控制操作，语音播报环境参数，语音提醒外出穿衣建议等；液晶屏可实时显示用户所需室内外环境参数。

3.4 整体方案确定

在结构方案和电子系统方案定型后，需明确最终整体方案，这需要考虑电子、机械、材料、外观等多方面因素。我们在均衡考量各方面因素后，最终确定了如图1.10-5所示的基本外观构造示意图。考虑用户操作体验，将触摸按键、话筒、液晶屏及环境传感器放置于衣柜门正面；考虑身高和收声效果，将语音识别所用话筒置于液晶屏正下方；两颗触摸按键置于话筒下方，分别用于控制全彩补光和语音识别功能；考虑美观以及实际使用体验效果，喇叭和控制系统电源开关置于衣柜左侧；室内环境传感器置于液晶屏正上方；

同衣柜内部顶端放置有全彩 LED 补光，以方便光线较暗情况下使用；衣柜右侧外部增加全彩 LED 用于室内光线较弱情况下进行补光，全彩补光灯的布局主要考虑到避免人眼直射；因亚力克板易碎特性，同时为了设计安装方便，最终衣柜门采用合页方式与衣柜主体进行衔接，每扇门都均匀放置 3 个合页以增加强度和使用寿命；户外环境监测系统设计为一个可自由移动的方形盒子，采用外置式供电，示意图仅做示意，实际使用中户外模块可离开衣柜一定距离使用。

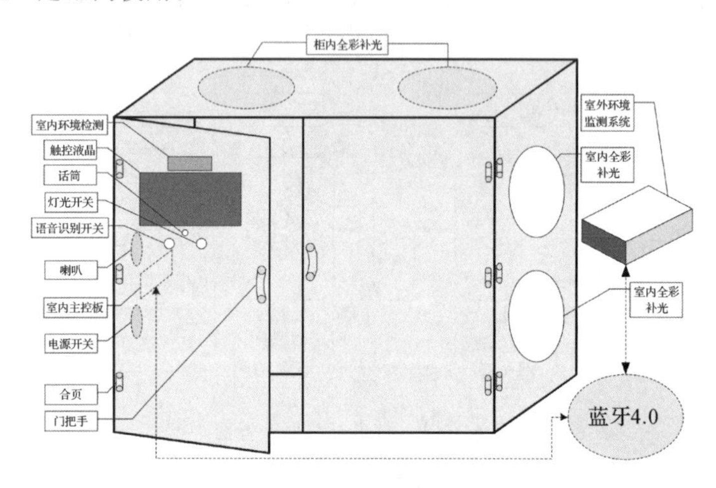

图 1.10-5　智能衣柜外观构造示意图

3.5　智能化电子系统实现

电子系统作为智能衣柜最核心部件，其设计先行于衣柜结构设计。主要内容包括整体功能方案设计，电路设计，计算机编程，确定所用核心芯片、传感器的类别及性能参数等，在此基础上进行硬件模块间的接线、焊接、组装等。

如图 1.10-6 所示，这是我们针对本套电子系统功能需求最终设计确定的户外系统原理框图，户外系统主要功能是监测多项户外环境参数数值，并通过微处理器将各项环境数据接收处理后，通过无线通信方式传输到室内系统。其中，微处理器是户外系统最核心的部件，它相当于我们人类的大脑，负责接收其相连的环境传感器采集的各项环境数据，并根据设定好的程序处理这些数据，并调用通信模块将数据按照指定格式发送到室内交互控制系统。考虑户外系统低功耗需求，微处理器最终选型 STM32F103 系列微处理器，这是一款基于 ARM-CrotexM3 内核的高性能低功耗型微处理器，在各个工业、商业等电子领域有着广泛应用场景，该系列微处理器在满足设计性能要求的基础上，也完全能够兼顾降低成本及功耗等需求。

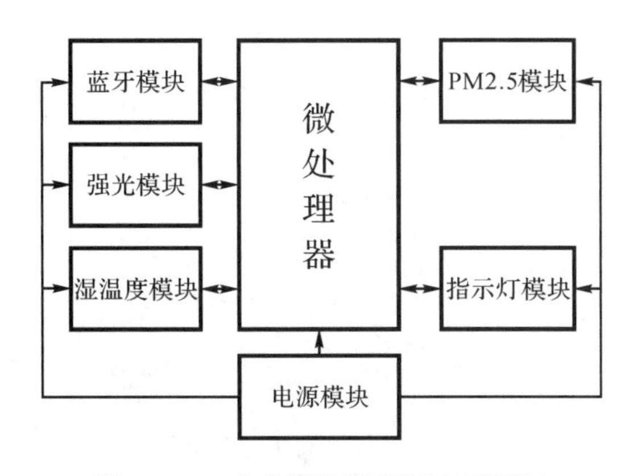

图 1.10-6　户外环境监测系统原理框图

户外系统一个重要指标是便携性，特别是户外模块是放在房屋外面，如果采用有线通信与室内衣柜进行通信，必然需要窗户留缝或墙上开孔，这就要求不能使用有线方式传输数据信号，对此我们进行了反复、仔细对比分析。能够满足本套系统要求的无线方式有 WIFI、Zigbee、蓝牙 3 种方式。其中，WIFI 方式虽然有速度快、距离较远等优点，但其功耗和应用成本高；Zigbee 虽然有通信距离远和功耗低等优点，但也有着传输速度慢、兼容性差等缺点；蓝牙有通信距离适中，传输速度较快，功耗较低，点对点通信和兼容性都较好等优点，尤其是对于在 4.0 BLE 协议模式下，蓝牙通信距离和功耗都得到了很好的解决。对于本套系统应用场景来说，通过对比可知，采用蓝牙无线通讯方式无疑是最好的选择，所以，我们室内户外系统最终采用蓝牙 4.0 BLE 通信方式。

环境光强采用 BH1750FVI 数字型光照度传感器，光照度监测范围 0—65535 Lux，最大精度 1 Lux，微处理器通过读取传感器数据并与内部数学模型进行比对，将光照强度分十级（希腊字母表示），级数越高代表光照度越强，当光照度达到一定强度，室内系统会用语音提醒用户在户外活动时应注意防晒。

温湿度传感器采用 SHT10 一体化数字型温湿度传感器，温度检测范围 −10～99℃，温度最大精度 1℃，相对湿度检测范围 0～99%，相对湿度最大精度 1%。当户外温度过高或者过低时，室内系统会人性化语音提示外出活动穿衣建议；当户外湿度偏高时，室内系统通过内部数学模型比对后，提醒用户外出活动是否要携带雨伞。

PM2.5 传感器采用 DSM501A 型粉尘颗粒传感器，PM2.5 检测范围 0～855，最大精度 1，最小粉尘颗粒检测精度 1 μm，最小检测时间 30 s。当户外 PM2.5 数值偏高时，室内系统通过内部数学模型比对后，提醒用户外出活动是否要佩戴口罩。

户外模块需灵活移动，选取何种供电方式对其便携性会产生较大影响。为此，我们为户外模块设计充电宝供电方式，大大增加其便携性。此外，户外模块与室内衣柜的通讯方式为蓝牙通讯方式，没有指示灯无法了解蓝牙是否已匹配，同时，也需要指示灯来显示户外模块是否开启。为此，我们为户外模块设计蓝牙指示灯，根据指示灯闪烁情况来判断蓝牙连接状态，判断户外模块是否开机。

图 1.10-7 是我们在进行户外系统软硬件调试设计验证实拍图，考虑到设计难度和开发时间，最终硬件 PCB 板利用已有板子进行改造设计，户外系统在结果无数次的实验和调试后最终达到方案设计之初的各项功能和性能指标。

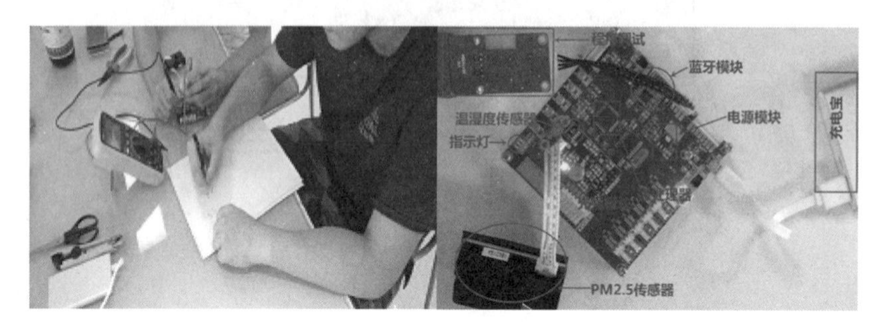

图 1.10-7　户外环境监测系统设计验证实拍

如图 1.10-8 所示，这是我们针对本套电子系统功能需求，最终确定的室内系统原理框图。室内系统主要提供智能化语音交互、液晶显示、室内环境监测、室外环境参数处理、全彩补光等功能。其中，微处理器作为整个室内系统的核心部件，它相当于室内系统的“大脑”。微处理器通过语音识别电路使得室内系统能“听懂”用户所说的普通话词汇。微处理器接收到用户语音指令后，可自动识别并按照程序设定执行或实现相应功能。同时，微处理器通过蓝牙电路模块，接收户外系统发出的室外环境参数。当接收到用户发出的指定语音命令后，再通过语音合成模块，自动播报户外环境参数，并将户外环境参数与内部数学模型进行比对，在触发某些判定条件后，为用户外出提供诸如携带雨伞、佩戴口罩、着装建议、防晒建议等语音提醒功能，从而实现人性化的智能语音交互体验；通过外接的全彩 LED，使得微处理器可以按照用户需求进行人性化的补光操作，诸如语音调节亮度、语音控制亮灭、语音控制颜色等操作；为使得用户能够更加直观地观察对比室内与户外环境参数，室内系统增加了 TFT 液晶屏，可实时显示室内外各项环境参数。

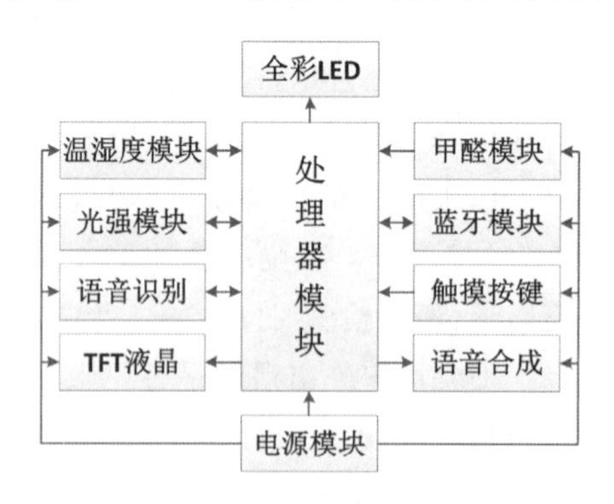

图 1.10-8　室内交互控制系统原理框图

室内系统的微处理器依然采用户外系统所用的 STM32F103 系列微处理器，无线通信方式亦采用与户外系统相一致的蓝牙 4.0 BLE 通信方式，温湿度和光强传感器也与户外系统相一致，采用这些一致性的硬件电路或者模块能够降低整套系统开发难度，加快开发进度。

室内系统所用TFT液晶屏为4.3寸全彩液晶屏，定制化液晶屏界面可显示室内户外各项环境参数，以及室内系统当前运行状态。采用LD3320A单芯片非特定人声离线式语音识别方案，无需联网、无需特定人声训练即可识别普通话词汇，采用该方案可兼顾成本、能耗、识别范围等综合性要求。

对于用户比较关注的室内装修甲醛残留问题，室内系统特别添加了甲醛传感器，甲醛检测浓度范围0～1999 ppm(ppm单位是体积浓度单位，泛指一百万体积的空气中所含污染物的体积数)，传感器最小分辨率为1 ppm，当检测到甲醛浓度超标时会自动语音提醒。该传感器在系统刚刚通电一段时间需要加热，加热过程中，液晶屏显示浓度会从高到低下降。气体浓度标定需要专业设备、专业人员在特定环境下进行校订，但考虑时间和成本等因素，本系统仅做了简单的校准，不过对于家居环境甲醛含量的检测精度已经能够符合日常使用要求。

采用SYN6658语音合成芯片作为语音合成方案，该芯片支持中文语音合成，多种人声模式，可自动识别多音字及语气，语音合成的加入大大增加了本系统交互方面的趣味性。触摸按键采用TTP223高灵敏电容式触摸按键，全彩LED采用可编程恒流驱动RGB全彩LED灯。

图1.10-9是我们在进行室内系统软硬件调试设计验证实拍图，考虑设计难度和开发时间，最终硬件PCB板利用已有板子进行改造设计，室内系统在经过多次实验和调试后，最终达到方案设计之初的各项功能和性能指标。

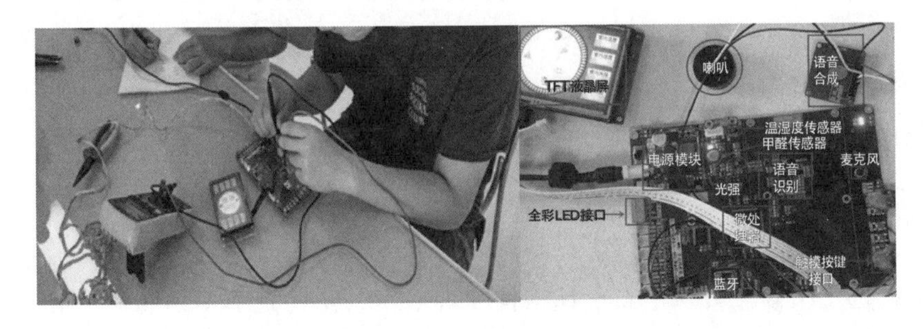

图1.10-9　室内交互控制系统开发验证实拍

这期间，我们遇到很多细节问题，在经过艰苦学习咨询、反复比较分析后才一一给予解决。比如一开始用蜂鸣器来作为甲醛浓度超标提醒，发现会让人产生听觉疲劳，后来就改用喇叭进行语音提醒甲醛浓度超标。夜间光照条件较差，若要起床上厕所等，需要在黑暗中寻找开关，十分麻烦，我们就采用语音识别控制衣柜上的夜间照明灯，方便人员出入，并在衣柜上设计夜光控制按钮，可手动开关照明灯。当室内人员较多时，言语对话之间有可能出现衣柜控制的语音识别关键字，造成衣柜随机性受控，我们就为室内设计语音识别控制开启和关闭按钮，必要时可以暂时关闭语音识别功能。衣柜内的衣服存放

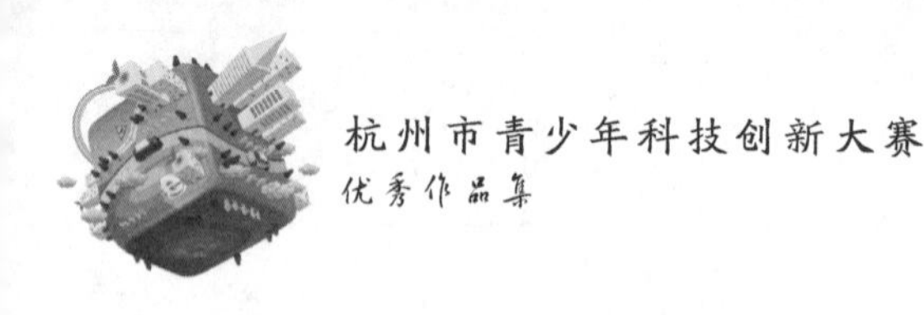

较多时，会拿不到里面的衣服，我们就为室内衣柜设计旋转衣架，既提高空间利用率，又能方便人员拿取里面的衣服。有时室内的光照条件一般，但又不需要太强的衣柜照明，若只有一种灯光模式会比较耗电，我们为室内衣柜设计智能调光照明系统，可根据环境光照来调节衣柜内部灯光亮度，来达到省电目的。一般室内装修都不会设计全身镜，全身着装打扮很不方便，我们在室内衣柜里设计全身镜，即节省室内空间，又能方便人员进行着装打扮。另外，单纯地看室内衣柜上的液晶屏，来了解户外和室内的环境数据，这样的方式显得不够智能，我们就设计了语音识别功能，可以通过语音对话方式，让室内衣柜进行环境数据的播报，同时通过一套完整的环境数据分析算法，计算出不同的环境数据对应的着装推荐，并通过图片显示方式，更直观地告知人员若处于当前户外环境下人体的感受状况。

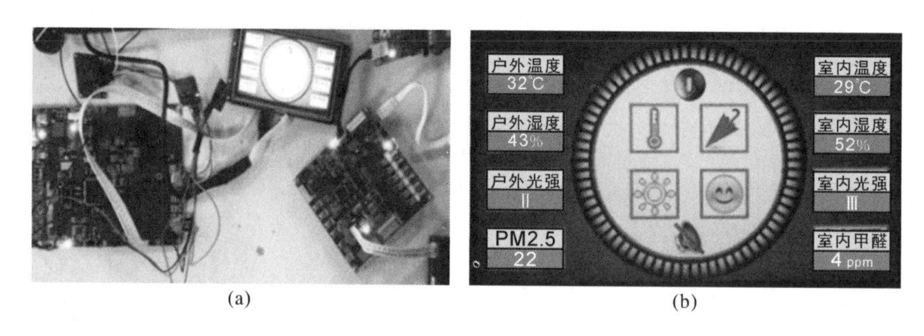

(a) (b)

图 1.10-10　户外室内系统联合运行实拍

图 1.10-10(a)为室内及户外系统软硬件联合调试运行验证实拍图，图 1.10-10(b)为室内系统液晶屏实时显示界面(使用数码管显示十分麻烦，后改用 LCD 液晶屏)。完整系统联合运行经过多次调试后达到各项功能及指标设计要求。(注：因拍照时室内及户外系统均在下午室内进行运行测试，室内系统光强传感器靠近窗户，故液晶屏界面显示室内光强比户外光强高一个等级。)

3.6　机械结构实现

因最终选定结构方案为重新设计结构外观方案。我们先手工绘制简易外观结构图，并用简易材料搭建基本模型以便为后续设计做参考。如图 1.10-11 所示，这是我们在进行手绘结构图和利用制板进行模型制作实拍图。

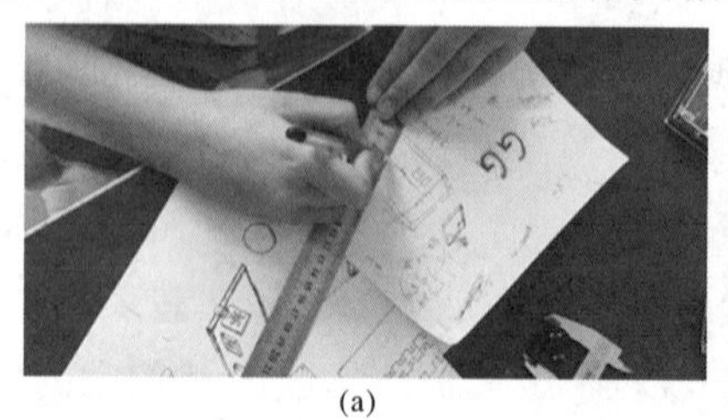

(a)

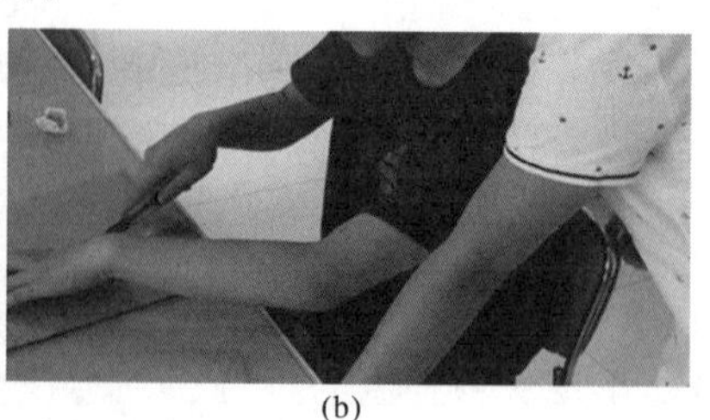

(b)

图 1.10-11　手绘及简易纸板搭建外观结构评估

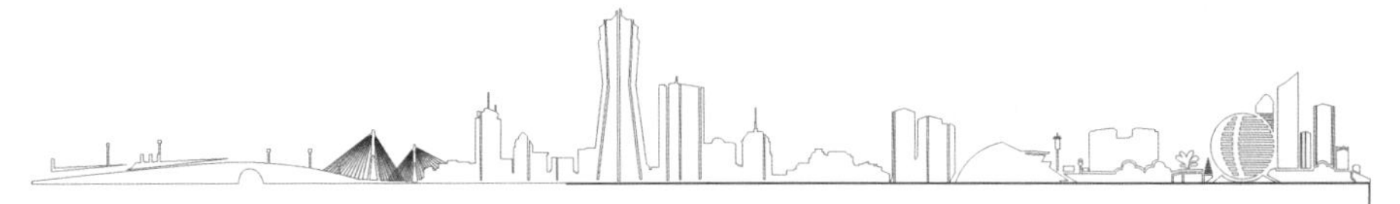

图 1. 10-12，(a)为 CAD 2014 设计户外系统的亚克力切割工程图，(b)为我们在收到切割好的亚克力板现场组装照片，经过不断优化设计，最终完成了户外系统的结构设计工作。

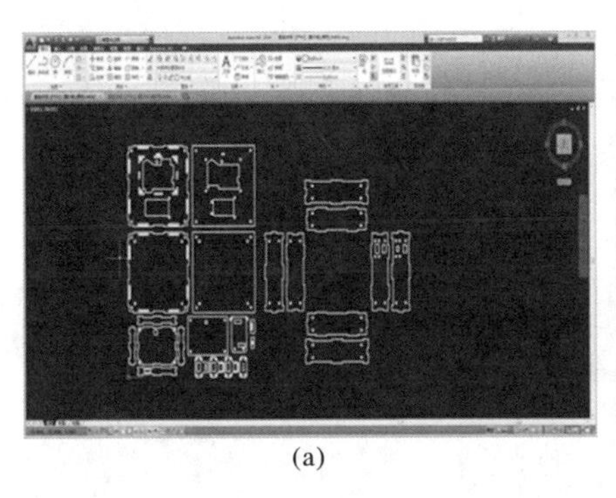
(a)

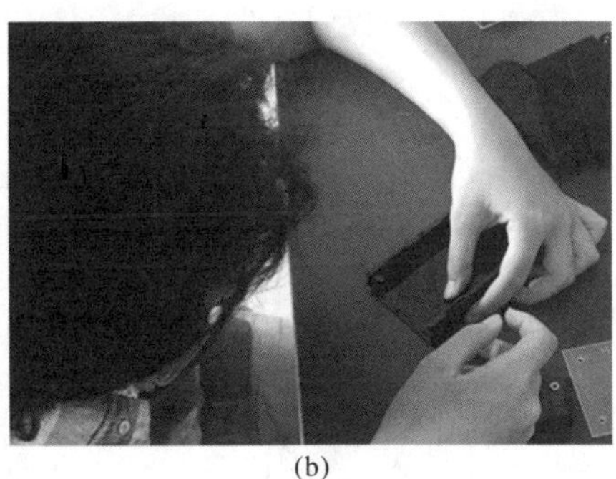
(b)

图 1. 10-12　CAD 设计户外环境监测系统结构及实物组装

如图 1. 10-13 所示，(a)上侧为 CAD2014 设计室内系统的亚克力切割工程图，其余为我们在收到切割好的亚克力板的现场组装照片。经过多次不断改良设计，我们最终完成了室内系统的结构设计工作。

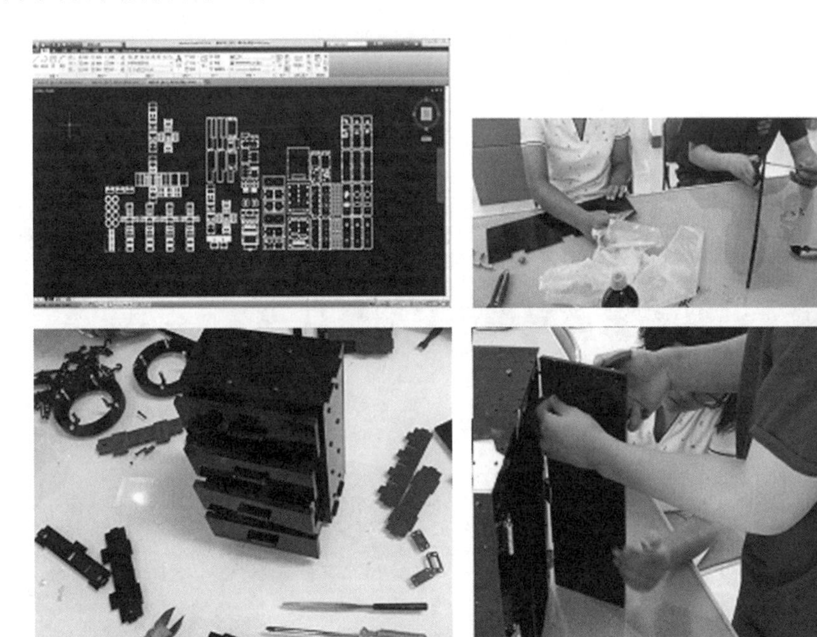
(a)　(b)

图 1. 10-13　CAD 设计室内交互控制系统结构及实物组装

3. 7　整体设计组装

在完成了所有电子系统设计验证工作以及所有结构设计验证工作后，后续需要进行电子系统与结构部件的组装测试工作。整体组装测试工作分两部分，一部分是户外系统整机组装工作，另外一部分是室内系统整机组装工作。

图 1.10-14(a)是我们在进行户外系统整机组装现场实拍，(b)为安装完好的户外系统整机通电运行实拍，户外系统整机运行完美，符合最终设计要求。

图 1.10-15(a)～(c)是我们在进行室内系统整机组装现场实拍，(b)为安装完好的室内系统整机通电运行实拍，室内系统整机运行完美，符合最终设计要求。

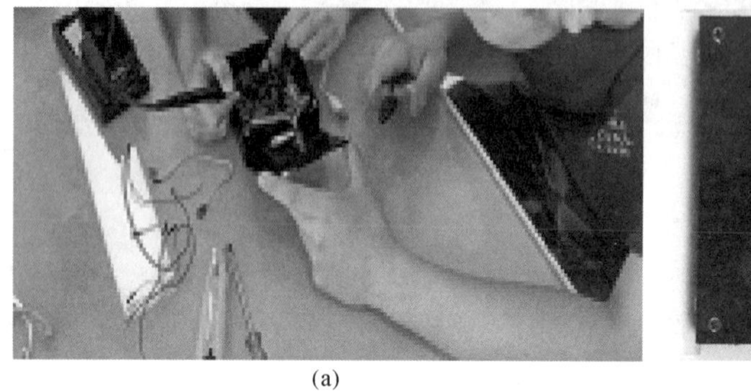
(a)

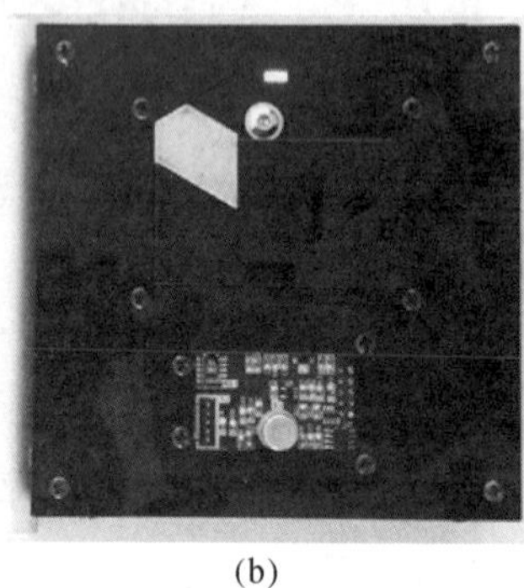
(b)

图 1.10-14　户外环境监测系统整机组装

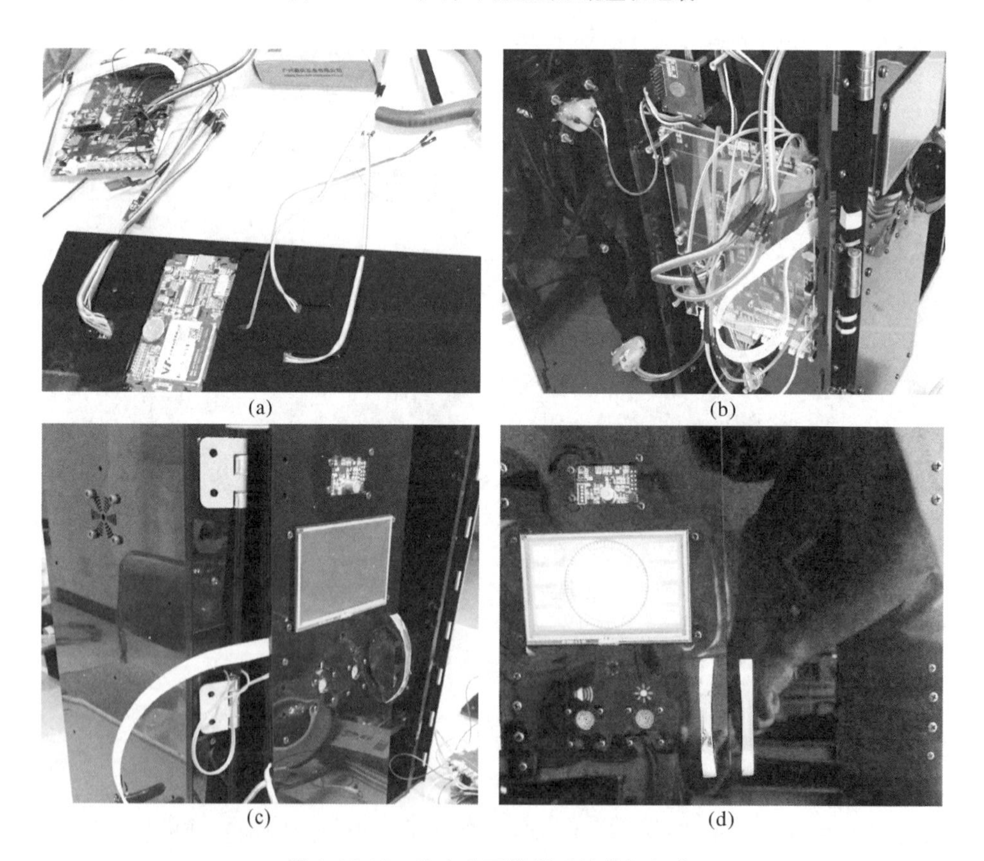
(a) (b) (c) (d)

图 1.10-15　室内交互控制系统整机组装

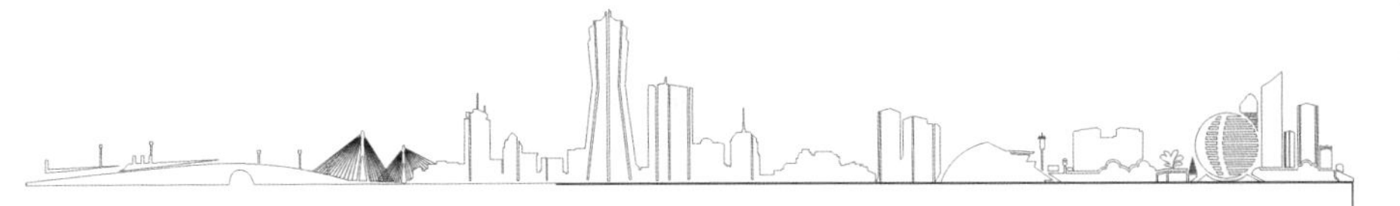

3.8 智能衣柜展示

图 1.10-16(a)显示的是智能衣柜的正面照，左边柜门上有室内环境监测、语音交互、液晶显示、声音灯光控制按钮等。(b)是打开柜门后的正面照，柜子里有抽屉、旋转衣架、西裤架等，右边柜门背后是一面大镜子，方便家庭成员试衣。

(a)

(b)

图 1.10-16 智能衣柜正面照

图 1.10-17 显示的是智能衣柜的侧面灯、单个衣架和旋转衣架。

图 1.10-17 智能衣柜的细节

图 1.10-18 显示的是智能衣柜的显示屏，可图形化显示室内温度、室内湿度、室内光强、室内甲醛浓度等，并可显示户外温度、户外湿度、户外光强、PM2.5 等。显示屏上方是户内处理模块，具有监测户内环境、数据处理分析、蓝牙通讯与语音合成等功能。

图 1.10-19 显示的是智能衣柜的室外处理模块(黑色)和充电宝(白色)。室外处理模块具有监测户外温度、户外湿度、户外光强、PM2.5 等环境指标的功能。

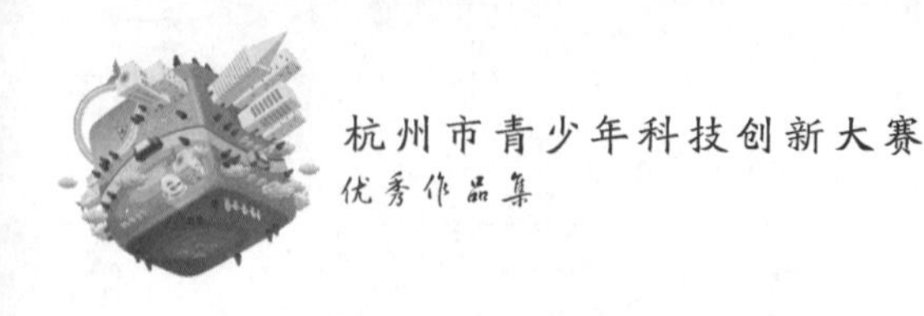

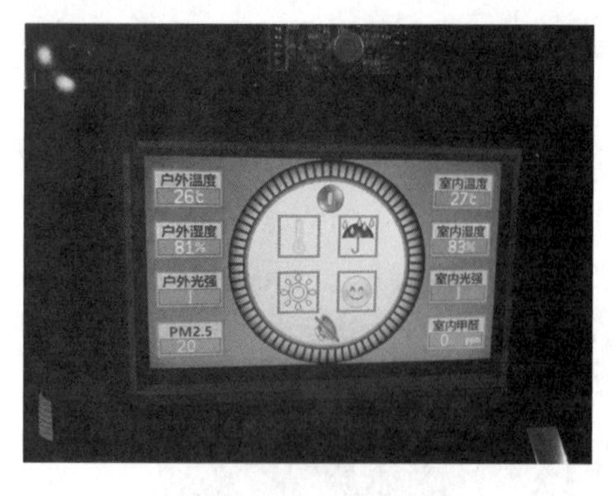

图 1.10-18　智能衣柜的显示屏

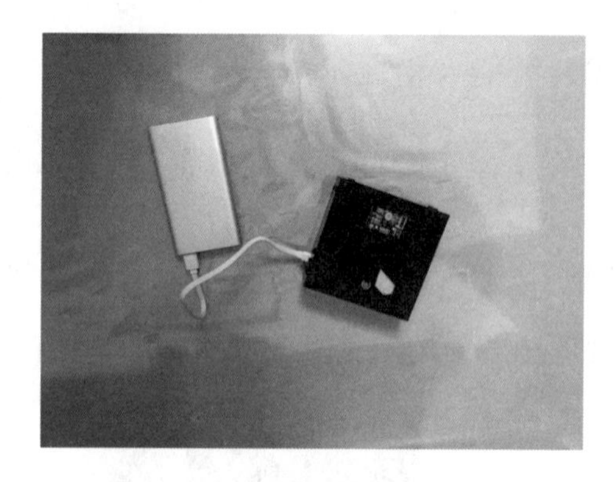

图 1.10-19　智能衣柜的室外模块

4　综述

经过几个月的不断努力，我们最终完成了最初设想。本套完整系统分户外系统和室内系统两大部分。其中，户外系统采用便携式设计，主要采集用户 4 种与人们生活息息相关的环境参数，并通过蓝牙无线传输到所连的室内系统以供室内系统判别及用户查看使用，户外系统采用外置 USB 供电方式，支持充电宝、电池组及手机充电头等多种供电方式，便携而通用化的设计极大方便了用户使用；室内系统因考虑成本和制作周期等因素，最终选中制作衣柜模型方案，但其各项智能化、人性化功能和性能要求均已实现，室内电子系统内建丰富数学模型，在“听懂”用户的同时还能智能化地进行语音提醒，相比传统衣柜，极大丰富了衣柜本身功能的同时，也使得用户使用体验更加完美。

4.1　成本测算

智能衣柜既可以根据客户需求进行定制，也可以在普通衣柜规模化生产时进行加装。考虑到不同衣柜因材质、工艺、品牌等的不同，成本大相径庭，无法比较，所以此处仅仅测算加装智能系统后的成本增加情况。

智能衣柜成本的增加主要是电子设备部分。根据目前样品制作情况，室外部分大约增加 180～200 元，室内部分增加 450～500 元，总计在 630～700 元。如果今后工业化生产，这些电子器件可以批量采购，成本将会有较大程度下降。相对于高档衣柜近万元甚至十几万元的价格，该成本的增加幅度不算大，相比较，却给客户带来较高的品质体验，具有很高性价比。系统的安装，将会给衣柜厂家增加更多的利润空间，提升厂家品牌的美誉度，让厂家拥有领引科技新潮的时代新形象。

4.2　项目的创新点

该智能衣柜的创新点主要包括：

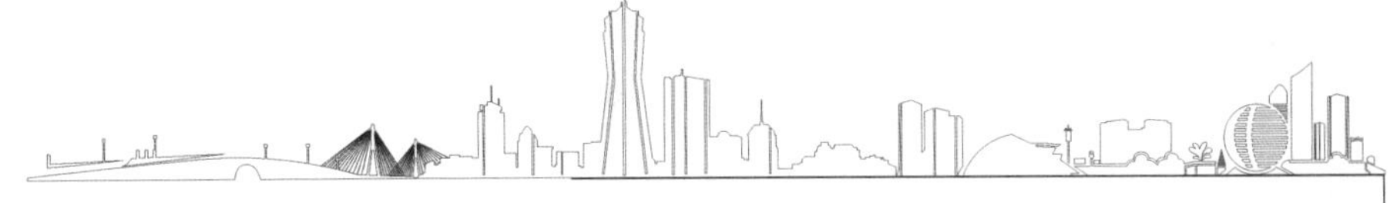

(1)智能衣柜实现了对外部环境的即时监测和交互。衣柜的电子控制系统由户外环境监测系统和室内交互控制系统组成。户外系统按照需求主要监测有户外环境温度、相对湿度、光照强度、PM2.5等参数;室内系统采用语音加液晶的交互方式,通过蓝牙通讯获取户外系统监测的各项环境参数并进行信息综合与分析。

(2)智能衣柜一定程度上实现了"人柜"的智能交流。衣柜采用液晶显示与语音播报的形式,让居住者及时了解室外、室内气候环境情况,并给出一些建议和意见。比如衣柜具有穿衣指数自动计算功能,可根据室外环境参数进行穿衣策略规划并自动语音提醒。同时,衣柜可以听懂居住者的简单语音指令,进行开关灯、温度播报、穿衣建议等智能化操作。

(3)智能衣柜实现了对室内环境的自动检测和智能化操作。比如,具有甲醛含量监测功能,一旦甲醛含量超标,可自动语音报警。具有自动补光功能,一旦监测到室内光线不足,可自动开启柜内的LED光源进行自动补光等。

5 设计升级及应用展望

经过不断努力,最终系统也完美测试通过,符合最初设计要求,然而孤芳自赏之人终究难以远行!当这一轮设计结束之时,亦是新篇章翻开之时,在后续不断地与人交流反馈中,我们收到了很多非常好的意见和建议,方知求知之路没有尽头。展望未来,本套系统依然可以在很多方面进行升级,如后续有许多人建议增加柜内湿度感应、增加自动除湿功能;室内系统可增加WIFI联网功能,以方便获取每日气象局天气数据进行对比校正,同时可使用智能手机进行远程查看;室内系统增加语音开关衣柜门功能,在用户不方便用手开关门的情况下显得十分重要……

科技以人为本,衣柜这一每个家庭不可或缺的重要家具,经历千百年发展也在不断演变,然而在科技如此发达的21世纪,衣柜行业还停留在上世纪发展阶段。在人们越加愿意接受科技带来生活方便的时刻,传统衣柜与科技却是如此格格不入,我们的设想从实际用户角度考虑,将传统衣柜与现代科技相结合,实现了衣柜的人性化和智能化。无论我们的这些设计是否完美,我们相信在智能家居理念越发普及的今天,传统衣柜的科技化、人性化、智能化是该行业终究要实现的目标。

6 感想与收获

"科技以人为本,科技改变生活""学习如逆水行舟不进则退""学海无涯苦作舟"……如此种种,我们现在已经耳熟能详的话语,直到我们完成这次设计工作后才体会深刻。在这一次设计中,我们不仅仅学到了很多专业领域的知识,更明白了很多从小耳熟能详的道理,也明白了团队合作的重要性,更懂得了为人处事等这些在书本上、课堂上无法学到的东西。我们十分感谢我们的指导老师能够给予我们如此大的帮助和支持，使得我们能够在现阶段就能实现自己的创意想法，这将使得我们更加期待大学生活的美好与激情。

7 致谢

21 世纪的社会对人才的需求越来越全面也越来越专业，对于这一要求我们虽远未达到，但是在老师、朋友等的帮助下，经历过这一次的科学研究，我们学到很多也成长很多！感谢这些一直伴随并带领着我们成长的你们！父母带我们来到这个世界，在我们有限的人生中一直默默地支持着我们陪伴着我们，是你们的关爱给予了我们前进的动力。师者，所以传道授业解惑也。在我们懵懂无知的年龄，从踏入学校的大门那时起，是你们的授业给予了我们探索的技能。子曰："三人行，必有我师焉；择其善者而从之，其不善者而改之。"故步自封终究难达高处，在我们探索前进的时候，是你们给予了更加高远的目标。

经此一役，虽时光短暂，但需致谢之人、之物、之事难以一一言表，唯百尺竿头更进一步，与君共勉！

纸纤维调控海绵孔径的研究及其在油水分离中的应用

杭州学军中学　单简文　指导教师：徐风沁

摘　要：针对油水混合污水处理中的油水分离问题，该文取材于日常生活用品纸张及海绵，研制高效油水分离材料。将普通白纸或宣纸在水中浸泡后搅碎，得纸纤维悬浮液，尔后将海绵浸入其中，使纸纤维扩散到海绵内部，并用戊二醛交联的方法将纸纤维固定在海绵骨架上。通过改变纸纤维悬浮液的浓度，海绵的孔径可得到有效调控。纸纤维改性后的海绵对水的接触角几乎为零，而在水下对油的接触角则高达150°以上，表现出超亲水、水下超疏油的油水分离材料特性。该改性海绵仅仅依靠重力即可有效分离简单油水混合物（分离效果约100%）、未含表面活性剂及含表面活性剂的油水乳液（分离效果>90%），无需额外加压或抽真空。与普通纸纤维改性相比，宣纸纤维改性海绵的油水分离效果更优，同时仍保持高的油水分离处理量。根据不同种类（简单混合或油水乳液）油水混合物，可选择不同的改性海绵进行分离处理，实现高分离效果和高处理量的统一。此外，该改性海绵还具有良好的可重复使用性。

关键词：纸纤维；海绵；孔径调控；油水分离

1　研究背景

在家里帮妈妈洗碗的时候，我看到大量混合了油的废水流入下水道，感到非常浪费。我想如果能将这些污水简单地分离，分离后的水接入抽水马桶，而油脂收集起来做肥皂等产品，不就可以做到水、油废物再利用吗?！到网上查了查，原来像这样的油水混合物还很多，比如工业生产过程中的废液也有许多油性物质，原油开采，特别是海上石油开采时有大量油水混合物，石油运输过程中发生泄漏也会产生油水混合物。这类混合物会造成清洗困难、堵塞管道、污染水体及土壤等问题，甚至还会损害人类健康。因此必须对其进行处理，而处理油水混合污水的首要步骤就是将油水进行分离。目前常用的油水分离办法主要有两种：一种是将油水混合物静置，待油浮到上层后，用刮刀除去，这种方法费时费力，且油水分离效果不好；另一种方法是采用油水分离材料进行过滤，科学家们已经研制出一系列可用于油水分离或吸附油的材料[1]，比较常见的是以材料表面的特殊润湿性能为基础，结合毛细管作用、pH响应原理和磁场作用等，得到可用于油水分离的材料，但它们大多只能对简单的油水混合物进行分离。

近年来,孔径为几到几百纳米的分离膜以其分离效率高、操作简单、适用性广等优点成为水净化领域的重点关注对象[2]。当这类分离膜用于油水分离时,虽然对简单油水混合物和油水乳液均可有效分离,但由于孔径过小造成分离处理量极低,而且油类物质会在膜表面或膜孔表面上吸附、沉积,使膜孔径变小或堵塞,甚至形成滤饼层或凝胶层,引起处理量的进一步下降,减少分离膜的使用寿命。然而若增大分离膜孔径,处理量虽可增大,但分离效果变差。因此,在保证高分离效果的同时,维持高处理量,且适用性广,是目前油水分离材料发展的方向。

浙江是著名水乡,水是生产之基,生态之要,生命之源,因此从 2013 年底起浙江省开始推行"五水共治",即治污水、防洪水、排涝水、保供水、抓节水,这一方针既优环境更惠民生,既扩投资又促转型,是推进浙江新一轮改革发展的关键之策。"五水共治"首要的就是治污水,而油水混合污水无论在生活污水还是工业污水中都占很大比例。因此,研制高效油水分离材料可为"五水共治"的顺利实施提供有力保障。

2 研究思路

为了解决分离效果和处理量之间的矛盾,我首先查阅了大量文献,获得了有关油水混合物的知识。简单油水混合物中油滴的直径一般较大,可达 1 mm 以上,而油水乳液中的油滴则较小,一般为十几到几百 μm。如果将分离膜的孔径增大到微米级,由于其厚度很薄,分离孔道很短,会导致分离效果很差。那么,能否将分离孔道加长呢,即将二维的膜材料转变为三维的分离材料?厨房里的海绵进入了我的视野,但海绵的孔径在几百 μm~几 mm 之间,仍然有些大。因而如何调节常用海绵的孔径成为本文的研究重点。此时我思考可否在现有海绵基体中引入直径很细的纤维,让纤维搭接在海绵孔架上,在海绵大孔的基础上,又形成许多小孔,适当调节海绵孔径,如图 1.11-1 所示。

要实现上述思想,必须一方面使用高孔隙率的海绵保证较大的油水处理量,使油水混合物尽可能仅仅依靠自身重力就实现分离;另一方面,尽量选择短而直径很小的亲水性纤维,以便扩散到海绵体内部,调节海绵孔径,纤维亲水性好,可以使改性后的海绵在水下不沾油,在调控海绵孔径的同时,提高油水分离效果。

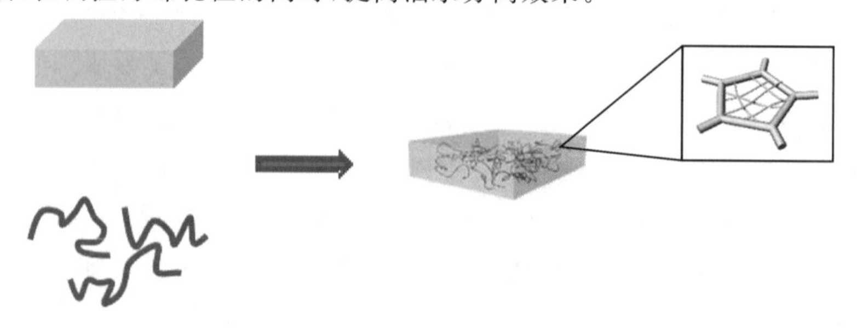

图 1.11-1　纤维调控海绵孔径示意图

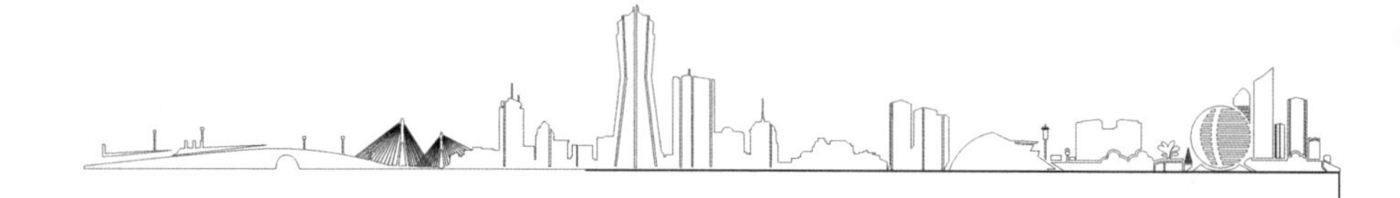

3 实验部分

3.1 实验地点

由于本文涉及化学反应及其他一些处理方法，化学老师为我介绍了浙江大学材料系的吴教授。他非常支持我的项目，允许我在他们的实验室里做相应的实验，提供实验所用试剂，并让研究生帮我设计及指导我做实验，教我用仪器测试样品的各项性能。

3.2 海绵的选择

市售的海绵有很多种，其中以聚氨酯海绵和密胺海绵居多，如图 1.11-2 所示。(a)海绵为聚氨酯海绵，孔径在 1 mm 左右，肉眼可见。(b)海绵为密胺海绵，其孔径约为 200～300 μm。从分离效果考虑，选用孔径较小的(b)密胺海绵作为改性基体。

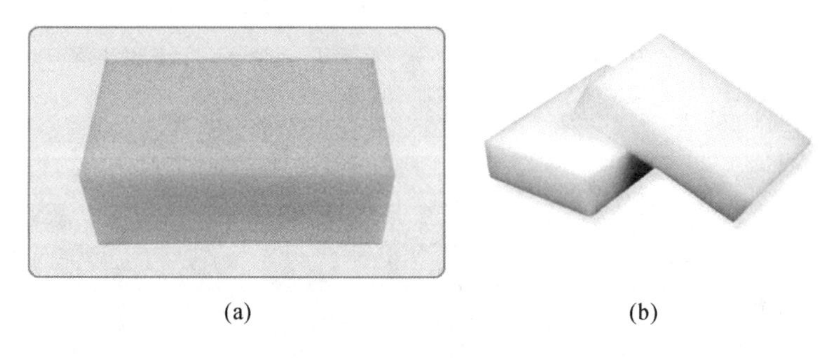

(a) (b)

图 1.11-2 商用海绵

3.3 亲水性纤维的选择

用于调节海绵孔径的最好纤维是亲水性纤维，这是因为亲水性纤维在水中不沾油，混合物中的水只需借助重力即可顺利通过海绵，比水轻的油则留在上部，从而实现油水分离。

亲水性纤维制品的种类很多，我们穿的衣服大都是亲水性纤维，但这类纤维一般较粗，而且多为较长的纤维，难以进入海绵内部。查阅文献发现，直径小、长度短的亲水性纤维有纤维素纳米晶、纳米纤维素等，但价格太昂贵[3]。基于上述考虑，本研究转而求助身边的材料，那就是各种纸张。

生活中有各种各样的纸张，纸张是由木质纤维素和胶黏剂粘接在一起的。本研究选择了 A4 纸、普通白纸、擦镜纸、宣纸、卷筒卫生纸 5 种纸张。从外观看，A4 纸比较细腻；普通白纸相对粗糙些；擦镜纸比较薄，纤维比较长；宣纸用传统方法制备，纸的表面也能观察到纤维；卷筒纸柔软，手撕处能观察到较长的纤维。如图 1.11-3 所示。

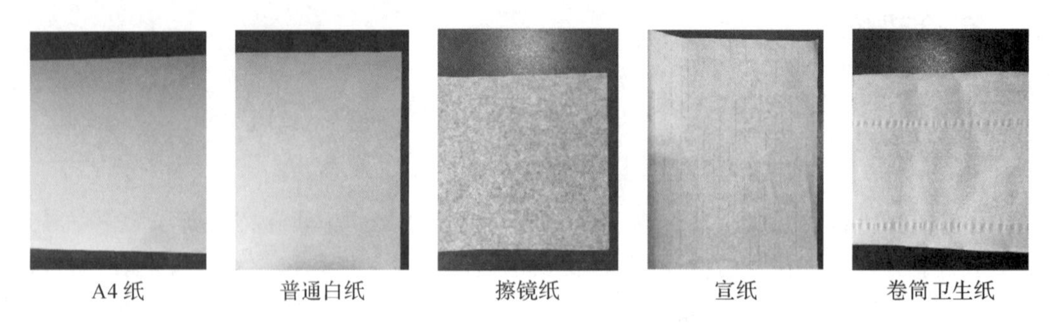

A4 纸　普通白纸　擦镜纸　宣纸　卷筒卫生纸

图 1.11-3　5 种纸张

仅仅从纸的表面，看不出纸纤维的粗细，放大镜的倍数也不够大。纸张透明性又差，用普通的光学显微镜也观察不到纸中的纤维。因此，本文借助扫描电子显微镜观察了各种纸张更细微的结构，如图 1.11-4 所示。可以看到，相同放大倍数下（500 倍）擦镜纸的纤维较粗，直径约 50 μm，其次是卷筒纸纤维，直径 20～30 μm，其他 3 种纸纤维直径也约 20～30 μm，但同时有很多直径约为 10 μm 的纤维。直径越小，越容易进入海绵体内部，因此，本项目选择了普通白纸和宣纸作为亲水性纤维的原料。这些纸的强度都不大，可以通过强力搅拌将纸粉碎，得到亲水性短纤维。

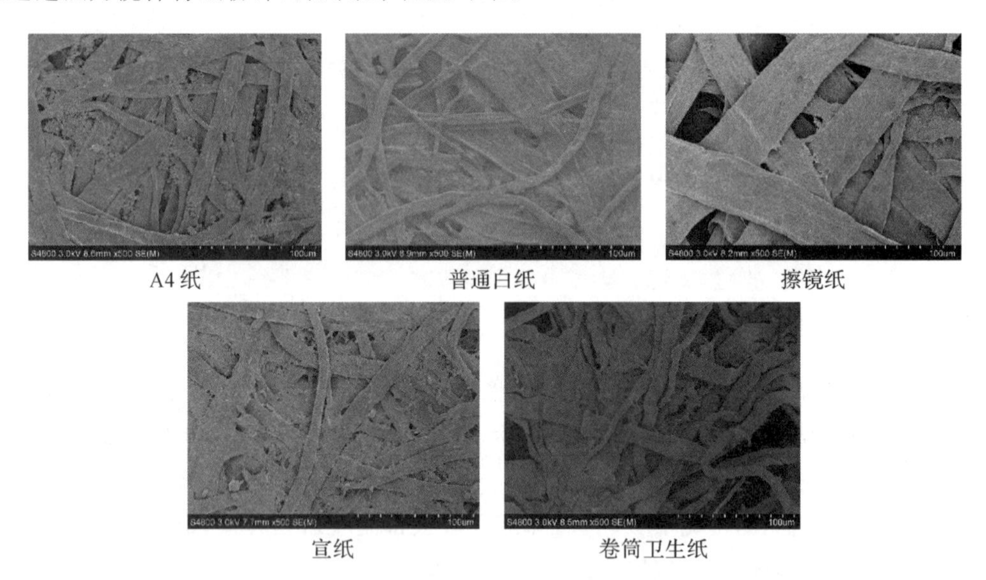

A4 纸　普通白纸　擦镜纸

宣纸　卷筒卫生纸

图 1.11-4　5 种纸张的纤维

3.4　实验步骤

将纸张剪成碎片，放在水中浸泡 1h，然后利用强力搅拌机将纸片打散（8 000～12 000 r/min，时间约 30 min），得到纸纤维悬浮液，用盐酸调节悬浮液的 pH 值至 3 左右。将块状海绵(约 2.5 cm × 2.5 cm × 0.4 cm)浸入不同纸纤维浓度的悬浮液中约 6 h,使纸纤维充分进入海绵体内。吸附纸纤维的海绵含有大量水,若采用烘箱干燥,水蒸发过程中易带动纸纤维而脱离海绵孔架,故本文先将样品放入冰箱中冷冻,然后放入冻干机中冷冻干燥,干燥后的海绵呈白色。冷冻干燥可较好地保持纸纤维在海绵内部的原始结构。

为使吸附的纸纤维固定在海绵内部的骨架上,将吸附纸纤维的海绵置于戊二醛蒸汽氛围中室温下交联 12 h。戊二醛是一种在酸性条件下能将小分子、线形高分子转变成三维网状结构的物质[4]。本文中,戊二醛可与纸纤维上的羟基、密胺海绵上的氨基发生反应,将纸纤维固定在海绵骨架上,以保证在今后的使用中纸纤维不脱落。

然而经戊二醛交联处理后,纸纤维上亲水的部分羟基参与了反应,造成海绵表面对水的润湿性变差(润湿性常用接触角表示,水滴在某一表面上的形状越圆,表示水滴在该表面上的接触角越大,越疏水,越不易被水润湿;水滴越平,接触角越小,表示越亲水,越易被水润湿)。改性后的海绵对水的接触角达 100°左右,呈疏水性。为使海绵表面对水的润湿性变好,需将海绵再次进行常规亲水改性[5]。即将纸纤维调控孔径的海绵浸于溶有多巴胺和聚乙烯亚胺的缓冲溶液中(pH=8.5),室温下震荡约 6 h,用清水清洗数次,然后真空干燥,得纸纤维调控孔径的海绵,呈深褐色。以上部分步骤如图 1.11-5 所示。经纸纤维调控孔径的海绵称为改性海绵。

打散纸片

纸纤维悬浮液

吸附纸纤维的海绵

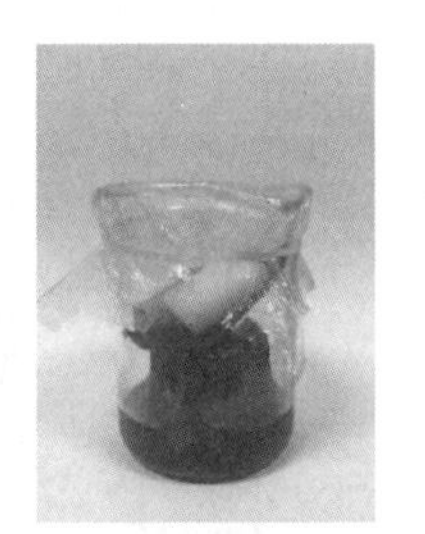
戊二醛交联

最终改性海绵

图 1.11-5 纸纤维改性海绵的操作步骤

3.5 性能测定

本文测试了改性海绵的各项性能,如亲疏水性、油水分离效果及处理量。海绵的亲疏水性用实验室的接触角测定仪(Harke-SPCA,北京哈科试验仪器厂)测定,测试过程为:开机、调试、向海绵上滴水滴、对焦、用计算软件分析。滴在海绵表面的水滴越圆,接触角越大,表示海绵越疏水;水滴越平,表示接触角越小,亲水性越好。为了减小实验误差,每片海绵分别取 3 个区域测接触角,取平均值,同时也可以考察整块海绵的均匀性。

因改性海绵主要用于油水分离,油一般以小液滴的形式存在于水中。因此,在水中海绵的表面应对这些油滴表现出疏油性,才能阻止油滴通过,故本文还测定了水下油接触角。水下油接触角测试过程:在一方形玻璃器皿中加水至一定高度,将改性海绵置于器皿底部。密度比水大的二氯乙烷作为测试油相,用注射器挤出 6 mL 二氯乙烷油滴滴在海绵表面,根据油滴在改性海绵表面的形状,分析得出水下油接触角。

改性海绵对油水混合物的分离效果用吸光度比值来表征。样品吸光度的测定:用紫外分光光度仪分别测定油水混合物和滤液在 510nm 处的吸光度,1 减两者吸光度的比值即可得分离效果。

油水混合物处理量的测定:根据 100 mL 水通过半径为 1 cm 圆孔面积通道所需的时间计算得到。液柱压力为 294 Pa,若通过时间为 20 s,则计算公式为$\frac{0.1\times3600\times10}{20\times3.14\times294}$,处理量的单位为 $L\cdot m^{-2}\cdot h^{-1}\cdot bar^{-1}$。

4 结果与讨论

4.1 纸纤维悬浮液浓度对海绵形貌的影响

本文考察了普通白纸(简称普通纸)纤维调控海绵孔径后形貌的变化,如图 1.11-6 所示。

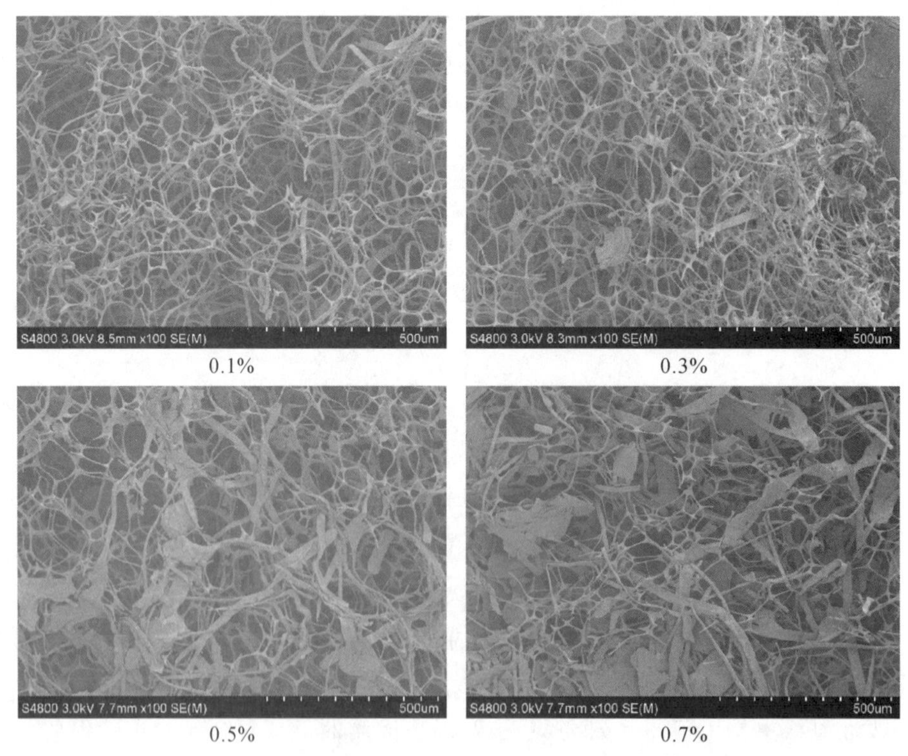

图 1.11-6 普通白纸纤维悬浮液浓度对海绵形貌的影响

可以看到，当纸纤维悬浮液浓度为 0.1%时，仅有几根纸纤维进入海绵体中。随着浓度增加，逐渐有较多的纤维扩散进入海绵内部，当纸纤维浓度为 0.7%时，可以在海绵表面及内部看到大量纸纤维，甚至还有片状纸存在。以上结果表明，通过改变普通纸纤维悬浮液的浓度，可以调控海绵的孔径。纸纤维悬浮液浓度越大，海绵孔径越小。不同宣纸纤维浓度对海绵形貌的影响如图 1.11-7 所示。可以看到，与普通纸纤维相比，相同浓度下，有更多的宣纸纤维进入海绵体中。宣纸纤维悬浮液浓度越高，进入海绵体内部及穿插在海绵体中的纤维越多。当纸纤维悬浮液浓度为 0.7%时，可以在海绵体表面及内部看到大量的纸纤维，虽也有片状纸存在，但片状的尺寸明显小于普通白纸纤维。

可见，通过改变宣纸纤维悬浮液的浓度，也可以调控海绵的孔径。

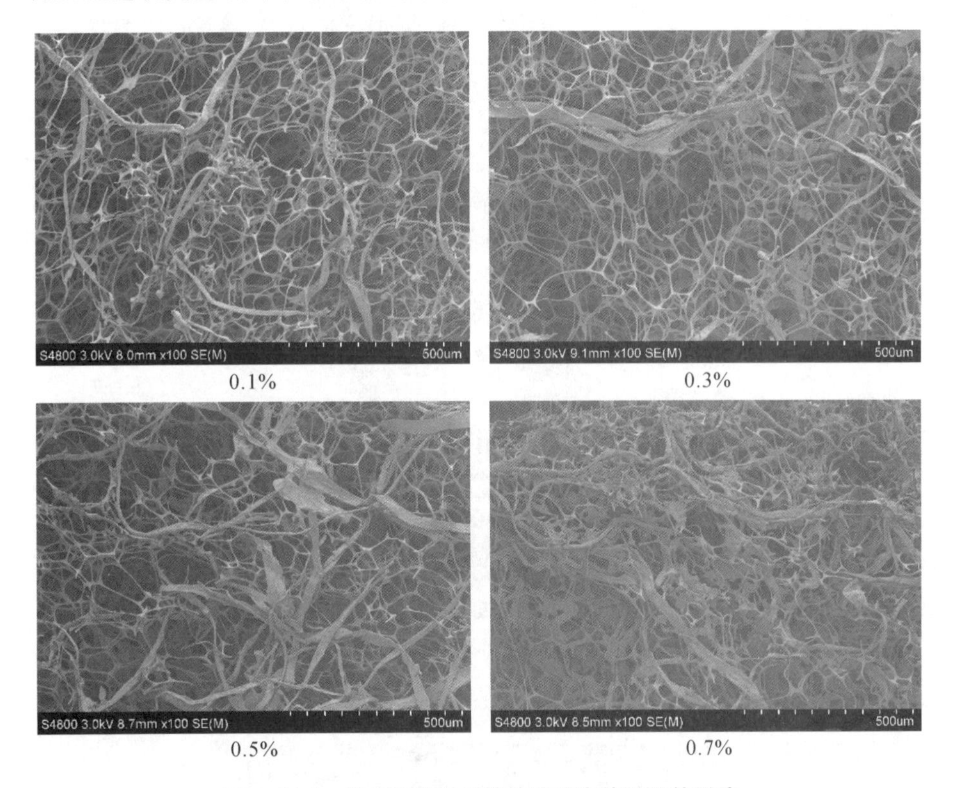

图 1.11-7　宣纸纤维悬浮液浓度对海绵形貌的影响

4.2　改性海绵表面的疏水疏油性

图 1.11-8 展示了普通白纸纤维和宣纸纤维改性的海绵表面水接触角和水下油接触角，横坐标为纸纤维悬浮液的浓度。两图中下面的数据为改性后海绵对水的接触角。其中显示两种纸纤维调控孔径后的海绵对水的接触角均约为 0°，表明改性后的海绵具有很好的亲水性。

除了亲水性外，本文还测定了改性海绵在水下对油（二氯乙烷）的接触角（图 1.11-8

中上面的数据），该接触角越大，表明海绵在水中更疏油。这样在分离油水混合物的时候，只允许水通过，而油在海绵体表面的接触角大，润湿性差，不能进入海绵体中，留在海绵顶部，从而实现油水分离。可以看到，普通纸纤维改性后的海绵在水下对油的接触角为150°以上，当普通白纸纤维的浓度为0.7%时，水下油接触角高达160°，表现出良好的水下超疏油性。与之相比，不同浓度宣纸纤维改性后的海绵在水下对油的接触角均在160°以上，这表明相同浓度下，宣纸纤维改性海绵在水下对油的接触角更大，更疏油，更有利于提高油水分离效果。

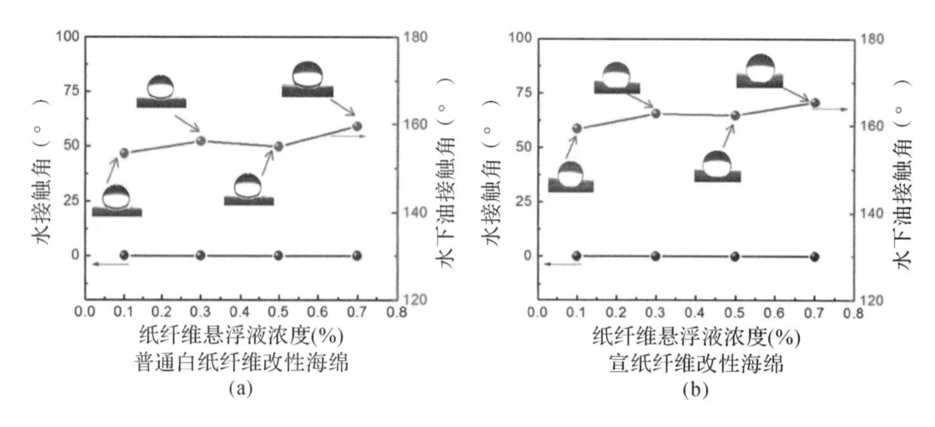

图 1.11-8　不同纸纤维浓度对海绵表面水接触角及水下油接触角的影响

4.3　改性海绵对简单油水混合物的处理

将上述纸纤维改性的海绵用于简单油水混合物（环己烷/水＝1∶1，容积比）的分离，结果如图1.11-9所示。可以看到，两种改性的海绵均可较好地分离油水混合物。分离时，水仅依靠自身重力即可快速通过改性海绵，而油（染色的环己烷）不能通过海绵，留在海绵上部，实现了油水分离，无须额外加压或抽真空。60 mL 的油水混合物，仅 5 s 就可完成分离，得到 30 mL 水和 30 mL 油。

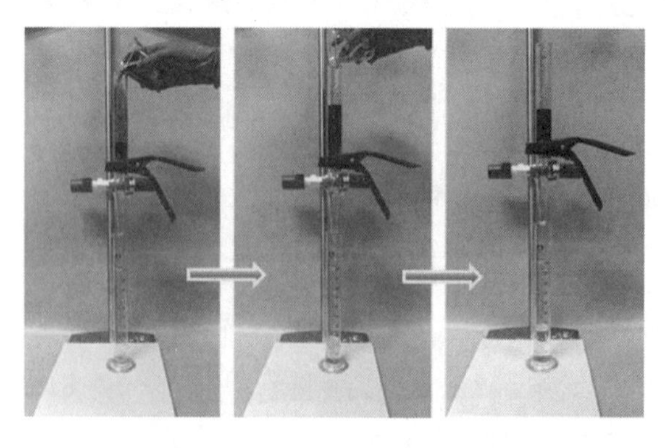

图 1.11-9　改性海绵的油水分离实施

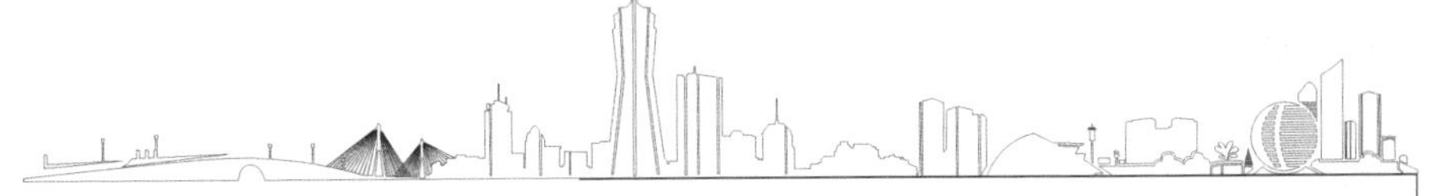

计算改性海绵对简单油水混合物的处理量，如图 1.11-10 所示。从图中我们可以看到，随着纸纤维浓度的增加，两种改性海绵的油水分离处理量逐渐下降，这与改性海绵的孔径越来越小有关。相同纸纤维浓度下，宣纸纤维改性海绵的油水分离处理量下降更为明显，表明孔径变化更为明显，即变得更小。尽管如此，与普通油水分离膜相比，上述改性海绵的油水处理量仍高出 100～1000 倍(分离膜的处理量一般为 104 $L \cdot m^{-2} \cdot h^{-1} \cdot bar^{-1}$)。值得指出的是，不同浓度(0.1%～0.7%)纸纤维悬浮液改性的海绵均可几乎完全分离简单油水混合物(即实验检测范围内，60 mL 体积比为 1∶1 的油水混合物分离后，可得 30 mL 水和 30 mL 油)。因此，若想快速分离简单油水混合物，可选择浓度较低纸纤维悬浮液改性的海绵。

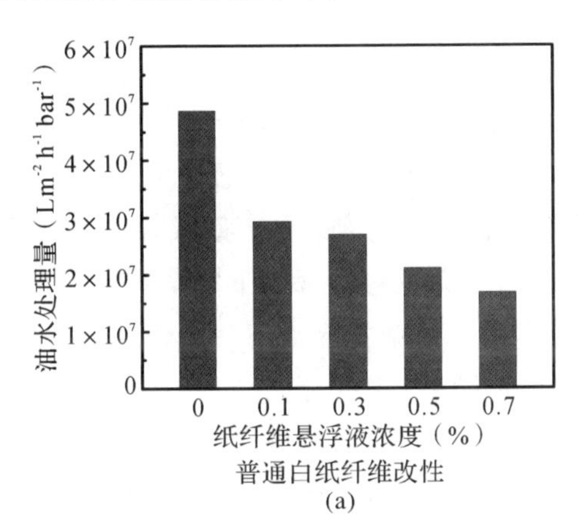

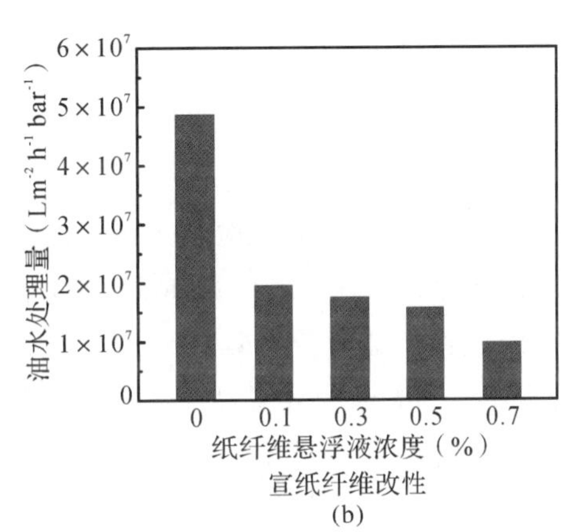

图 1.11-10　不同纸纤维浓度改性海绵的水通量

4.4　改性海绵对油水乳液的分离效果

本文考察了两种纸纤维改性后的海绵对油水乳液(含表面活性剂和未含表面活性剂)的分离效果。图 1.11-11 显示了两种改性后的纤维对未含表面活性剂油水乳液的分离效率和处理量。油水乳液为环己烷/水，油水体积比 1∶99(共 100 mL)，在 5 000 r/min 搅拌 10 min，环己烷以微小油滴的形式分散在水中。可以看到，普通白纸纤维改性海绵对该油水乳液的分离效果在 60%～ 90%左右，而宣纸改性海绵的分离效果较好，分离效率更高，当采用的宣纸纤维浓度为 0.7 %时，分离效果可达 94%(即含 1%油的水乳液经分离处理后，水中油含量仅为 0.06%)。

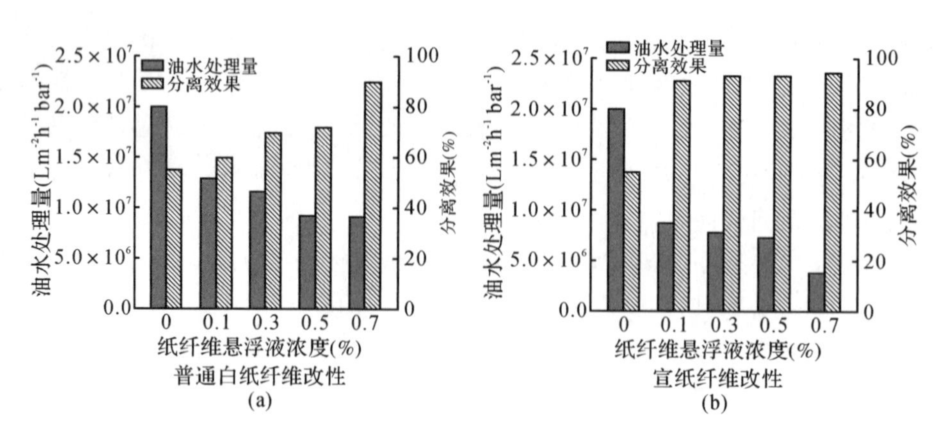

图 1.11-11　不同纸纤维改性海绵对未含表面活性剂的油水乳液分离效果

如图 1.11-12 所示，显示了纸纤维改性海绵对含有表面活性剂的油水乳液的分离效果。油水乳液的配置方法为：油水体积比 1∶99（共 100 mL），表面活性剂为吐温－80（1.5 mg），在 600 r/min 下搅拌 1 h。图(a)为对葵花籽油乳液的分离效果，0.7%普通白纸纤维改性海绵的分离效果为 90%，即分离后的水中葵花籽油含量下降至 0.1%，0.7%宣纸纤维改性海绵的分离效果为 94%，即分离后的水中葵花籽油下降至约 0.06%。图(b)为对橄榄油乳液的分离效果，0.7%普通纸纤维改性海绵的分离效果为 91%，即分离后的水中橄榄油含量下降至 0.09%，0.7%宣纸纤维改性海绵的分离效果为 95%，即分离后的水中橄榄油下降至约 0.05%。可见，两种改性海绵均可有效分离含表面活性剂的油水乳液，其中宣纸纤维改性海绵的分离效果更高，相对应的，其水通量略低。实际操作过程中，可根据不同的处理要求，选择不同纸纤维改性的海绵进行油水分离。

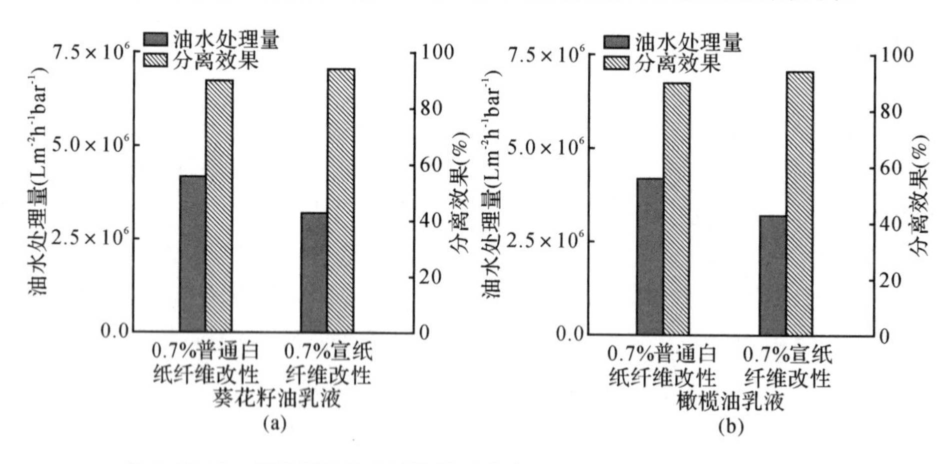

图 1.11-12　不同纸纤维改性海绵对含表面活性剂油水乳液的分离效果

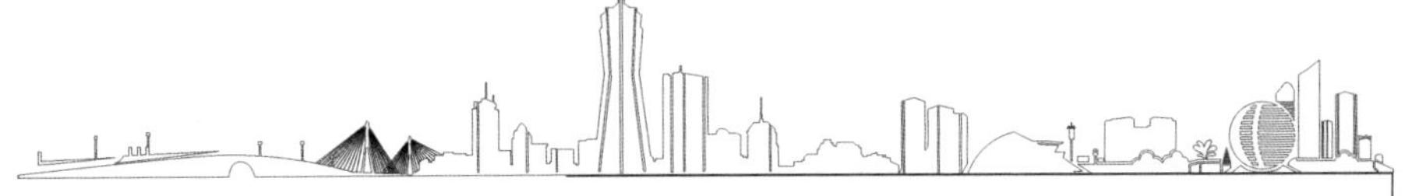

4.5 改性海绵的重复使用

本文考察了纸纤维改性海绵的重复使用性。将0.7%宣纸纤维改性海绵用于含1%葵花籽油的水乳液分离。连续处理40 min后，油水分离处理量稍有下降，这是油滴在海绵表面富集所致。尽管如此，其处理量仍大大高于分离膜的油水处理量。将改性海绵浸入酒精中振荡5 min后用水冲洗，即可继续进行油水乳液分离，此时改性海绵又可恢复到最初的高油水处理量，如图1.11-13所示。

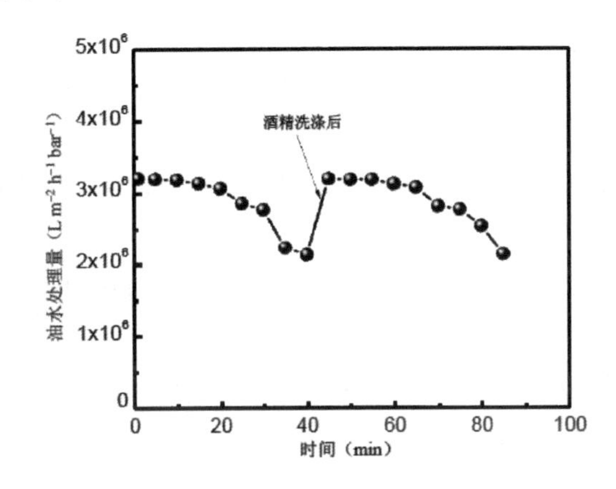

图1.11-13 分离处理时间对改性海绵油水分离处理量的影响

5 结论和创新点

根据上述研究结果，本文得到以下结论：将常见的纸张在水中浸泡并搅碎，得到纸纤维悬浮液，然后将海绵浸入其中，使纸纤维扩散到海绵内部，并用戊二醛交联的方法将纤维固定到海绵骨架上，最后用多巴胺和聚乙烯亚胺进行亲水改性。通过改变纸纤维悬浮液的浓度，调控了海绵的孔径。纸纤维改性后的海绵对水的接触角为零，而水下油接触角高达150°以上，表现出超亲水、水下超疏油的油水分离材料特性。该纸纤维改性后的海绵可有效分离简单油水混合物（分离效果≈100%）、未含表面活性剂及含表面活性剂的油水乳液（分离效果>90%）。与普通纸纤维改性相比，宣纸纤维改性海绵的油水分离效果更优，同时仍保持较高油水分离处理量。此外，该改性海绵还具有良好的可重复使用性。

以上研究已申请国家发明专利一项（申请号：201711015421.1）。本文的创新点主要有：

（1）取材于常见易得的日常用品，制备过程简单，无需特殊设备，可重复使用，成本低廉。

（2）对油水混合物分离效果好，处理量大。可根据不同种类（简单混合或油水乳液），选择不同孔径海绵进行处理，实现高分离效果和高处理量的统一。

(3)油水混合物仅依靠重力即可实现油水分离，无需加压或抽真空，能耗较低。

本文取材于日常生活用品，成本低廉，采用简单的方法对海绵孔径进行调控，实现了对油水混合物及油水乳液的高效分离，且处理量大。此外，使用多次后，若改性海绵受到污染，用酒精浸泡洗涤一下，则分离效果和处理量会恢复如初。因此，该改性海绵具有良好的实用价值及应用前景。

参考文献

[1] 党钊，刘利彬，向宇，等. 超疏水—超亲油材料在油水分离中的研究进展[J]. 化工进展，2016，35(增刊 1)：216-222.

[2] 刘俊劭，刘瑞来，赵瑨云，等. 三醋酸纤维素纳米纤维膜的制备及其油水分离应用[J]. 应用化学，2017，34(5)：512-518.

[3] 黄彪，卢麒麟，唐丽荣. 纳米纤维素的制备及应用研究进展[J]. 林业工程学报，2016，1(5)：1-9.

[4] 李福枝，陈承，谭平. 戊二醛交联聚乙烯醇—壳聚糖膜的制备及性能研究[J]. 化学工程与装备，2014(12)：4-7.

[5] 谷金裕，李昊，许文盛，等. 聚多巴胺—聚乙烯亚胺改性反渗透膜制备与表征[J]. 人民长江，2017，48(16)：31-34.

电动自行车超速检测与取证一体机

杭州市建兰中学　裘明宇　指导教师：支飞斌

摘　要：针对日益严峻的电动自行车超速引发的交通安全事故发生率，作者经过研究和分析，设计出了一种电动自行车超速检测与取证一体机，主要原理是通过霍尔传感器进行电动自行车的速度测量，并通过自动控制，在速度超过限值后，实时打印速度值并启动摄像装置，实现现场取证，最后通过无线传输技术将执法证据和速度值远程传输至交警部门终端。该装置的应用，为交警现场执法提供了一个强有力的工具，也为解决当前电动自行车超速行驶执法和取证方面的难题提供了可行方案；同时，通过技术应用，可以提高电动自行车驾驶人员的交通安全意识，进一步降低电动自行车安全事故发生率，保障出行安全。

关键词：电动自行车；超速检测；实时取证

1　创意的来源

电动自行车是绿色、经济、环保的交通工具，越来越受到人们的青睐，但它给人们带来方便的同时，也给道路交通安全带来了一系列的挑战。这一点我就深有体会，记得有一次，爸爸带我参加浙江省科技馆的科技创新活动，在回家的路上，看到一位送外卖的“骑士”因为骑电动自行车速度过快，来不及刹车撞到了行人。我就问爸爸：“这小电驴来去如风，就没有办法管理了吗？”爸爸说：“管是可以管，就是管理成本太高，这么多电瓶车怎么管理？”可是我没有放弃这个念头，回来后，我就开始查阅资料，发现了很多有价值的问题和思路：这些事故的发生，都是速度惹的祸。我心想，我一定有办法可以解决，于是，我就开始了本项目的研究：

(1)通过对交警、电动车生产经营企业、电动车驾驶员进行调查，分析和总结出目前存在这些问题的原因，找出问题的关键；

(2)针对问题发生的原因和关键，结合自己所学的知识，提出解决问题的基本思路，并进行论证完善；

(3)利用相关发明方法，查询相关技术文献，寻找项目适用的技术方案，并进行应用验证；

(4)购买零配件进行样机的制作和调试，并进行优化。成品后，在交通警察的协助下

进行试用,验证预期效果;

(5)成果形成,包括申请国家专利、撰写项目研究报告、技术推广应用等。

2 项目前期研究

2.1 研究的目的和意义

本项目的研究目的在于,设计出一种电动自行车超速检测与取证装置,使其在实现电动自行车的速度测量的同时,兼具超速报警、执法取证等功能,补足当前在电动自行车超速行驶执法和取证方面的短板,有效提升电动自行车驾驶规范化、标准化管理水平。

本项目的研究意义在于,通过该装置的应用,解决了电动自行车超速行驶执法和取证方面的难题,为电动自行车超速界定、执法、取证提供了一揽子解决方案,并通过执法倒逼,提高电动自行车驾驶人员的交通安全意识,有利于降低电动自行车安全事故的发生率。

2.2 项目调研

(1)法律法规情况:根据《道路交通安全法》第五十八条规定,残疾人机动轮椅车、电动自行车在非机动车道内行驶时,最高时速不得超过 15 km;中华人民共和国国家标准《电动摩托车和电动轻便摩托车通用技术条件》中将 40 kg 以上、时速 20 km 以上的电动车,称之为轻便电动摩托车或电动摩托车,划入机动车范畴。故目前现有的法律法规和相关技术标准都已经明确给出了相应的指标,依法依规开展电动车超速整治也具备了条件。但无奈缺乏检测和现场取证工具。如图 1.12-1 所示。

图 1.12-1 采访交警

(2)需求决定市场:电动车厂家和经销商也有自己的苦衷,他们称大多数消费者并不喜欢限速 20 km/h 以下的电动车,他们希望跑得更快一些。为了得到更多的销量,不少经销商只好满足消费者的调速需求,超标电动车屡禁不止也就不足为奇了。厂家和经销商的苦衷,也是整个行业的一个缩影。曾经的 2 000 家企业,如今只剩 700 家,行业优胜劣汰趋势明显。如何从法律和制度上遏制这种现象,需要全社会的关注。

(3)消费者:电动车作为一种便携的交通工具,其入门门槛又较低,所以普及率非常广。同时,一旦熟练后,人们又开始追求“速度”,所以就经常会发现车主私自改装限速装置(这个是厂家特意留的“后门”,应遏制),如图 1.12-2 所示。这样速度是上去了,但安全隐患也变大了。据调查,大部分电动车驾驶员都认为自己可以驾驭得了这个“车速”,离交通事故还很远。电动车驾驶员交通安全意识还有待提高。

电动车限速器，买主不待见

记者调查城区多家电动车经销商，顾客普遍要拔限速器

有市民认为应提高限速标准，厂家称无权干涉买方选择

大部分顾客要求拔掉限速器

电动车是否应该限速说法不一

无权干涉销售商和消费者行为

(a)

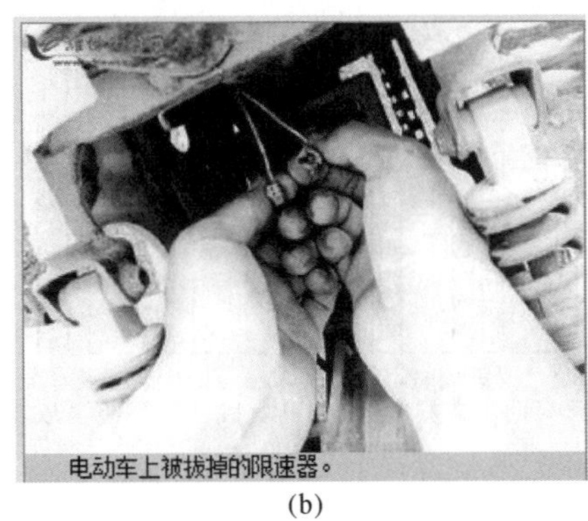

(b)

图 1.12-2　限速器

(4)交通事故：目前，道路上电动自行车行驶速度往往是大于 15 公里每小时，这给我们的交通安全带来了很大的隐患。据统计，2016 年，我国电动车的保有量已达到 2.5 亿辆，而相比，同年我国的汽车保有量为 1.94 亿辆。如图 1.12-3 所示：

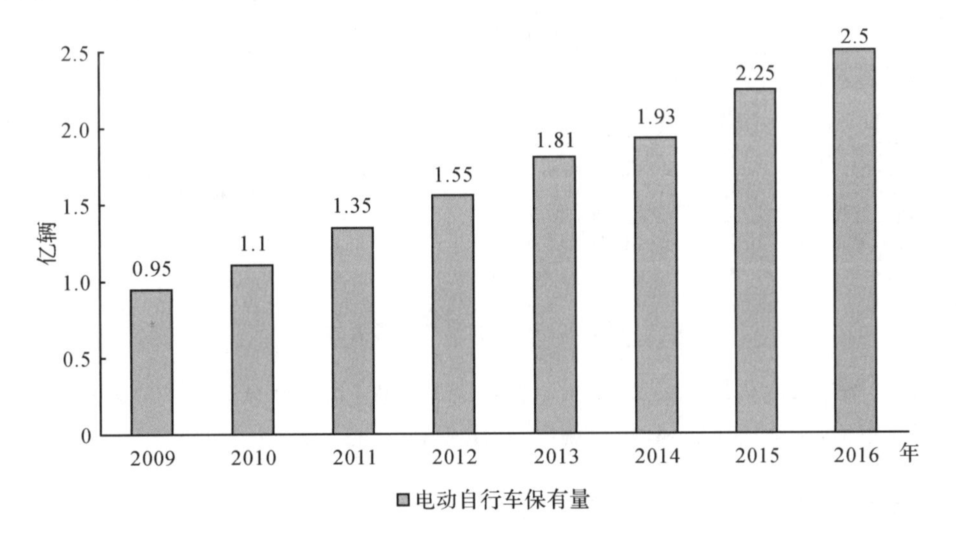

图 1.12-3　电动自行车保有量

同时，电动车造成的交通事故占非机动车交通事故的 80%以上，在造成人员伤亡的交通事故中，涉及电动车的占近 50%。如图 1.12-4 所示：

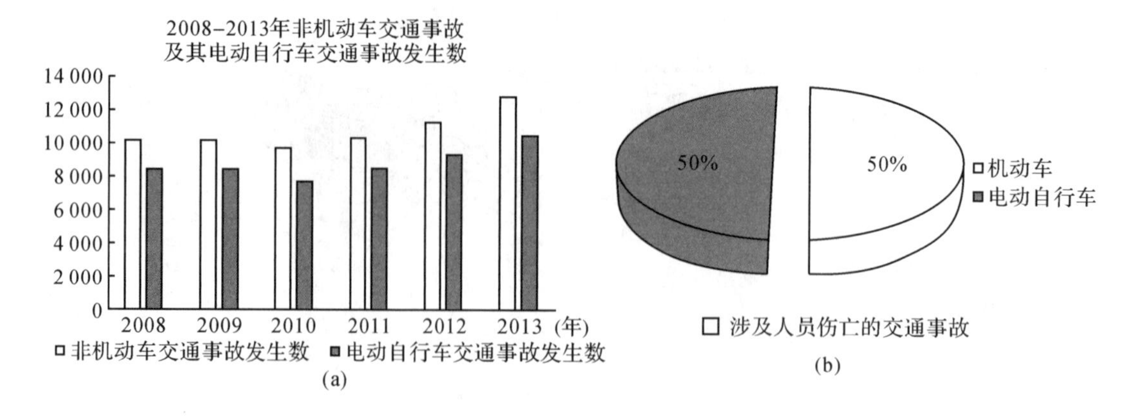

图 1.12-4 电动车交通事故

而超速行驶是导致电动车交通事故的主要原因,被依法处置比例不到1%。如图1.12-5所示。

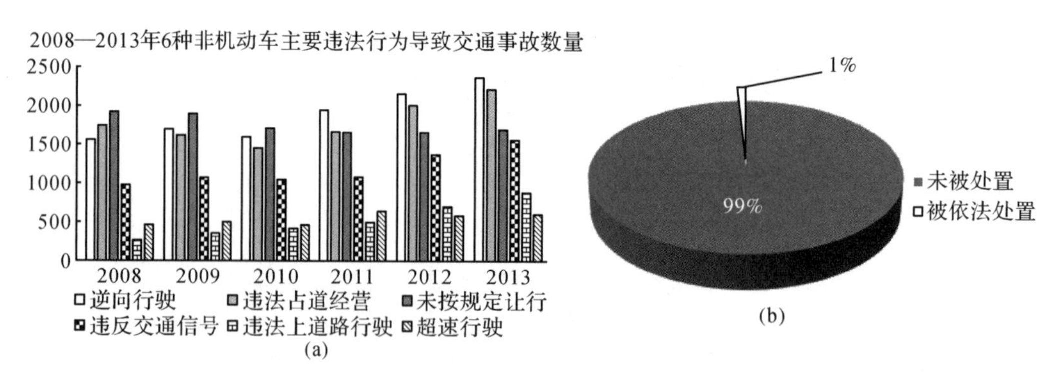

图 1.12-5 非机动车交通事故

综上所述,无论从社会需要,还是从交通安全考虑,我们都有必要去研究如何进行电动车超速整治,包括法律法规、规章制度、技术工具、取证方法等。

2.3 基本思路

通过前期调研,我们不难看出,电动自行车交通违法行为主要包括逆行、占道、闯红灯、未按规定让行、超速行驶。其中超速行驶是造成电动自行车交通事故的一个主要原因。

目前,道路上行驶的电动自行车绝大部分都是超速行驶,想从根上去解决这些事情,必须要从厂家入手,即严令禁止电动车生产企业出厂就强行规定时速(不允许设有限速开关),但目前从整个社会环境来说,这一步操作起来很难。同时,如果对上路的电动自行车全部进行限速测定,其耗费的人力和物力也是不可想象的。但是,我们可以换一种思路来考虑这个问题,如果我们能设计出一种可以在发生交通事故后进行是否超速界

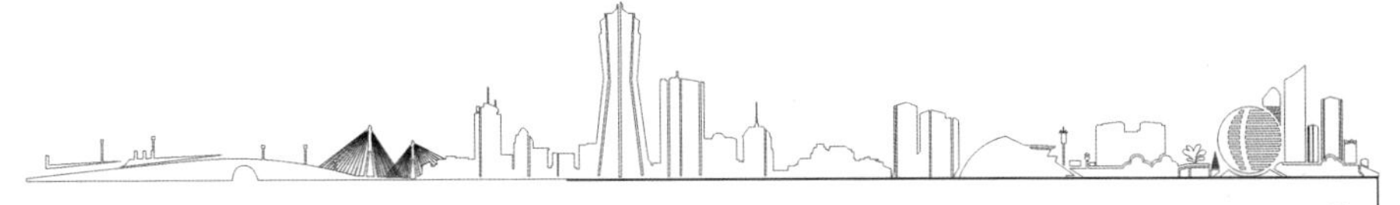

定，以及明显超速电动自行车的现场执法取证工具，这样的话，也是可以很好地解决一些电动自行车交通安全问题的。接下来我们就可以沿着这个思路来继续研究。

(1)现有电动自行车速度指示。电动车控制器的速度信号输出一般有两种，一种是霍尔信号，一种是矩形脉冲波，速度高频率就高，反之则低，通过控制器外部 F-V 转换后变成电压大小变化的速度信号。另一种简单一点，直接连在电机的三相电路中的任何一相，输出电压范围为 0～1/2 电池电压，如 48 V 电池则输出范围为 0～24 V。

图 1.12-6　电动车码表

经过咨询电动车专业维修人员和生产商，他们告诉我们电动车码表严重不准(可以被使用人员随意调整)，有着很大的误差，行业俗称“快乐表”，如图 1.12-6 所示。所以，我们不能依靠码表来判断其是否超速，必须寻找一个标准的速度测量器具。

(2)常用的车速检测方法如表 1.12-1 所示：

表 1.12-1　常用车速检测方法

技　术	优　点	缺　点
雷达检测	在恶劣气候下性能出色；直接检测速度；可以侧向方式检测多车道	不能检测静止或低速行驶的车辆；以向前方式用定向天线跟踪单车道
激光检测	测量距离远；反应速度快；测速精度高，误差小于 1 km	只能在静止状态下应用；激光光束必须要瞄准垂直于激光光束的平面反射点
红外线视频检测	昼夜可采用同一算法而解决昼夜转换的问题；可提供大量交通管理信息	可能需要很好的红外线焦平面检测器，也就是要用提高功率，降低可靠性来实现高灵敏度
超声波检测	体积小，易于安装	性能随环境温度和气流影响而降低
感应线圈检测	线圈电子放大器已标准化；技术成熟、易于掌握；计数非常精确	安装过程对可靠性和寿命影响很大；修理或安装需中断交通；影响路面寿命，易被重型车辆、路面修理等损坏
磁传感器检测	可检测小型车辆，包括自行车；适合在不便安装线圈场合采用	很难分辨纵向过于靠近的车辆
视频检测	可为事故管理提供可视图像；可提供大量交通管理信息；单台摄像机和处理器可检测多车道	大型车辆能遮挡随行的小型车辆；阴影、积水反射或昼夜转换可造成检测误差

目前针对车辆的检测方法各有优点，但也存在着应用问题，尤其是针对电动自行车的检测又与道路上机动车的检测有所不同。因此，我们无法借鉴现有的车辆速度检测方法，还是需要回到码表的测量原理上去，重新制作一个标准的速度测量工具(不能被改动)，同时还需要便携、准确。

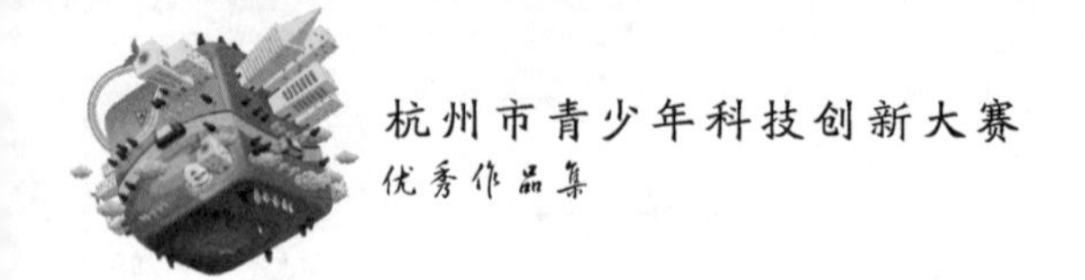

(3)交通事故责任界定。在交警执法过程中,目前,缺乏一种有效方便的仪器进行电动车的速度测试,致使执法困难,速度限制禁令很难执行到位。尤其是发生事故后,很难界定其速度是否超速,从而没有处罚依据。同时,即使可以认定其已经超速,但现场缺乏取证工具,给处罚带来了很大的困扰(汽车违章,均有图片证据保留)。所以说我们可以在认定其电动自行车超速时,自动保留图片留证,并自动保存至云端(防止徇私走后门)。

2.4 技术方案

在明确了项目需要实现的功能后,我咨询了相关机电方面的专家,并查阅了相关技术文档,通过技术集成的方法,寻找到了可以实现这些功能的技术。具体如下:

(1)速度检测。项目利用霍尔传感器来进行电动自行车的速度检测。由运动学知识可知,电动自行车在地面上行驶时,轮胎转动一周的距离与电动自行车行驶的路程相等。由速度计算公式:$S=v\times T$,其中 S 为距离,v 为速度,T 为时间,在已知 S 与 T 的情况下可以计算出 v 的值。具体方案:用霍尔传感器和磁钢配合,将磁钢采用魔术贴安装在电动车轮毂上,霍尔传感器安装在测速装置中,电动车轮每转一圈将可测得一个脉冲信号,通过计算两个脉冲之间的时间间隔就可以知道时间 T。同时,根据公式量取电动车轮毂的周长就可以知道长度 T,通过计算可得当前速度 v。

考虑到,我们还要手工量取并输入电动车轮毂的周长,非常繁琐和不便。同时,车轮每转一圈只能取得一个脉冲信号,不仅影响速度测量的精度而且测试速度较慢,不能满足功能要求,因此我对此进一步做了改进。方法如下:将两块磁钢分别固定在一根长度为 A 的绳子上。测速准备时,将绳子沿电动自行车后轮边缘安装固定。此时车轮旋转一圈可测得两个脉冲信号,可计算得到时间 T,绳子 A 的长度为已知。根据上述公式可快速计算出速度 v,解决了方案所存在的弊端。设计中将两块磁钢分别固定在一根长度为 A 的绳子上,霍尔传感器模块配合,完成速度的测试。如图 1.12-7 所示。

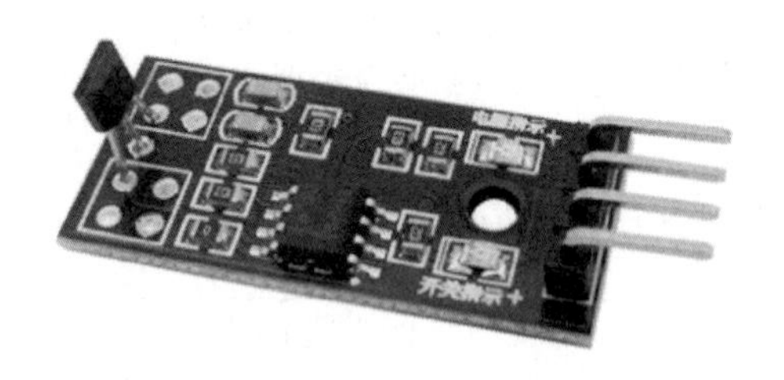

图 1.12-7 霍尔传感器测速

(2)拍照取证模块,考虑到需要现场进行拍照和无线传输功能,我们可以借鉴手机中的彩信发送模块进行。即拟准备在装置中设置一个带摄像头的彩信报警器开发板,当检测模块检测到车速超过规定时速时,在打印速度值时,系统同步启动摄像头对现场进行

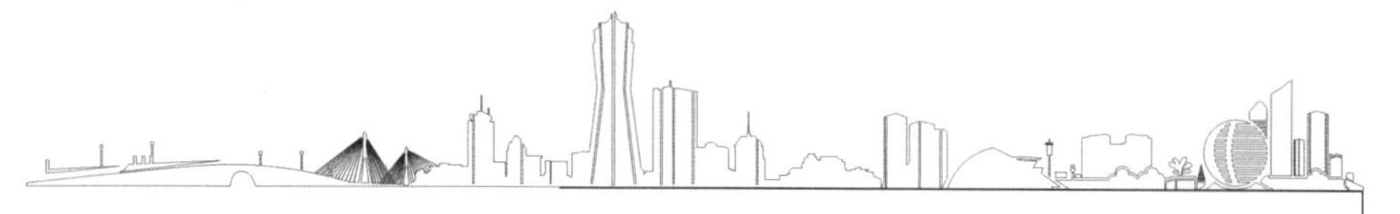

拍摄取证，照片摄制完成后，通过开发板进行技术处理后无线远程发送至管理终端，如交警取证系统数据库，便于处罚时有依据，这个类似于汽车违章时，保留其现场照片。同时，通过这个技术的实现，还可以有效地防止在处罚过程中有徇私的现象发生，确保一曝光一处理，因为其是同步向外发出照片的。如图 1.12-8 所示。

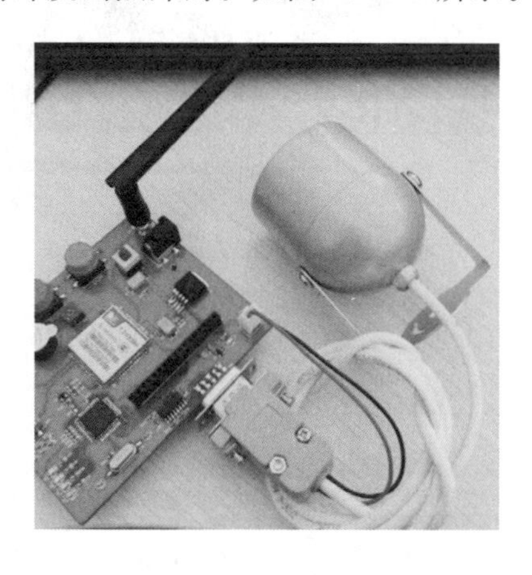

图 1.12-8 报警器开发板

从图 1.12-8 可以看出，该开发板已经安装有摄像头，并提供了 SIM 卡插槽，我们只需进行一部分的程序编写即可实现预期功能。

(3)控制模板。利用 Arduino 板作为主控制器，完成与霍尔器件的配合，实现速度的实时计算与液晶显示，最后还可以控制声光报警等功能，方便使用。如图 1.12-9 所示。

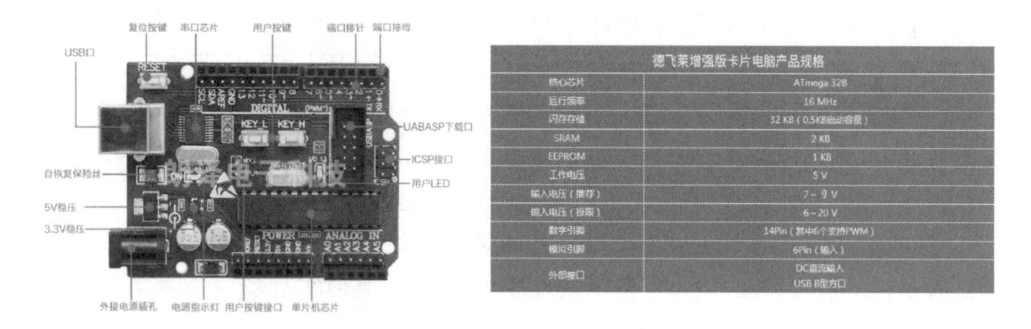

德飞莱增强版卡片电脑产品规格	
核心芯片	ATmega 328
运行频率	16 MHz
闪存存储	32 KB（0.5KB启动容量）
SRAM	2 KB
EEPROM	1 KB
工作电压	5 V
输入电压（推荐）	7～9 V
输入电压（极限）	6～20 V
数字引脚	14Pin（其中6个支持PWM）
模拟引脚	6Pin（输入）
外部接口	DC直流输入 USB B型方口

图 1.12-9 控制模板

(4)主要是对测得的结果通过 LCD 液晶显示给使用者。考虑到本系统中只需要显示速度值即可，故我们选择了较为常用的 SCM1602A 液晶显示模块，它是一种专门用来显示字母、数字、符号等的点阵型液晶模块，能够同时显示 16×2 即 32 个字符。如图 1.12-10所示。

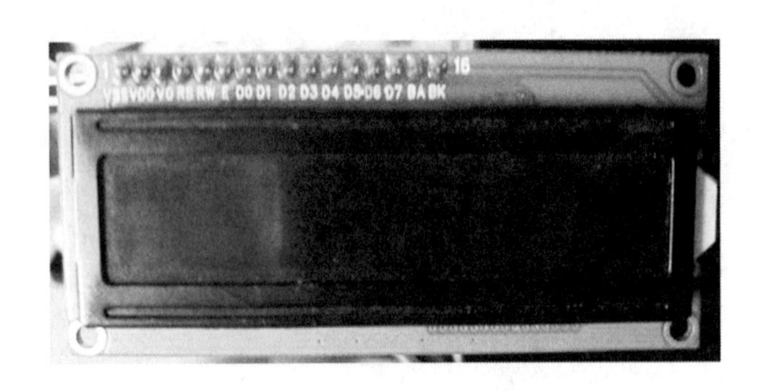

图 1.12-10　液晶显示模块

3　项目的实施

3.1　样机的制作

完成方案设计后，在老师的指导下我选择好实验所需要的各个元器件，并完成了整个仪器的组装与调试，对方案的细节进行了充分的论证。在这个过程中，也经历了几次失败的经历。

(1)传感器的安装位置。在进行霍尔传感器的安装时，由于没有考虑到车轮与传感器的间距问题，在速度测试的过程中，无论怎么测试，在车轮转动时均检测不到信号，在试了几次后，发现当磁钢与传感器的间隔超过 3 mm 时，霍尔传感器就会没有反应，只能重新设计外壳，通过设计一个突出位置来安放传感器，从而解决了传感距离问题。

(2)制作方案的被迫妥协。对于主控制器，原准备使用指导老师推荐的专业单片机系统进行开发，无奈对于我来说进入的门槛太高，因此，根据其他专家的建议，最后采用了操控性更好的 Arduino 控制板来进行系统的设计，它可是开源的。

(3)信息呈现方式的无奈。为了方便测速装置的使用，原准备使用流量进行报警数据的实时上传，但在后来的制作过程中发现成本较高，况且对于现场执法意义不是很大，因此采用热敏打印机现场打印的方式。

(4)图片传输的速度。由于无线传输速度的限制，考虑到成本和展示效果，项目中采用的是通过 3G 彩信的方式向手机终端发送实时图像，鉴于网络和信号等原因，传输速度较慢。后期，我们可以采用无线网络技术(或 4G)传送图像，并采用指定接收终端接收。

(5)电源系统的冗余。该装置内部我们设置了 3 个电源系统，并采用不同的充电系统。前期采用了 1 个电源系统进行安装调试，发现经常出现供电不足(部件对电源要求较高)，导致测试失败，最后在部件供应商的建议下，分别设置电源，系统运行正常。

在项目研究过程中，我们不断进行方案改进和产品的优化，经历了具有代表性的 3 个阶段产品。

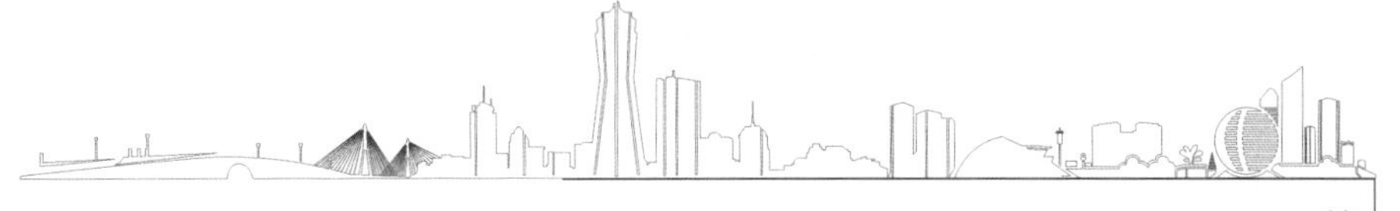

3.2 第一代产品(2017 年 1 月至 2017 年 3 月)

产品介绍:该装置上方设有液晶显示屏、控制按钮、声光报警器等部件,前方设有霍尔传感器,后方设有电源和系统开关,内部设有系统集成控制板。如图 1.12-11 所示。

图 1.12-11　第一代产品装置

使用方法:车辆静止后,架起后轮。首先在电动车后轮上粘贴磁钢条,启动电动车,此时液晶显示屏将显示车辆的实时速度,若时速超过 15 km,声光报警器进行提醒。

产品功能:第一代产品为原始创意阶段,仅有电动自行车测速和报警功能,其速度数值无法被记录下来,缺少官方测速凭证。

3.3 第二代产品(2017 年 4 月)

产品介绍:针对第一阶段存在的问题,又增加了热敏打印机,实现速度数值在线打印,为处罚和教育提供依据。如图 1.12-12 所示。

图 1.12-12　第二代产品装置

使用方法:车辆静止后,架起后轮。首先在电动车后轮上粘贴磁钢条,启动电动车,此时液晶显示屏将显示车辆的实时速度,若时速超过 15 km,声光报警器进行提醒。按下控制按钮,打印机随机打印出带有最高时速的纸条。

产品功能:优点是在实现电动自行车测速和报警功能的基础上,增加了速度值在线打印,为实时执法提供凭证,缺点是无法提供现场执法照片等辅助证明。

3.4 第三代产品(2017 年 5 月至 8 月)

产品介绍:该阶段为本项目的最终版本,在第二代产品的基础上,在外部新增了摄像头,内部增设了彩信报警器开发板(可插入 SIM 卡)。如图 1.12-13 所示。

图 1.12-13 第三代产品装置

使用方法:车辆静止后,架起后轮。首先在电动车后轮上粘贴磁钢条,启动电动车,此时液晶显示屏将显示车辆的实时速度,若时速超过 15 km,声光报警器进行提醒。按下控制按钮,打印机随机打印出带有最高时速的纸条,同时摄像头快速曝光,将现场进行拍照,并传送至远程手机终端。交警凭借速度纸条和现场照片可以对车主进行处罚或教育。

产品功能:在实现速度检测、超速报警、数值打印的基础上,兼具执法取证功能,可实时拍摄执法画面,并通过 3G 彩信发送至指定手机终端。

3.5 产品制作费用

本项目中的所有配件均是通过购买相关零配件组装,单次制作成本约 1000 元,若批量生产,费用可减少 50%~60%,且本项目所有元器件均可持续利用,后续维护成本较低。具体费用(预估)如表 1.12-2 所示:

表 1.12-2 产品配件成本

名 称	数 量	价 格(元)
增强 Arduino 开发板	1	51.8
7.4 V 打印机电池	2	76

续 表

名 称	数 量	价 格(元)
7.4 V 电池充电器	1	15
5 V 锂电池充电器	1	68
彩信开发板	1	513
迷你充电宝	1	78
57MM 嵌入式热敏打印模块	1	180
连接线	若干	76.2
亚克力外壳	1	10
总价(元)		1 068

3.6 产品试用

产品模型制作后,我专门到交警部门,在他们的帮助下进行了产品的现场验证试用测试。根据设计方案,首先将特制的装有磁钢的测速带用魔术贴粘贴在车轮上,保证向外一面的磁钢经过霍尔传感器时能被检测到,然后将装置放在车轮下,使霍尔传感器与带子保持一定的距离。开启电动自行车,当车速保持稳定之后,打开装置。此时观察 1602 液晶屏上的速度并与电动自行车转盘上的速度进行比较,观察电动自行车速度是否与液晶屏上速度一致以及是否超过 15 km/h。当测速装置发出警报时,按下红灯旁边的黑色按钮,打印机立即打印出写有最高速度的纸张,摄像头实时现场拍照,单次检测时间约 30 s。检测完成 5 s(观察灯光变化,全部变为绿色后即为复位)之后,测速装置复位到刚打开开关时的状态,即可测试第二辆电动自行车。如图 1.12-14 所示。

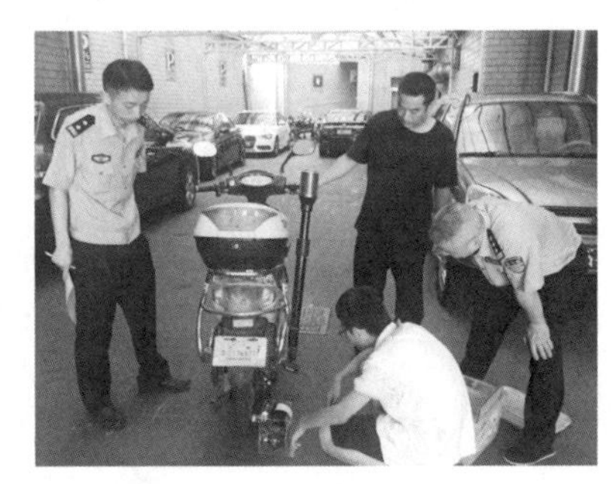

图 1.12-14　现场测试

我在交警叔叔的帮助下,现场检测了十余辆电动车,整个装置反应迅速,测速精准,大小和重量也较为便携,受到了交警叔叔们的好评。

3.7 产品查新

为了验证项目的原创性,我专门委托了国家一级科技查新单位——浙江省科技信息研究院对本项目进行科技查新。通过查新发现,这款电动自行车超速检测与取证一体机,利用霍尔传感器测速原理进行电动自行车的车速检测,并可在线打印速度值,技术特征在国内所检文献范围内,均未见具体述及。

3.8 专利申请成果保护

在项目完成并与指导老师商量后，进行了专利申报，且第一阶段产品和第三阶段产品两个专利被受理。同时，完成了本项目研究报告的撰写。

本项目研究成果具有一定的科学性和创新性，主要表现在：设计出了一种现场检测车速和取证的工具，为电动自行车超速检查和现场取证提供了一个非常有力的技术手段，填补了本领域的技术空白，解决了电动自行车超速检测和取证方面的难题，真正实现了有案必追究，从而确保执法的严肃性。

4 结论与展望

本项目设计的这种电动自行车超速检测与取证一体机，通过运用霍尔传感器原理，辅以声光报警、速度打印、拍照取证等元器件，实现电动自行车速度检测、超速报警、执法取证一体化，并通过无线传输技术将执法证据和速度值远程传输至交警部门终端，实现了速度值可测、检测结果可看、检测过程可留痕，为交警现场执法提供了实用便捷、精准有效的技术工具；同时，通过严格依法依章执法，有效提高电动自行车驾驶人员的交通安全意识，从主观上降低电动车交通安全事故发生率。

项目虽然暂时告一段落，但研究还需继续，下一步，希望将本作品在3个方面实现提升，一是将本作品的模型更加集成化，实现更加便携；二是继续寻找解决方案，探索实现将现场执法照片直接打印在速度条码纸上，提供更有力的执法凭证；三是探索运用无线网络（或4G）技术实现执法图像的传输，提高图像传送的速度。

5 致谢

本项目的研究和论文撰写，得到了指导老师和校外专家、交警部门的大力帮助，正是他们的悉心指导，使我本人在研究过程中，不仅进一步拓展了学识，更是学会了运用项目研究的基本方法和思维，同时也提高了自身交通安全意识。再次表示衷心的感谢！

扫一扫观看演示视频

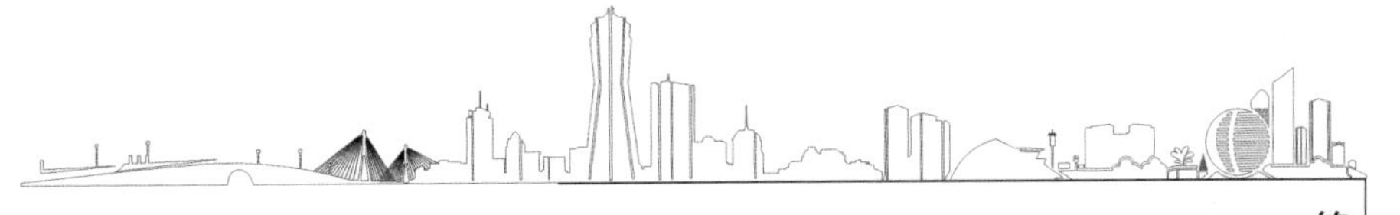

参考文献

[1] 陈杰,陈荡,熊雄. C8051 单片机与霍尔传感器系统设计[J]. 武汉工程大学学报,2012,34(7):61-65.

[2] 胡珂. 基于 Arduino 的智能小车测距安全行驶系统的研究[D]. 长安大学,2015.

[3] 付久强. 基于 Arduino 平台的智能硬件设计研究[J]. 包装工程,2015(10):76-79.

[4] 蔡睿妍. Arduino 的原理及应用[J]. 电子设计工程,2012(16):155-157.

[5] 张大昌. 普通高中课程标准实验教科书. 物理[M]. 北京:人民教育出版社,2010.

[6] 李菊叶,纪留利. 光电测速装置的设计[J]. 海南大学学报(自然科学版),2012(1):66-70.

[7] 李新南,任勇锋,李圣昆,等. 实时数码显示测速装置的设计及实现[J]. 自动化与仪表,2011(1):40-42.

[8] 赵树磊,谢吉华,刘永锋. 基于霍尔传感器的电机测速装置[J]. 江苏电器,2008(10):53-56.

基于“真共享”的体育用品租借服务平台的建设与应用

杭州市建兰中学　王馨远　指导教师：支飞斌

摘　要：以共享单车为代表的共享经济作为一种新事物，已经非常贴近我们的生活，涉及到了衣食住行的方方面面，却并非真正的闲置资源共享而是成本投入后的营利性租赁。该文以全国中小学校园体育场地开放为背景，通过调研分析，重新阐述了共享基于闲置资源再利用的概念，并以投身社会公益为目标，经过项目设计、产品制作及技术集成，建成了一种交互性的体育用品自动共享和借用服务平台，应用于日益开放的校园及公共运动场所。不仅实现了闲置体育资源的再利用，还可有效地解决开放运动场地的管理问题，同时满足了全民健身的需求，又服务于社会公益，最大地实现了共享的社会价值。

关键词：闲置资源；智慧共享；健康体育；服务公益

1　研究起因

2017 年 1 月寒假，我决定开始为中考体育做准备，到家所在社区的小学体育场跑步健身，那是我的小学母校。我很快地完成了 800 m 跑步，扔了几组实心球。接着我打算打一会篮球或者羽毛球，于是决定向老师或者保安借用一下学校的体育用品。我被爽快地拒绝了，因为学校的体育用品不外借。后来我又尝试着用我的实心球为抵押交换使用，结果仍然是拒绝。

回家路上，我与妈妈开始讨论校园体育场地对外开放、以及如何借用或者交换球类等等的问题。在杭州这样一个智慧城市，支付宝(移动支付)和共享单车(资源共享)那么发达，是不是可以组建一种物品自动借用或者自动交换的系统或者平台，解决类似我遭遇到的这些尴尬问题，为运动爱好者提供方便和便利呢？

2　研究背景

2.1　全民健身需求与公共体育设施稀少之间的矛盾

全民健身健康是我国的基本国策之一，但我国的社会公共体育设施较少且很不均

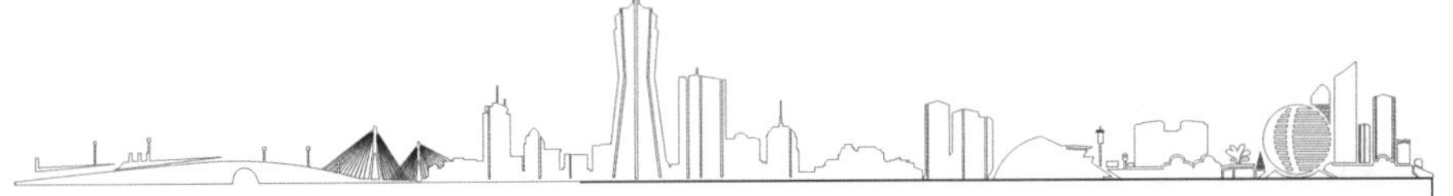

匀，能够提供民众进行健身活动的场所并不多。根据2014年我国第六次体育场地普查结果显示，我国居民人均占有体育场地面积仅为1.46 m^2，不足美国的1/10，日本的1/14，而且超过50%的场地分布在学校。但中小学的体育设施大部分处于闲置状态，这加剧了我国体育设施的紧张程度。

2017年2月，教育部、国家体育总局联合印发《关于推进学校体育场馆向社会开放的实施意见》，该《意见》明确了学校应当在课余时间和节假日向学生开放体育场馆，这标志着校园体育场馆开放正式进入全国范围全面运作阶段。

2.2　体育用品使用问题一定程度上妨碍了校园体育场所对外开放的进程

与政府部门的大力推动和居民的需求增长相对的，是校园体育设施开放过程的一波三折。调查中发现，每个地区在政府部门出台政策之后的一段时间内，中小学表现较为积极，制定了一系列管理制度，但随之遇到一些问题，开放逐渐降温，甚至很多学校重新关闭了开放的通道。

中小学的体育设施开放起来为何就那么难？主要有这些原因：场地维护经费问题、器械管理问题、运动安全问题、校园安保问题等。另外大学校园的开放程度大大高于中小学，但在器械管理和运动安全及校园安全问题上，仍为校园体育场地的开放增加了一些障碍。

本人在母校遇到体育用品的借用问题就是其中一个障碍。虽然校园开放也是基于闲置资源共享而提出的，但相应的配套服务基本没有或者非常有限，这在一定程度上延缓了开放的进程。

2.3　共享技术和产品的发展，为体育用品租借服务开发提供了经验支持

“共享”这个概念其实早就诞生，最早的百度百科、360搜索、到网络开放式源代码等均属共享事物。但上述均存在于网络，而现实中共享概念却爆发于2016年，最为显著的便是如今满大街的共享单车，当然也有投资者涉水于共享汽车行业，再者如共享充电器、雨伞等行业。

这些日益成熟的资源信息共享技术和共享产品的成功模式，必然影响体育行业。在其他行业成功的基础上，利用已有的技术基础和经验，我们也可以在体育用品使用领域，设计和开发适应需求的体育用品共享服务平台。

2.4　以公益共赢为目标的体育用品共享服务平台开发

纷繁复杂的共享产品，均与经济收益和利益分享密切关联，目前尚无发现将体育共享与社会公益相结合的例子。作为中学生，平时爱好体育运动锻炼健康身体，我也同样关注社会公益事业。因此我开发的体育用品共享服务平台为非营利性质，实现资源共享

创造的收益，将通过各种方式反馈社会。这是对共享理念的新解读，期望达到健康体育与社会公益双赢的目标。

在全民健身和场地开放的背景下，以现有网络互动和资源共享为基础，将体育用品的共享与社会公益进行有效的互赢合作，既有政策支持，又有技术基础，目标的达成也推陈出新，因此，我认为本项目已经具备了产品开发的极好背景。

3 研究目的和意义

3.1 本项目研究的目的

本项目研究的目的：旨在寻找一种可行性方法，能方便与合理地满足民众体育运动的灵活需求；提供一种终端自动互动技术，通过二维码识别技术实现无人自动借和还等多种功能；组建一套体育用品租赁管理器材，应用于体育场地，实现开放校园体育场所和体育用品的有效管理；形成一条体育资源再利用和价值再创造的生产流水线，为资源再利用与社会公益架起沟通桥梁和流动纽带。

3.2 本项目研究的意义

本项目研究的意义，可分为两个层次。

就项目当前的意义而言，一方面在于解决校园运动场所开放过程中的体育用品管理问题，可应用于包括校园运动场地在内的所有公共运动场地，有效促进公共体育运动的大力开展，满足公民健身需求；另一方面，通过让中小学生亲身参与体育用品资源的共享服务，将青少年身心特征和兴趣爱好与社会公益、体育公益活动有效结合起来，培养其独立思考解决问题的个人能力、勇于承担的社会责任感，促进我们的健康成长。

本项目研究的意义，还在其具有较大的社会价值和后续推广力。主要适用领域为教育管理部门、公共体育管理部门和社会公益管理部门，可为校园体育场地的开放和公共体育场所的使用提供技术和理念支持，可促进社会公益事业的发展。推广的地域范围初步为微信和支付宝等手机支付技术较为发达的浙江省，未来可推广至沿海发达地区或全国。一旦使用成熟，本项目也可寻求与第三方合作，以更大的平台和基础，依托其优势向不同领域的更多受众进行推广，扩大影响面。

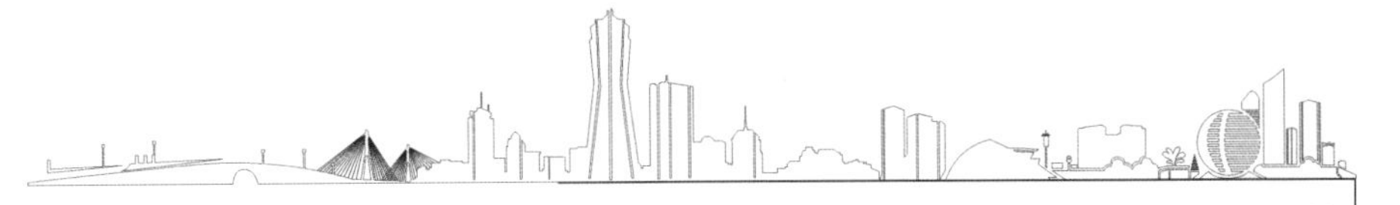

4 研究过程

4.1 研究路线

4.1.1 研究方向确定

在项目开始之初,我与学校的体育老师、平时爱好运动的同学就本项目进行了一定的交流和讨论,他们觉得项目的研究具有较大的实际意义,可以解决校园开放过程中关于运动器械管理的一些问题,并给我提了很多有益的想法和建议,从而让我逐步地明确了项目的研究方向。

4.1.2 资料信息的收集

课余时间,我开始在网络上收集关于体育用品租赁服务的相关信息资料。包括中小学校园开放的情况、国家政策的支持、公共场所体育用品管理问题、共享产品、共享技术等方面的新闻报道、科技文章、相关技术文献以及国内外的研究成果等。

4.1.3 设计方案的初订

对收集到的资料进行分析,找出存在的问题,细化服务对象的需求。根据需求,绘制出共享产品的模型,进行包括产品的质地、外形、物理结构草图、控制单元、网络、电力等硬件设计;设计服务平台的工作流程,进行包括产品的工作原理、功能的实现途径、功能的详细设计、支付等软件建设。在指导老师的指导下,初步形成一个设计方案。资料收集和讨论方案的过程如图 1.13-1 所示。

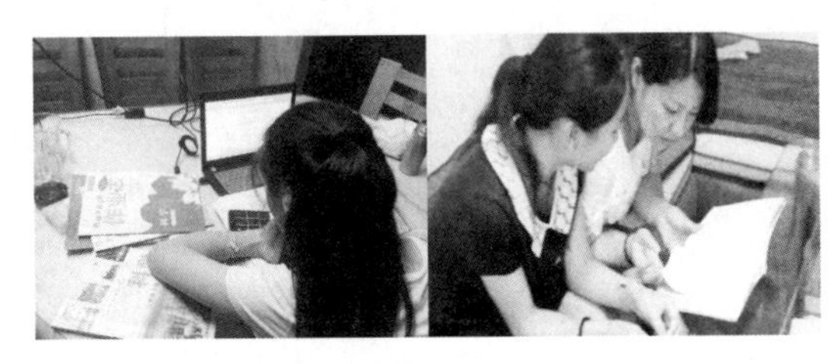

图 1.13-1 资料收集讨论方案

4.1.4 产品的组装和试运行

根据项目研究目标,依据初步设计方案,开始进行产品的硬件组装和软件的使用和维护功能检测。待产品基本成型后进行试运行,邀请专家进行论证和检测,逐步优化改进,同时探讨该项目的推广方向。

4.2 现状调研和分析

4.2.1 研究现状调研

调研时间:2017 年 5 月—2017 年 6 月课余时间。

调研地点:浙江省杭州市城区部分中小学,社区公共活动场地等。

调研方式:现场采访、电话咨询和问卷调查。

图 1.13-2 现状调研

基于现有校园开放性运动场所和公共体育场所的体育用品的使用及管理情况,制做了针对不同对象的调查问卷。

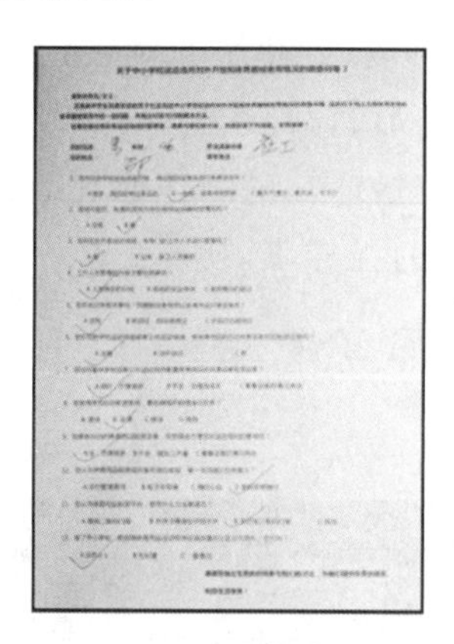

(a)

针对校园开放性运动场所管理者的问卷

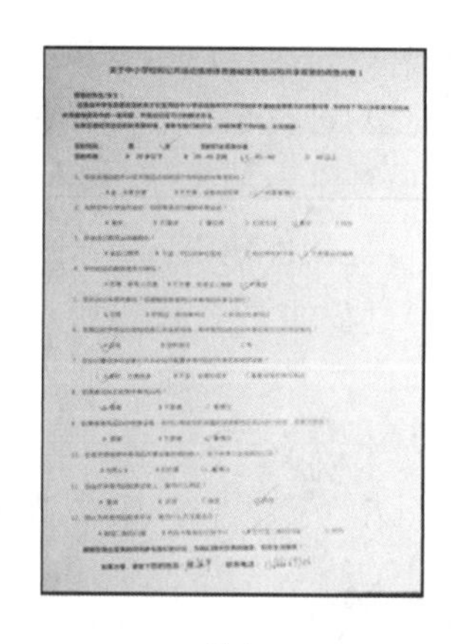

(b)

针对体育爱好者的问卷

图 1.13-3 调查问卷

调研情况:本次调研共采访人物 5 人(学校门卫 2 人、体育老师 1 人、同学 2 人),发放问卷 50 份,回收有效问卷 50 份,其中卷(a)40 份,卷(b)10 份。

4.2.2 问卷结果整理

对回收的调整问卷进行整理,获得以下信息:

(1)被调查对象的组成。

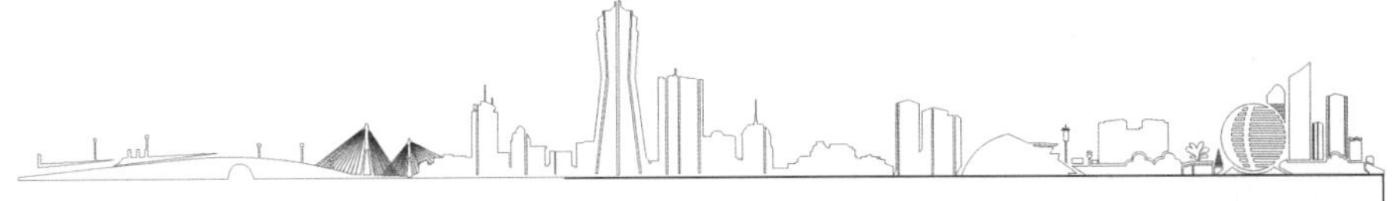

性别比例:男 27 人(54%),女 23 人(46%)。

年龄比例:20 岁以下 7 人(14%),20～45 岁 26 人(52%),45～60 岁 12 人(24%),60 岁以上 5 人(10%)。

职业组成:20%为中小学场地管理人员,16%为学生,64%为学校周边居民或周边单位员工。

(2)对学校场地开放、体育活动的看法,如表 1.13-1 所示:

表 1.13-1　学校场地开放问卷统计

问卷内容(参与人数)	问卷结果	%
到学校进行体育活动的认识(40 人)	非常方便:13 人 不方便,设备场地受限:11 人 一般要看情况:16 人	32.5 27.5 140
到学校场地活动的情况(10 人)	很多,居民经常过来运动:0 人 一般,设备场地受限 :5 人 看天气情况,夏天多,冬天少:5 人	0 50 50
经常进行的体育活动种类(多选)	跑步 12 人;打篮球 6 人;踢足球 7 人; 打羽毛球 10 人;散步 14 人;其他 3 人	
借用学校体育用品的情况(10 人)	有:8 人 没有:2 人	80 20
借用学校运动器具的便捷情况(40 人)	方便,有专人负责:2 人 不方便,经常没人理睬:16 人 不清楚:22 人	5 40 55
学校开放场管理人员设置情况(10 人)	有专门管理人员的:5 人 一般由保卫人员兼职的:5 人	50 50

(3)关于体育共享和体育共享设备的认识,如表 1.13-2 所示:

表 1.13-2　体育共享设备问卷设计

问卷内容(参与人数)	问卷结果	%
知道体育共享,使用过体育共享用品吗?(50 人)	不知道也没使用过:34 人 知道但没使用过:14 人 知道也使用过:2 人	68 28 4
学校开放场地是否设有体育用品共享产品(50 人)	没有:50 人 有:0 人	100 0

(4)对学校场地设置体育用品租赁服务产品的设想的看法,如表 1.13-3 所示:

表 1.13-3　学校场地开放问卷设计

问卷内容(参与人数)	问卷结果	%
对运动场所配置体育用品共享或租赁设备的看法(50 人)	欢迎,方便很多:32 人 不好,会增加成本:2 人 看看设备的情况再说:16 人	64 4 32
愿意花钱租赁的(40 人)	愿意:16 人 不愿意:10 人 视情况:14 人	40 25 35
愿意提供自己的闲置体育用品进行租赁的(40 人)	愿意:30 人 不愿意:2 人 视情况再说:8 人	75 5 20
在共享设备预计进行租赁的体育用品组成比例(可多选)	篮球:23 人,足球:16 人 排球:12 人,其他:22 人	球类为主要种类

(5)关于共享平台的技术使用,如表 1.13-4 所示:

表 1.13-4　共享平台使用统计情况

问卷内容(参与人数)	问卷结果	%
体育用品共享服务平台选用什么 APP(50 人,可多选)	微信二维码扫描:28 人 市民卡等身份识别卡片:9 人 支付宝二维码扫描:20 人	56 18 40

(6)关于收益用于公益的认识,如表 1.13-5 所示:

表 1.13-5　公益目的统计情况

问卷内容(参与人数)	问卷结果	%
是否愿意将租用费用用于社会公益(提供共享者 40 人)	愿意:35 人 不愿意:2 人 视情况:3 人	87.5 5 7.5
将租用费用用于什么比较合适?(管理者 10 人)	公益:3 人 设备更新:3 人 支付管理费用:2 人 其他:2 人	30 30 20 20

4.2.3　调研结果分析

通过整理统计获得的调查信息,结合采访和咨询的内容,参考前期收集的新闻和相关文献信息资料,我在老师的指导和帮助下进行了分析。

(1)存在的问题

分析结果认为,在当前共享产品和中小学校园体育用品共享方面,存在着下列问题:

①以共享单车为代表的现有共享产品,前期均由大量资金的投入,共享的方式并非

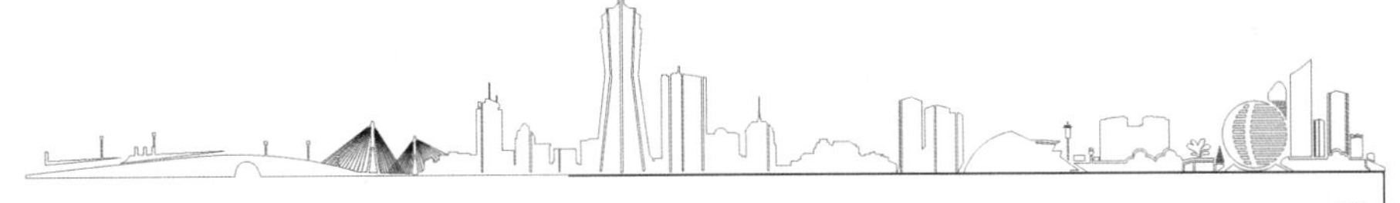

闲置资源的再利用,共享的目的带有明显的营利性。因此,尚无交互性及非营利性的体育用品共享产品,共享产品与社会公益的关联不大。

②大规模开放的中小学校园开放场地,尚无任何体育用品共享服务平台或产品。如调查中,没有1人知道校园中有这种设备,事实上在中小学运动场地也没有这样产品的存在。

③民众和管理者对校园开放及体育运动的认识比较不乐观。如周边群众对开放场地的看法是,非常方便13人占26%,不方便设备场地受限11人占22%,一般要看情况16人占32%;对场地体育用品借用的看法是,不方便经常没人理睬占40%和不清楚占55%之多。从管理者的角度看,回答经常来运动的,为0人。可见校园场地的开放程度客观上没办法满足民众的体育锻炼需求。

④民众对校园场地体育用品共享产品有需求。欢迎,方便很多的有32人,占64%;不好,会增加成本的有2人,4%;看看设备的情况再说的有16人,32%。

(2)解决问题的可行性方法

共享的最初概念是通过互联网的特性实现资源的最大程度的优化配置,使个体闲置资源得到较大的利用,同时也使资源拥有者获得相应的利益。从共享的原意出发,我认为在中小学校园体育用品的共享问题上,应该注重闲置资源的再利用,而不是重新投入新的成本。因此,一项集资源共享、非营利性、互动共赢的体育用品租赁服务平台和相应产品的设计,可以有效解决上述问题。其可行性因素及理由在调查结果的某些方面也有体现:

①用闲置体育用品提供共享的意愿很强烈,达到75%;

②将资源共享与社会公益挂钩的观点也比较统一,达到87.5%;

③公众在开放场地进行活动的种类主要集中在球类,愿意在自动租赁系统租用的品种也集中在球类,单个球体可以用自动借和还的技术实现共享;

④公众在开放场地进行活动的年龄主要集中在20~45岁,为使用微信和支付宝二维码扫描技术的最重要人群,可利用享有的移动支付资源实现共享。

综上,我认为体育用品共享服务平台进入开放公共体育场地,具有较大的可行性。对管理者而言:交互性的共享服务和自动管理可节约人力物力投入,减少成本支出;增加运动场地使用率实现全民健身;参与社会公益,实现社会价值。对体育运动者而言:自动管理大大提升了其运动的方便和灵活性,闲置资源的再利用和参与公益可提升人生价值。

4.3 功能设计方案

(1)柜体的设计

采用已有的柜体进行技术的改装,一柜4~10个格子,格子大小可放置篮球、足球、排球等不同球类。

(2)控制设计

柜门可远程操控开门、关门工作。

网络部分:承担信号传输,远程发布指令,实现对柜门执行开关操作。室内考虑有线网络传输,室外考虑4G网络传输。

电力部分:承担对柜门开关操作的电力支持。室内考虑市电220 V供电,室外可对接场地的太阳能电力或蓄电池电力。

锁控:实现柜门开关功能。采用电机锁,可远程控制。

(3)身份识别系统

结合用户短信验证在支付环节进行身份识别,以微信公众号支付为主,银行卡支付为辅。

(4)异常情况处理

情景一:系统自动监控柜门长期未关闭状态,及时通知管理人员进行处理。

情景二:人工巡检各类体育设施的使用情况,并在系统中进行上报处理。

4.4 实验部分

(1)实验1

执行主板、控制主板和电控锁的连接测试实验。

实验目的:通过实验选择合适的配件。

实验条件:电控锁为海宁某厂家自研产品,经10万次寿命测试无故障。

执行主板主要用来传输信号控制电控锁的开启,并接受电控锁的关闭信号进行处理,实验中选欧胜亿执行板和新唐芯片执行板进行测试。

执行主板一:欧胜亿

执行主板二:新唐

图1.13-4 执行主板

控制主板主要用来对接执行主板、网络主板,完成网络信号到终端的控制,并提供中台显示对接功能。实验中选威盛主板和新唐NUC100主板进行测试。

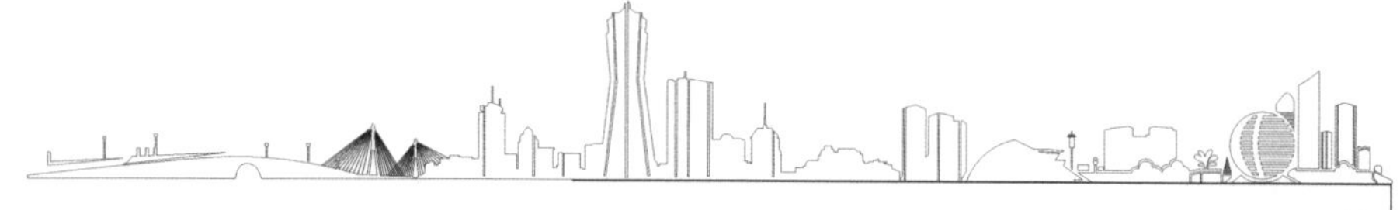

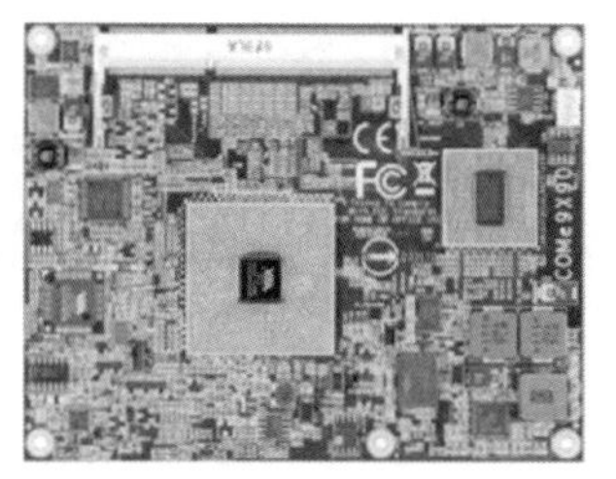

控制主板一：威盛

控制主板二：新唐

图 1.13-5 控制主板

实验过程，如表 1.13-6 所示：

表 1.13-6 实验过程记录

序号	产品连接	实验次数	实验结果	原因分析
1	执行主板(欧胜亿)＋控制主板(威盛)	第一次	失败	信号线对接错误
		第二次	失败	数据编程错误
		第三次	失败	未能控制电控锁打开
2	执行主板(新唐)＋控制主板(威盛)	第一次	成功	成功开锁，未接收到关闭信号
		第二次	成功	成功开锁，未接收到关闭信号
		第三次	成功	成功开锁，未接收到关闭信号
3	执行主板(欧胜亿)＋控制主板(新唐)	第一次	失败	数字编程错误
		第二次	成功	成功控制电控锁打开
		第三次	成功	成功控制电控锁打开
4	执行主板(新唐)＋控制主板(新唐)	第一次	成功	成功开锁，关锁时检测到关闭信号
		第二次	成功	成功开锁，关锁时检测到关闭信号
		第三次	成功	成功开锁，关锁时检测到关闭信号

实验结果：选择执行主板产品二、控制主板产品二为合适配件。

(2)实验 2

网络主板通过网络远程控制电控锁开关的测试实验。

实验目的：实验 1 的基础上增加网络模块，选择合适的网卡通过网线直接接入局域网中，在电脑端通过 api 接口直接控制电控锁的开启。

实验条件：项目中选择欧胜亿和 FUY 网络主板进行测试。

网络主板一：欧胜亿

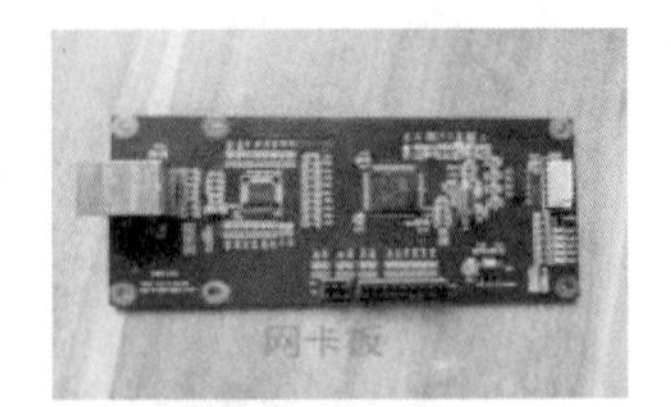

网络主板二：FUY

图 1.13-6 网络主板

实验过程，如表 1.13-7 所示：

表 1.13-7 两主板对比表

序号	产品型号	实验次数	实验结果	原因分析
1	网络主板(欧胜亿)	第一次	失败	与控制主板接线错误
		第二次	失败	网络配置错误
		第三次	成功	成功传输控制数据
2	网络主板(FUY)	第一次	失败	网络配置错误
		第二次	成功	成功传输控制数据
		第三次	成功	成功传输控制数据

实验结果：选择 FUY 为合适配件。

连 接

测 试

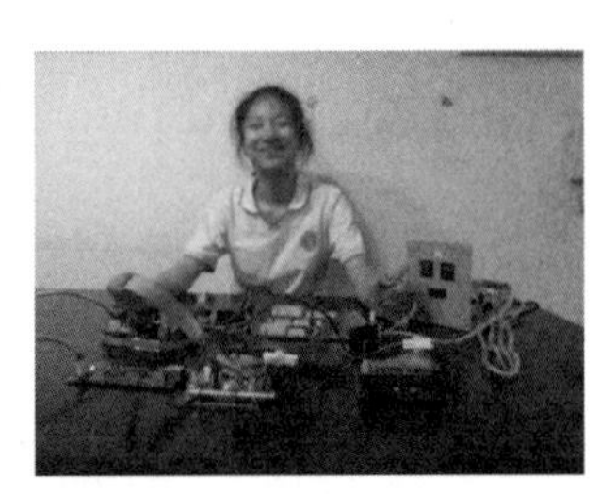
实验完成

图 1.13-7 实验过程

4.5 技术设计方案

本项目的技术方案分为硬件和软件两个部分。

4.5.1 硬件部分

(1)柜体承担物品的收纳。

(2)电控锁主要控制锁的开关，预设电压支持 24～36 V 弱电。

(3)执行主板主要接受控制主板的指令并对电控锁进行控制。

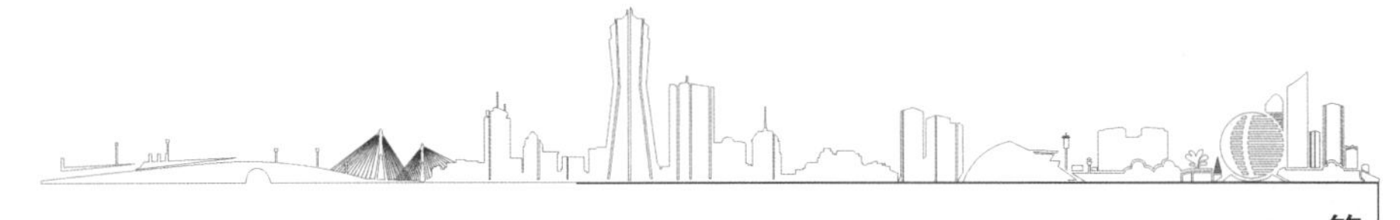

(4)控制主板预留智能终端,可以通过控制主板对柜体进行管理。

(5)网络版主要用于网络数据传输控制。

4.5.2 软件部分

(1)用户端:用户通过微信扫描二维码进行体育物品的借还。

(2)管理端:管理人员通过登录微信公众号对系统进行管理:包括日常体育设施的维护、单日交易汇总统计,异常订单查询等功能。

(3)支付对接微信支付。

本项目的整体工作过程如图 1.13-8 演示:

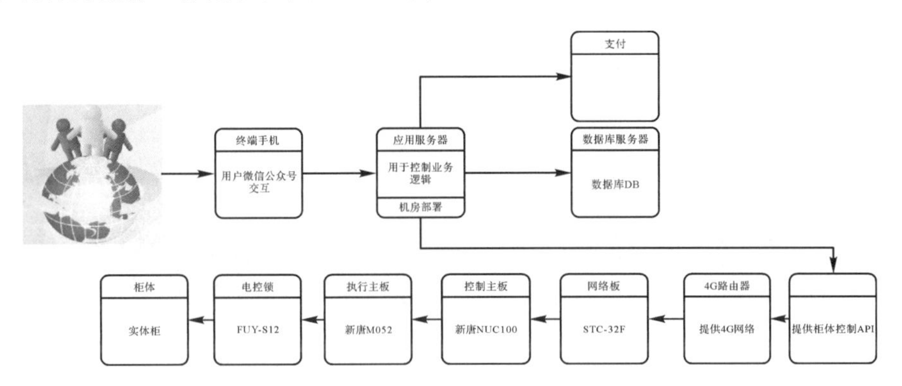

图 1.13-8 整体工作过程

4.6 样机的制作

4.6.1 材料的选定

柜体定制,使用冷轧钢板。智能控制单元选用各种功能主板进行集成。

4.6.2 制作的过程

箱子增加智能控制单元,已经通过实验选定了合适的配件,包括执行主板、控制主板、网络版以及电控锁。如图 1.13-9 所示:

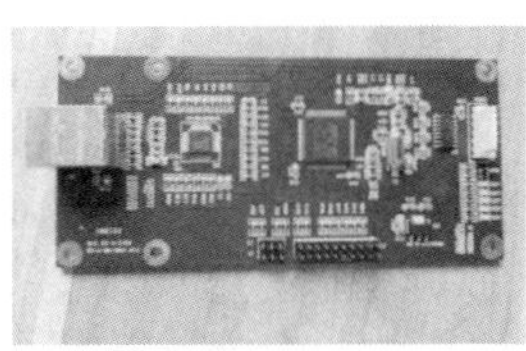

执行主板新唐M052　控制主板新唐NUC100　网络版STC-32F　电控锁FUY-S12

图 1.13-9 配件

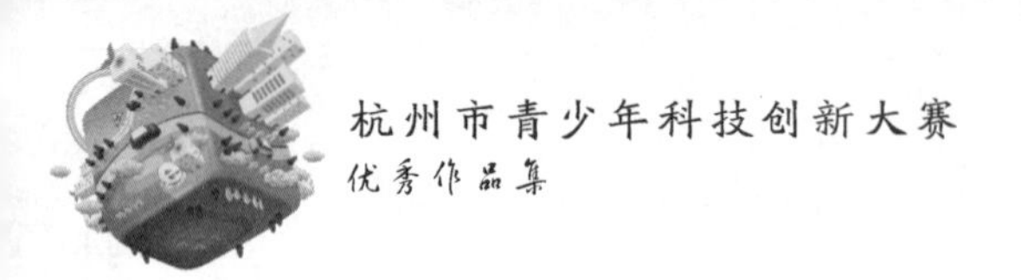

各配件连接后及半成品如图 1.13 10 所示。

智能控制部分的连接　完成智能控制加配后的半成品照片

图 1.13-10　制作过程

4.6.3　软件的添加

系统软件采用 3 层架构:展示层、业务逻辑层、数据库层。

(1)展示层于微信公众号端实现与用户的交互,如图 1.13-11 和图 1.13-12 所示。

图 1.13-11　管理员登录界面

图 1.13-12　用户操作界面

(2)业务逻辑层使用 Java 语言开发,业务逻辑层对所有交易进行逻辑控制,负责接收展示层的指令,并提交数据库进行处理;业务逻辑层同时实现对柜体的控制和支付的对接。

(3)数据库层采用 Oracle 数据库,负责对用户、操作员和柜体的基础数据进行存储,对租还过程中的交易行为和支付进行进行处理。

4.6.4　调试

问题 1:电控锁开锁时短时间电流过大,可能会导致电压不稳。

优化:对电控锁使用独立电源。

问题 2:采用 4G 网络场景下,因场地信号问题,网络质量不佳。

优化:增配天线,强化网络信号。

问题 3:用户微信端租借在支付环节直接关闭,导致租借流程中断。

优化:增加业务逻辑控制,支付环节控制在 2～5 min,过期失效。

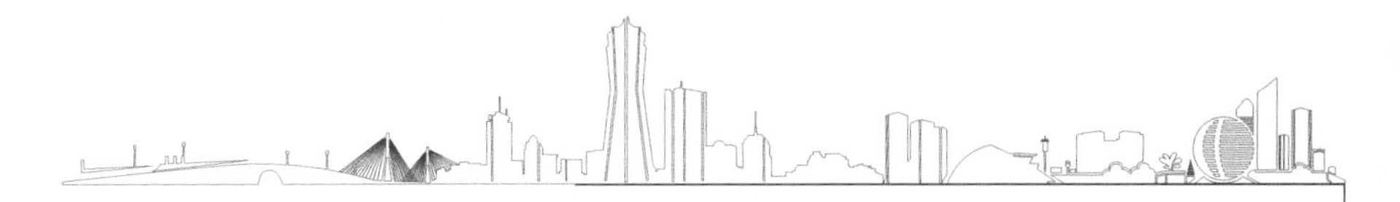

5 设计过程中碰到的问题

5.1 还球时柜门长期未关闭问题

用户还球操作时，可能会因为疏忽等原因未将柜门完全关闭，导致系统无法自动完成退款。在该种情况下，我考虑设计增加一个提醒功能，由系统在操作过程中进行限时提醒，以 2 min 为限，在 2 min 内未收到关闭柜门信息时，及时通知用户。

5.2 二维码被覆盖或涂鸦

室外无人监管的租借柜可能存在二维码被覆盖或被涂鸦的问题，被覆盖容易造成押金的欺诈行为，被涂鸦可能会导致租借柜无法使用。考虑到这种情况的发生可能性较大，设计时确定将二维码放置于透明柜体内部来进行防范，同时考虑在柜体上方增加监控进行监管。

5.3 借出的体育用品与还回的用品不一致或受损的问题

这个问题一般容易发生在还球环节，因为人为疏忽或者恶意操作导致租借和还回的体育用品不一致，或者将损坏的体育用品返还，这种问题存在的可能性还是有的。因此，在进行产品整体安装时，在考虑柜体上安装监控的同时，也考虑需要进行后续的线下管理人为介入，以减少后期的损失，或者根据实际情况对支付押金的还款时间进行调整。

6 研究成果

6.1 基于共享理念的体育用品租借服务平台的建成

6.1.1 投放在体育场地的租赁终端

图 1.13-13 体育场地的终端

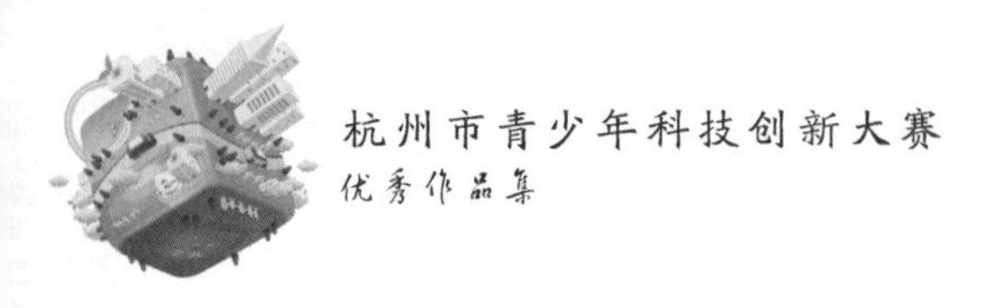

6.1.2 App的功能介绍

(1)管理者使用方法

管理人员通过账号和口令登录管理系统,点击柜体管理进入后续管理功能;在柜体查询中通过输入柜体编号和区域查询具体的柜子信息,默认查询将返回所有柜子的信息;在柜子信息查询结果返回后可以点击具体的明细记录进入下一步操作,如图1.13-14所示。

管理员登录　管理菜单　柜格查询及操作

图1.13-14　登录界面

(2)用户使用方法

①用户租借。用户使用微信扫描共享柜上的二维码进行体育设施租借,扫描以后出现主页面,点击我要借球菜单,阅读租借使用流程说明,再点击选择柜格,会出现各自不同类型的体育设施的简单说明和租押金,选择柜格并点击支付押金,跳转到微信支付界面,用户支付完成后柜门自动打开,完成租借操作。如图1.13-15所示。

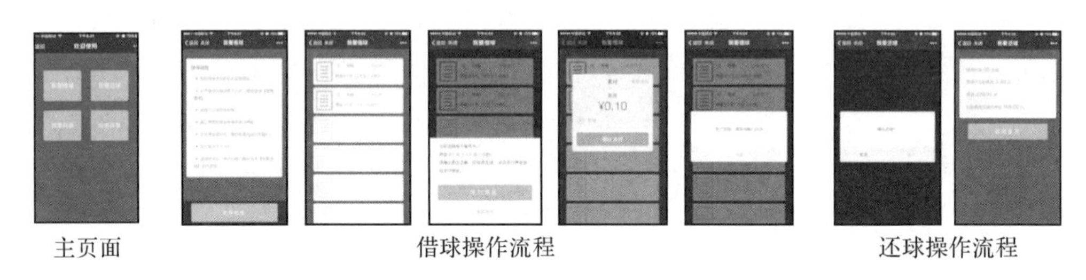

主页面　借球操作流程　还球操作流程

图1.13-15　操作演示

②用户退还。用户使用微信扫描共享柜上的二维码进行体育设施退还,扫描以后出现主页面,点击我要还球菜单,后台自动开启柜门,用户退还体育设施并关闭柜门后点击确认还球,系统自动判断柜门是否关闭并自动计费退还扣除使用费后所有费用(或T+X退费)。

③用户共享。用户使用微信扫描共享柜上的二维码进行体育设施分享,扫描以后出现主页面,点击我要分享,阅读分享使用流程说明,再点击选择柜格,后台自动打开柜门,用户设置相应的收费标准和押金(分享用户无收益,该收费将做公益使用)后,关闭柜门,点击确认放入,用户分享操作完成。

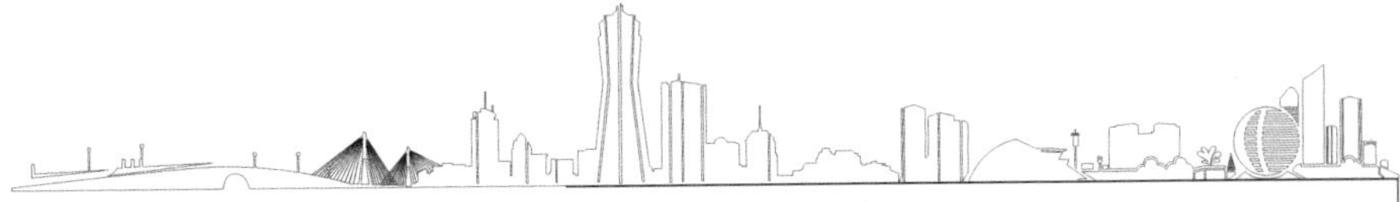

④结束分享。用户使用微信扫描共享柜上的二维码结束分享，扫描以后出现主页面，点击结束分享，并选择柜格然后点击确认取出，后台自动校验后打开柜门，用户取出物品后关闭柜门，结束分享。如图 1.13-16 所示。

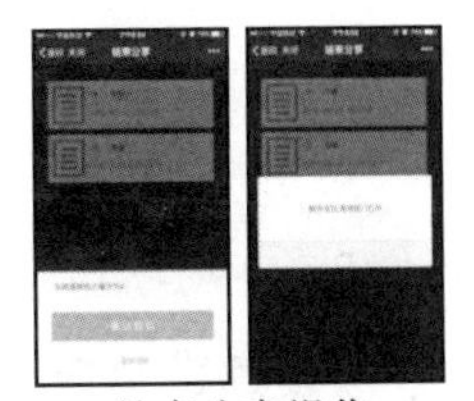

主界面　　开始分享操作　　结束分享操作

图 1.13-16　分享操作

(3)应用领域和使用对象

应用领域为已经开放体育场地的中小学校园及体育设备，使用对象为课余时间的中小学生群体和附近居民。

6.1.3　产品组件价格清单

产品组件价格清单，如表 1.13-7 所示：

表 1.13-7　配件价格清单

名称	品牌	型号	价格(元)	备注
执行主板	新唐	M052	668	1 块
控制主板	新唐	NUC100	800	1 块
网络版	STC	32F	320	1 个
电控锁	FUY	FUY-S12	200	4 把
柜体	钢板	无	980	1 个
共　计			3 568	

6.2　项目的可继续推广性和持续发展前景

6.2.1　继续推广的领域

目前设定的使用领域主要为已经开放体育场地的中小学校园，据 2014 年统计数据这一份额占到社会公共体育场地的 50%强，2017 年最新统计杭州市已有 570 所中小学校园体育场地实现开放，推及浙江省乃至全国本项目可应用数量是非常大的。一旦在中小学校园应用成熟，即可继续向大学校园、社区公共运动场进行推广，此为 2014 年统计社会公共运动场地的另一个 50%，一般可以认为本项目可推广至全社会公共运动场地。社会价值明显。

6.2.2 潜在的合作方：政府部门、公益事业单位、公益企业

目前而言，基于中小学校园的使用范围，直接合作方仅限于管理校园开放的学校或者学校所在地的社区，以及基层行政机关和教育行政部门。未来如应用推广至公共体育场地，则可继续与公共体育行政部门进行合作，与社会公益组织进行合作。甚至与具有公益理念或者公益情结的企业合作，由他们作为第三方继续开发产品的功能，通过第三方平台和资源向更广泛的领域进行推广。

6.2.3 持续发展的途径

未来可持续发展的方向预计为两个方面：一个是技术的持续更新带来功能的多样性和更加方便亲民；另一个是脱离体育器械用品的局限，向体育辅助用品、体育后备保障用品方面推进拓展。

6.3 效果评价

6.3.1 试用的基本情况

试用时间：2017 年 9 月 24 日上午，阴天。

试用地点：杭州市城区某中学对外开放的运动场上。

试用过程：外接 220 V 常规电源后平台终端进入可使用状态，预先放入球类 3 个，留置空柜 1 个。从 9 点～11 点半，共有 16 人次进行试用。其中借用、返还计 14 人次，共享、取回 2 次。试用现场情况如图 1.13-17 所示。

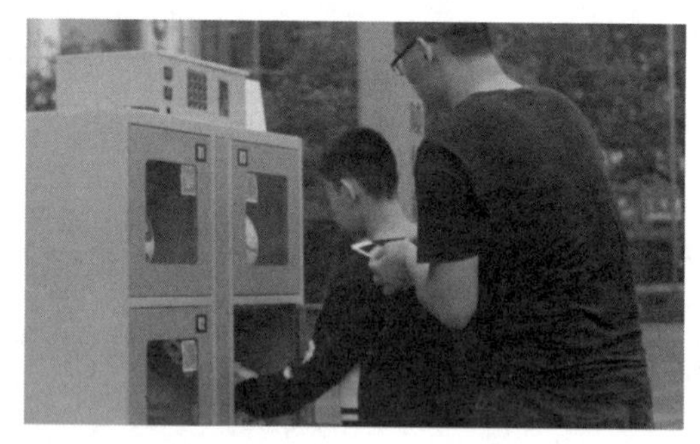

图 1.13-17 现场试用

试用人群：包括学校老师、社区工作人员以及到开放校园活动的周围居民。

6.3.2 试用评价

试用者以不同身份进行了评价。

中学教师：这个柜子的创意很好，很符合现在开放场地的一些需求，对我们学校和社区对场地的管理也有很大的帮助。只要有手机，可以登录微信，用户只需要用微信扫描

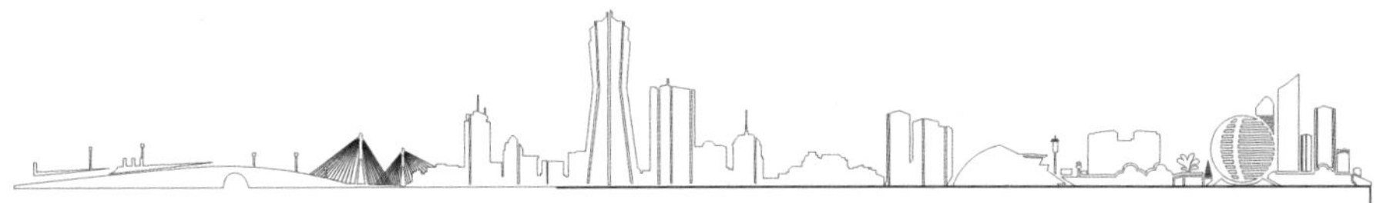

柜子上的二维码即可操作，不需要用户下载任何 App，操作非常简单方便。闲置球类的共享这个点子很棒，我家小孩长大后有一些球放在家里没用，也可以拿来给大家使用。刚刚借用了一下，觉得挺好用的。细节方面可以再改善一下。用途可以更多一些。

居民：还以为是储物柜。放体育用品租借是不错的，我就不用带那么多东西了，运动完了也可以轻松到下一个目的地。扫微信非常方便，尤其对杭州人，已经是生活的一部分了。就是可借的产品好不好用，这个可能会有些担心，不过问题也不大。提供共享还是第一次听说，如果家里有多的体育用品也可以拿来提供租借的。

小朋友：我用爸爸的手机借的球，很好玩，用手机直接开门关门，玻璃门可以看见里面是什么，我可以借到自己喜欢的球。

综合以上试点评价，共享产品的优点主要集中在：(1)首次提出闲置物品共享，创意非常不错；(2)有助于校园场地对外开放，促进全民健身；(3)使用角度存在方便、快捷、简单、经济的优点。其缺点主要集中在共享借用的细节上还需要再完善，后续使用的管理和监督问题，产品的用途可继续拓展等方面。

6.4 创新点

6.4.1 真正实现共享产品的闲置资源再利用目的

当前无论共享单车、共享汽车或者共享雨伞等等，均需要对共享的资源进行全额的投入，如每辆共享单车成本在 300 元左右。此类共享并未能实现共享的基本理念：基于闲置资源的再利用和利益的产生，实质上仍是投入成本后产生利润。本项目提出的校园体育用品共享服务，基于一个校园或者社区，在相对熟悉的人群中形成共享，基于已有的信任度，充分利用学校既有的体育用品或者体育活动者闲置的体育用品，真正实现闲置资源的交互和再利用，投入成本很少，实现利益共享。

6.4.2 首次在中小学校园体育场地提出建设体育用品共享服务平台产品

共享产品已经影响到了我们生活的方方面面，但以中小学校园体育场地开放为背景，在既开放同时又相对封闭的中小学运动场地设置体育器械自动租赁服务产品，提出体育用品共享服务的概念，建设集资源共享、产品交互和公益目的为一体的体育用品租借服务平台，尚属首次。

6.4.3 实现健康体育与社会公益的合作共赢

本项目不仅有效地解决开放运动场地的器材使用和管理问题，实现闲置体育资源的再利用，推动了社会体育的发展，迎合全民健身健康的理念。同时通过系列健康运动产生闲置资源的再利用创造价值，为公益事业添砖加瓦，使共享产品发挥出更高的社会价值。将健康体育与公益事业有效链接，实现社会和谐共赢。

6.4.4 覆盖面宽、受益群广、推广性强

本项目设定的使用范围主要为已经开放体育场地的中小学校园，继续推广的范围可扩大至社会公共体育场地，应用数量非常大，覆盖面极广。

从使用对象看，面向的是基层百姓，由于功能简单操作方便，无论体育运动爱好者或者临时起意进行体育运动者，无论男女老少，上班或休息，均可方便使用，受益于每位公民。

本项目一旦在中小学校园应用成熟，即可继续向大学校园、社区公共运动场进行推广，此为2014年统计社会公共运动场地的另一个50%，一般可以认为本项目可推广至全社会公共运动场地。另外成本总额在3 500元左右，产品体积不大，占用空间小。功能简单方便，管理快捷灵活，在杭州网络支付非常发达的城市可以很快地为大众接受，比较容易推广。未来随着网络技术和智慧城市的发展建设，可随之继续向其他省份推广。

7 结论与建议

基于共享理念的体育用品租借服务平台项目是共享产品应用于中小学体育领域的新尝试，它充分利用成熟的现代网络资源共享信息平台，结合移动网络共享技术，通过一系列软硬件的集成，很好地解决了目前国家倡导的开放校园体育场地使用中器材管理缺失或无序的问题，将闲置资源共享与收益公益化进行了有效的结合和互动，既促进了全民健身健康的国家政策的实施，也实现了健康体育与社会公益的双赢。它有别于现有共享产品投入大的特点，是对闲置资源的真正再利用，具有较高的社会价值。

本项目的研究成果，已经形成了一个较为成熟的产品设计方案和产品样本，且已经在学校环境中进行了初步的试运行，未来可推广至社区公共运动场所运行。后续条件成熟时，建议教育管理部门、体育管理部门和民政管理部门可委托相关企业投入模型的开发和产品的试制，尽快在本市校园内及公共运动场所进行推广应用。亦可向相关公益企业或者关注社会公益的有爱心责任感的企业推广，尝试进行第三方合作，深入开发本产品推向更大的市场。

8 致谢

在本次项目的研究过程中，从题目的选定、功能和方案的设计到产品的形成测试，以及论文的撰写，我的全身心投入使我不仅掌握了很多课本之外的知识，也让我体会到了作为一个社会人，应该如何发挥自己的力量，承担其对公众的责任。对此，我首先要说的

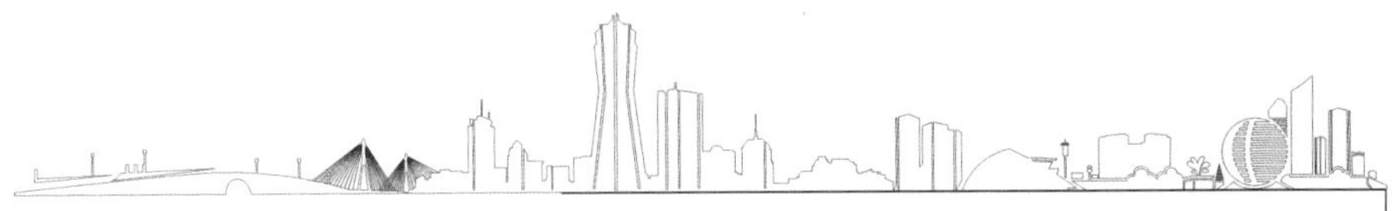

是感谢，项目研究从无到有历经挫折，我得到了很多人的帮助，包括接受我采访的学校老师和同学、门卫叔叔和阿姨、被我问卷调查的街头社区不熟悉的爷爷奶奶、在运动场上流汗的哥哥姐姐、接受我的产品测试的学校管理人员等等，我要向他们表示最诚挚的感谢。最重要的要感谢我的指导老师支老师、韩老师，正是他们对我的无私帮助、热切的关爱、谆谆的教诲，才有了产品的问世。同时，我还要说的是感恩，体育用品租借服务平台的出现基于资源拥有者们的无私共享，正是这份对社会无私贡献和反哺的感恩心，才有了共享和公益的双赢，而我在其中也收获了爱的感悟，这是一份关于成长的更为重要的礼物！会铭刻和伴随我的一生！

敬请微信扫描　观看视频介绍

参考文献

[1] 孙培初.我区中小学体育场馆节假日向社区开放的现状与对策[J]，上海体育学院学报，1999(B12)：158-159.

[2] 许锁迪，周瞳.宁波市学校体育场馆设施资源社会共享的研究[J]，浙江体育科学，2010(6)：29-32.

[3] 阮晓东.共享经济时代来临[J]，新经济导刊，2015(4)：54-59.

纳米泡单线态氧果蔬农残清洗装置的研究

杭州市大关中学　程　曦　指导老师:赵　晨

摘　要:习总书记提出的科学论断"绿水青山就是金山银山",表达了国家大力推进生态文明建设的坚定决心。为保证产量,农作物生长过程中农药的使用必不可少。而农药残留进入水果、蔬菜、粮食等食物中,如不清洗干净被人摄入,将严重危害人体健康。因此十分有必要开发一种绿色环保、无二次污染、快速有效的家用果蔬农残清洗装置。该研究自主研发了一款纳米泡单线态氧果蔬农残清洗装置,利用7890A气相色谱-电子捕获检测器(GC-ECD)检测了该装置农残清洗效果,发现其效果良好。对于白菜农残去除效率达到77.6%～99.7%,青菜达到了98.1%～99.9%。该装置具有如下特点:(1)降解效率高:纳米泡单线态氧的引入,大大提高了农残降解效率;(2)绿色环保、多用途、综合性强:可清洗常见水果蔬菜,不仅可以降解农药的残留,还可以有效消灭细菌等微生物;(3)无化学品二次污染,安全性能强:清洗过程不使用其他洗涤剂,避免了化学品对果蔬的二次污染,同时利用超声波有效清除了吸附于水果蔬菜表面的污垢。

关键词:纳米泡;单线态氧;农残;光敏催化;清洗;果蔬

1　研究起因

从初中开始,我的大部分时间都是在学校里度过的。随着年级的升高,功课压力的增加,周末在家休息时间越来越少。为了保障营养,一般每周去学校,爸妈都会让我带些牛奶和水果等。周末妈妈都会为我准备些水果。有一次我去厨房拿牛奶喝时,刚好看到妈妈在洗葡萄,我看到脸盆里的水是乳白色的浑浊液,这跟我平时在学校里用清水直接冲洗下不同,我就问妈妈,洗葡萄为什么要这么麻烦?妈妈就说我,你过的是小少爷的日子,平时衣来伸手,饭来张口。这样洗葡萄是生活中的小常识,一般葡萄表面有一层白霜,容易残留一种叫"波尔多"的农药。把葡萄放在水里面,然后放入两勺面粉或淀粉,来回筛洗,利用面粉和淀粉的粘附性,能把葡萄表面的脏东西清洗下来,如图1.14-1所示。

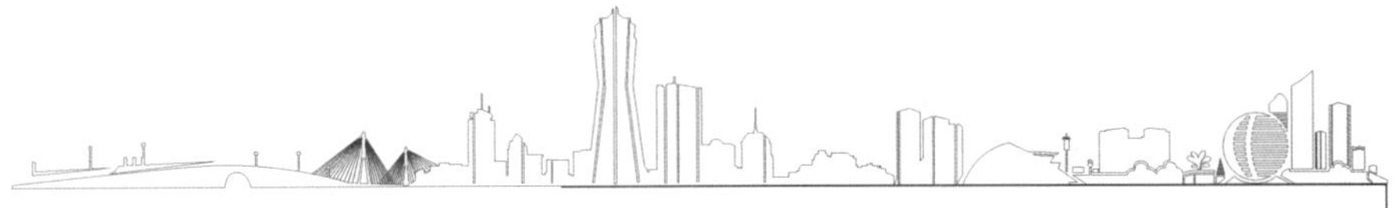

图 1.14-1　新鲜葡萄及清洗方法

听完我退出厨房间，来到自己的房间，我就开始浏览网页，想充实这方面的知识，我看到的第一条消息是黄瓜清洗实验，黄瓜表面凹凸不平，假设每根黄瓜的农药残留含量一样多，只用清水洗，农药残留还有 83%，用专用果蔬清洗剂的话，农药残留还有 59%，因为黄瓜表面有气孔，所以农药残留在气孔里难以洗掉，如果想最安全，就要削掉果皮食用，但是果皮也含有很丰富的营养。于是我就深入地浏览网页发现蔬菜水果清洗一般有以下几种方法。

(1)放一些盐，能够有效地洗出蔬菜和水果上面的一些寄生虫，但是洗不去农药残余物质，如图 1.14-2 所示。

图 1.14-2　盐水清洗

(2)温水清洗能够去掉部分农药残留物质，也能够有效杀死部分细菌，如图 1.14-3 所示。

图 1.14-3　温水清洗

(3)去掉水果和蔬菜的皮再吃,这样能够有效去除农药及寄生虫,但是会丢失水果及蔬菜表皮的营养,如图 1.14-4 所示。

(4)在水盆内放入适量的食用醋,醋能够去掉蔬菜和水果上面的部分农药残留,也能够杀死部分细菌,如图 1.14-5 所示。

图 1.14-4 削皮处理

图 1.14-5 加醋清洗

(5)淘米水呈弱碱性,有较好的去污能力,同时对农残的洗涤效果也不错,如图 1.14-6 所示。

(6)用一些果蔬专用的清洗剂来刷洗,但是过量使用或品牌较差反而会效果更差。如图 1.14-7 所示。

图 1.14-6 淘米水处理

图 1.14-7 专用清洗剂

如图 1.14-8 所示,看着这些水果蔬菜的清洗方法,我不由地想为什么吃上放心的水果蔬菜会这么复杂呢?这激起了我广泛查阅与之相关的资料的兴趣。

从资料中获知,随着社会和经济的快速发展,我们国家对生态环境的保护越来越重视。习近平总书记提出的科学论断"绿水青山就是金山银山",更是表达了党和政府大力推进生态文明建设的鲜明态度和坚定决心。与此同时作为第一人口大国,我们国家"粮食"需求巨大,为减小农作物的病虫害,保证产量,在作物生长过程中农药的使用必不可少。而农药残留进入水果、蔬菜、粮食等食物中,会造成污染。如果不清洗干净被人摄入,会严重危害人的身体健康。因此开发一种家用的绿色环保、无二次污染、快速有效的果蔬农残清洗装置就十分有必要。

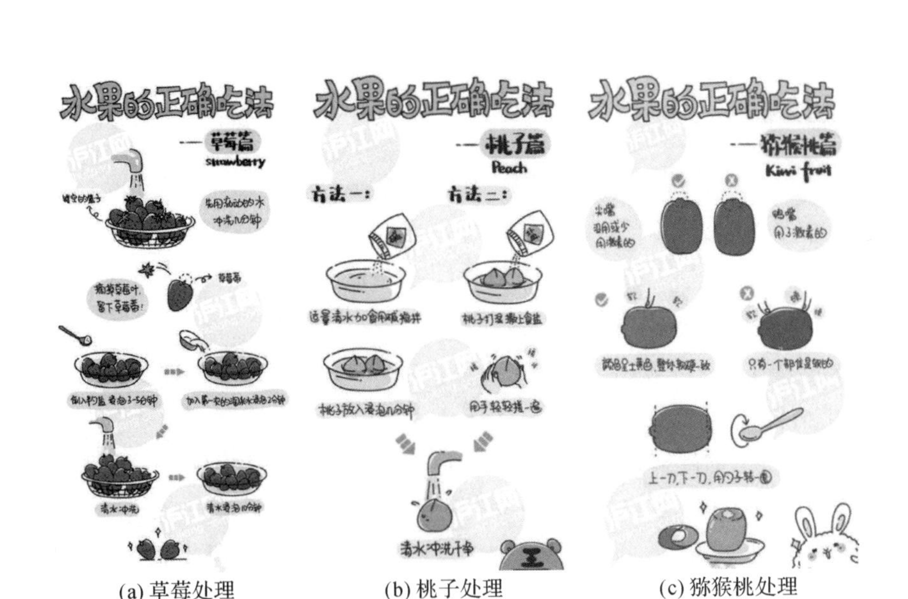

(a) 草莓处理　　(b) 桃子处理　　(c) 猕猴桃处理

图 1.14-8　不同水果不同处理法

如何科学地使得我们的清洗程序简化并且高效？在与家人和老师探讨这些问题时，我越讨论越兴奋，这激起了我更大的求知欲。爸爸有好几位朋友是大学教授，有从事生物科学研究的、有环境科学研究的，还有物理科学的。他们带我参观了大学的生物环境化学实验室和物理实验室，在那里我看了很多环境检测与研究物理化学现象的设备。我与老师聊了很多，问的最多的是能不能制作一种这样的装置：能够快速有效地清洗掉水果蔬菜上面的农残及细菌。老师鼓励我先进行独立思考，并引导、布置给我一个任务，让我回家查找相关资料，重点了解农药降解的方法及微生物细菌的常用处理方法，一周后我们再进行讨论。

一周以后，我带着查找的资料与老师讨论：光降解是农药在自然界中降解的主要方式，而微生物日常主要是靠盐水或温开水来处理；另外，我还了解到目前国际上有利用“单线态氧”这样一种所谓的激发态氧分子来加快农药降解的最新研究。老师对我一周的调研成果表示赞许。沿着我提到的单线态氧的概念，他进一步解释，对于这类具有光敏作用的气态分子要提高它的降解效率，需要想办法提高它与被清洗物的接触面积，尤其是当物质处于纳米尺度时会有极高的比表面积，将会极大地提高降解性能。

在这个思路的指引下，我进行了本文的研究与清洗装置自制。即利用超声雾化探头将单线态氧雾化成纳米级单线态氧气泡来增加与清洗物的接触面积，提高降解效率，并且超声波能够在一定程度上将微生物清洗出来，实现水果蔬菜的农残降解及清洗目的。

2 工作的展开

2.1 研究背景与现状

2.1.1 水果蔬菜农药残留限量标准及检测方法

毒韭菜、毒草莓、毒豇豆……新闻上充斥的这些“毒”菜，让人们购买水果蔬菜时总是提心吊胆，生怕自己中招。

2016 年 1 月份，国际环保组织绿色和平公布了一份《2015 中国一线城市果蔬农残排行榜》，在这份跨时 1 年、由 466 项欧盟农残检测得出的榜单上，高毒农药检出率下降，但水果蔬菜最突出的混合农残问题依然严峻。榜单显示，油麦菜排在首位，而最少的是西葫芦。

农业部、国家卫生计生委等部门对上市的水果、蔬菜都规定了农残最低标准，只要在标准范围内，一般不会对人体产生危害。

根据我国 2005 年发布的食品中农药最大残留限量 GB2763-2005 的规定，列出我国对水果蔬菜中农药的残留限量值(单位为:mg/kg)的规定，如表 1.14-1 所示：

表 1.14-1 中国水果蔬菜农药残留限量标准举例

农药名	水果限量(mg/kg)	蔬菜限量(mg/kg)	农药名	水果限量(mg/kg)	蔬菜限量(mg/kg)
甲胺磷		禁止使用	乙酰甲胺磷	0.5	1
对硫磷	不得使用		双甲脒	0.5	0.5
甲基对硫磷	不得使用		农药名	梨果类(mg/kg)	柑橘类(mg/kg)
呋喃丹	不得检出		三唑锡	2	2
马拉硫磷	不得检出		联苯菊酯	0.5	0.05
甲拌磷	不得检出		溴螨酯	2	2
甲萘威		2	0.5 硫线磷		0.005
			克菌丹	15	
农药名	番茄(mg/kg)	黄瓜(mg/kg)	芦笋(mg/kg)	辣椒(mg/kg)	
敌菌灵	10	10			
多菌灵	0.5	0.5	0.1	0.1	

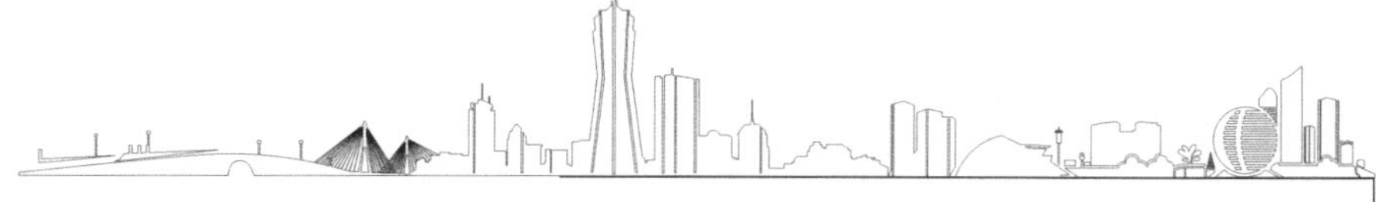

常用检测方法：

(1)农药残留速测法。农药残留检测法只限于检测蔬菜和水果中的有机磷和氨基甲酸酯类农药残毒，是依据有机磷和氨基甲酸酯类农药抑制生物体内乙酰胆碱酯酶的活性来检测上述两类农药残毒的原理。

(2)酶联免疫法和色谱快速检测法。酶联免疫法是以抗原与抗体的特异性、可逆性结合反映为基础的农药残留检测方法，主要检测方式是采用试剂盒。酶联免疫法具有专一性强、灵敏度高、快速、操作简单等优点。由于受到农药种类繁多，抗体制备难度大(大约 50 种左右)、在不能肯定样本中存在农药残留种类时检测有一定的盲目性以及抗体依赖国外进口等影响，酶联免疫法的应用范围受到较大的限制。

(3)拟除虫菊酯类农药检测技术。拟除虫菊酯是一类合成杀虫剂，主要应用在农业上，还被广泛应用于家用杀虫剂。其检测技术包括气相色谱法(GC)、高效液相色谱法(HPLC)、色谱质谱联用技术和分光光度法等。

2.1.2 水果蔬菜农药残留的危害及常用降解方法

农药进入水果、蔬菜、粮食等实物中，造成食物污染，危害人的健康。一般有机氯农药在人体内代谢速度很慢，累积时间长。有机氯在人体内残留主要集中在脂肪中。如 DDT 在人的血液、大脑、肝和脂肪组织中含量比例为 1∶4∶30∶300；狄氏剂为 1∶5∶30∶150。同时，由于 2007 年 1 月 1 日高毒有机磷农药在我国全面禁用，菊酯类农药作为高毒有机磷杀虫剂的理想替代品便成为农药发展的主流趋势。虽然菊酯类农药相对有机磷农药来讲属于低毒农药，但其为神经毒物。研究证明菊酯类农药具有拟雌激素活性、生殖内分泌毒性，对免疫、心血管系统等多方面均能造成危害。这类化学农药的大量使用造成了环境的严重污染、生态平衡的严重破坏，从而危害了人类的健康。尤其是茶叶、谷物、水果、蔬菜等食品中残留的低浓度农药进入人体所造成的慢性和亚慢性毒性问题，更不可忽视。曾有报道氯菊酯对一些动物如蜜蜂及对人类有益的昆虫毒性较高，对水生生物如鱼、龙虾等具有明显的毒性且在有机体中易于富集，并能造成小鼠的肝肾肿瘤。人长期饮用拟除虫菊酯类农药残留量超标的茶水易中毒，甚至存在致癌的隐患。

常用去除农药残留的方法水果蔬菜农药残留的问题已经到了不容忽视的地步，但从目前来说，农药仍然是保证农作物生长的重要因素。所以，我们就要掌握一些去除农残的方法，将农残的危害降到最低。目前 4 种常用的去除农药残留的方法如下：

(1)水浸泡。有研究发现，小苏打或清洗剂溶液等浸泡蔬菜、水果可以除去一部分农药残留。方法是先将蔬菜、水果表面冲洗干净，再浸泡到小苏打或清洗剂溶液中 10～20 min，然后用清水冲洗干净。这种方法的一个潜在的问题是存在化学品二次污染的问题。

(2)削皮。对于具有果皮的水果，削皮可以直接从物理上去掉被农药污染的表皮。但果皮中含有较多的营养，简单的削皮处理无疑是一种“孩子和洗澡水一起倒掉”的做法。

(3)太阳照射。农药在阳光照射下,可以加速分解。因此,易保存且不怕晒的瓜果蔬菜,可以放在有光照的通风处,存放一段时间,让残留农药分解。适用于苹果、猕猴桃、冬瓜等不易腐烂的种类。一般来说,农药的挥发期在 7～15 天。此种方法的缺点是时间较长,对难挥发、分解的农药作用小。

(4)高温加热。部分农药在高温作用下可以加速分解,因此,对一些不怕高温加热的蔬菜,可以如此处理。但高温处理常常伴随营养流失,同时对于热稳定性强的农药,高温加热的方法局限性大。

2.2 方案设计

在了解了水果蔬菜农药残留的危害、几种常用的处理方法及单线态氧产生的基础原理后,通过向指导老师及爸爸的朋友询问后,我们打算开发一套设备——纳米泡单线态氧果蔬农残清洗装置,装置示意图如图 1.14-9 所示。利用红色 LED 灯光源(波长为 660 nm)照射涂覆有亚甲基蓝的多孔陶瓷板,再用氧气泵从涂覆有亚甲基蓝的多孔陶瓷板底部通以氧气,从而获得单线态氧。光、光敏剂亚甲基蓝和氧气均是敏化光降解不可缺少的条件。再利用超声雾化探头将获得的单线态氧细化成纳米级单线态氧,从而提高与水果蔬菜表面的接触面,提升农药残留物的敏化光降解效果。

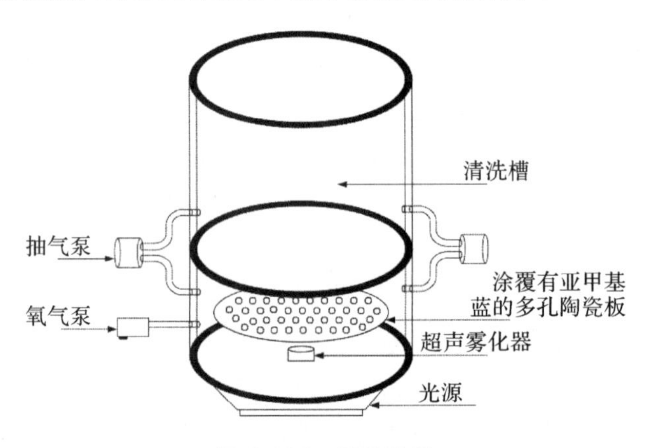

图 1.14-9　实验装置

2.3 方案实施过程

本项目的研究主要有 4 个部分:(1)方案确定;(2)装置设计与实现;(3)农残清洗效果测量;(4)结果分析。

方案经前述讨论确定后,在装置设计上,我们大胆假设、小心求证,构思如何利用超声雾化器、LED 灯、氧气泵等元器件有效地产生单线态氧与纳米气泡。

如图 1.14-10(a)所示,对装置进行了初步安装调试,将超声探头放入亚克力材料的圆柱形清洗槽中,发现雾气都停留在水表面,没能起到单线态氧的纳米雾化效果。

(a) (b) (c)

图 1.14-10 (a)第一代实验装置,(b)第二代实验装置,(c)最终实验装置

于是进行了第二代装置改进试验,如图 1.14-10(b)所示,增加一个专门的清洗槽,变为两容器结构。这项改进很好地实现了单线态氧产生容器与清洗容器的分离。但也发现两个比较严重的问题,一是光敏催化剂亚甲基蓝很容易溶于水,使溶液成蓝色;二是由于上部清洗槽水压比较大产生的纳米单线态氧无法转移到清洗槽的底部。

首先是解决纳米单线态氧转移的问题,老师建议我利用气体转移泵,这样有可能解决由于压强问题而无法转移到清洗槽底部的问题;解决第二个问题时,我咨询了一位做材料研究的老师,他建议我可以将光敏催化剂先涂覆到多孔陶瓷板上,然后低温烧结。于是我们买了适合他们实验室烧结炉的多孔陶瓷板,请他们帮忙给我们制备,实验结果良好。经过装配如图 1.14-11 所示,第三代装置试验效果图如图 1.14-12 所示,发现原先的问题已经基本解决,并且运行效果良好。

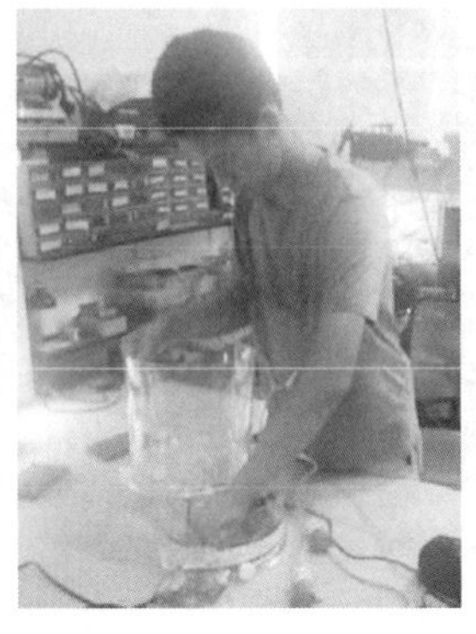

图 1.14-11 装配

图 1.14-12 第三代装置试验效果

3 技术方案

纳米泡单线态氧水果蔬菜农残清洗装置由以下几个部分组成:(1)单线态氧发生装置;(2)纳米级超声雾化装置;(3)气体转移装置;(4)清洗装置。

单线态氧发生装置示意图如图 1.14-13 所示,它由光源(红色 LED 灯,波长为 660 nm)、氧气泵、涂覆有亚甲基蓝的多孔陶瓷板、反应室等构成。反应室为白色透明的亚力克材料圆柱形,允许红色 LED 光源透过底部照射到涂覆有亚甲基蓝的多孔陶瓷板,再用氧气泵从涂覆有亚甲基蓝的多孔陶瓷板底部通以氧气,从而获得单线态氧。光、光敏剂亚甲基蓝和氧气均是敏化光降解不可缺少的条件。

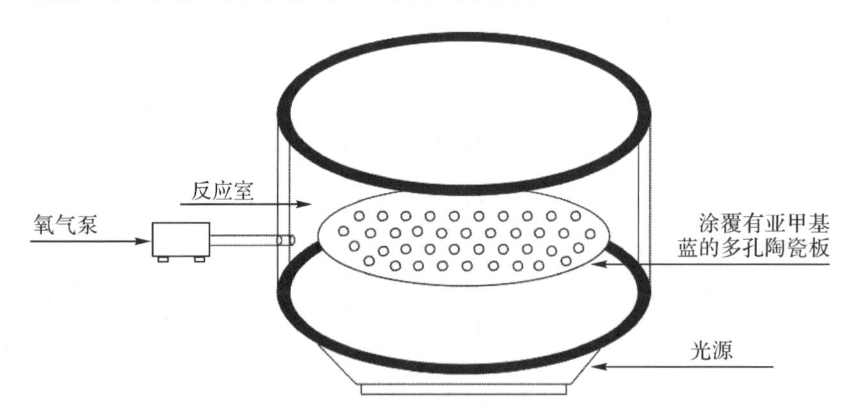

图 1.14-13 单线态氧发生装置示意图

纳米级超声雾化装置:利用超声雾化探头将上述获得的单线态氧细化成纳米级单线态氧,从而使得农残敏化光降解效果提升。

气体转移装置:利用气体转移泵将反应室里产生的纳米级单线态氧转移到农残清洗槽底部,使气体从下往上升,由于颗粒细小能够充分接触物体表面,提高清洗效率。

清洗装置,它是一个透明的亚克力圆筒,底部有一个放水口,用于清洗后污水的排放。

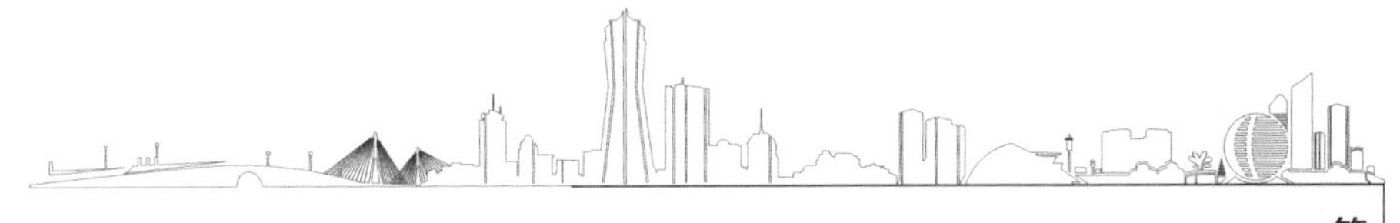

3.1 基本原理

目前日常的水洗和洗涤剂清洗果蔬农残的方法存在农药清洗不够彻底和化学品二次污染的问题。为了使水果蔬菜农残清洗效果良好，我们自主开发设计了一种纳米泡单线态氧水果蔬菜农残清洗装置。它的基本原理主要是利用在光照下，通过单线态氧强氧化剂与纳米气泡的共同作用将农药等有机物快速、有效地降解。

单线态氧，即激发态氧分子。化学性质活泼、不稳定，具有氧化能力强、反应活性高、存活时间短、氧化后不产生有毒有害副产物等特点，属于绿色、环境友好型氧化剂。农药等有机物在光照与单线态氧强氧化剂的作用下，逐步氧化降解成低分子中间产物，最终生成 CO_2、H_2O 及其他的离子如 NO_3^-、PO_4^{3-}、Cl^- 等，如图 1.14-14 所示：

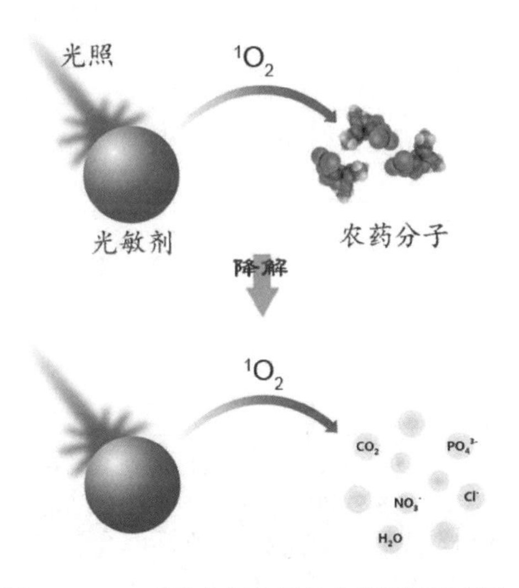

图 1.14-14　单线态氧作用于农药降解示意图

单线态氧的产生是利用光敏化剂(目前常用的光敏剂有玫瑰红、荧光黄、亚甲基蓝、叶绿素等)在辐照作用下(红色 LED 灯，波长为 660 nm)，基态氧转变为单线态氧。

光化过程为：

$$^1S_{ens} \xrightarrow{hv} {}^1S_{ens}^*(1)$$

$$^1S_{ens} \xrightarrow{hv} {}^3S_{ens}^*(1)$$

$$^3S_{ens}^* + {}^3O_2 \longrightarrow {}^3S_{ens}^* + {}^1O_2(3)$$

“S_{ens}”“S_{ens}^*”分别代表基态，激发态光敏化剂，以上变化过程实质是能量从激发态敏化剂传递给基态，从而生成了单线态氧“$^1O_2$”。

纳米气泡是直径在数十纳米(nm)与数微米(μm)之间的微小气泡。是气液分界面上的特殊气体状态。纳米泡发生之后，气泡在表面张力作用下收缩变小，上升速度渐慢，停

留时间长，从而导致与表面效应相关的物理作用增强；此外，纳米泡的收缩过程常伴随电荷变化，有利于污染物的静电吸附与农药降解化学反应的进行。因此，纳米气泡的引入，在增强表面效应的同时，增大上述降解过程的物理和化学反应效率，进一步提高农残清洗效果。

菜农残清洗装置使用步骤如下：

第一步：向反应室加水，加入大概 2/3 的水，没过涂覆有亚甲基蓝的多孔陶瓷板，将清洗槽放置于反应室的上部，将待清洗的水果蔬菜放入其中，做好准备工作。

第二步：打开 LED 灯电源开关，打开单线态氧装置的氧气泵开关，产生单线态氧，打开超声雾化器的开关，产生纳米级的单线态氧，使气体充满反应室的剩余 1/3 空间。

第三步：打开气体转移气泵的开关，使含有纳米级的单线态氧转移到清洗槽的底部，让其充斥于水果清洗槽中，与水果蔬菜表面充分接触，达到降解水果蔬菜表面残留农药的目的。

第四步：经过 10 min 的清洗，依次关闭各个电源开关，并将清洗后的水果蔬菜拿出，安放于干净器皿中，最后将反应室及清洗槽中的水通过各自底部的放水孔将水放干。

3.2 设备简介

反应室及清洗槽：透明缸体，进口有机玻璃材质，专业排水口设计，换水更方便，超强视觉享受。如图 1.14-15 所示：

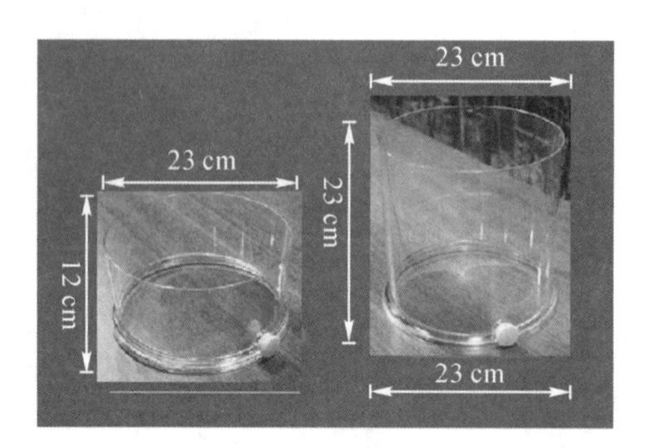

图 1.14-15 两种缸体尺寸图

空气泵及空气细化器：额定电压 220～240 V 50/60 Hz，额定功率 12 W，出气量 2×4.5 L/min，重量 0.68 kg。如图 1.14-16 所示：

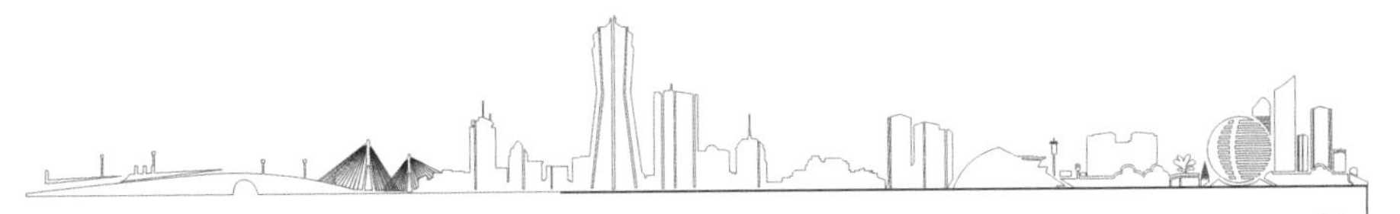

图 1.14-16　空气泵及空气细化器

超声雾化器：外径尺寸 45 mm，高 25 mm，线长 100 mm，雾化片口径 16 mm，雾化量每小时 300 mL，适用面积 30 cm×30 cm 容器以内。如图 1.14-17 所示：

图 1.14-17　超声雾化器

气体转移泵：是一款微型直流有刷隔膜泵，气液两用，它是根据容积式泵的原理设计而成的，是由电机转动提供动力，通过电机轴上的偏心轮，驱动橡胶循环、往复运动，在腔体里面形成吸、排动作，通过单向阀的闭合、打开，从而达到吸入和排出气体和液体。泵的流速可达 1000 mL/min，产生 0.06 MPa 的压力。特点：做工精美，结构坚固耐用，体积小，强有力，气液两用（更适用于气体，用于液体会缩短泵的使用寿命）。如图 1.14-18 所示：

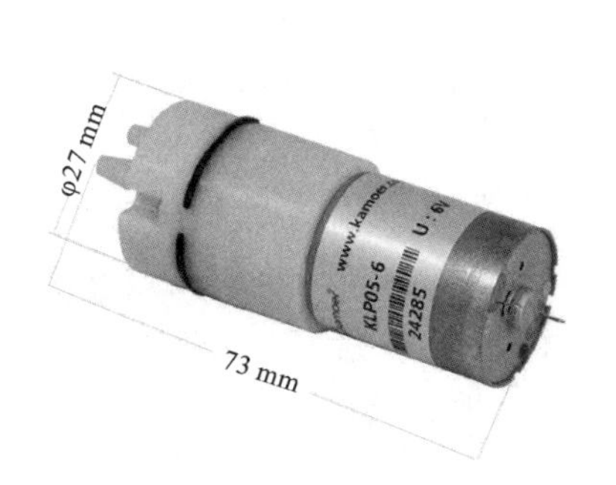

图 1.14-18　气体转移泵

4 实验测试及结果分析

为了检验自制的纳米泡单线态氧果蔬农残清洗装置的清洗效果,我们将该设备送到浙江工业大学的环境学院实验室,利用该实验室的农残检测设备对使用该装置清洗后的果蔬农残进行检测。

实验用到的主要设备:7890A 气相色谱-电子捕获检测器(GC-ECD),氮吹仪,层析柱,超声清洗机,分析天平,纳米泡单线态氧果蔬农残清洗装置。

主要用到的试剂:农药标准品有烯丙菊酯、氯菊酯、三氟氯氰菊酯、联苯菊酯、多效唑、烯效唑、购自北京振翔公司;溶剂有正己烷、乙腈、氯化钠、丙酮,购自杭州邦易化工有限公司。

4.1 农药降解试验

蔬菜采购自朝晖六区农贸市场,经检测,蔬菜样品中不含农药。为检验清洗设备清除农药的效果,我们选取蔬菜中易超标的菊酯和三唑两大类 6 种农药,喷洒在青菜和白菜叶面,形成青菜 90 ng/g、白菜 50 ng/g 的农药残留量,模拟 6 种农药在青菜和白菜中大量残留。将模拟样品放入纳米泡单线态氧果蔬农残清洗装置中分别清洗 1、3、5、8、15、30 min 后,检测残留农药浓度的变化情况。

4.2 蔬菜中农药浓度的分析

将清洗好的样品捣碎后置于 50 mL 比色管中,准确加入 25 mL 乙腈,在涡旋混合器上混合 2 min,超声波提取 10 min,用滤纸过滤,收集的滤液转移到装有 2.5 g 氯化钠的 25 mL 比色管中,剧烈振摇 2 min,室温下静置 10 min,使乙腈相和水相分层。准确吸取上清液 10 mL 于 40℃水浴的旋转蒸发仪中,浓缩至近干,加 2 mL 正己烷溶解残渣,备用。

取 14 根层析柱,采用湿法填装层析柱,填装前先用丙酮溶液清洗一遍层析柱,然后加入适量正己烷。装柱时,先打开活塞,往层析柱内添加填料,填料从上至下分别为 2 g 无水硫酸钠、5 g 中性氧化铝、3.5 g 中性硅胶、1.5 g 弗罗里硅土和 1 g 无水硫酸钠,在填装的同时用洗耳球敲打层析柱,使填料紧实且表面平整,并始终保持填料在正己烷液面下。层析柱装好后先用 5 mL10%丙酮/正己烷淋洗,再加 5 mL 正己烷淋洗,然后将 2 mL 的正己烷样液加到柱子里,用 10 mL10%丙酮/正己烷分 3 次洗平底烧瓶,将清洗液加到柱子里,收集洗脱液,将其放在 40℃水浴上旋转蒸发浓缩至近干,加 1 mL 正己烷制成分析液。

用 7890A 气相色谱-电子捕获检测器(GC-ECD)检测上述分析样中农药的浓度,然后换算成农药在蔬菜中的浓度。

部分实验操作图如图 1.14-19 所示：

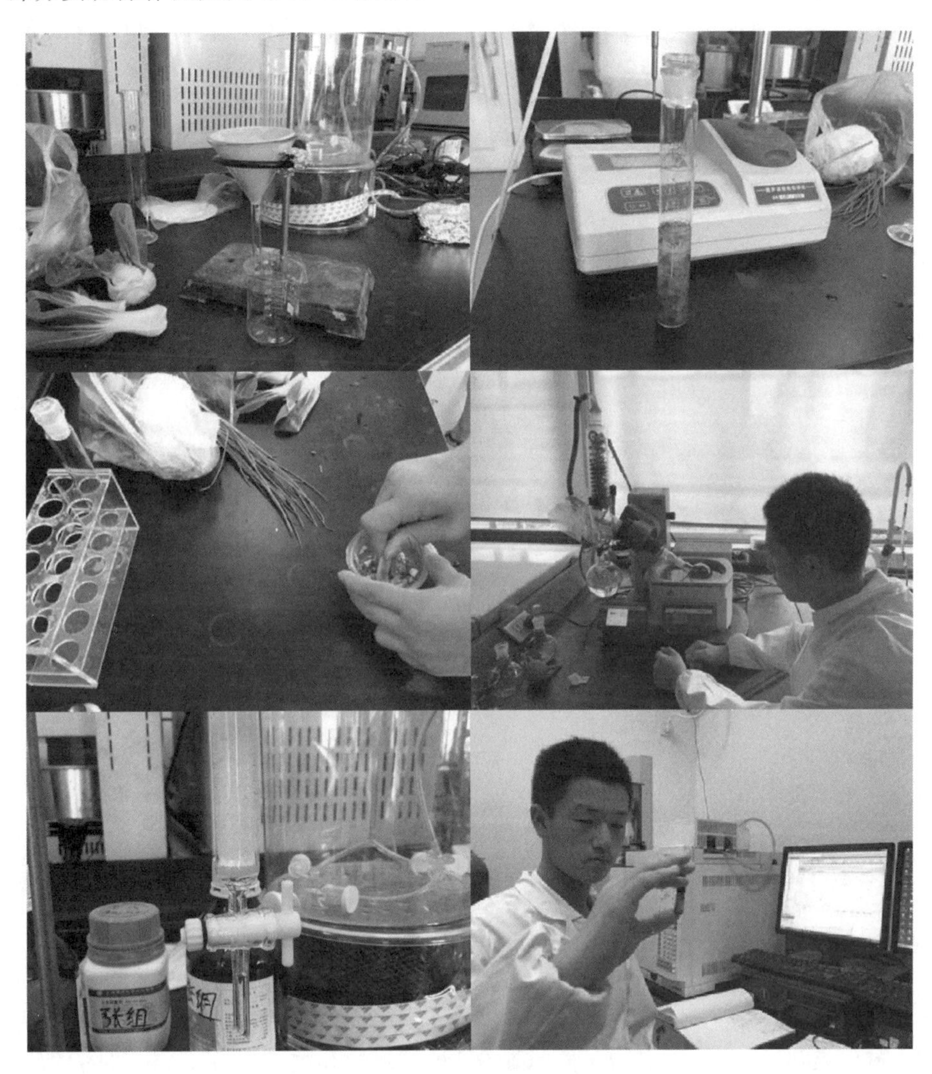

图 1.14-19　部分实验操作图

菊酯类农药色谱分析条件如下：

HP-5 30 m×0.32 mm×0.25 mm；载气氮气的速率 1 mL/min；前进样口温度 250℃；检测器温度 300℃；升温程序 120℃，保持 1 min，以 8℃/min，升至 280℃，保持 5 min。

三唑类农药色谱分析条件如下：

HP-5 30 m×0.32 mm×0.25 mm；载气氮气的速率 1 mL/min；前进样口温度 250℃；检测器温度 250℃；升温程序 60℃，保持 2 min，以 20℃/min，升至 220℃，保持 15min。样品分析前进行标线绘制，方法如下：分别称取 1.0 mg 烯丙菊酯、氯菊酯、三氟氯氰菊酯、联苯菊酯、多效唑、烯效唑，转移到 10 mL 的容量瓶定容配成 100 ppm 的储备液，多效唑和烯效唑的储备液逐级稀释为 50 ppb、100 ppb、250 ppb、500 ppb、1 ppm、2 ppm 的浓度梯度；菊酯类的储备液逐级稀释为 5 ppb、10 ppb、25 ppb、50 ppb、100 ppb、250 ppb、500 ppb 的浓度梯度。用色谱分析浓度梯度样品，保留时间用于定性，峰面积用于定量。如图 1.14-20 和图 1.14-21 所示。

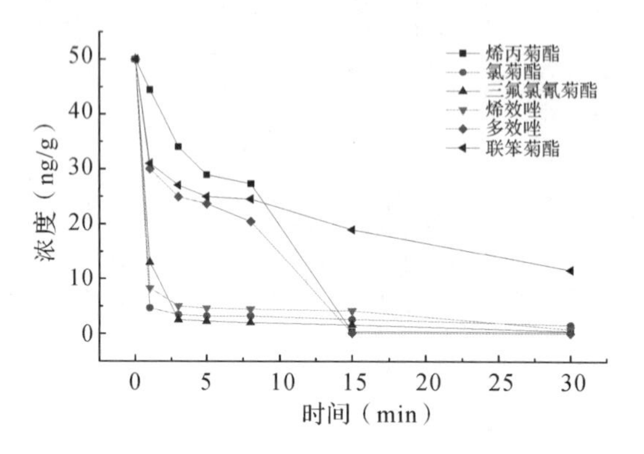

图 1.14-20　农药在白菜上的清除曲线图

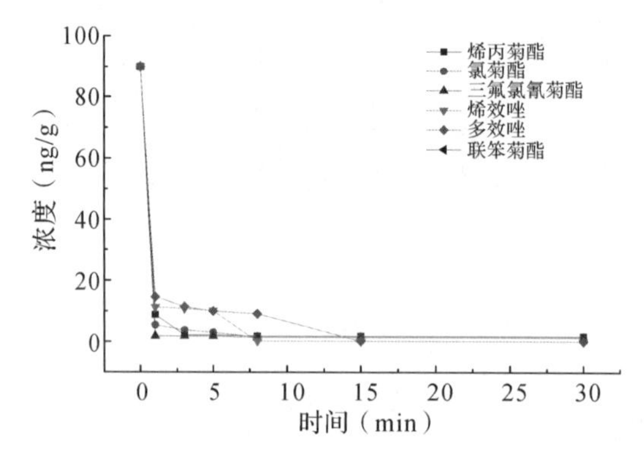

图 1.14-21　农药在青菜上的清除曲线图

不同农药在同种和不同种蔬菜上的清除效率存在明显变化。从图 1.14-20 和图 1.14-21 可以看出，白菜上的农药三氟氯氰菊酯、氯菊酯和联苯菊酯 3 min 的清除效率为 90.0%～94.9%；对于烯效唑和烯丙菊酯 15 min 的去除效率为 99.2%～99.7%；多效唑 30 min 的清除效率为 77.6%。青菜上的农药三氟氯氰菊酯、氯菊酯和联苯菊酯 3.0min 的清除效率为 95.8%～97.9%；烯效唑 8 min 的去除效率为 99.9%；效唑 15 min 的去除效率为 99.8%。纳米泡单线态氧果蔬农残清洗装置对蔬菜上的农药清除有很好的效果，白菜农药去除效率为 77.6%～99.7%，青菜的农药去除效率为 98.1%～99.9%。

同时，利用几种常用的清洗方式进行农残残留对比实验，获得数据如表 1.14-2、表 1.14-3 所示。从表 1.14-2 和表 1.14-3 可以看出，不同的清洗方式，对不同种农药的残留量存在明显的差异，其中前 3 种清洗方式使烯丙菊酯的残留量最低，第 4 种清洗方式使烯效唑的残留量最低，前 3 种方式使多效唑的残留量最高，第 4 种清洗方式使三氟氯氰

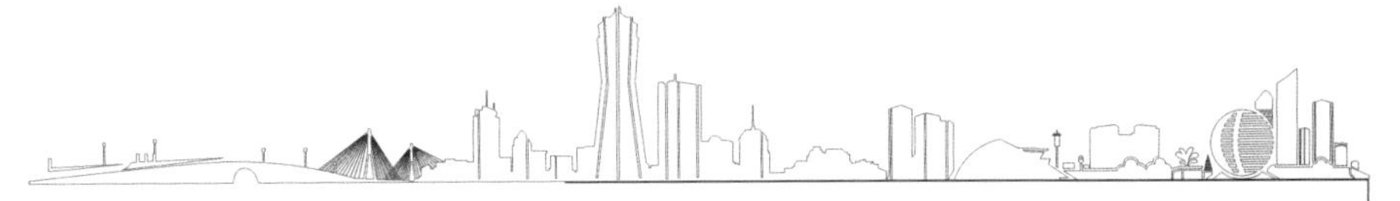

菊酯的残留量最高；不同清洗方式，对白菜和青菜中农药残留的清除效率，单线态氧清洗>果蔬清洗剂>水冲洗>水浸泡，且对青菜中农药的残留清除效率高于白菜。

表 1.14-2　不同清洗方式下蔬菜中农药的残留含量　(ng/g)

		烯丙菊酯	联苯菊酯	三氟氯氰菊酯	氯菊酯	烯效唑	多效唑
白菜	水冲洗	6	31	8	16	21	41
	水浸泡	10	47	17	30	43	48
	果蔬清洗剂	4	16	6	10	19	32
	单线态氧清洗	0.4	0.86	1.6	0.49	0.13	11.6
青菜	水冲洗	2	14	5	21	26	48
	水浸泡	16	35	31	67	38	79
	果蔬清洗剂	2	8	4	6	17	41
	单线态氧清洗	ND	1.3	1.75	1.4	0.13	0.16

表 1.14-3　不同清洗方式的清除效率的比较　(%)

	白　菜		青　菜	
	清除效率	平均清除效率	清除效率	平均清除效率
水冲洗	18～88	53	46～97	71.5
水浸泡	4～80	42	12～82	47
果蔬清洗剂	36～92	64	54～97	75.5
单线态氧清洗	76.06～99.74	87.9	98.06～99.86	98.96

5　总结与展望

基于课本及网上查到的环保、健康、化学、物理中的相关知识，了解了水果蔬菜农药残留的危害、几种常用的处理方法及单线态氧产生的基本原理。自主构思、研究和设计了一种纳米泡单线态氧果蔬农残清洗装置。

与其他水果蔬菜农药残留处理方法相比，该装置具有如下创新点：

(1)降解效率高。引入纳米泡单线态氧来快速降解水果蔬菜中残留的农药，将单线态氧细化成纳米泡单线态氧，可以大大增加与清洗物的接触面积从而有效提高农药残留的降解效率。

(2)绿色环保、多用途、综合性强。可以清洗目前市面上除了个头比较大(如西瓜、哈密瓜等)的所有水果，同时可以清洗许多蔬菜。清洗用的水可以是冷水、温水、热水及盐水，不仅可以降解农药的残留，也可以有效消灭细菌等微生物。

(3)无化学品二次污染，安全性能强。引入超声波清洗器，可以有效清除水果蔬菜表面的污垢以及松动农药残留物的表面吸附力，同时可以将有些水果蔬菜表面细微毛孔处的寄生微生物等清洗出来。使我们摄入新鲜水果蔬菜的安全性得到充分的保障。

后续可开展的工作：

(1)探索材料工艺，使得单线态氧的发生效率有所提高，增加水果蔬菜农药残留降解效率。

(2)优化纳米泡单线态氧的发生装置，由现在的 3 块陶瓷板减少到 1 块适合容器大小的陶瓷板。

(3)美化及合理设计装置，目前装置分为上下两个部分且由各个器件单独拼凑而成，即影响美观，又大大减少了清洗空间。

6 致谢

由衷地感谢指导过我的校内外老师们，在本课题研究时给予我的诸多帮助和关心，感谢他们对我学业和科研上的鼓励、支持、教诲和指导。你们的敬业精神、治学态度及渊博的学术知识将伴随我一路成长。感谢我的爸爸妈妈，我走过的每一步都凝聚着他们的谆谆教诲和无私奉献。

参考文献

[1] 李苏奇，刘子正，王宇楠，等. 单线态氧氧化水中对氨基联肿酸的研究[J]. 环境科学学报，2016，36(8)：2852-2858.

[2] 毕刚，田世忠，冯子刚，等. 氯氰菊酯光敏降解中单线态氧机理研究[J]. 分析科学学报，2000，16(6)：450-455.

[3] 杨可，陈学攀，郭浩，等. 一种超声雾化太阳能海水淡化系统的研制[J]. 水处理技术，2017，10：33-36.

[4] 刘欢欢，曹治国，贾黎明，等. 基于超声清洗的植物叶片吸滞大气颗粒物定量评估[J]. 林业科学，2016，52(12)：133-140.

[5] 陈雪，程磊，白鸽，等. 超声清洗条件下小白菜对甲萘威的吸附特性[J]. 食品工业科技，2017，38(16)：9-13.

[6] 宋佳，宋立华，陈悦，等. 清洗方法对果蔬农药残留去除烯果的影响[J]. 食品研究与开发，2017，38(20)：160-164.

[7] 周菲. 光敏化产生单线态氧转化水中磺胺类抗生素[D]. 大连：大连理工大学，2015.

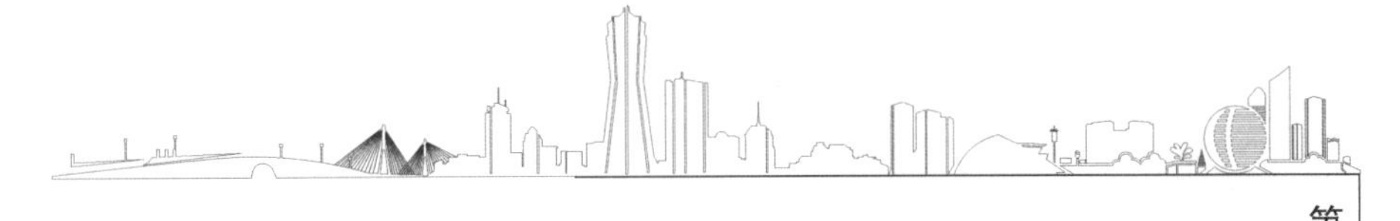

超声波动态液位检测仪

杭州市大成岳家湾实验学校　王涵青　指导老师:赵　骏

摘　要:液位是日常生活和工业生产中必需监测的重要参数。日常生活中家用蒸锅、自来水储罐、沸水锅炉、大型鲜活水产品运输箱的液位都需要准确的检测,工业生产中更是存在大量有毒有害的液体危险品储罐、高温高压下发生化学反应的气液鼓泡塔,其液位的准确检测直接关系到运输的安全和生产的正常进行。然而气体、液体进出储罐/装置引起的气体鼓泡、气体射流、雾沫夹带等现象致使液面处于动态变化,最终导致常规的液位检测技术难以实现准确测量。受"水瓶琴"经典声学现象的启示,该项目将超声波阻尼衰减原理和动态液位检测技术相结合,分别选取液体储罐和鼓泡装置作为研究实例,实验考察了动态液位与声信号能量之间的定量关系,并关联了两者的数学计算公式。由此提出了一种面向气液混合体系的超声波动态液位检测方法,并制备了样机。超声波动态检测仪能够应用于家用蒸锅、沸水锅炉、大型鲜活水产品运输箱、液体储罐、鼓泡塔等装置动态液位的实时检测,具有实时在线、简易可靠、绿色环保的特点。

关键词:超声波;动态液位;检测

1　研究背景

受家用蒸锅蒸馒头时因水剧烈沸腾不能确定剩余水位的困惑,如图 1.15-1 所示,我不由地陷入了沉思:类似这类剧烈沸腾的液体,譬如在我们科学实验中加热试管中的液体,当液体沸腾时,往往需要把试管从酒精灯上移开,让它冷却下来,才能准确判断试管内的液体量。如果实验过程不能冷却呢?如果是不透明的金属试管呢?如果液体的沸腾是在密闭的不透明容器内发生的呢?我想再锐利的视线也无法穿透这"层层的迷雾"吧!而随之带来的疑问是:这类混杂有大量气泡的液体的液量判断是不是一个普遍性的难题呢?现代科技又是如何解决的呢?带着这些疑问,通过走访调查、实地观察、文献查询和专家访谈,发现:液位是日常生活和工业生产中必需监控的重要参数;虽然静态液位(静止液位)的检测技术已经相对成熟,然而更多动态液位的检测,尤其是气液混合体系(含气的液体)的动态液位检测至今仍是计量检测领域的难题。

图 1.15-1　蒸锅中难以确定的沸水液位

经过调研发现，如图 1.15-2 所示，日常生活中动态液位广泛存在，常见的需要确定动态液位的有自来水储罐、沸水锅炉、鲜活水产品运输箱等各种容器。以鲜活水产品运输箱为例，如图 1.15-3 所示，为了满足鱼类、虾蟹对氧气的需要，大型鲜活水产品运输箱或运输舱通常配备强制流动循环泵以保证整箱水的上下流动，并在箱底部不断鼓入氧气，同时鲜活水产品运输箱在长途运输过程中需要定时用泵更换水，而在换水过程中需要箱内水位保持在最为合适的位置，既要防止水位过低导致鱼类缺乏足够的活动空间且容易在运输过程因水的大幅度晃动而受伤死亡，也要防止水位过高、充满全封闭运输箱致使鼓入的氧气进出困难且致使运输箱容易因内压太高而受损。因此，若能自动监测鲜活水产品运输箱内液位的实时动态变化情况（尤其是活鱼运输船上的活鱼舱），无疑将大大降低操作工人的劳动强度，并大幅提高鲜活水产品运输的安全性。

(a)自来水厂净水塔

(b)“楼外楼” 活鱼运输车

图 1.15-2　生活中动态液位装置调研

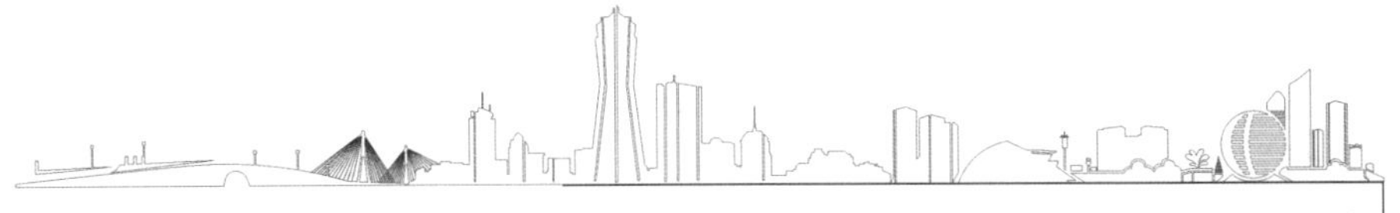

(a)小型活鱼运输箱

(b)大型活鱼运输箱

图 1.15-3　活鱼运输箱

通过对物流行业和化工行业的实地调研及网络查询，我们发现与日常生活中的液位监控相比，工业生产中需要实时准确监控液位的装置比比皆是，且需求更为迫切，如各种液体危险品储罐及运输槽车、生物发酵罐、以气体和液体为原料的鼓泡塔反应器等装置，如图 1.15-4 所示。对于日常生活中的小型容器，大都采用简单的测量工具或根据人为经验进行液位测量，或借助液位开关进行液位控制；而在物流运输、工业生产等行业中，装置的动态液位直接关系到生产的正常运行，其准确、可靠的监测对于安全生产和自动控制至关重要。而更具挑战性的是，不同于常规的静态液位检测，对于前述提及的伴有雾沫夹带（液体危险品储罐及运输槽车的装料和卸料过程等）、气体鼓泡（沸水锅炉、鲜活水产品运输箱、生物发酵罐、大量的气液相鼓泡反应器等）、气体射流（醋酸射流反应器等）、或带有内构件（制备高标准清洁柴油的加氢反应器等）的连续或间歇操作的装置，其动态液位的准确测量至今仍然是多相流检测领域需要解决的难题之一[1]。这一观点得到了中国计量测试学会多相流测试专业委员会委员、浙江大学黄志尧教授和中国石化集团公司专家杨宝柱教授的证实，专家们都热情鼓励作者尝试解决这一问题，如图 1.15-5 所示。

(a)大型油罐

(b)常规气液鼓泡塔

(c) 制备清洁柴油的加氢反应器
（氢气鼓泡进入柴油）

(d) 制备醋酸射流反应器
（液体向下射流，气体向上鼓泡）

图 1.15-4　大型储罐和鼓泡装置的实地调研

(a)与浙江大学教授交流

(b)与中国石化专家交流

图 1.15-5　作者与检测领域的专家交流

本项目的研究目的是：寻找一种简单可靠、绿色环保的动态液位检测方法，能够用于气液混合体系动态液位的检测。

本项目的研究意义在于：提供一种动态液位检测方法，能够用于家用蒸锅、沸水锅炉、大型鲜活水产品运输箱、液体储罐、鼓泡塔等装置动态液位的实时检测，提高日常生活的便捷性和工业生产的安全性。

2　研究过程

2.1　研究现状

通过在“百度学术”上进行文献检索和分析发现，常用的液位计有静压型液位计、雷达型液位计、超声波液位计、电容式液位计和核辐射液位计。静压型液位计适合液体物料的液位测量，是一种侵入式的液位测量方法，使用范围有限；电容式液位计受测量介质的影响较大；核辐射液位计不能连续地监测液位高度的变化，而且使用放射性元素可能存在放射性污染；雷达型液位计和超声波液位计对人与环境的影响很小，在工业生产中得到广泛地应用。其中，雷达型液位计对测量介质的要求较低，可以稳定准确地测量，但是雷达型液位计在测量波动液面时，尤其测量鼓泡液面、射流液面和雾沫液面时存在着有效回波减少、杂波增加等问题。此外，雷达型液位计电子电路相对复杂，产品成本较高。超声及其应用是近代声学发展最迅速的分支[2]，与雷达液位计相似，超声波液位计采用声波的反射原理，以气体、液体或固体为传播介质，通过时差法进行物位测量[3]，对于静止液位的测量具有广泛的应用。

虽然超声波液位计是一种对人体和环境安全无害的液位计，具有结构简单、价格便宜的优点，但是目前基于反射原理的超声波液位计的检测信号来自机械波，而机械波的传播必须借助一定的介质，因此其应用范围受测量介质的影响较大，且在设备内部安装维护困难。例如，测量结果受温度和压力的影响较大，因而无法在高温高压操作的化学反应器上正常安装和准确测量液位[4]。特别地，当存在雾滴、鼓泡、蒸汽、粉尘、内构件等不均匀介质时，超声波能量衰减较大，液位计量程大幅减小、精度降低[5]。因此，常规的基于反射原理的超声波液位计无法准确测量带有雾沫夹带、气体鼓泡、气体射流和复杂内构件等动态液位，如前述提及的连续进出料的液体储罐、沸水锅炉、鲜活水产品运输箱、生物发酵罐以及在化学工业中广泛存在的鼓泡塔反应器的液位。

由上述分析可知，目前常用液位计尚不能应用于含有气泡/气流的动态液位测量，亟需开发一种能够适应复杂环境、精度可靠、非侵入式、绿色环保的液位计，以保障日常生活、物流运输、工业生产的安全性和可靠性。

2.2　研究思路

作为一种依赖介质传播的机械波，在传播过程中声音的幅度和频率会受介质密度、材质、内部结构的影响。声音的衰减受到传播介质影响很大，其在气体、液体和固体中的衰减幅度依次减小。例如心跳产生的声音（机械波）经过传播介质——空气到耳朵时，其响度（即机械波的振幅）已经衰减到人自身无法听到，而心跳声经过听诊器则可以清晰地传播到人的耳朵。声音在介质中的衰减特性说明利用固体传播测量液位的方法优于目前传统的基于反射原理和以气体作为传播介质的液位检测仪。因此,当作者在学习《物理》课程的“声音”部分时,面对经典的“水瓶琴”问题,如图 1.15-6(a)所示——“用小棒敲击杯子时,水位高的杯子因水的阻尼大,在振动时受到阻力大,杯子不易振动,故振动的频率低、音调较低”,受此启发:我们能否可以通过所听到的敲击固体壁面的声音来反推出杯中液位的高低呢?

在科学老师的指导下,通过检索文献资料,发现声音在介质中传播过程中的衰减归因于材料阻尼和辐射阻尼两部分,如图 1.15-6(b)所示。材料阻尼造成的信号衰减程度由壁面材料决定,而辐射阻尼造成的信号衰减由容器中的物料决定。由于材料阻尼在实验条件下恒定不变,因此,超声波信号衰减的程度主要由容器中物料的性质决定,在上述“水瓶琴”中即由杯中的液位决定,液位越高、衰减越大,从而可以实现液位的检测。由此说明,我们能够通过所听到的声音来反推出杯中液位的高低。

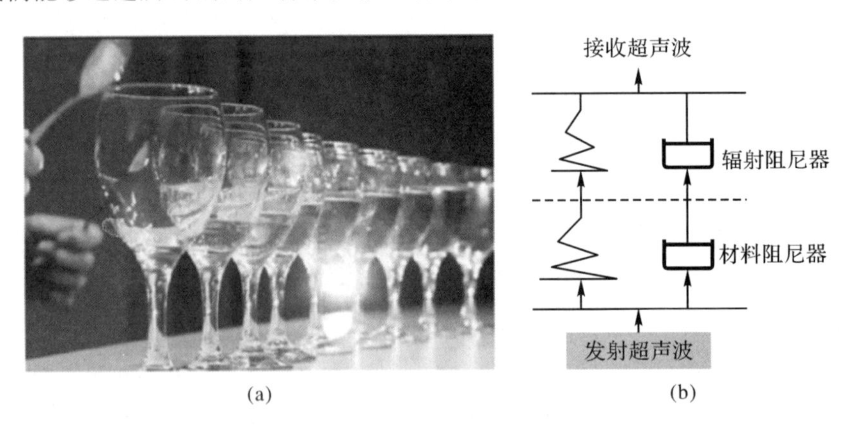

图 1.15-6　基于超声波阻尼衰减的液位检测原理

通过阅读文献资料发现,声音在介质中传播过程中并不是简单的线性衰减,而是呈指数型衰减。在科学老师的指导下,由现有成熟的声学知识[8](声信号的振幅衰减理论)经过整理得到了声信号随液位呈指数衰减的数学表达式,即基于超声波阻尼衰减的液位检测模型,简称超声波液位检测计算公式:

$$y = x\exp[C(1-x)] \tag{1}$$

其中:$y = (E_0 - E)/(E_0 - E_L)$,$x = H/L$

式中,E_0 代表液位在发射传感器位置时,接收传感器接收到的信号能量;E 代表液位高度为 H 时接收到的能量,E_L 代表液位高度为 L,即液位在接收传感器位置时接收到的能量。由此,根据超声波液位检测计算公式,根据检测得到的声音信号,计算得到液位 H。本项目分别对液体储罐和鼓泡装置的液位进行测量,并在实际装置上进行试验,检验了超声波液位检测计算公式的实用性和可靠性。

综上所述,受“水瓶琴”现象的启发,在科学老师的指导下,作者根据超声波衰减理

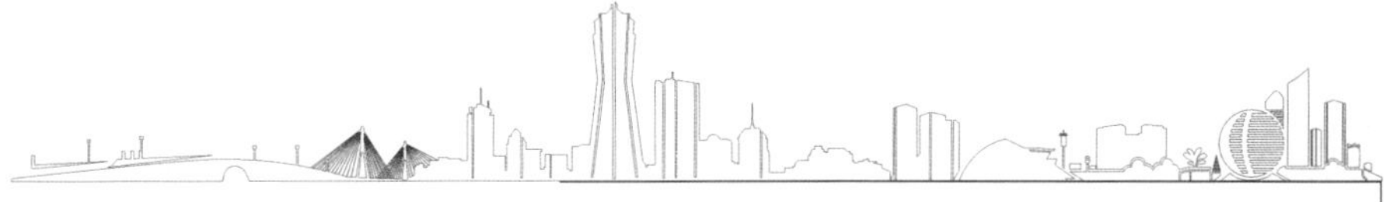

论，提出一种新型的动态液位测量方法，即通过在容器外壁发射超声波（“发声”），随后对在容器外壁上接收到的声信号（“听声”）和液位之间建立起数学关联式，从而获取液位的信息；在此基础上，分别选取液体储罐和鼓泡装置作为两种典型的研究实例，在实验室开展动态液位的测量研究，建立动态液位的超声波测量方法；最后，在实验的基础上制作了超声波动态液位检测仪的样机，并在实际装置上进行验证，最终期望能够尝试解决气液混合体系动态液位的精确测量问题。

3　实验装置和方法

3.1　实验装置

为了模拟气液混合体系的鼓泡装置，我们将钻有一排小孔的管子作为气泡发生器，插入到有机玻璃圆柱桶中，气体由汽车维修店的气泵提供。液位检测装置如图 1.15-7 所示，实验中采用的液体为水，可以从上方注水口注入，也可从下部带阀门的出水口流出，从而调节装置内的液位。根据装置中物质的类型可以分为纯液体的单相体系和气、液两种物质共存的两相体系，其中单相体系选取典型的液体储罐作为实验装置，如图 1.15-7(a)所示；气液两相体系选取鼓泡装置（在液体储罐中通入气体即为鼓泡装置）作为实验装置，如图 1.15-7(b)所示。

(a)液体储罐液位检测

(b)鼓泡装置液位检测

图 1.15-7　超声波液位检测实验装置实物图

实验中所使用的超声波液位检测示意图如图 1.15-8 所示，由信号发生部分和信号采集部分组成。信号发生部分包括发射传感器和信号发生器，信号采集部分为由接收传感器、信号放大器、信号采集卡和计算机组成。这些声波的常用配件与汽车的倒车雷达类似，可以在淘宝网上购买，具体清单如表 1.15-1 所示。安装时，发射传感器位于装置的下方，距离装置底部 50 mm；接收传感器置于装置的上方，与发射传感器间的距离为 400 mm。超声波液位检测仪输出的接收信号电压通过采集卡和计算机记录。超声波液

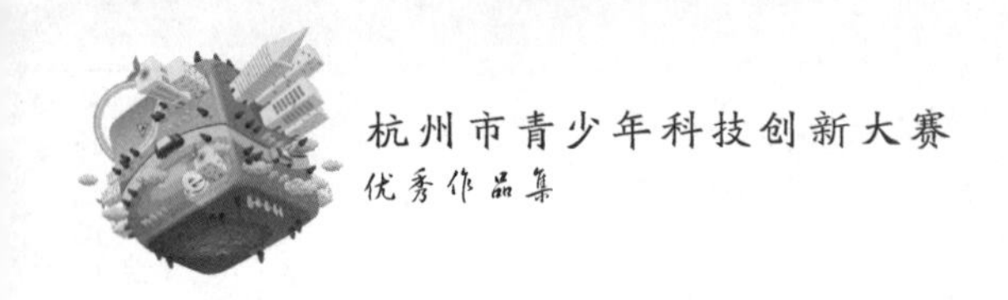

位检测系统所测得的结果都与实际值(通过观察、钢尺测量)进行比较。

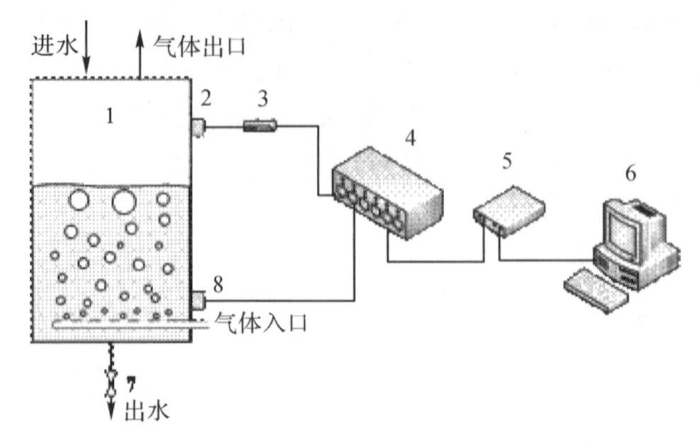

1-液体储罐+鼓泡；2-接收传感器；3-信号放大器；4-超声波收发模块；
5-信号采集卡；6-计算机；7-阀门；8-发射传感器

图 1.15-8 超声波液位检测示意图

表 1.15-1 设备型号和价格的清单

设备名称	生产厂家	规格型号	单价(元)	数量	总价(元)
超声波收发模块	长沙鹏翔电子科技有限公司	ULL-1050	1 000	1	1 000
信号放大器		PXPA	300	1	300
超声波发射传感器	金磁科技	NU40E60TR-1	180	1	180
超声波接收传感器	金磁科技	NU40E60TR-1	180	1	180
传感器电缆	深圳八靓电子	BNC 公头、L5 母头	18	2	36
专用耦合剂	南控仪表	TCA-1	35	1	35
合计(元)					1 731

3.2 实验方法

(1)储罐动态液位测量

在动态液位实验中,首先关闭出水阀门,液体从上部的液体注水口注入,液位从 0 开始不断增加至接收传感器处。实验过程通过摄像机进行记录,接收电压由采集卡和计算机记录。

(2)鼓泡装置液位测量

鼓泡装置液位检测包括 3 类实验:第一类实验为鼓泡装置中“拟稳态”液位的检测,由于液体与气泡的相互作用导致鼓泡装置的液位处于不断波动之中,因此取一段时间内液位的平均值作为“拟稳态”液位;第二类实验为鼓泡塔中液位连续变化过程的检测,其

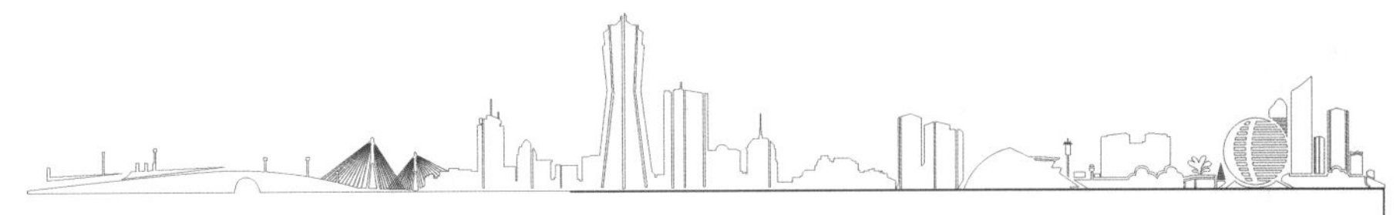

中气体进口位于发射传感器和接收传感器之间；第三类实验为鼓泡塔中鼓泡区液位连续变化过程的检测，其中气体进口位于发射传感器和接收传感器下方。

4 实验结果

4.1 液体储罐动态液位的测量

采用超声波液位检测仪对储罐的动态液位进行测量，储罐在连续加水、放水过程中接收信号随时间的变化如图 1.15-9 所示（由检测仪上直接截屏得到）。在加水过程中，在 $H=0\sim50$ mm，液位位于发射传感器下方，接收信号幅值变化较小；在 $H=50\sim100$ mm，当液位逐渐上升经过下方发射传感器时，接收信号迅速下降并趋于平稳，证实了超声波液位检测仪作为液位开关的能力；在 $H=200\sim450$ mm，当液位到达上方的接收传感器并停止加水后，检测信号逐渐增大直至趋于平稳，且最终平衡值大于加水前的初始值。而在放水过程中，检测信号迅速下降，当液位逐渐下降经过下方的发射传感器时，检测信号又迅速回升并最终稳定在加水前的初始值。将发射传感器和接收传感器互换位置后进行重复实验，也得到类似的变化规律。实验结果表明，储罐中液位连续变化过程中，液体的连续加入会持续对液面形成冲击，并引起液位波动，可能导致输出信号示数未能呈现出单调变化，说明超声波液位检测仪不具备监测储罐中连续液位变化的能力；但是，液位连续增加或降低经过装置下方的传感器时，超声波液位检测仪的示数均能有快速、明确的反应，这充分表明超声波液位检测仪完全能够作为液位开关使用。

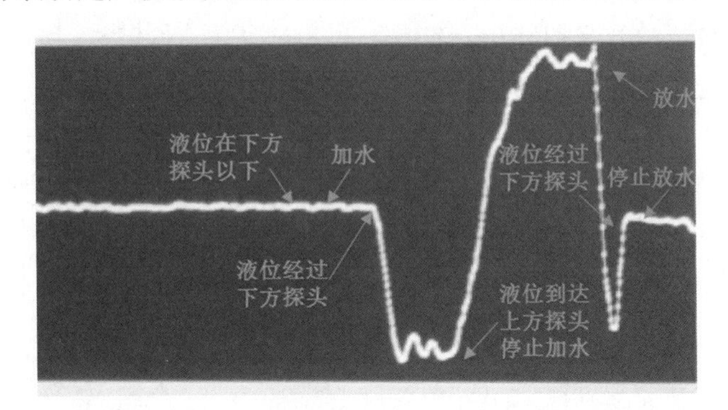

（图中：横坐标为时间，s；纵坐标为超声波液位检测仪输出信号，V）

图 1.15-9　动态液位（加水、放水过程）测量时接收信号幅值随时间的变化（截屏图）

4.2 鼓泡装置的液位测量

4.2.1 “拟稳态”液位的测量

“拟稳态”液位测量的实物图如图 1.15-10 所示，实验前向鼓泡塔装置中注入纯水，分别将水位控制为 22、25、28、31 cm，然后开始鼓泡进行液位测量的实验。

(a)

(b)

(c)

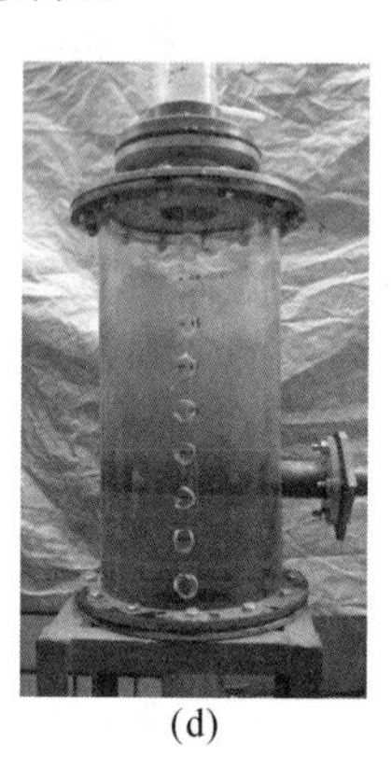
(d)

图 1.15-10 鼓泡塔“拟稳态”液位测量实物图

(a)静液位为 22 cm 时鼓泡液位位于 25～30 cm；(b)静液位为 25 cm 时鼓泡液位位于 30～35 cm；(c)静液位为 28 cm 时鼓泡液位位于 35～40 cm；(d)静液位为 31 cm 时鼓泡液位位于 40 cm 附近。

液面之上的接收传感器所采集的声信号能量随液面高度的变化如图 1.15-11 所示。声信号能量随着液位的升高而降低，且下降的速率在减小。因此，能够根据特定频率声信号衰减量与液位之间的数学关系式来预测鼓泡装置中的液位高低。采用超声波液位检测计算公式(式 1)对实验数据进行关联计算，如图 1.15-12 所示。计算值(超声波液位检测仪的测量值)和实际值的平均相对误差为 1.36%，表明超声波仪器测量值与实际值误差较小，超声波液位检测仪可以用于鼓泡塔“拟稳态”液位的测量。

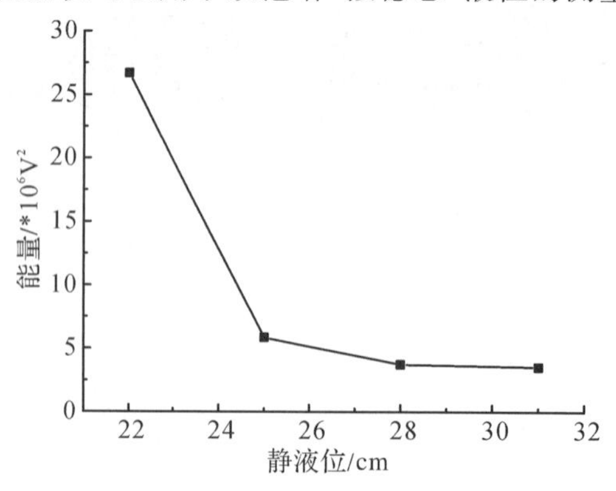

图 1.15-11 接收到的声信号能量与静液位之间的关系

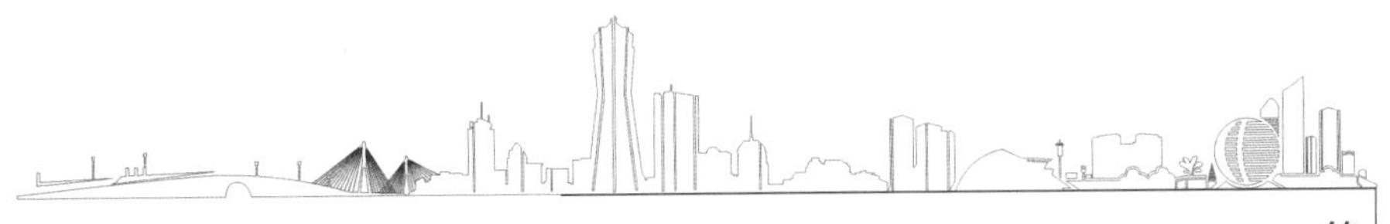

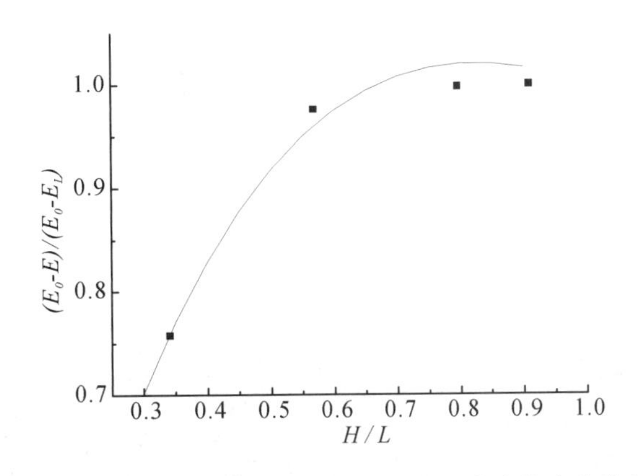

图1.15-12　鼓泡装置无因次声能量随无因次液位高度的变化

4.2.2　动态液位的测量

鼓泡装置第二类实验——动态液位检测实验结果如图1.15-13所示。在加水过程中，当液位逐渐上升经过下方发射传感器时，检测信号迅速下降；当液位进一步升高进入鼓泡区后，由于气泡的存在，声信号的衰减程度大，检测信号一直维持在较低水平。在放水过程中，当液位处于鼓泡区时，检测信号仍然维持在较低水平；当液位离开鼓泡区时，检测信号有小幅波动，并呈现增长趋势；当液位经过下方发射传感器时，检测信号又迅速回升并最终稳定在加水前的初始值。将发射传感器和接收传感器互换位置前后进行多次重复实验，都得到相同的变化规律。实验结果表明，当鼓泡装置中液位连续变化时，超声波液位检测仪的示数未能呈现出单调变化，不具备监测鼓泡装置中连续液位变化的能力；但是，当液位连续增加或降低经过下方传感器时，超声波液位检测仪的示数均能有快速、明确的反应，且重复性很好。这表明超声波液位检测仪完全可以用作鼓泡装置的液位开关。

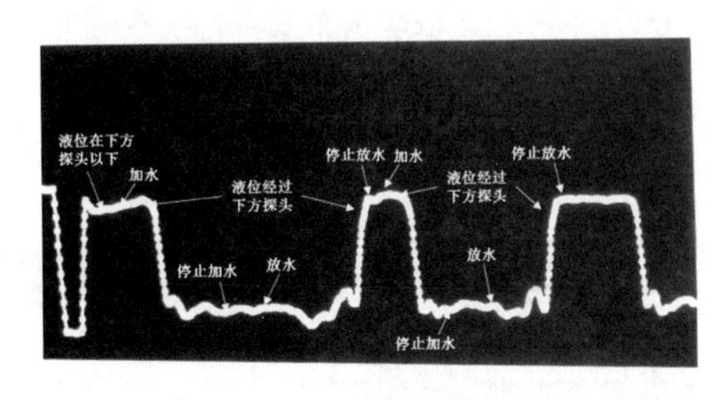

(图中:横坐标为时间,s;纵坐标为超声波液位检测仪输出信号,V)

图1.15-13　鼓泡装置动态液位测量时接收信号幅值随时间的变化(截屏图)

鼓泡装置第三类实验——鼓泡区液位检测实验结果如图1.15-14所示。在加水过程中，当液位逐渐上升经过下方发射传感器时，检测信号迅速下降；当液位进一步升高时，检测信号随着液位的升高而线性降低；停止加水后，液位趋于平稳，检测信号也趋于平稳。在放水过程中，检测信号随着液位的降低而线性增大，当液位经过下方传感器时，检测信号迅速回升并最终稳定在加水前的初始值。实验结果充分表明，当鼓泡装置中鼓泡区液位连续变化时，超声波液位检测仪的示数呈现出较好的线性变化规律，说明其具备测量鼓泡装置中鼓泡区连续液位变化的能力；与此同时，当液位连续增加或降低经过下方传感器时，超声波液位检测仪的示数同样有快速、明确的反应。这进一步证明了超声波液位检测仪可以作为鼓泡装置中液位开关使用。

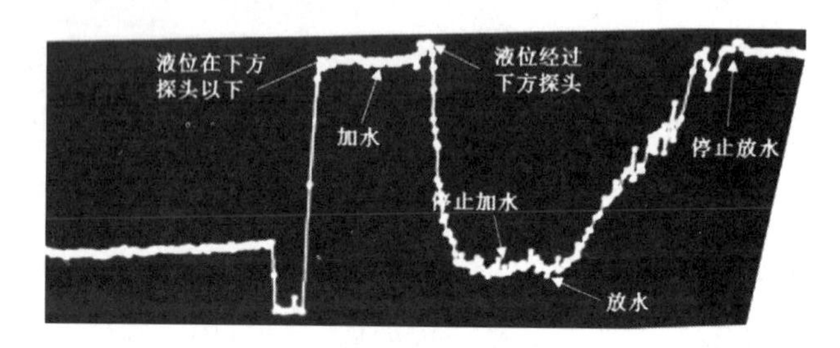

（图中：横坐标为时间，s；纵坐标为超声波液位检测仪输出信号，V）

图 1.15-14　鼓泡装置中鼓泡区液位测量时接收信号幅值随时间的变化（截屏图）

综上所述，超声波液位检测仪虽然不能检测液体储罐液位的连续变化，但能够作为具有较高灵敏性的液位开关功能；超声波液位检测仪完全可以用作鼓泡装置的液位开关，且同时具备检测鼓泡区连续液位变化的能力，完全能够应用于气液混合体系动态液位的在线测量。

4.3　实际装置的验证

4.3.1　活鱼运输箱液位检测

为方便试验和对比分析，本实验选取较为低矮的“楼外楼”活鱼运输箱，实测液位采用常规的钢尺测量。活鱼运输箱液位检测的装置如图 1.15-15 所示。检测系统由信号发生系统和信号采集系统组成，发射传感器距离底部 0.1 m，发射的声信号频率为 200 kHz，接收传感器距离底部 0.8 m。

(a)

(b)

图 1.15-15　“楼外楼”活鱼运输箱液位检测实物图

超声波能量和实测液位随时间变化如图 1.15-16 所示,采用超声波液位检测计算公式(式 1)进行计算关联,结果如图 1.15-17 所示。实验结果表明,计算值(超声波液位检测仪的测量值)和实际值的平均相对误差为 5.49%,表明超声波液位检测仪可以较为准确预测活鱼运输箱的液位。目前广泛应用的高运输效率的大型鲜活水产品运输装置(运输车或运输船),如果选择超声波液位检测仪,可以实现对动态液位的实时在线检测,彻底改变运输装置液位监控的人为经验性,保障运输的安全性和可靠性,同时也大幅降低操作工人的劳动强度。

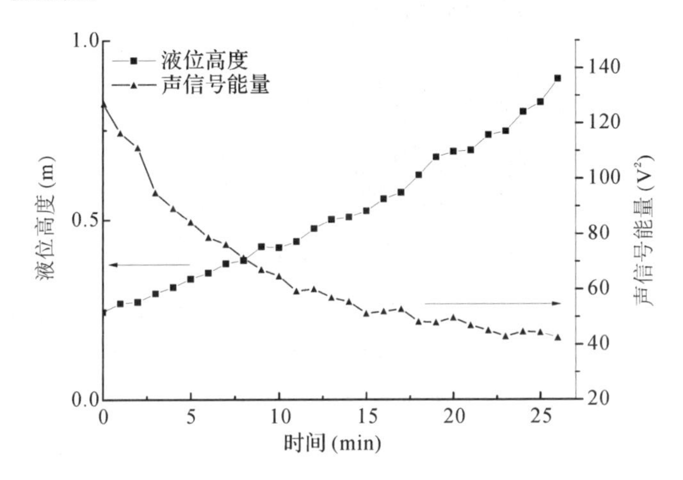

图 1.15-16　活鱼运输箱液位高度与超声波能量之间的关系

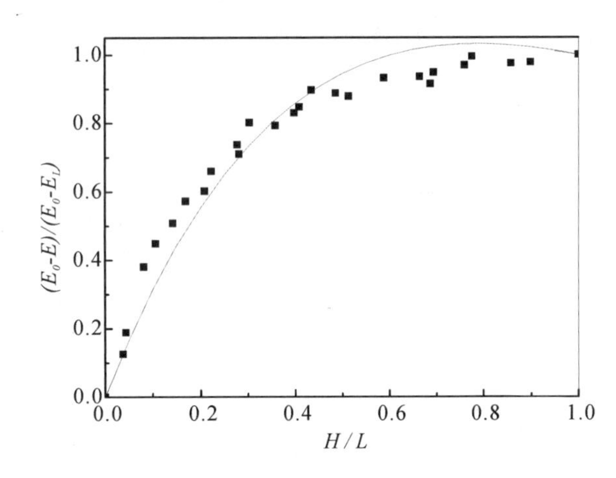

图 1.15-17　超声波液位检测仪和钢尺实测液位的对比

4.3.2　鼓泡塔液位检测

在某石化企业的柴油加氢反应制备高标准清洁柴油的鼓泡塔装置上,采用超声波液位检测仪对鼓泡塔液位进行测量,实验装置如图 1.15-18 所示。超声波动态液位检测仪的发射传感器距离装置安装底面 2.3 m,发射的声信号频率为 200 kHz,接收传感器距离安装底面 3.25 m。

图 1.15-18　鼓泡塔液位检测工业装置实物图

鼓泡区液位实测值以一个刚启用的静压液位计的测量值作为实际液位高度，其和超声波能量随时间变化如图 1.15-19 所示。静压液位计为插入式测量仪器，刚刚启用时测量值较为准确，长期使用后因引压口经常被堵而难以准确测量。采用超声波液位检测计算公式(式 1)对模型参数进行计算关联，结果如图 1.15-20 所示，计算值(超声波液位检测仪的测量值)和实际值的平均相对误差为 5.78%。由图 1.15-20 可知两者误差较小。工业试验结果表明，超声波液位检测仪可以较为准确地测量气液鼓泡装置鼓泡区的液位。下一步可以通过增加多个接收传感器，并降低环境噪声对信号的干扰，以进一步提高超声波液位检测仪的精度。

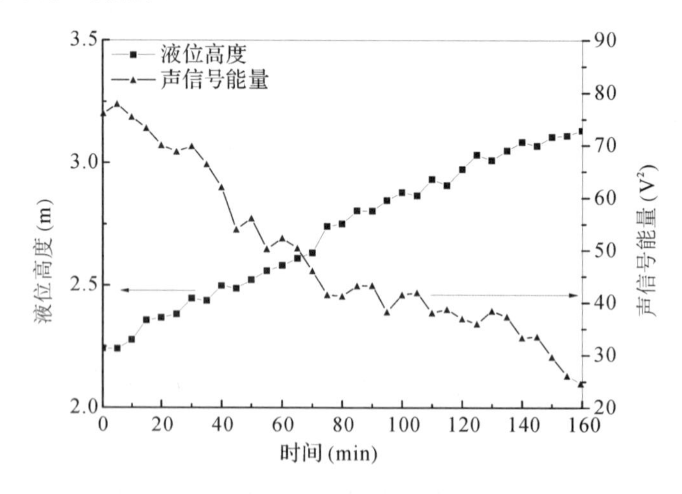

图 1.15-19　液位高度与超声波能量之间的关系

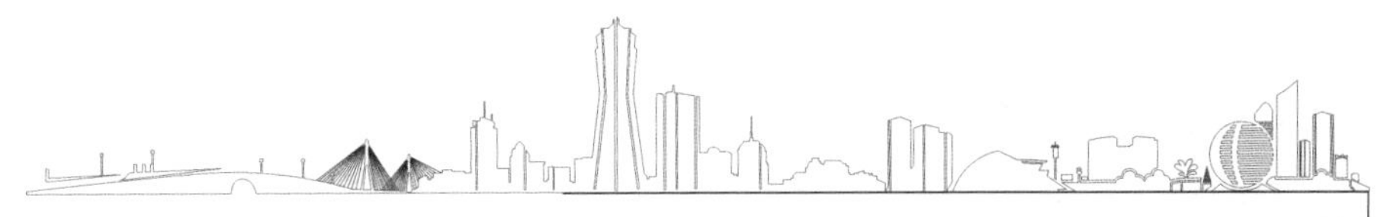

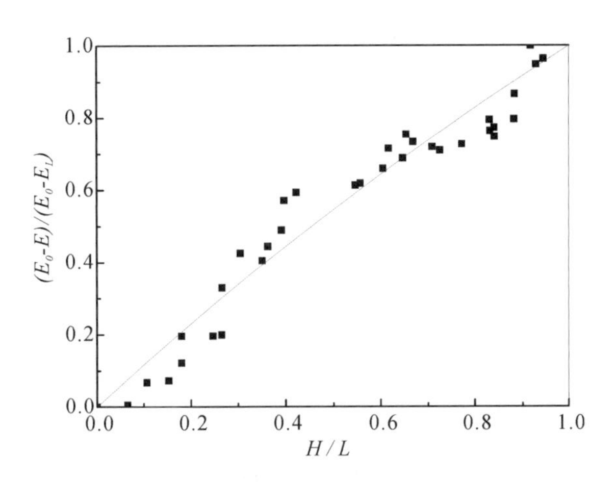

图 1.15-20　超声波液位检测仪和静压液位计测量液位的对比

此外，超声波液位检测仪在小型容器鼓泡装置(沸水烧杯)中也得到验证，如图 1.15-21 所示，和实际值的平均相对误差为 9.62%。在小型容器中，如果要进一步提高检测精度，在硬件上需要减少传感器的尺寸，如使用微型传感器，如图 1.15-22 所示，这是下一步需要做的工作。

图 1.15-21　小型容器沸水液位测量实物图

图 1.15-22　微型超声波传感器实物

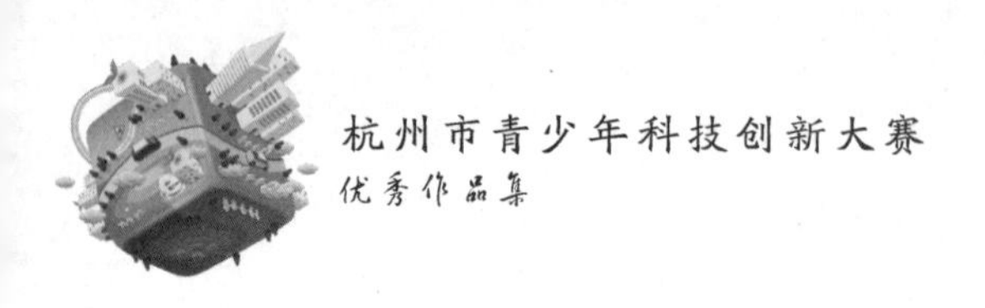

通过对实际活鱼运输箱和气液鼓泡反应器工业装置的动态液位检测试验，证明了本项目提出的超声波动态液位检测方法可以较为准确地测量气液混合体系的动态液位。

5 超声波液位检测仪样机

根据如图 1.15-8 所示的超声波液位检测示意图，结合工厂提出的信号传输和方便使用要求，委托某仪表制造厂家将接收传感器、发射传感器、信号放大器、信号采集卡等集成在一个圆形铸铁盒子中，完成了超声波液位检测仪样机的制备。实物照片如图1.15-23所示。

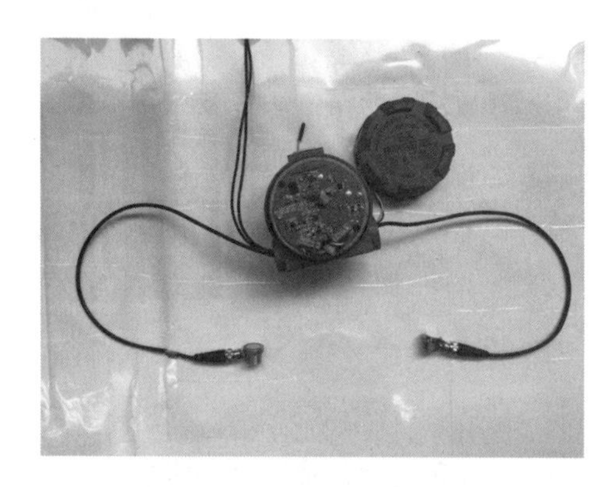

图1.15-23 超声波液位检测仪样机实物照片

超声波液位检测仪的性能参数设置如下：

(1)发射端电压可调(20～50 V)；

(2)发射端频率可调(100～500 kHz)；

(3)发射传感器和接收传感器的间距可调(10～30 m)；

(4)采用有线连接；

(5)供电为 24 V 直流电；

(6)输出为 4～20 mA。

最后，针对工业生产中广泛使用的大型气液鼓泡装置，作者提出了一个简单的超声波液位检测示意图，如图 1.15-24 所示。为提高测量精度，测量过程中同时使用 2 台液位计进行检测，其中 1 台同时发射超声波信号和接收超声波信号，另外 1 台只接收超声波信号。根据工厂常规要求，超声波液位检测仪的输出信号均送入现场控制器进行处理，也可以用网线送到计算机进行存储、显示或进一步处理。

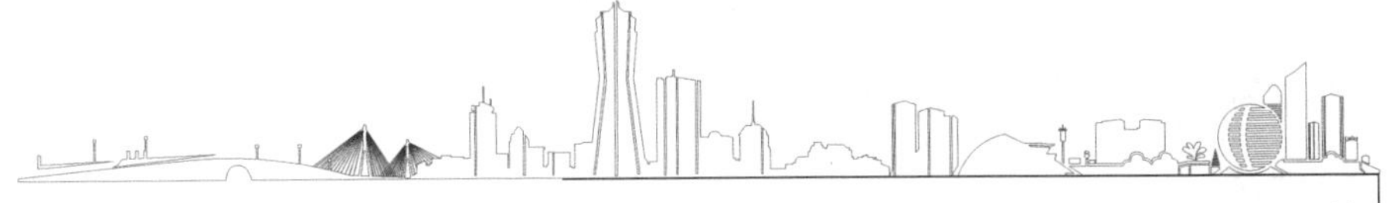

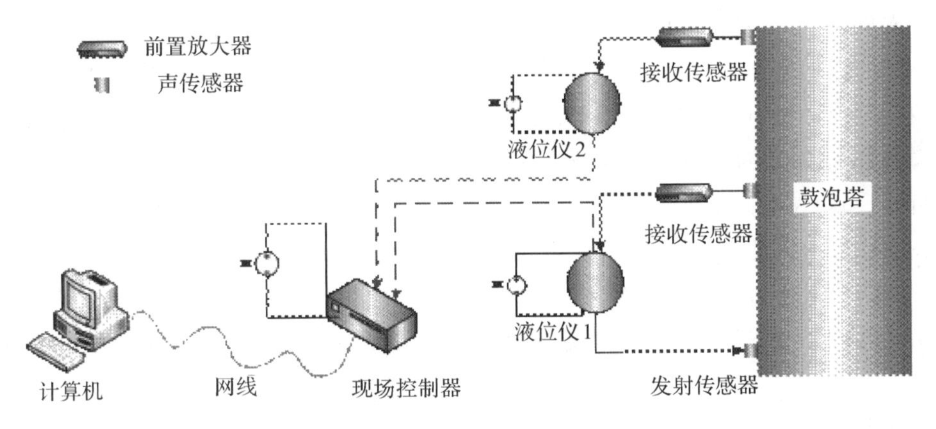

图 1.15-24　鼓泡塔超声波液位检测示意图

6　困难分析和创新点

项目的困难分析：

(1)根据作者已有的物理知识，已经知道声音在介质中传播时成指数型衰减，那如何用数学公式描述出来呢？通过认真查询资料，在科学老师的指导下，最终获得了超声波液位检测的计算公式。

(2)鼓泡装置的液位检测实验中，刚开始时由于实验步骤的错误——先注水、再通气，发生液体倒灌到气体管路中，最后制订了正确的实验步骤——先通气、再注水；同时，鼓泡装置中注入水的液位过高将产生很高的压降，如果空气压力过小，就无法鼓泡，所以必须选择高压气泵。

(3)在实际装置上试验时，工厂要求不能直接将发射传感器、接收传感器、信号发生器、信号放大器、信号采集卡等零散的配件简单连接后使用，必须集成在一起使用。因此，委托仪表厂家定做圆形铸铁盒子，将配件集成，方便使用。

项目的创新点：

(1)由“水瓶琴”得到启示，发现声能量的衰减随液位的升高而增加，由此提出了适用于气液混合体系动态液位的超声波检测方法，能够应用于家用蒸锅、沸水锅炉、大型鲜活水产品运输箱、液体储罐、鼓泡塔等装置动态液位的实时检测。

(2)检测仪在设计时，已充分考虑实际应用，将声波配件集成圆形铸铁盒子中，完成了超声波液位检测仪样机的制备，为其市场推广打下了较好的基础。

7　结论和建议

本项目将超声波阻尼衰减原理和液位检测相结合，分别选取液体储罐和鼓泡装置作

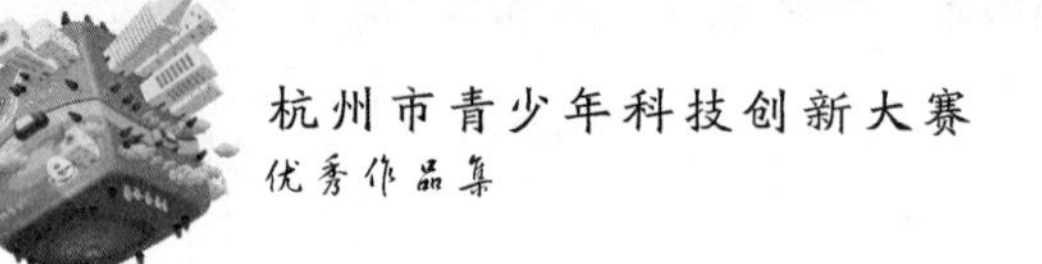

为研究实例，考察了动态液位与声信号之间的关系。由此提出了面向气液混合体系动态液位检测的新型超声波动态液位检测方法，并开发简易实用、具有较高精度的超声波动态液位检测仪样机，可应用于家用蒸锅、沸水锅炉、大型鲜活水产品运输箱、液体储罐、鼓泡塔等装置动态液位的实时测量，技术具有实时在线、简易可靠、绿色环保的特点。

目前，超声波动态液位检测仪对液体储罐动态液位和鼓泡装置"拟稳态"液位的连续变化还不敏感。因此，在以后的工作中，我将继续分析声波信号，尤其是从气液交界面发出的声波信号入手进行研究，完善超声波动态液位检测仪的功能。同时，声波信号的传输如果能够像 WIFI 上网一样无线传输，那么超声波动态液位检测仪的使用将更加方便。

8 致谢

在本项目的研究过程中，从以往提出"水质生物安全的声波监测方法"时的"听声者"到本项目的"发声者"和"听声者"组合，我认识了很多"发声"的器材和技术，也提高了包括调研问询、网络检索、自学探索等在内的研究性学习能力，也锻炼了实验动手能力和工厂实践能力。最后，我要感谢很多无私帮助过我的人，包括我的科学老师、检测领域的两位专家、在实地调研过程中给予我热情介绍的各位技术人员等，同时要感谢楼外楼活鱼运输车师傅、自来水厂、热电厂、石化厂给我提供试验的机会，向他们表示衷心的感谢！

参考文献

[1] 张总，王建莉. 基于机器视觉的液位检测与控制系统设计[J]，自动化与仪表，2017(32)：49-51.

[2] 高超. 声波物位计的研制[D]. 电子科技大学，2010.

[3] 马海珊，程江华. 雷达和超声波物位计选型对比分析[J]. 科技创新与应用，2016(19)：12-13.

[4] 张全兴. 超声波非均匀介质传播衰减特性研究[D]. 沈阳工业大学，2015.

[5] 周晓军，游红武，程耀东. 含孔隙碳纤维复合材料的超声衰减模型[J]. 复合材料学报，1997(3)：100-107.

[6] 刘飞，付建红，张智. 超声波在钻井液中传播衰减理论研究[J]. 石油钻采工艺，2012(34)：57-59.

[7] 何祚镛，赵玉芳. 声学基础[M]. 南京大学出版社，2005.

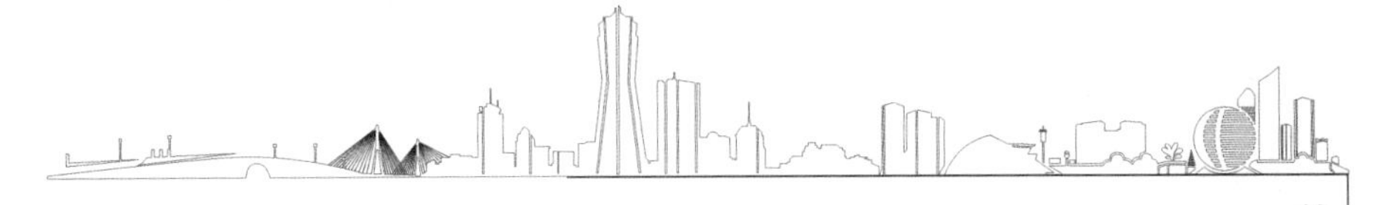

一种新颖的防串染洗衣丸

杭州江南实验学校　周泽涵　指导教师：吴燕平

摘　要：为解决不同颜色、深浅衣物同洗的防串染和洗衣机用薄片状洗衣片在久存或温度较高情况下容易粘连的问题，同时实现造丸后智能投料的功能，通过实验完成了防串染洗衣丸的制备和使用方法，防串染洗衣丸既能对衣物进行深层洁净、能防串染、也能适合洗衣机自动投料。

关键词：防串染；洗衣丸；智能投料

1　研究背景和目的

1.1　研究背景

当前，家庭衣物通常用洗衣机洗涤，机洗时一般用洗衣粉或洗衣液。在衣物洗涤过程中，往往会遇到因不同颜色或深浅色衣服同洗时因掉色造成互相串染的尴尬问题。如图 1.16-1 所示：

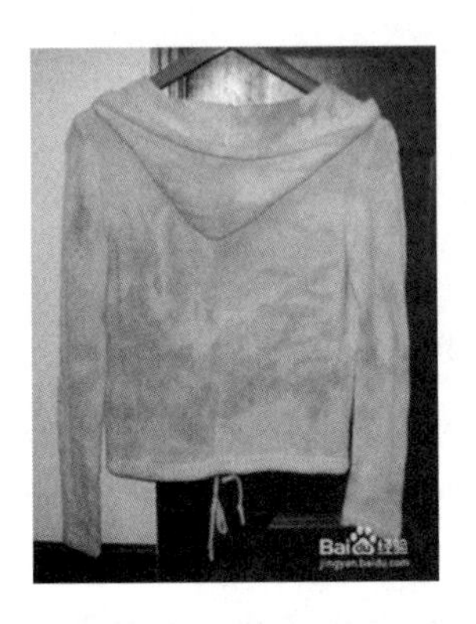

(a)

(b)

图 1.16-1　机洗串色

最近市场上出现了洗衣片，即将洗衣液配方优化后通过一定的工艺做成薄片状固体，遇水即溶，此产品一经面市便受到年青一代的追捧。但是洗衣片采用单片或叠片包装，久存或高温下很容易粘结在一起，而且每次洗涤都需要人工投料，既浪费又麻烦，所以在微商上流行一段时间后需求迅速下降。如图 1.16-2 所示：

(a)

(b)

(c)

图 1.16-2　洗衣片包装

为解决此问题，人们急需一种高效的防串染片，能够快速吸附从衣服上洗脱的颜色，达到护色与防止串色的同时能有效清洁衣物的良好效果。

1.2　研究目的

研发一种能智能投料的防串染洗衣丸，一方面，产品具有防串染功能，能够在洗衣过程中将从衣物中洗脱的游离的染料进行有效吸附；另一方面，产品本身还带有强力清洁成分，具有对衣物深层洁净、低泡易漂的作用；再则，对洗衣机加液槽重新设计，新设计的加液槽能根据洗涤需要自动投料，也能继续使用常规的洗衣液。

2　研究的思路和原理

2.1　研究思路

衣物上洗脱的颜色其实是染料，要想不串染最好的办法是让已经上到布料上的染料不掉下来。布料的染色是使用染料通过印染厂的染色工艺完成的，已经完成染色工艺的服装在后面的使用和清洗过程中不可能再次通过什么处理让已上到衣服上的颜色牢度进一步加大，就是说只要是成品服装，而且洗涤时掉色的，我们很难通过处理让它不掉色。所以我的思路从防掉色转换为防串染。就是怎么将掉下来的颜色处理掉，让它没办法染到别的衣服上去，以此想到用吸附力强的材料去快速将掉落的染料吸走以达到防串染的效果，在筛选过多种材料后选择了无纺布做材料，它吸附力强而且自身无二次污染。更有一个好处是可以在它的布面上涂上强力洗衣成分，经烘干后裁剪，在洗衣层上添加活性酶，这样就可以将防串染和洗衣两个功能合二为一。考虑片状材料高温下容易黏连，所以我把它做成丸，这样既易用又不易粘，而且易于投料，为后续智能投料的实现打下了基础。

2.2 科学原理

易洗脱的染料一般是活性染料、直接染料,或者酸性染料等,我们首先要选择对这些染料吸附力强的材料,我们选择了活性炭、海泡石、海棉等,但活性炭有二次污染,海泡石成本很高而且易溶于水,海棉吸附牢度很差。直到我们选择无纺布,它也是多孔的而且很便宜,吸附力也很好。选定一定比例制成的无纺布后我做了实验,但发现可以吸但吸的速度不够快。因此我考虑怎么加快吸附速度?染料都是呈现负离子性的。要实现对这些染料的有效吸附,必须让无纺布表面带上很强的阳离子性。所以我们对无纺布进行改性以实现无纺布中粘胶纤维的阳离子转变,同时我们尽可能对丙纶无纺布部分改性。为达此目的,我们采取先对无纺布电晕处理的方法,充分活化纤维表面,让纤维表面特别是丙纶纤维带有活化的自由基或离子,活化后的无纺布再与改性剂接触,这对吸色速度及其固色牢度有很大的帮助。因此,防串染无纺布不仅具有很强的吸附能力,而且还具有很强的锁色能力,让吸附在无纺布上的颜色不易再脱落到水中,有很强的色牢度。

3 研究内容和过程

防串染洗衣丸的制备工艺和使用流程如下:

选择水刺无纺布→电晕处理→离子改性→施加洗涤剂→烘干切片→包裹活性酶→造丸→智能投料。

3.1 基础材料的选择

首先,我们以具有微孔结构的水刺无纺布作为基础材料,而选用一定比例的合成纤维与粘胶纤维混合是为了给整个产品提供较好的强力和硬挺度。为了确保合成纤维也对环境无害且易降解,我们选用了聚丙烯纤维,也叫丙纶纤维,它可以在阳光照射下随分子链的断裂而渐渐老化、降解。粘胶纤维的强力较低,特别是湿强低,但是粘胶纤维的分子结构决定了它进行阳离子改性的优越性,而丙纶纤维是合成化纤,阳离子改性用普通方法有较大难度,但它可以为产品提供较好的强力。我们选取按粘胶纤维和丙纶纤维质量比为 1∶1、3∶2、3∶1、4∶1、9∶1 共五种水刺无纺布分别剪取 5 cm,用拉伸强力仪测量纵向拉伸强力,分别是 93 N、90 N、85 N、70 N、60 N。如图 1.16-3 所示:

(a)5 种水刺无纺布

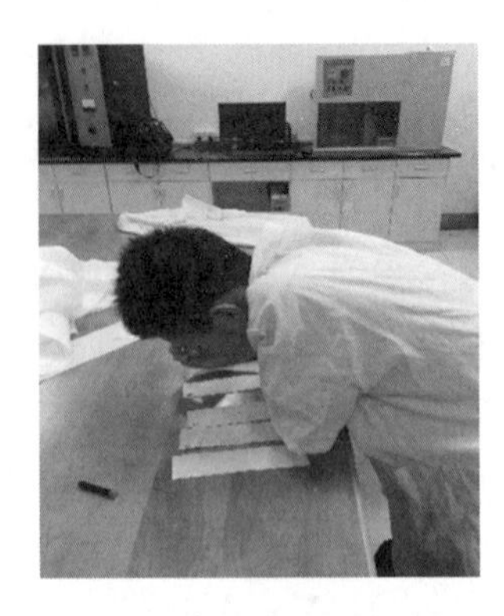

(b)分别剪取 5cm

(c)拉伸强力仪

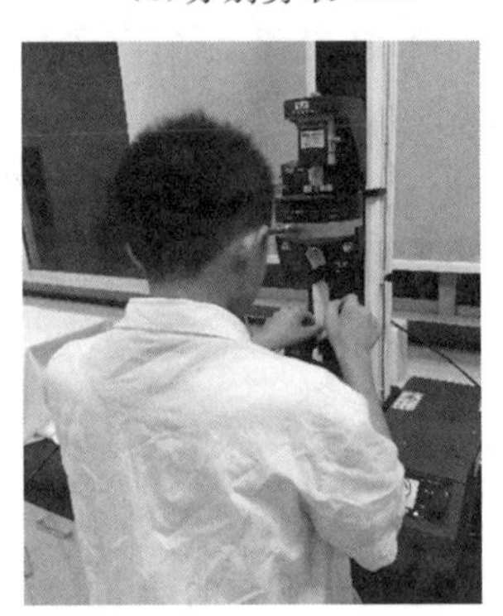

(d)测量拉伸强力

图 1.16-3　选材

3.2　基础材料阳离子化

(1)无纺布的电晕活化。将要进行改性的无纺布按 5～20 m/min 的速度,通过 5 000～15 000 V,功率 50～1 000 瓦的电场,让无纺布纤维表面产生自由基或离子基团,经过活化,粘胶纤维表面的自由基更加活跃,而本来相对稳定的丙纶纤维表面也产生了自由基或离子基团,为部分改性打好基础。

(2)无纺布的阳离子改性。电晕活化后的无纺布进入轧液槽中,在槽中以有机活性的卤代烷基胺[二(2-氯乙基)乙二胺盐酸盐]为原料,浸轧后烘干收卷;粘胶纤维表面的纤维素发生胺化反应,接枝阳离子基团,在丙纶纤维上因电晕产生的离子基团也有部分与改性剂反应,获得阳离子属性。如图 1.16-4 所示:

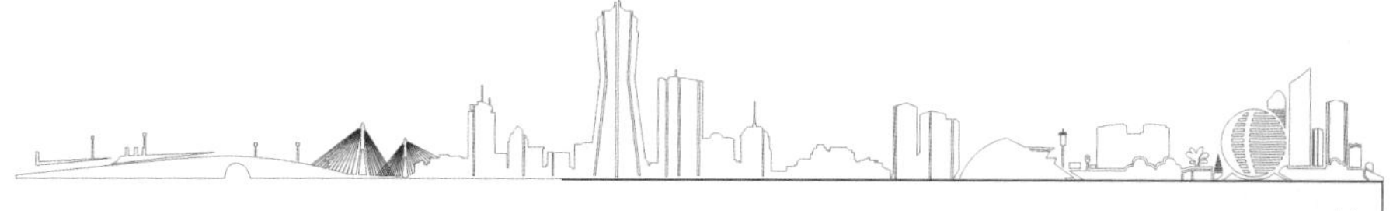

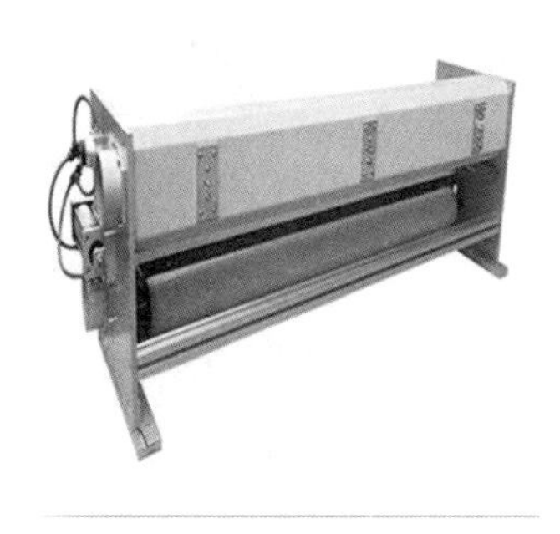

(a)电晕活化设备图

(b)加改性剂图

(c)浸轧

(d)改性完成

图 1.16-4　改性

3.3　阳离子基础材料的吸色实验

我们选取活性深蓝染料，按万分之一浓度与纯水配置成染液，5 种用同种改性工艺处理的基础材料吸色当量如表 1.16-1 所示，我们选择手感适中、有一定强度、吸色当量高的 3：1 配方的水刺无纺布为基础材料，如图 1.16-5 所示。

表 1.16-1　吸色当量

纤维比例	R50/PP50	R60/PP40	R75/PP25	R80/PP20	R90/PP10
吸色当量(活性深蓝 g/g 吸色布)	0.02	0.35	0.05	0.05	0.06
选择			√		

(a)染料称重

(b)配置染料液体

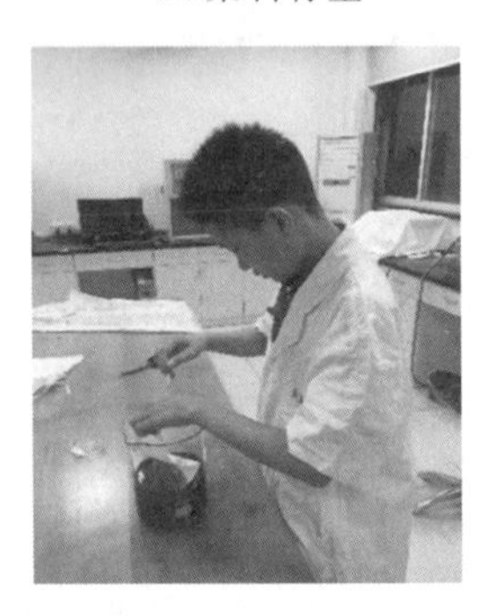

(c)各种基材吸色实验

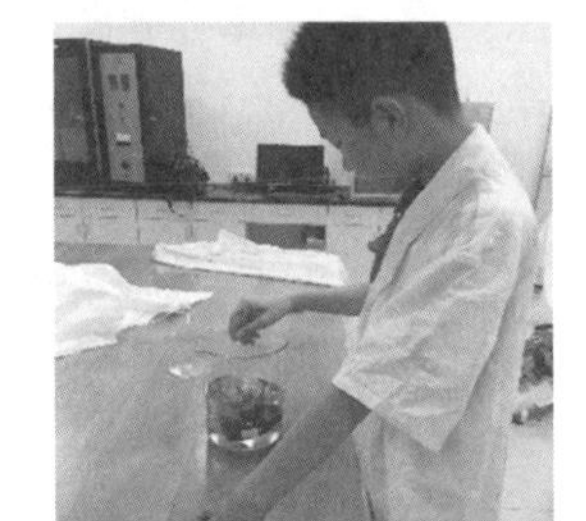

(d)吸色效果

图 1.16-5　吸色实验

3.4　单层喷涂洗衣液

将配好的高浓洗衣液经单面喷涂的方式施加到改性后的水刺无纺布上，得防串染洗衣布，再经烘道烘干，分切裁片，即可初步完成防串染洗衣片的制作；洗衣液以绿色环保的椰子油表面活性剂、两性离子甜菜碱、脂肪酸酯磺酸钠、烷基多苷等为主要材料，加上助洗剂、香精等，组成一个完整的配方体系。如图 1.16-6 所示：

(a)裁片图

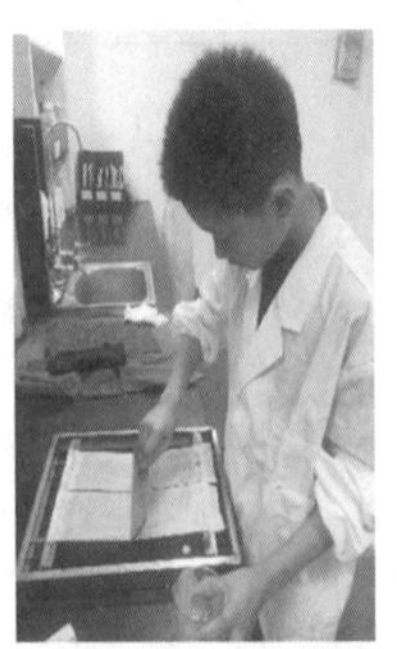

(b)单面喷涂洗衣液

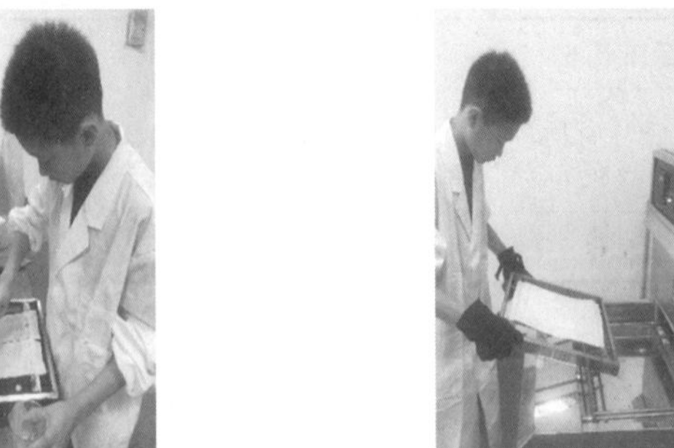

(c)烘干照片

图 1.16-6　喷涂过程

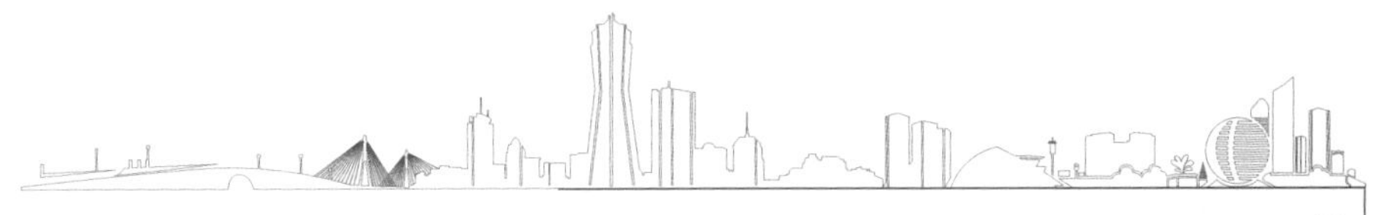

3.5 添加活性酶、造丸

将制品裁切成一定尺寸，如 15 cm×15 cm，或 16 cm×18 cm，然后将裁切好的制品的洗衣层铺设活性酶层，放到冲压机配合模具，冲压成类似压缩毛巾形状的产品即得防串染洗衣丸。去色层将洗衣层、活性酶层包覆在内，一方面可以避免了洗衣丸与外包装发生粘连现象的发生，另一方面可以同时达到防串染、深层洁净、洗衣护色的效果，具有高效去污、环境友好、方便携带等优点。如图 1.16-7 所示：

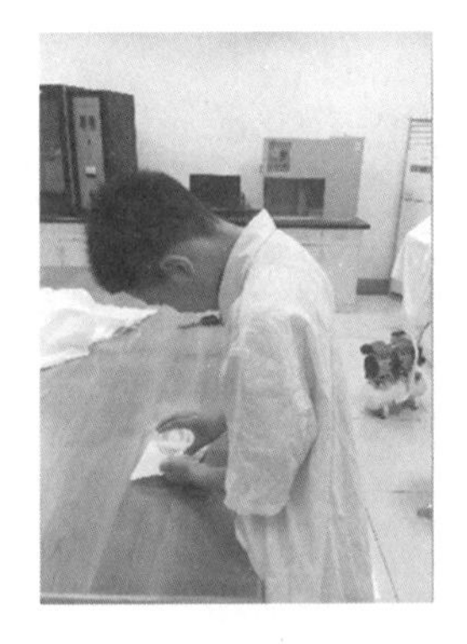

(a)添加活性酶图

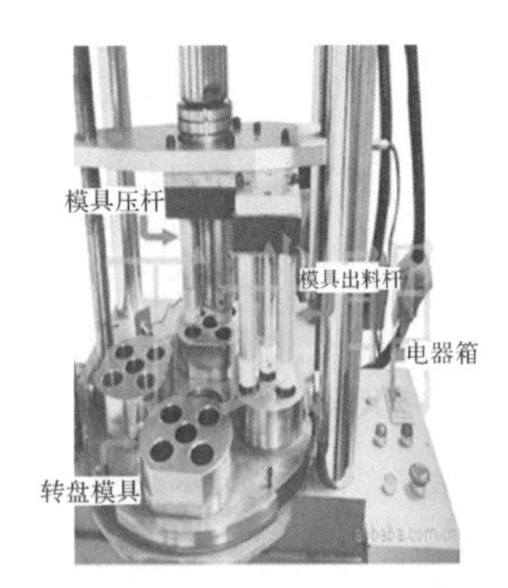

(b)压缩成丸的模具、设备

(c)成丸

图 1.16-7　制丸

3.6 智能投料装置

我们对家用洗衣机的加液槽进行优化，改造后的加液槽在保持加洗衣液功能的同时，能实现防串染洗衣丸的智能投料。在洗衣机电脑主板的微控制器中新增三路控制功能：(1)选用洗衣液或洗衣丸的功能；(2)在选择洗衣丸模式后，能根据洗涤模式、洗衣量、水量的大小实现不同的投料数量，如普通洗涤投料 1 颗，衣物多的时候投料 2 颗；(3)在洗衣丸用完时，在面板上的指示灯亮起提醒添加。

洗衣机主板上的微控制器根据使用人的按钮选择来启动洗衣液或洗衣丸模式；当选择洗衣丸模式时，根据按钮选择的洗衣模式、洗衣量、水量来对应投料数量之间的关系，微控制器给继电器一个信号，继电器指令电磁开关动作一次或二次完成投料；送料弹簧靠近送料口的顶端，是和洗衣丸横截面相同的铁片，铁片上装有接近开关，当洗衣丸全部投完时，接近开关和加液槽的内壁上的铁片接触，接近开关给微控制器一个信号，指示灯亮起提醒添加洗衣丸。如图 1.16-8 所示：

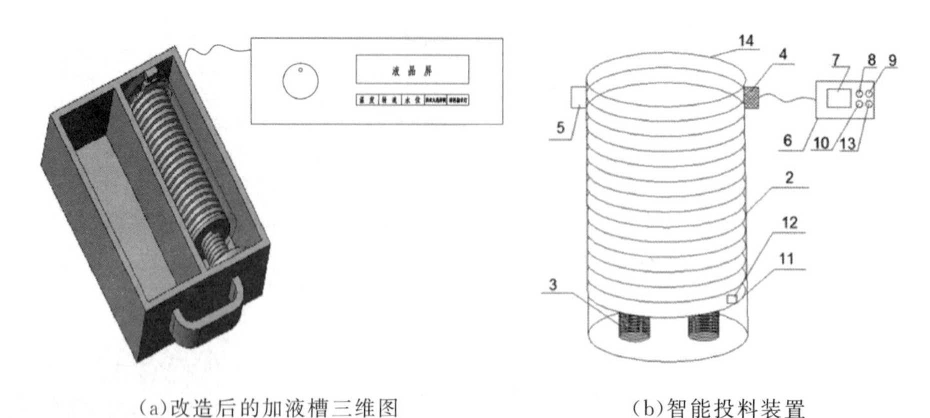

(a)改造后的加液槽三维图　　　　(b)智能投料装置

图 1.16-8　投料

4　测试结果

4.1　去污力测试

以 75 g/m² 的水刺无纺布为基材，经改性后，施加洗衣液，烘干后约达到 220 g/m²。我们按 15 cm×15cm 大小进行裁片，每片防串染布约含 1.7 g，洗衣液成分 3.2 g，考虑到制品具有一定的含水率，且已知表活占洗衣液配方的 90%，因此我们可以计算出表活占总重量的比例约为 58%。依据洗涤行业国家标准，表活含量须占制品的 17%以上，所以我们制备的防串染洗衣片浓度相当于 3.4 倍的标准洗衣液浓度，属于高度浓缩产品。去污力测试如表 1.16-2 所示：

表 1.16-2　去污力测试

	皮脂污布	蛋白污布	碳黑污布	浓度
配方	1.17	1.08	1.10	0.4 g/L
备注	标准洗衣液去污力测试用浓度为 2 g/L			

4.2　防串染能力

本制品具有很强的吸附能力，对含有活性染料的液体吸附 2 min 后，就可以实现染色液体完全脱色。本制品对尘螨、细菌等都具有一定的吸附与灭杀作用。本产品无磷无荧光剂，温和中性，这对保证人们的身体健康有积极的意义。如图 1.16-9 所示：

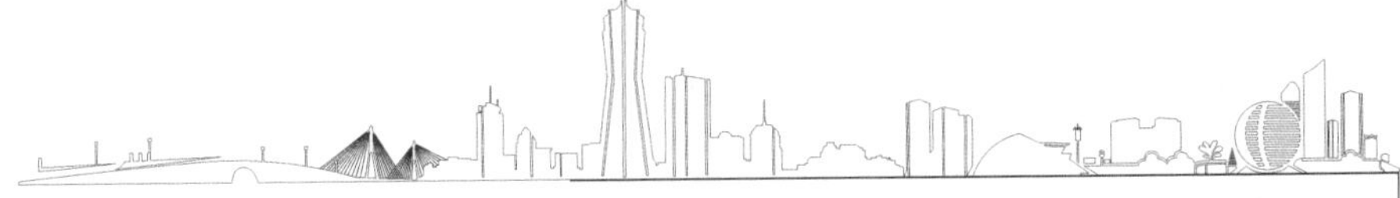

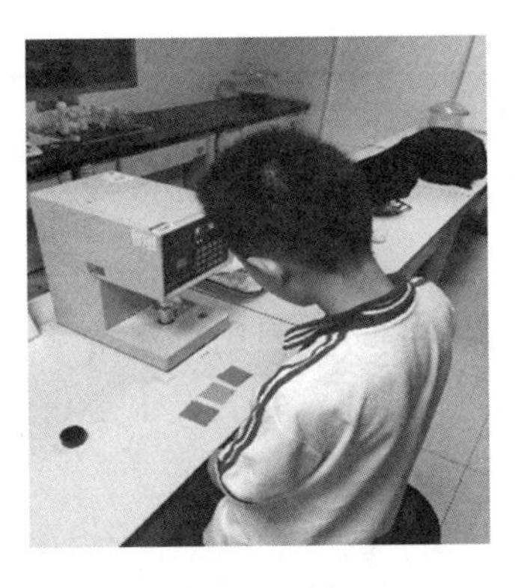

(a)白度仪测污

(b)放入去污测定仪

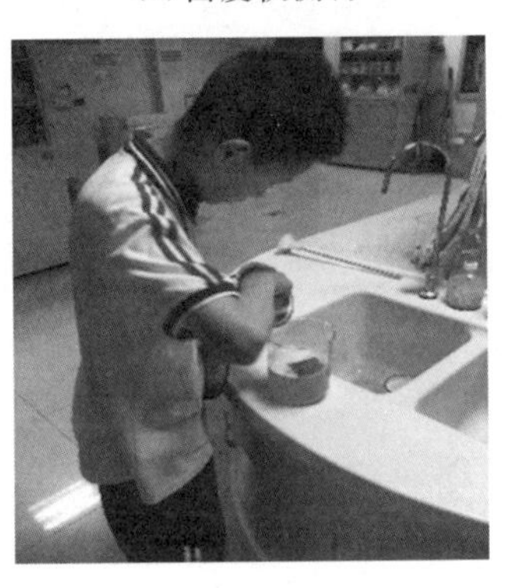

(c)取出烘干

(d)测去污效果

图 1.16-9 测去污力

5 创新点

2017 年 9 月 16 日，浙江省科技信息研究院查新，项目查新结论如下：

委托项目研发的防串色洗衣丸，采用水刺无纺布加工→电晕处理→离子改性→施加洗涤剂→烘干切片→包裹活性酶→造丸→智能投料的生产工艺，洗衣层通过单面涂覆设置在吸色层上，加入固体活性酶，冲压成压缩毛巾形状，即得防串染洗衣丸，这在国内所检文献中未见述及。

6 社会效益和经济效益

每颗防串染洗衣丸的成本如表 1.16-3 所示：

表 1.16-3 成本对比

分项成本 (15 cm×15 cm)	75 g/m^2 基材	阳离子处理	150 g/m^2 洗衣液	烘干切片	活性酶	造丸	合计
价格(元)	0.047	0.02	0.13	0.01	0.017	0.015	0.239

和洗衣液对比，洗涤5 kg衣物，一般需要洗衣液50 g，目前主流品牌1 kg装洗衣液的市场价格是13元，折合每次洗衣是0.65元。防串染洗衣丸的成本是0.24元左右，市场价格可以卖到1元，按其功能和实际效果，应该可以为消费者接受。

参考文献

[1] 司鹏，张丽萍.洗衣片的技术发展和市场趋势分析[J]，日用化学品科学，2017(3)：25-26.

[2] 张丽娜.洗衣片：高效环保新体验[N].消费日报，2016-03-02(6).

[3] 李禾.纳米洗衣片：节水又便捷 [N].科技日报，2016-03-29(4).

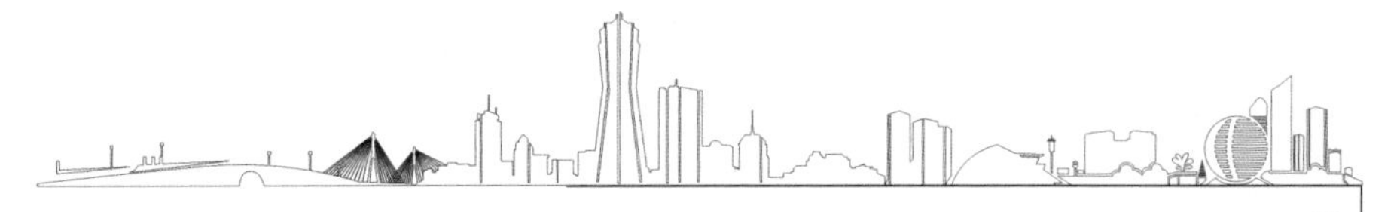

高速公路港湾式停车带智能管理系统的设计与研究

杭州江南实验学校　丁培尔　指导教师：邹小斌

摘　要：该文通过实地探勘我国高速公路港湾式停车带的特点，分析其周围发生的交通事故，对现有的港湾式停车带进行了适当改造，设计了一套带智能管理的提醒系统（专利号 201720534094.X），在公安交通管理金点子活动中被采纳，并在实际试用中取得较好的成果，浙江省高速公路交通管理部门计划在重点路段改进、推广并应用。

关键词：高速公路；港湾式停车带；智能管理

1　设计与研究背景

1.1　产生想法的原因

2017 年初的一个晚上，父亲开车带着我们一家人从老家上虞回杭州。在路过杭甬高速公路绍兴路段时，我目睹了一起交通事故的发生。一辆大货车从港湾式停车带内变道出来时和后面的货车发生了剧烈碰撞，后车司机生命危在旦夕。父亲立即把车停到了前面停车带里，参与了这次事故的救援工作。回家之后，这个事故一直在我脑海里盘旋，思考有什么办法可以避免此类事故的发生。把这个想法和父亲交流的时候，我得到了他的支持。于是我开始查询资料，向学校老师请教，在受到家庭防盗系统的启示后，有了一个不成熟的想法，就是在高速公路的港湾式停车带也安装一个类似的提醒式智能系统。时值绍兴交通管理部门开展向社会征集金点子活动，我决定参加。为了得到更多资料来完善设计，我拜访了当时事发路段的绍兴高速交警支队，提出了我的想法和初步设计。绍兴高速交警支队相关部门领导听了很有兴趣，决定向我提供资料，完善设计。

1.2　现阶段港湾式停车带存在的原因和不足

通过多次与高速交警叔叔的交流，我了解到杭甬高速公路作为一条日均流量超过 10 万辆的交通主干线，杭州机场互通到上虞沽渚互通之间是没有应急车道的，仅设有一个服务区，所以双向增设了 76 个港湾式停车带来应对车辆发生故障事故等情况时，紧急撤离、临时停放。

然而,据统计,该路段港湾式停车带区域近3年来已经发生交通事故285起,其中2起死亡事故,造成3人死亡。从数据上分析,港湾式停车带区域附近的发生事故主要有3个原因:(1)由于港湾式停车带进出口没有缓冲区域,加上当前车流量高速增长,车辆进出港湾式停车带时存在速度差的原因,与后方来车极易发生追尾事故;(2)港湾式停车带区域停车后,该区域治安形势相对较好,偷盗行为较少,再加上很多货车司机文化层次相对较低,对文字提醒不太注意,很多司机习惯性将其作为停车休息的区域;(3)车辆长期停靠港湾带内休息,无疑在高速公路上给疲劳驾驶的车辆增设了固定标靶,对自身安全缺乏保障。

2 研究过程

2.1 设计思路

考虑到港湾式停车带位于高速公路主线区域,周边车流大,车流速度快,事故瞬息即生,我设想是否能在港湾式停车带内增设一套设备,既用于对占用停车带睡觉的车辆进行及时提醒,让其主动驶离;又在车辆进入或驶离港湾式停车带过程中,及时为后方来车拉响警报,做好预警。

我参照家庭防盗系统,利用电学、光学、声学等物理学的原理,设计了一套自带红外线对射感应的智能管理系统。该系统具备了及时性、可控性、明确性、醒目性的特点。

2.1 设计原理

2.2.1 利用红外线对射感应的原理

本设计主要包括一个红外线发射器和一个红外线接收器。红外线是一种不可见光,而且会扩散,投射出去会形成圆锥体光束。我们利用红外线经过LED红外光发射二极体,再经光学镜面做聚焦处理使光线传送到很远距离,由前方受光器接收,从而在两个对射器中间区域形成一条甚至多条红外线光束。当有车辆进入该区域内,红外线光束就会被逐步切断,接收器信号发生变化,引发探测器发出警报。

2.2.2 车辆进出港湾式停车带时,隐患提前告知及警示

此外,停车带还增设LED大屏幕、高清摄像机、人工智能语音喇叭以及互联网设备,在停车带后方150 m处安装一套1 000 mm×1 200 mm交通信息显示屏及警示灯。

原理:货车的行驶速度较慢,一般在60~90 km/h。当货车驾驶员在行驶时,发现前方车辆有异常情况时,采取制动措施至车辆完全停下来,这段距离的具体计算公式如下:

$S=0.01V^2$,即速度平方的百分之一。

根据以上公式计算出当速度为60 km/h,货车的刹车距离为36 m。当货车速度为90 km/

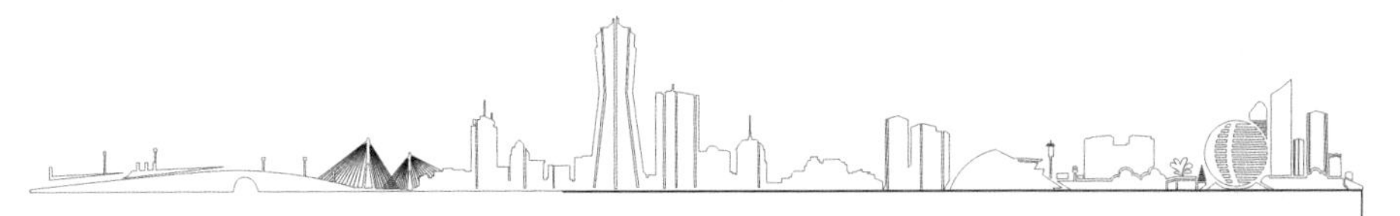

h,刹车距离为 81 m。再根据正常人的反应速度,从发现情况到采取制动,一般为 0.5 s~2 s。按照最长反应速度 2 s 计算,当速度为 60 km/h,货车刹车距离约为 70 m;当速度为 90 km/h,货车刹车距离约为 160 m。再结合安全法的规定,预警需要在后方 150 m,所以结合以上数据,最终确定在港湾式停车带后方 150 m 处设置交通信息显示屏及警示灯。

具体运行机制:当停车带内无车时,显示屏显示港湾式停车标志或相关安全警示,标志图文并茂、交替显示。对于超速车辆经过,通过雷达测速计算后,就以超速提示语言显示,并启动警示频闪及语音警告。

当停车带内有车时,显示屏显示内容自动切换成:前方港湾式停车带内有车,请注意避让,或不进入(此提示可自定义)。此信息与声光同步介入,用以告示后方车辆。

当有车辆意图进入港湾式停车带区域时,该系统通过雷达测速计算(30－50 码可设),同步告示后方车辆:请注意避让,或前方有车辆在慢行中。

一旦港内有车,或慢行进出港,通过港湾式停车带顶端的红外线感应,开启两边隔离栏上警示安全灯,提示后方车辆,如是无车通行,则自动关闭。

利用高清摄像对违法变更车道及长时间停车睡觉等违法行为进行抓拍,为交警执法提供依据。

2.3 实验检测

2.3.1 模型设计与模型制作及实验

根据制作原理,我先绘制了原理图并制作了一套模型,来测试可行性。

材料:两对红外线对射器、泡沫板一块(上面贴好高速公路平面图纸)、玩具车数辆、蜂鸣器一个、电线等其他材料若干。

将红外线对射器安装至平面图上的港湾式停车带位置,前后各两个,连接好电线。

在平面图港湾式停车带后方安装好蜂鸣器,连接好电线和红外线对射器。车道位置放好模型汽车。安装好开关,进行模型试验,试验达到预期效果。最终模型平面图如图 1.17-1 所示。

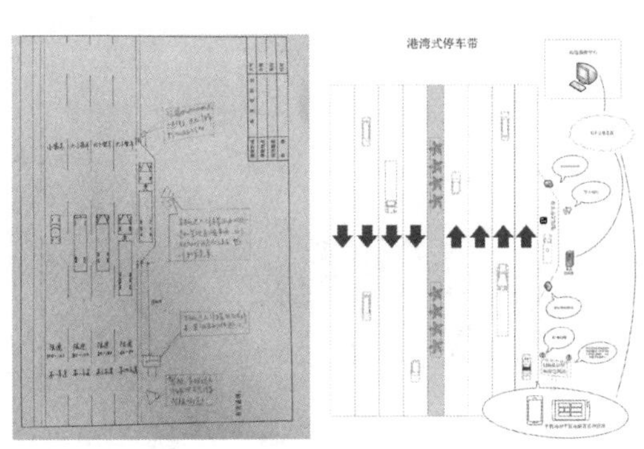

(a)制作手绘原理图和电脑制图

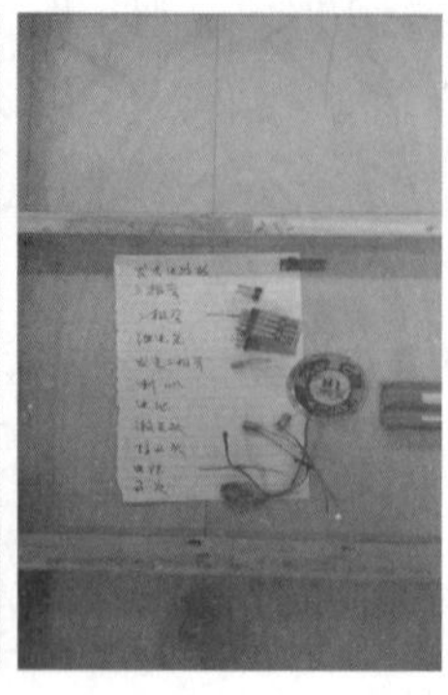

(b)准备材料

(c)根据原理制作模型

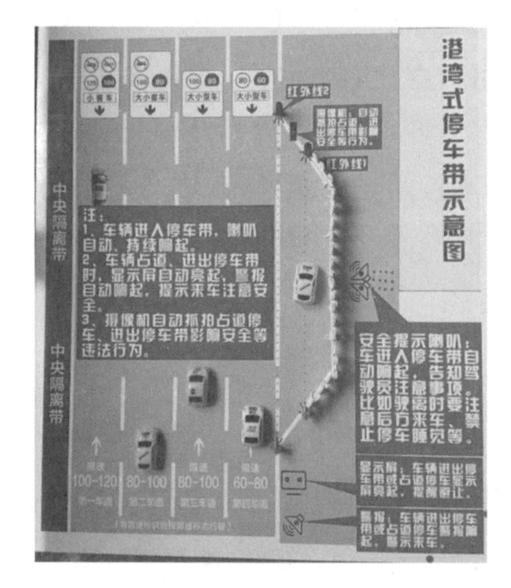

(d)模型平面图

图 1.17-1 模型制作

2.3.2 实地安装试验

模型制作成功后，我拜访了绍兴高速交警支队相关部门，得到相关领导的认可，他们也提出一些建议，并决定在杭甬高速公路绍兴段试点安装一个智能管理系统来实地检验成效。如图 1.17-2 所示：

图 1.17-2 向高速交警相关部门领导介绍模型原理和功能

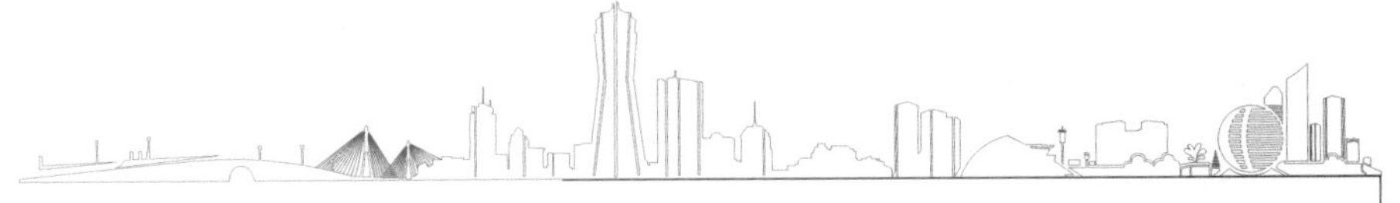

在进行实地安装后，LED 大屏幕、高清摄像机、人工智能语音喇叭以及互联网设备安装效果如图 1. 17-3 所示：

两对红外线发射器

高音智能喇叭

LED显示屏

高清摄像机

图 1. 17-3　安装效果图

3　研究结果

在该设备试运行一段时间后，据交警部门的信息反馈，该区域的违法停车数得到大幅度下降，车辆进出港湾式停车带给后方来车的安全隐患得到有效控制。司机同样表示该系统对提醒他们安全进出港湾式停车带有很大的积极作用，基本达到设计效果。高速交警部门专题召开会议研究改进和推广方案，浙江省政府应急网等媒体进行了介绍宣传，具体数据如表 1. 17-1 所示：

表 1. 17-1　安装前后对比情况

	车流量(万辆)/日	违停量(起)/月	预警率(%)	事故数(起)/年
安装前	6.5	475	31	15
安装后 1 个月	6.8	178	100	1
安装后 3 个月	7.3	57	100	0

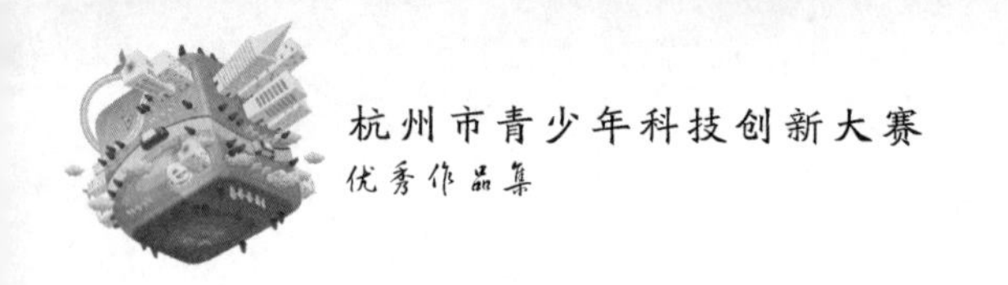

4 主要创新点

(1)利用红外线感应原理为基础,结合其他机构运作,造就了一个集预警提示为一体的多功能系统。

(2)采用了自动感应预警系统,提高了交管工作的效率,有效解决或减少进出港湾式停车带车辆的安全隐患,避免或减少追尾事故的发生。

(3)减少非故障事故车辆长时间停靠停车带的概率,为因故障或事故需要紧急停放的车辆提供场所,有效避免二次事故的发生。

(4)利用科技管理停车带,替代了原人工驱赶违停车辆,解放了警力,为日后实现科技强警提供了经验。

5 展望与发展

(1)要将该系统进行大面积推广,还需要增设一套云管理系统,即利用互联网技术对数据进行整合。如针对进入港湾式停车带,长时占位的车辆,通过车牌辨识系统进行识别统计,然后传输入监控中心的 APP 平台或电脑内。监控中心对辖区港湾式停车带内车辆停放的安全状况一目了然,发现车辆有违规现象,可立即通过喊话设备进行提醒,情节严重的调度警力前往处置。该系统还可收集所有进出停车带的车辆类别、时间、停靠时长、车速等多种数据,为事故预防提供相关数据。

(2)考虑到港湾式停车带区域附近电源连接存在一定困难,要大幅度推广,可将 LED 灯改为太阳能充电,既可降低外接电源的危险性,也可提升能源的利用率。

(3)每个港湾式停车带后方 150 m 处都有一个电子显示屏,增设云管理系统后,统一纳入监控中心调度,在前方道路发生事故或车辆故障无法靠边时可及时提前预警,减少二次事故的发生。

第二部分

优秀科技实践活动

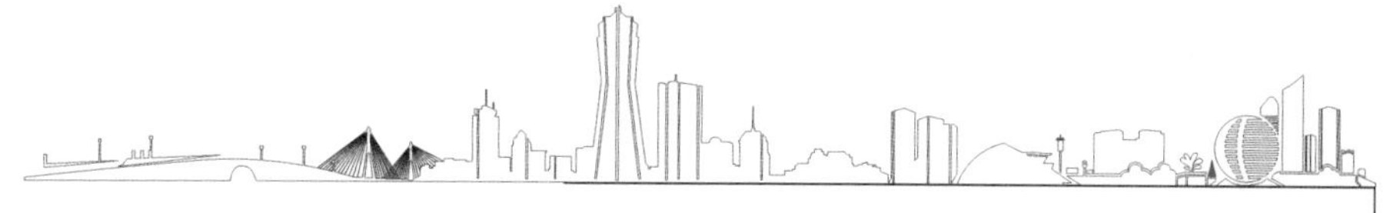

杭州桂花花形花色变化的影响因素探究

杭十三中神秘科技小队　指导教师：崔　卜

摘　要：平日里，在逢遇婚庆吃汤圆时，总看见碗里撒上桂花，碗中的干桂花竟然保持了原色原味。但科技小组自己用手采摘的桂花，时间一长颜色变深，花瓣收缩一团。这是为什么呢？为了解开心中的疑问，查找了相关资料并进行多次的科学实验探究，结果发现桂花花形花色变化与采摘有直接关系。直接摘、戴手套摘、直接摇落这3种方法中，该文主要研究人手采摘。而人手采摘的桂花易变色、变皱的主要原因跟采摘时间、人采摘时的力度，人手释放的汗液和人手的温度都有关。以此推理，桂花的采摘要求是否对金银花、菊花等采摘有参考价值，同时为如何保鲜问题提供了价值。

关键词：桂花；科学实验；力度；汗液；温度

1　缘起

我们学校坐落在杭州的城西，每到8月，满学校桂花飘香，沁人心脾。平时偶尔摘过来吻吻玩玩，过一会儿，桂花就枯萎了。这好像就是自然规律，都没有引起我们的探究意识。直到去年有一次，我们学校组织秋游。我们吃汤圆时，看见碗里撒上桂花，不知谁说了一句，这桂花像刚摘的一样，真新鲜。这一提醒引起我们的注意，仔细观察碗中的干桂花竟然保持了原色原味。同时引起我们的思考，为什么我们平时随手摘的桂花在掌心过不了多久，颜色就变暗，没有光泽，花瓣褶皱萎缩。我们不解：同是桂花，干桂花保持原色原味，而鲜桂花这么快容易枯萎。为什么效果反差这么大？干桂花又是怎么保鲜的呢？我们上网查找资料，没有具体的说法，于是我们决定研究人手采摘导致桂花花形花色变化的影响因素。

2　关于桂花及其采摘、变色、失水变形的相关资料

桂花，又名“月桂”“木犀”。常绿灌木或小乔木科，为温带树种。花簇生，3～5朵生于叶腋，多着生于当年春梢，二、三年生枝上亦有着生，花冠分裂至基乳有乳白、黄、橙红等色，香气极浓。桂花的品种很多，常见的有4种：金桂、银桂、丹桂和四季桂。

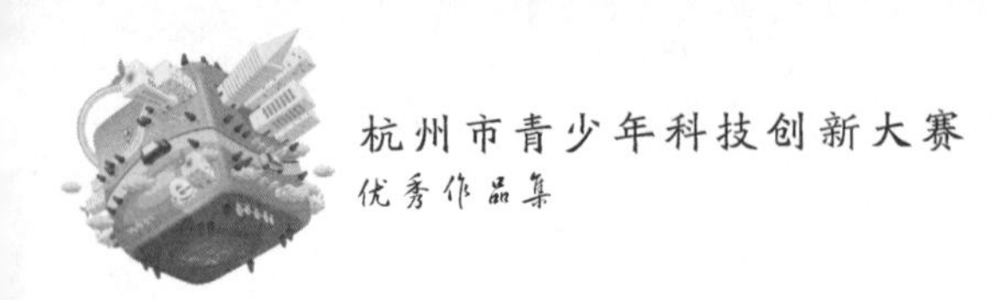

2.1 专业户采摘桂花的方法

（1）在桂花树下铺上布毯，再用竹竿轻轻敲打桂花树，就能采集到新鲜的桂花了。

（2）在地上铺一层塑料布，然后用力摇树，等花掉落就可以收集了。如图 2.1-1 所示：

图 2.1-1 敲、摇桂花树

2.2 影响桂花花色变化的因素

（1）土壤的 PH 值会影响桂花的颜色。

（2）桂花花中的色素受到的氧化程度不一样时，桂花变色的现象也不同。

2.3 影响桂花失水变形的因素

（1）土壤的排水能力影响桂花花朵的变形。

（2）不同的时间段也会影响桂花失水变形。

（3）花瓣里的液泡浓度与外界环境产生差异时会影响桂花失水变形。也就是手中酸溶液浓度比花中高，所以会吸水，从而影响桂花失水变形。

3 探究意义

在现实生活中，我们会碰到许许多多的现实问题，都需要我们用心去解决，只要留心观察生活，善于思考，用我们所学的科学知识去探究它，解决它，学以致用。这都是非常了不起的。在本文的探究中，我们学到了很多知识，影响桂花花形花色变化的因素很多，与采摘有直接关系。通过上网查资料，询问专业人士等途径知道了桂花专业户的采摘方法。我们又通过 6 个实验探究了人手采摘为什么会影响桂花花形花色变化的几个因素。通过实验研究，得出了结论。又可以把桂花的采摘要求是否对金银花、菊花等采摘有参考价值。同时为如何保鲜问题提供了参考价值。

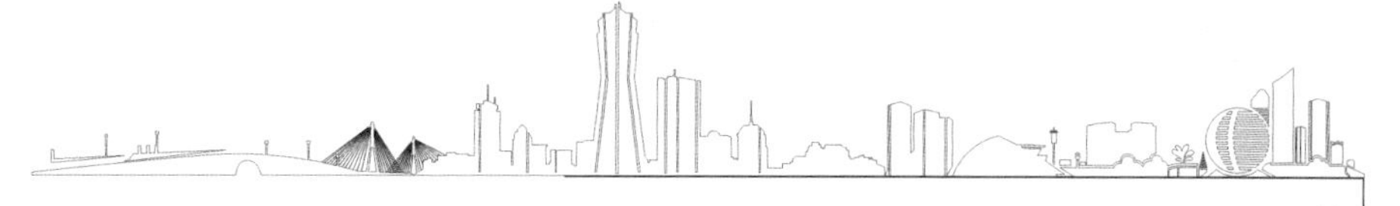

4 实践研究

探究思路：

上网查阅资料 ——→ 了解桂花采摘方法和汗液的组成部分。

实践调查 ——→ 有效地进行科学探究，找出影响桂花晒制的因素。

总结经验 ——→ 得出人手采摘桂花花形花色变化的结论。

4.1 探究摇落采摘和人手采摘对桂花色泽、失水现象的影响

探究目的：比较摇落桂花和人手采摘桂花对金桂和银桂的色泽及失水变形的影响。

实验材料：桂花植株、一次性桌布、白纸。

实验步骤：

(1)早上7点，在桂花植株下铺上一次性的透明桌布，同时用摇落和人手的采摘方法摘桂花；

(2)分别将摇落和人手采摘过来的桂花平铺两份一样多的在白纸上；

(3)观察、记录银桂40 min、2 h、4 h、5 h、8 h后的颜色、失水变形等现象；观察、记录金桂1 h、4 h、5 h、8 h后的颜色、失水变形等现象。

(4)交流、猜测影响桂花变色、失水变形的因素。

实验现象：如表2.1-1、表2.1-2所示。

表2.1-1 摇落采摘和人手采摘对银桂的影响

采摘方法 \ 时间	40 min后	2 h后	4 h后	5 h后	8 h后
摇 落	花瓣饱满，颜色依旧有光泽	花瓣依旧饱满，颜色依旧鲜艳，无明显变化	花瓣颜色无明显变化，花瓣干枯，失去水分	色泽仍呈白色，成干花状，花形完整，花柄依在	同前
人 手	花瓣颜色稍微变深、但不明显	花瓣颜色变深明显，花蕊先变、花瓣开始枯萎	花瓣片状不明显，向中间收缩，颜色变暗，部分出现褐色	萎枯，褐色增多	黄色带黑，干枯无水分，缩成一团

表 2.1-2　摇落采摘和人手采摘对金桂的影响

采摘方法＼时间	1 h 后	4 h 后	5 h 后	8 h 后
摇　落	花瓣饱满，色泽不变	颜色鲜艳，花瓣稍失水分	花瓣完整，色泽鲜艳	色泽鲜艳，花瓣完整，较饱满，无明显变化
人　手	颜色变暗，稍微变皱	颜色暗沉，无光泽，干皱，花柄脱离明显	花瓣略有水分	花朵皱成一团，红中略带棕色，暗沉，花瓣干皱

摇落和人手两种采摘方法对桂花的色泽和形状会产生不同的影响，先来分析金桂的不同采摘方法引起的变化。如表 2.1-3 所示。

表 2.1-3　金桂——不同采摘方法引起的变化实物对比

时间＼实物照片＼采摘方法	摇　落	人　手
刚摘下来		
1 h 后		
4 h 后		
5 h 后	和 4 小时后的现象基本相同	和 4 小时后的现象基本相同
8 h 后	和 4 小时后的现象基本相同	和 4 小时后的现象基本相同

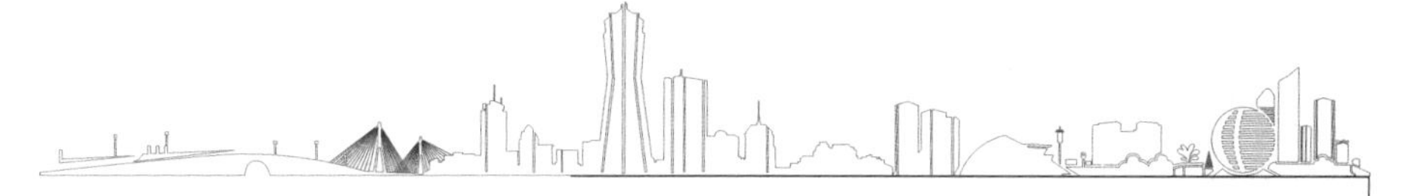

附注:银桂变化现象和金桂一致

实验现象小结:

人手采摘的桂花比摇落采摘的桂花变化速度快,人手采摘的桂花颜色易变深、变暗沉,花瓣易变皱。摇落桂花的采摘比人手采摘桂花能更好地维持桂花的色泽和失水。

根据实验现象进行推测:

从桂花资料整理过程中,我们知道影响桂花变色的因素有:①土壤酸碱度;②色素的氧化。从这次实验现象中,我们推测手碰触桂花会加快桂花色素的氧化,使它容易变色。影响桂花失水变形因素大致有3种,我们根据此次实验现象推测手碰触桂花后,手上的汗液浓度比桂花花瓣里的液泡浓度大,使桂花失水变形较快。

我们的进一步研究方向:

采摘桂花过程中哪些因素会影响桂花的色泽和失水情况呢?(为此,我们对桂花采摘引起的色泽、失水现象再次进行了信息搜索和实地调查、访问。)

桂花采摘方法引起的变化信息搜集、整理:

人手采摘的桂花为什么会容易变化?带着疑问我们上网查找答案,但没有结果。后来听说永嘉渠口有种桂花专业户,我们前往渠口进行实地调查。渠口乡下方村叶书记告诉我们采摘桂花的方法——摇落或打落,但关于人手采摘桂花为什么会变色,他说大概是因为人手采摘力度过大,桂花花瓣太娇嫩,而且采摘时间、手上的汗液等因素都会影响桂花色泽、失水现象。

通过对桂花采摘信息的整理,我们确定了接下去的研究目标:

(1)手直接摘、戴手套摘、摇落等方法对桂花色泽和失水的影响;

(2)不同时间采摘对桂花色泽和失水的影响;

(3)汗液对桂花色泽和失水的影响;

(4)温度对桂花色泽和失水的影响。

4.2 探究“手采”“戴手套采”“摇落”对桂花色泽和失水的影响

实验目的:

(1)手采对桂花色素氧化速度及液泡失水速度的影响;

(2)戴手套采对桂花色素氧化速度及液泡失水速度的影响;

(3)摇落对桂花色素氧化速度及液泡失水速度的影响。

实验材料:桂花、一次性手套、白色围巾、白纸、色卡。

实验方法:观察法、对比实验法。

实验步骤:

(1)分别由3位同学同时用最小的力度用手采、戴手套采、摇落3种不同的采摘方法,采集桂花;

(2)取 3 种桂花分别平铺在 3 张白纸上观察桂花颜色、花形的变化；

(3)在观察过程中完成记录表，并用国际标准色卡进行比较；如图 2.1-2 所示；

(4)交流讨论这 3 种采摘方法对色素的氧化及液泡失水现象的影响。

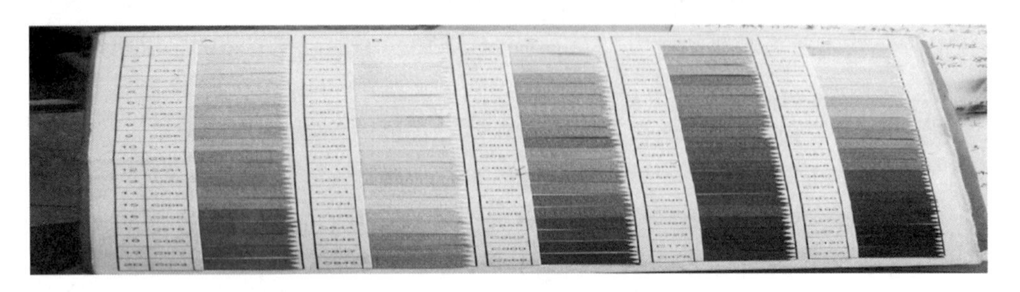

图 2.1-2　不同采摘方法后的色卡对比

实验现象如表 2.1-4、表 2.1-5 所示。

表 2.1-4　不同采摘方法对银桂的影响

时间 采摘方法	15 min 后	40 min 后	70 min 后	100 min 后
手　采	颜色加深，色卡比较为 C131，有的花上出现黑点，花瓣有干枯、萎缩现状	颜色明显变暗沉，花瓣蔫、萎缩、向中间合拢等现象明显出现	有 1/3 的花全黑，缩成小黑球，其他花的色泽不变，但都萎缩	花基本上已显干花状，但色泽暗沉，花朵蜷缩，褐色斑点多，花瓣干皱，色卡比较为 C894
戴手套采	颜色也有加深现象，色卡比较为 C131，黑点比手采现象少点，有干枯、萎缩现象	部分萎缩现象明显，花瓣失水，向中间合拢，颜色有变黑现象	有 1/5 的花呈全黑，蜷缩现象，呈小球状，其他的花不同程度上已出现小黑点	有蜷缩、脱水等干枯失水现象，颜色变淡，色卡比较为 C802，但无手采的变化大
摇　落	花瓣无明显变化，保持嫩白色，花瓣饱满，呈舒展状	无变化	颜色无变化，但有 1/5 的花开始干枯，其他花朵依然较饱满	有干燥现象，但色泽理想，花形仍大多舒展着，颜色仍为 C131

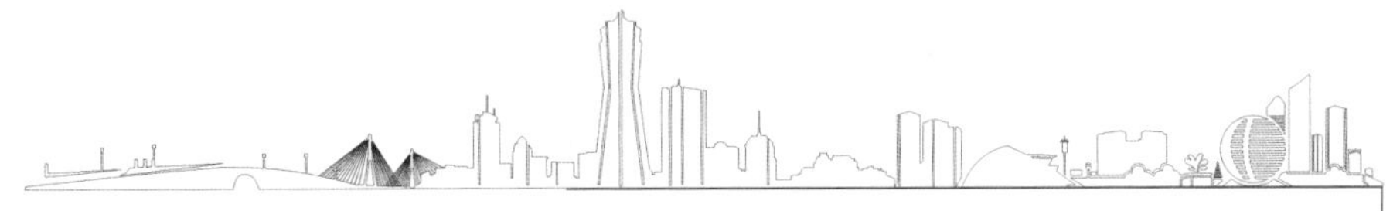

表 2.1-5　不同采摘方法对金桂的影响

采摘方法＼时间	15 min 后	40 min 后	70 min 后	100 min 后
手　　采	金桂花瓣边缘厚度变薄,有干枯现状,颜色加深,有的出现黑点,色卡比较为 C849	花瓣出现蔫、萎缩、向中间合拢等现象,颜色继续变暗沉	有 1/4 的花变黑,缩成小黑球,其他花也都在萎缩过程中	花基本上已干枯,但色泽暗沉,花朵蜷缩,色卡比较为 C807
戴手套采	金桂开始有颜色加深现象及花瓣失水现象,与手采相比较,黑点少点	开始出现花瓣失水、向中间合拢、颜色变黑等现象	有 1/6 的花蜷缩、全黑,呈小球状,其他的花不同程度上也出现小黑点	花朵不同程度出现蜷缩、脱水等失水干枯现象,颜色变暗,但无手采的变化大,色卡比较为 C849
摇　　落	金桂的形状完整,花瓣完全舒展,颜色鲜艳,花瓣、花柄水分饱满,色卡比较为 C006	花的颜色不变,形状完整,但花瓣略有干枯现象	花瓣不再饱满,开始向中间合拢。花色开始略有变暗现象,经色卡比较为 C849。	花瓣厚度变薄,有干燥现象,但色泽理想,花形仍大多舒展着

下面再来分析手直接采、戴手套采、摇落对桂花色泽和形状的影响,如表 2.1-6 所示。

表 2.1-6　银桂——手直接采、戴手套采、摇落对银桂色泽和形状的影响

时间＼采摘方法	手　　采	戴手套采	摇　　落
15 min 后	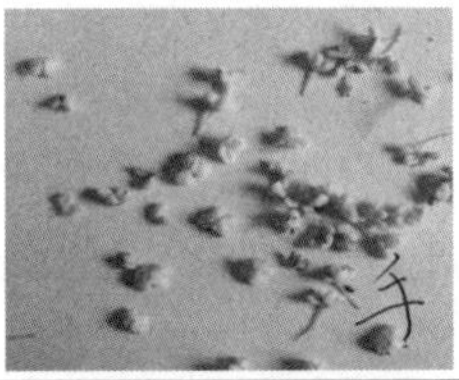	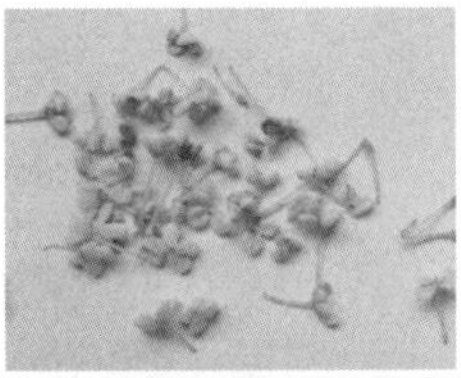	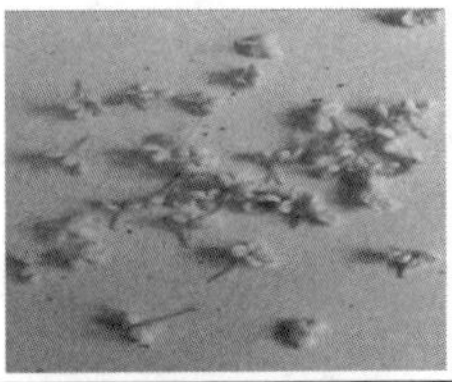
40 min 后	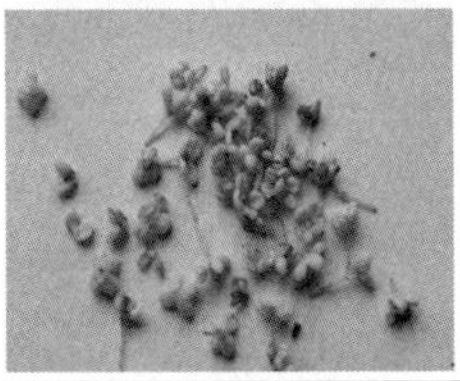	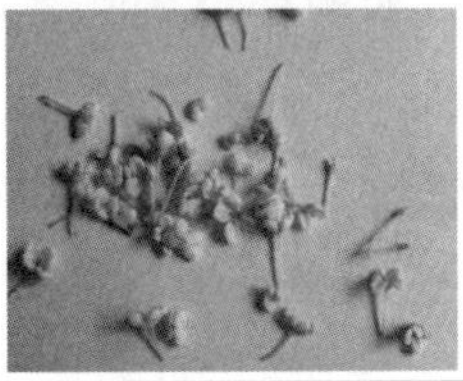	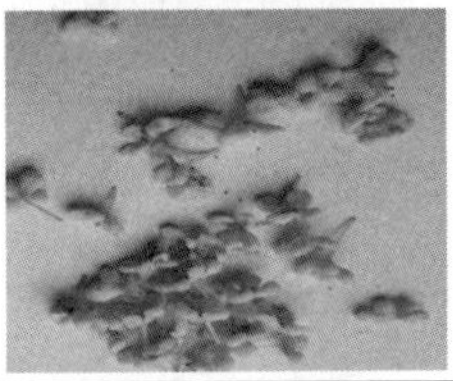
70 min 后	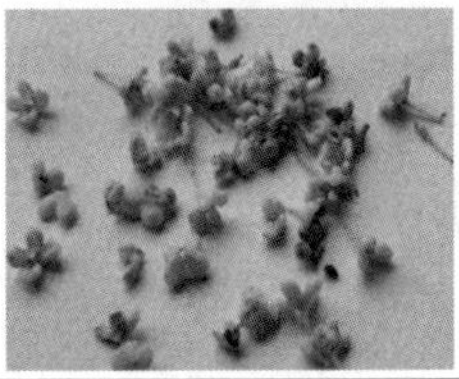	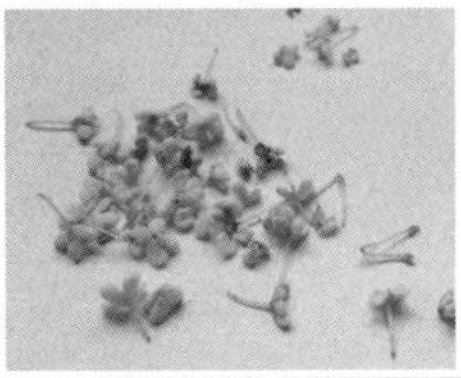	

续 表

时间 \ 采摘方法	手　采	戴手套采	摇　落
100 min后			

可见,金桂变化现象和银桂一致。

实验小结:

通过实验和色卡比较,我们发现直接接触的手采桂花变化最明显,影响最深。戴手套采稍比手采好,但效果又不如摇落。色卡比较变化如下:手采C503—C131—C844,戴手套采C503—C131—C802,摇落C503—C131—C131。摇落的桂花色泽变化和失水变形最少,一般能保持100 min左右,戴手套采摘其次,一般能保持40 min,手直接采摘效果最差,一般只能保持15 min左右。

根据实验现象进行推测:

(1)人手上有一种或几种物质会加快色素的氧化过程,加快桂花变色速度;

(2)人手上的汗液浓度与桂花花瓣中的液泡浓度差异较大,加快桂花失水变形速度;

(3)人在采摘时的力度会造成桂花花瓣表面的损伤,使其氧化速度和液泡失水速度加快,进而加快了桂花变色速度、失水变形速度。

确立下一步研究目标:

在本次实验的基础上,我们进行了"探究不同时间采摘的桂花其色素氧化及液泡失水"的实验。

4.3　探究早、中、傍晚3个时间段采摘桂花对桂花的色泽和失水的影响

实验目的:不同时间采摘的桂花其色素的氧化及液泡失水现象的探究。

实验材料:桂花植株、白色围巾、白纸、色卡。

实验方法:采用对比实验法,把不同时间段统一用摇落法采摘的桂花放在白纸上观察其自然氧化现象。

实验过程:

(1)分别在6:00、12:30、17:30这3个时间段用摇落法采集桂花;

(2)把6:00采摘的桂花进行实验,观察其氧化,做好观察结果,做好笔记记录;

(3)把12:30采摘的桂花进行实验,观察其氧化、失水现象并做好笔记记录;

(4)最后把17:30采摘的桂花进行实验,观察其氧化、失水现象并,做好笔记记录;

(5)将上面3种实验记录进行总结,分析。

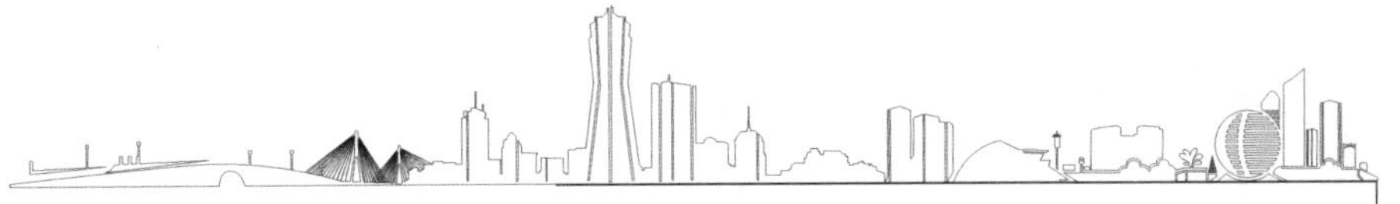

实验现象如表 2.1-7、表 2.1-8 所示。

表 2.1-7　常温下观察不同时间采摘的金桂的变化

采摘时间＼时间	1 h 后	2 h 后	4 h 后	5 h 后
6:00	色泽饱满颜色鲜艳，液泡水现象不明显，色卡 C006	颜色无明显变化，鲜艳，花瓣失水有点萎缩	颜色稍变暗，但仍感觉鲜艳，花瓣稍干枯，但形状依旧	颜色渐深，色卡 C849，花瓣萎缩，无光泽
12:30	颜色鲜艳，但不饱满，花瓣失水萎缩色卡 C849	颜色变暗，花瓣稍向中间卷缩	颜色变深明显，花瓣越向中间卷缩	颜色暗沉，色卡 C807，花瓣枯萎，部分出现黑点
17:30	颜色鲜艳，但不饱满，花瓣失水干枯，色卡 C849	颜色变暗，花瓣变皱明显	颜色变暗，花瓣失水无光泽	颜色暗沉，色卡 C234，花瓣形状枯萎

表 2.1-8　常温下观察不同时间采摘的银桂的变化

采摘时间＼时间	1 h 后	2 h 后	4 h 后	5 h 后
6:00	颜色鲜艳，花瓣饱满，色卡 C802	颜色稍加深，但不明显，花瓣稍饱满	颜色加深，花瓣失水干枯、无光泽	颜色变暗加剧，色卡 C894，花瓣失水干枯，形状没改变
12:30	颜色暗淡、无光泽，花瓣萎缩，色卡 C131	颜色暗淡，加深，花瓣萎缩成团，出现少数黑点	颜色变得更深，花瓣黑点增多，萎缩明显	颜色暗，色卡 C234，花瓣卷缩成团
17:30	颜色稍加深，花瓣饱满，水分不足，无鲜艳度，色卡 C131	颜色加深，花瓣干枯，没有光泽	颜色再加深，花瓣干枯加剧	颜色暗沉，色卡 C178，花瓣干枯萎缩，但仍舒展状

再看不同时间采摘对桂花色泽和形状的影响，如表 2.1-9 所示。

表 2.1-9 银桂——常温下不同时间采摘对银桂色泽和形状的影响

	早上 6:00	中午 12:30	下午 17:30
1 h 后			
2 h 后			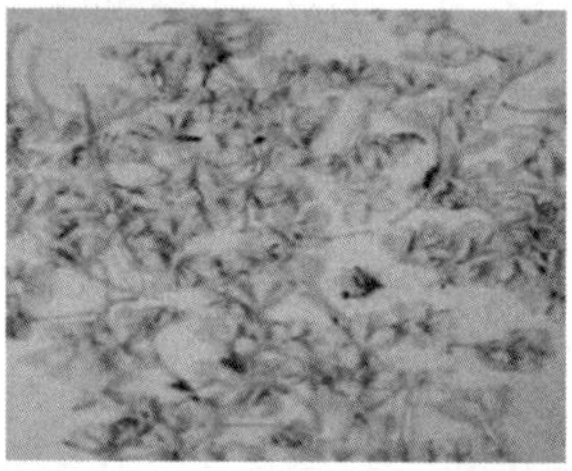
4 h 后		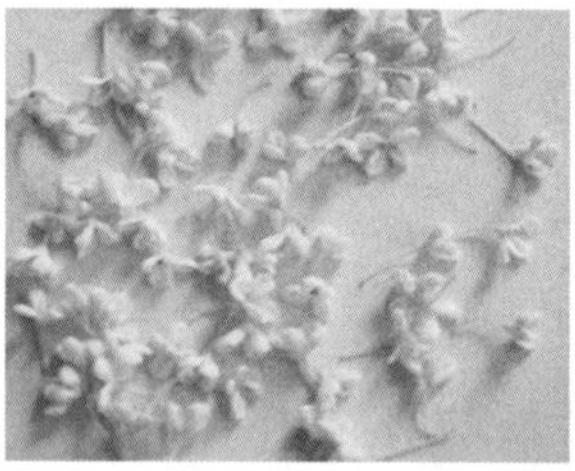	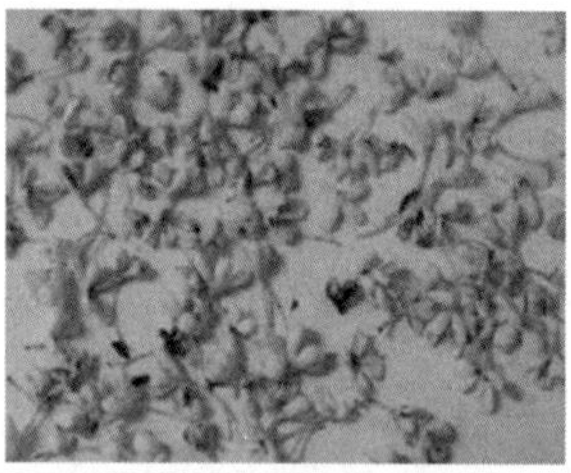
5 h 后			

实验分析：

通过对比实验发现：早上露水前(6:00)采摘的桂花色泽形状维持较好，中午采摘的桂花，刚采摘下来本身已失水分，显得干枯，色泽不鲜，长时间后变化最明显，傍晚采摘的桂花比中午采摘的桂花稍好，变化不明显些，但与早上采摘的桂花相比，它的色素氧化现象显明，液泡失水出现枯萎蔫状。

下一步研究的问题：

在前几次实验的基础上，我们猜想，是否人手上的汗液、温度等会对桂花有所影响呢？而且在上述实验中得知：露水前(6:00)采摘的桂花变化最不明显，色素氧化和液泡失水现象不严重，于是我们决定专门选取露水前(6:00)采摘的桂花，研究“汗液对桂花色泽和失水的影响”。

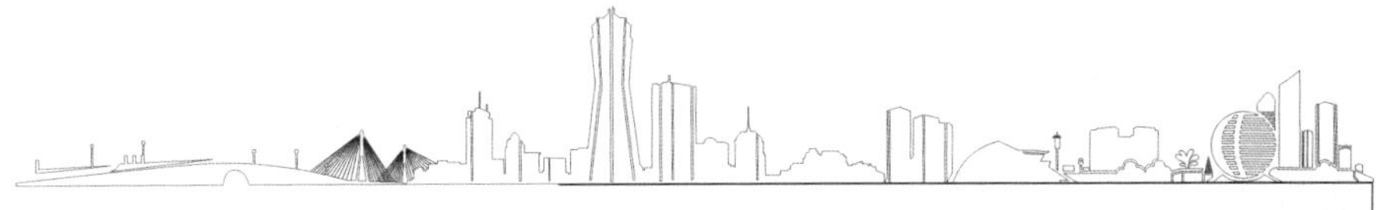

4.4 探究汗液成分对桂花色泽和失水的影响

实验目的：

(1)汗液成分之一——尿素对桂花色素的氧化及液泡失水速度的影响；

(2)汗液成分之二——盐对桂花色素的氧化及液泡失水速度的影响；

(3)汗液成分之三——水对桂花色素氧化及液泡失水速度的影响。

实验材料：桂花、白色围巾、白纸、色卡、烧杯、试管、滴管、天平秤、尿素、食盐、水、培养皿。

实验方法：采用对比实验法，在不同成分中观察桂花的变化。

实验过程：

(1)采用摇落法于早上6:00采集桂花，并在手不接触桂花的情况下准备实验用的桂花，把桂花平均分成10份，准备放入8个试管和2个培养皿里，并在试管上分别标上1、2、3、4、5、6、7、8号，培养皿上注明尿素(固体)和食盐(固体)。

(2)再在试管中倒入等量已配制好的成分，1、2试管倒入尿素溶液，3、4试管倒入食盐溶液，5、6试管倒入水，7、8试管倒入食盐和尿素溶液。在培养皿里分别放入尿素、食盐。

(3)分别在1、3、5、7号试管里放入银桂，在2、4、6、8号试管里放入金桂，进行观察。在培养皿里放入金桂、银桂。

(4)观察、记录银桂和金桂在30 min、60 min、90 min、4 h后的色素氧化现象及液泡失水现象。

(5)交流、讨论水、尿素溶液、食盐溶液、食盐加尿素混合溶液、固体食盐、固体尿素对桂花色素氧化和液泡失水现象的影响。

实验现象如表2.1-10、表2.1-11所示：

表2.1-10 汗液成分对银桂影响的实验记录表

时间 成分	30 min后	60 min后	90 min后	4 h后
水	5号试管内的银桂花瓣呈舒展状态，色彩鲜艳，色卡比较为C802	银桂花瓣色泽鲜艳，饱满，无明显变化	银桂色泽鲜艳，花瓣越来越饱满，尽情展开	银桂颜色，花瓣形状依旧
尿素＋水	1号试管内的银桂变化不明显，花瓣略有变黄现象	银桂花朵的花心处开始发黄	银桂自花心开始变黑，花瓣变化不明显，色卡比较为C802	花瓣变褐色，同时带有黑色斑块，试管内水色发黄

续　表

成分＼时间	30 min 后	60 min 后	90 min 后	4 h 后
食盐＋水	3 号试管内的银桂花朵开始变软，部分出现褶皱	花瓣开始萎缩，软而皱，像是脱水	银桂颜色稍变暗，花瓣收缩较厉害，向中间靠拢，色卡比较为 C178	花瓣褶皱，呈小球状萎缩，颜色略有加深
食盐＋尿素＋水	7 号试管内银桂花瓣、花蕊均出现颜色加深，花瓣缩小等现象	银桂花心、花瓣边缘颜色开始变黑，并开始向四周扩散，花瓣变皱	银桂花瓣变黑，但花瓣向当中合拢，色卡比较为 C234	花瓣收缩成一个个小黑球，试管内水色发黄、浑浊
盐	开始出现花瓣合拢的干枯现象，但花瓣仍较饱满	花形比上次有明显缩小，花瓣不再舒展，但颜色变化不大	颜色保持较好，比原先略深一些，有1/6 花有褐化现象，花瓣脱水、缩小，但花朵部分仍保持较好花型	花瓣向中间合拢，有干枯现象，颜色保持不变
尿素	褐色现状的花芯开始向花瓣蔓延，但花瓣仍保持舒展姿态	有 3/7 的花开始干枯缩小，1/2 的花褐比现象加重，且蜷缩	每朵花上自花心向外，都出现褐状现象，花瓣全部合拢、干枯	花心全部褐化，花柄底部也呈褐色，而且花都缩成了小球，无花形

表 2.1-11　汗液成分对金桂影响的实验记录表

成分＼时间	30 min 后	60 min 后	90 min 后	4 h 后
水	6 号试管内的金桂花瓣展开，更加饱满，色彩鲜艳，色卡对比仍为 C006	花瓣鲜艳，饱满，无明显变化	金桂色泽鲜艳，花瓣越来越饱满，尽情展开，色卡对比仍为 C006	花色稍有变淡变浅，花瓣形状依旧，看上去略有变软的现象
尿素＋水	2 号试管内的金桂花心处颜色开始加深	金桂颜色继续加深，自花心向花瓣处出现褐化现象	金桂花瓣稍有收缩，棕色斑块扩大，色卡比较变为 C523	花瓣、花梗颜色变黑，花瓣枯萎，水变浑浊
食盐＋水	4 号试管内的金桂颜色无明显变化，花瓣开始有点卷曲、变皱；花瓣有些变软变薄	金桂颜色略有加深，花瓣萎缩，花瓣软而皱，像是脱水	金桂呈完全干枯状，花瓣萎缩，颜色变暗，色卡比较为 C807	花瓣枯萎，颜色呈黄褐色

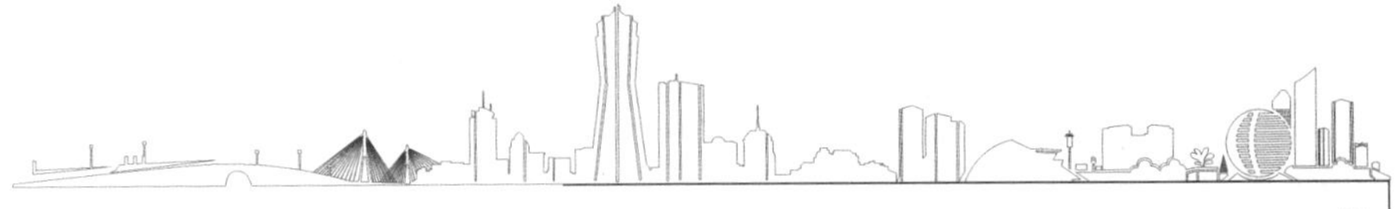

续 表

时间 / 成分	30 min 后	60 min 后	90 min 后	4 h 后
食盐＋尿素＋水	8号试管内的金桂颜色快速加深，同时伴有花瓣干枯现象	金桂自花心向花瓣处出现褐化现象，花瓣萎缩，向当中合拢	金桂仍在继续萎缩，花色继续变深，色卡比较为C234	花朵都变黑，卷成一团，水变浑浊
加盐	无明显变化	出现萎缩现象，颜色不变	继续干枯，色泽不变	花瓣脱水、干枯，色泽鲜艳，呈干花状
尿素	无明显变化	颜色加深，稍有萎缩现象	出现水分，颜色变黑，萎缩	颜色暗沉，花干枯

表 2.1-12　汗液成分（尿素、盐分、水）对桂花色泽和形状的影响

时间 / 成分	30 min 后	4 h 后
尿素＋水与水的比较	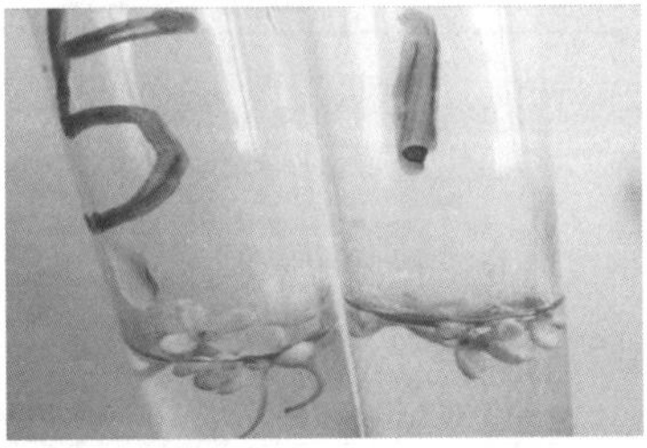 5号内是清水，1号内是水加尿素	 5号内是清水，1号内是水加尿素
食盐＋水与水的比较	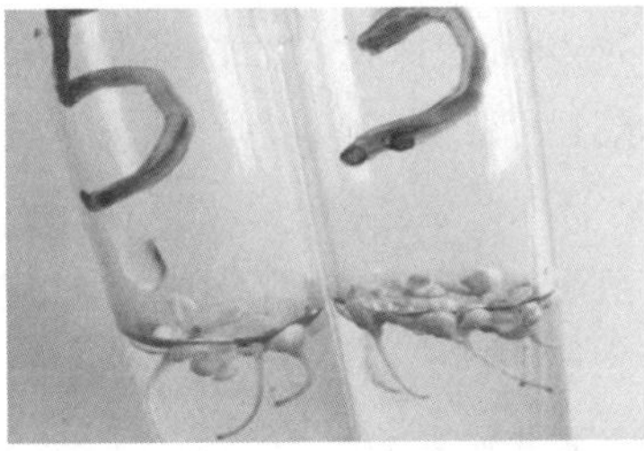 5号内是清水，3号内是水加食盐	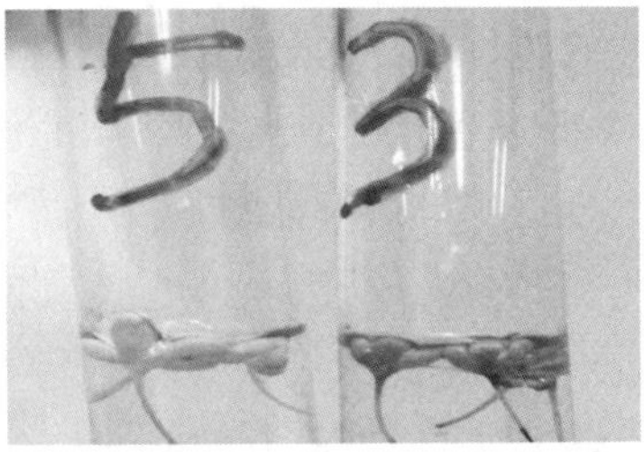 5号内是清水，3号内是水加食盐
食盐＋尿素＋水与水的比较	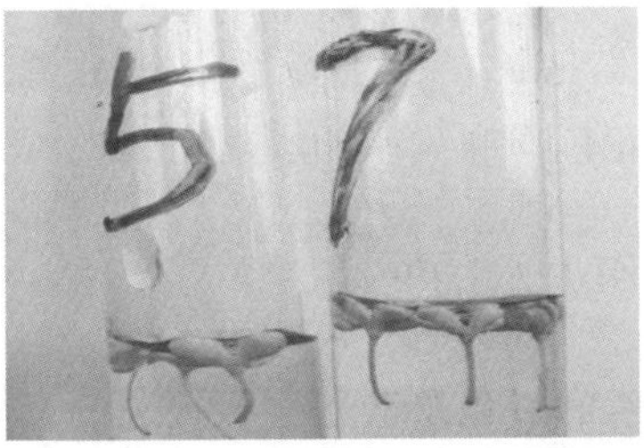 5号内是清水，7号内是水加食盐加尿素	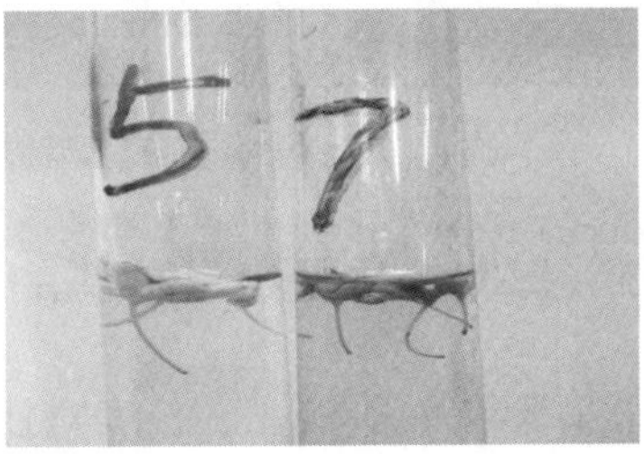 5号内是清水，7号内是水加食盐加尿素

续 表

成分＼时间	30 min 后	4 h 后
盐	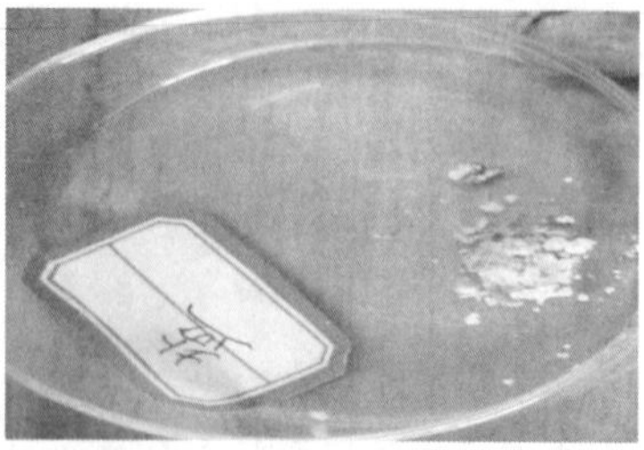	
尿素		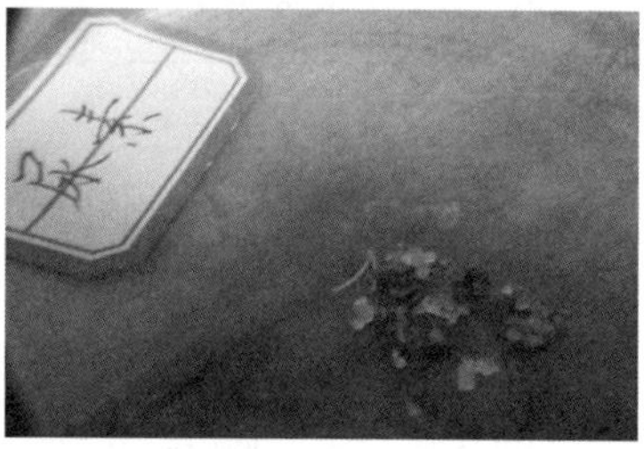

实验 4 小时后基本没变化了。

实验结果分析：

(1)单单加盐没有加快色素的氧化速度，还减慢了色素的氧化现象，但是盐能加快液泡的失水；

(2)当盐、尿素、水混合在一起后，桂花的色素氧化现象很快，失水现象也很快。

我们的结论：

食盐、尿素、水分都会影响桂花的色泽和水分保持，当食盐、尿素、水分三者混合在一起时，桂花色素的氧化速度和液泡的失水速度很快，对其色泽和失水变形影响很大。

根据实验进行推测：

(1)食盐、尿素、水这些物质能参与色素的氧化，被氧化的物质越多，氧化现象越明显，变色也越快；

(2)液泡的失水速度可能与分子运动的快慢有关。

进一步研究目标：

在得出上述的实验结果之后，我们猜想除了上述原因之外是否还有其他因素存在呢？于是我们决定继续研究"温度对桂花色泽和失水的影响"。

4.5 探究人体温度对桂花的色泽和失水的影响

实验目的：研究人体温度对桂花色素的氧化及液泡失水现象的影响。

实验材料：桂花、白色围巾、白纸、烧杯、试管、滴管、天平秤、水、酒精灯、温度计。

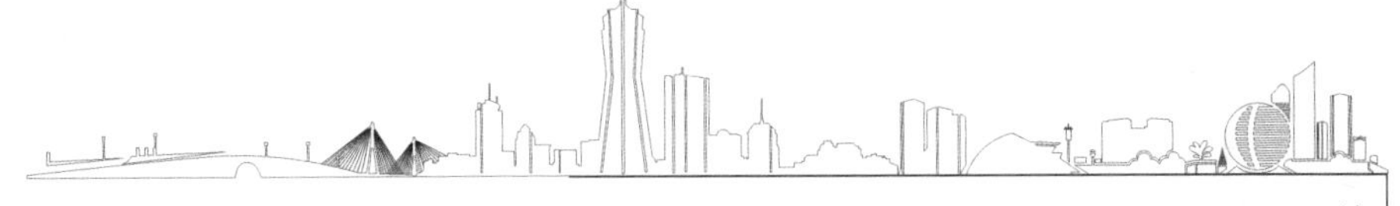

实验方法：采用对比实验法，模拟——23℃的水代表当天的大气温度，37℃的水代表人体温度，观察、记录不同成分中桂花的变化。

实验过程：

(1)先在试管上贴上不同成分的标签；

(2)再在试管中倒入不同温度的水；

(3)实验组水温保持温度为 37℃，然后放入早上 6:00 用摇落法采集的桂花，观察试管中桂花的变化，对照组水温为常温 23℃；

(4)交流讨论人体温度对桂花色素氧化及液泡失水现象的影响。

实验现象如表 2.1-13～表 2.1-15 所示。

表 2.1-13　温度对银桂的影响

时间 成分	10 min 后	30 min 后	60 min 后	2 h 后
对照组 23℃水	无明显变化	无明显变化	花心处有发黄现象	花瓣仍较饱满，花心处的发黄现象扩大
37℃水	有一、两朵花出现失水现象，颜色开始变透	花心开始点状变黑，有些已延伸向花瓣，花瓣仍较饱满	同前	有 1/3 花被泡胀，呈透明色，沉入水底，其他几朵花开始向中间合拢

表 2.1-14　温度对金桂的影响

时间 成分	15 min 后	30 min 后	40 min 后	2 h 后
对照组 23℃水	无明显变化	无明显变化	无明显变化	花形完整，色泽鲜艳，花瓣饱满，舒展有力
37℃水	花瓣背面局部变褐色	花瓣颜色加深，形状无较大变化	颜色无明显变化，但变透，有点“熟”的感觉	同前

表 2.1-15 人体温度对桂花色泽和形状的影响

时间 成分	15 min 后	40 min 后
37℃水与 23℃水的比较	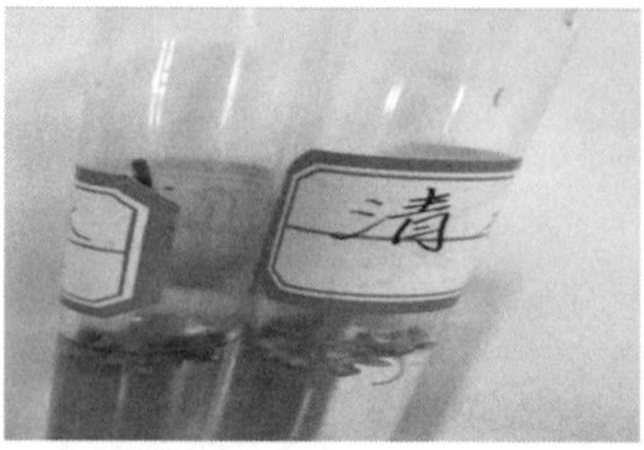 37℃水 23℃水	 37℃水 23℃水

40 分钟后基本没有变化。

实验小结：

37℃的温度对桂花的色素氧化速度和液泡失水速度影响很大。

根据实验现象推测：

(1)在 37℃时，桂花中的分子运动较为活跃，氧化速度较快，花色变色也就较快。

(2)在 37℃时，桂花中的分子的活跃运动影响了液泡的流动速度，在出现浓度差的时候，失水速度加快。

4.6 探究 37℃水加汗液对桂花的色泽和失水的影响

实验目的：

(1)研究 37℃水＋盐对桂花色素的氧化及液泡失水现象的影响；

(2)研究 37℃水＋尿素对桂花色素的氧化及液泡失水现象的影响；

(3)研究 37℃水＋盐＋尿素对桂花色素的氧化及液泡失水现象的影响。

实验材料：桂花、白色围巾、白纸、烧杯、试管、滴管、天平秤、尿素、食盐、水、酒精灯、温度计。

实验方法：采用对比实验法，观察、记录不同成分中观察桂花的变化。

实验过程：

(1)先在试管上贴上不同成分的标签；

(2)再在试管中倒入等量已配制好的成分：尿素，食盐，食盐和尿素，水；

(3)在各试管中放入早上 6:00 用摇落法采集的桂花，观察试管中桂花的变化；

(4)讨论、交流不同试管中影响桂花色素的氧化速度和液泡失水速度的因素。

实验现象如表 2.1-16、表 2.1-17 所示。

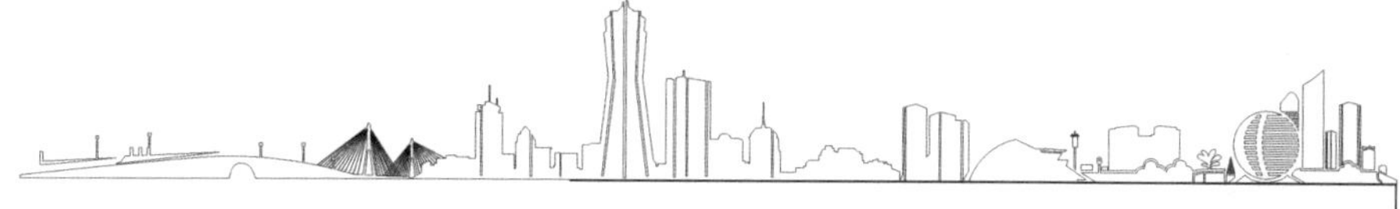

表 2.1-16　37℃水+汗液对银桂的影响

成分＼时间	10 min 后	30 min 后	60 min 后	2 h 后
37℃水	有一、两朵花出现失水现象，颜色开始变透	花心开始点状变黑，有些已延伸向花瓣，花瓣仍较饱满	同前	有 1/3 花被泡胀，呈透明色，沉入水底，其他几朵花开始向中间合拢
37℃水+盐	颜色变化不明显，但花瓣有脱水现象，向花心合拢	花瓣继续向中间合拢，自花心开始变黄，有 2/5 的花颜色加深	花瓣变薄，呈透明色有泡开现象	颜色继续变黄，除花托外，已全变黄，且花已全部萎缩
37℃水+尿素	2/5 的花已呈褐色，萎缩现状不是很明显	有 1/2 的花已全然变黑，剩余的花也有不同程度的褐状斑点出现	颜色开始变黄，花托干枯，花瓣萎缩	全部已变黄，有 2/3 已全然变黑，且花缩至原来的 2/3 大，有下沉现象
37℃水+盐+尿素	每朵花颜色均匀变褐色，且伴随花瓣脱水、合拢等干枯现象	颜色变化不大，有少数花瓣边缘出现褐色斑点，但有失水、合拢等干枯现象	水开始变黄，颜色继续变得深沉，花朵全部变黑，花瓣变薄，开始卷边	花朵继续变小，颜色变化不大，水色继续变黄

表 2.1-17　37℃水+汗液对金桂的影响

成分＼时间	15 min 后	30 min 后	40 min 后	2 h 后
37℃水	花瓣背面局部变褐色	花瓣颜色加深，形状无较大变化	颜色无明显变化，但变透，有点“熟”的感觉	花形完整，色泽鲜艳，花瓣饱满，舒展有力
37℃水+盐	颜色变淡，花瓣有褶皱，稍向当中合拢	颜色无变，花瓣萎缩，向当中合拢，花柄脱落	萎缩现状加剧，颜色变化不大	同前
37℃水+尿素	花瓣出现稍许褶皱，形状依旧，颜色加深	花瓣颜色继续变黑	颜色继续加深，花朵出现下沉现象	同前
37℃水+盐+尿素	开始萎缩，花瓣已稍有合拢	花开始明显变小，颜色略变黑	花瓣颜色继续变黑，花萎缩现象加剧，花朵下沉	同前

实验结果与分析：

通过实验操作证明，在温度 37℃下，桂花会加速变化，在颜色、失水现象上会在短暂时间内变暗、变皱。这说明人体温度和汗液对桂花的色泽和失水有很大的影响作用。

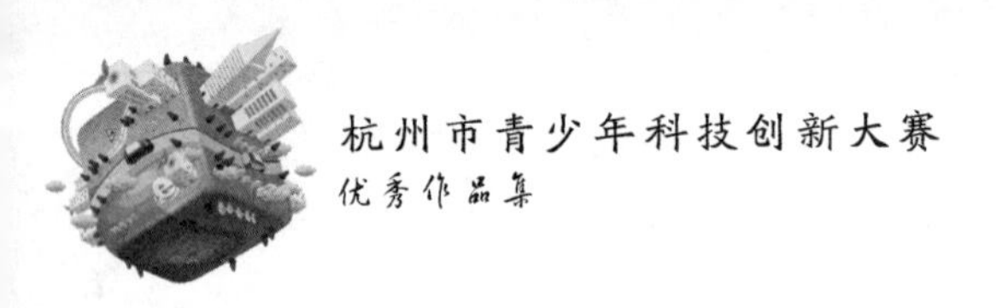

根据实验现象进行推测：

温度、水、尿素、盐混合在一起时，会加速桂花色素的氧化速度及液泡的失水速度，而且色素的氧化和液泡的失水跟花里的分子运动等可能也有密切的联系。

5 实验结论与分析

通过上述实验，我们整理得出以下结论：

人手的碰触、采摘的时间、盐分、尿素、水分、温度都会影响桂花的水分流失，手的碰触、采摘的时间、尿素、水分、食盐溶液、温度会影响桂花的色泽和失水，固体食盐不会影响色泽的变化。而色泽的变化是和花里的色素氧化现象有关，失水是与液泡浓度和外界环境浓度有关。

6 本项目创新点

本研究的创新点如下：

(1)解开了桂花采集过程中用手遇到桂花会变形变色的原因，这对研究和开发桂花资源具有一定的借鉴意义。

(2)本实验设计的方法具有一定的创造性。

7 下一步研究方向

研究已经结束，但我们总感觉需要有待研究还有很多，需要全面、深入地了解桂花。如：

(1)研究为什么上述的一些因素会导致桂花变色变形；

(2)采集最佳时间采摘桂花的缘由；

(3)桂花香味持久的探究；

(4)方便快捷采集桂花的方法。

8 收获与体会

(1)通过这个实验，我们认识到了只要坚持，就会从摸索中寻找到成功的道路。

(2)虽然多次定时叫醒，感到心烦意乱，但做实验过程却给我们带来了快乐。

(3)这次的实验探究激发了我们对科学的兴趣。平时只知道学习，不懂得做实验，如今一旦做起实验来却发现自然界中还有很多奥秘需要我们去探究。

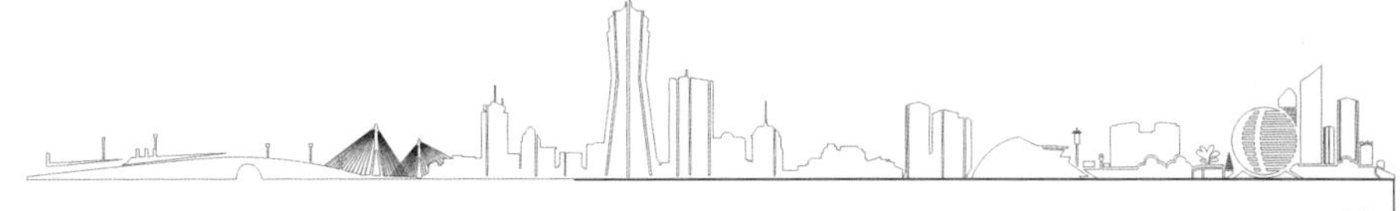

你知道正确刷牙的方法吗?

——关于小学生刷牙情况的实验研究

杭州采荷第三小学教育集团　护牙小卫士　指导教师:张红叶　徐旭甄

摘　要: 很多同学虽然天天刷牙,可还是有不少同学得了龋齿,龋齿已经成为少年儿童牙齿健康的头号大敌。通过问卷调查和实验研究,发现很多同学对牙菌斑的危害认识不足,刷牙的方法不够科学。采用牙刷尾巴科学监测并指导改善刷牙方法,实验数据表明,巴氏刷牙法能帮助有效清除牙菌斑,达到清洁口腔的效果,更好地保护牙齿。

关键词: 牙菌斑;巴氏刷牙法;牙刷尾巴

1　现实问题

俗话说:"牙疼不是病,疼起来真要命!"不少人都经历过牙疼的痛苦。引起牙痛的主要原因是龋齿和牙龈炎等。现在很多人都非常重视口腔护理,儿童口腔健康也得到了不少家长的关注,但龋齿仍然影响着相当一部分的儿童。科学课上,老师在讲到牙齿这课时,我们就发现班里有很多同学都有龋齿,龋齿已经成为我们少年儿童牙齿健康的头号大敌。通过上网搜索资料显示,我们国家儿童和青少年恒牙患龋率平均为 48.88%~63.65%不等,乳牙患龋率为 56.62%,也就是说每两个人中就有一个患有龋齿,平均每个孩子有将近 5 颗坏牙,触目惊心的数据提醒我们保护牙齿刻不容缓。

老师和家长都教过我们,刷牙是保持口腔清洁的主要方法,学会正确刷牙能有效清除牙菌斑和食物残渣,帮助我们预防龋齿等各种口腔疾病。我们大部分同学也都做到了每天坚持刷牙,可是为什么还有那么多同学会得龋齿呢? 龋齿到底是怎么形成的? 用什么办法才能有效预防龋齿呢? 我们决定开展一次关于小学生刷牙情况的调查研究来解开我们心中的疑惑。

2　实验过程

2.1　实验材料

(1)实验材料

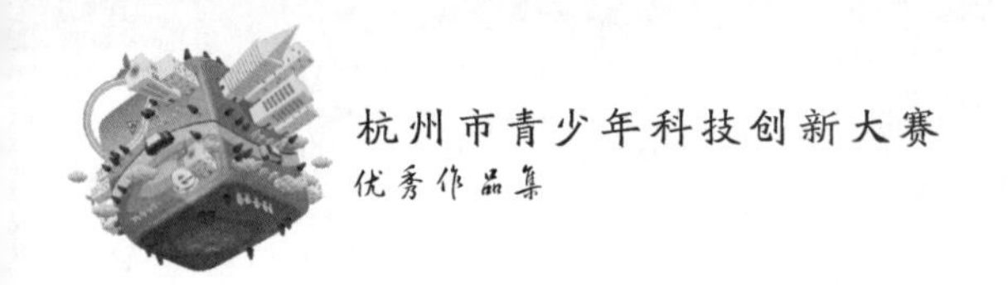

儿童牙刷、牙膏(高露洁)、牙菌斑显示剂(宏思特口腔科教文具有限公司)、记号笔、调查表、医用棉签、一次性口罩、手套、纯净水、一次性纸杯、放大口腔模型(高露洁公司)。

(2)实验仪器

牙刷尾巴(32teeth)、镜子、手机、相机。

2.2 实验步骤

2.2.1 实验设计和计划

实验设计和计划如表 2.2-1 所示：

表 2.2-1 实验计划表

<table>
<tr><td>小组名称</td><td colspan="2">护牙小卫士</td><td>小组成员</td><td>丁泽涵、周逸轩、周逸涵</td></tr>
<tr><td>组　长</td><td colspan="2">丁泽涵</td><td>指导家长</td><td>蔡华英</td></tr>
<tr><td rowspan="3">研究过程</td><td>准备阶段</td><td colspan="3">(1)确定研究主题,成立研究小组、制订研究方案。
(2)研究任务分工：
丁泽涵、周逸轩:设计实验,全面负责实验的实施,进行问卷调查、撰写实验研究报告；
丁泽涵:查找资料、采访博凡齿科医生护士、实验信息的整理、给班级同学介绍如何正确刷牙的方法；
周逸涵:采访博凡齿科医生护士、记录、制作调查问卷、给博凡齿科儿童患者介绍正确刷牙的方法；
全体组员参与实验过程。
(3)查找各种资料。
(4)确定研究对象：
博凡齿科的儿童牙科患者、学校四五年级的部分学生</td></tr>
<tr><td>实施阶段</td><td colspan="3">(1)采访博凡齿科的医生和护士,了解龋齿的形成原因及有效预防方法,学习巴氏刷牙法。
(2)在学校和口腔医院进行问卷调查,了解小学生对刷牙知识的知晓率。
(3)准备实验材料和仪器。
(4)进行巴氏刷牙法宣教前后的对比实验,并做好观察记录,拍照留存。
(5)统计实验数据及结果。
(6)走进学校进行正确刷牙宣教;走进社区举办趣味刷牙比赛</td></tr>
<tr><td>总结阶段</td><td colspan="3">(1)针对实验结果进行分析并提出建议。
(2)撰写实验研究报告。
(3)成果展示</td></tr>
<tr><td>研究方法</td><td colspan="4">(1)文献资料;(2)实验;(3)访谈;(4)问卷调查法;(5)数据统计;(6)其他</td></tr>
</table>

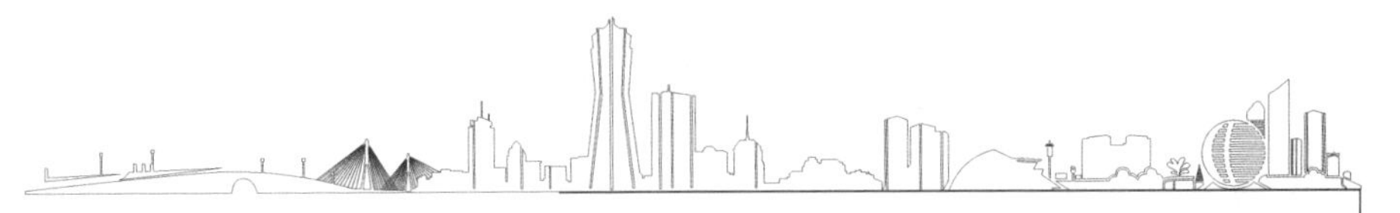

2.2.2 实验步骤

如图 2.2-1 所示：

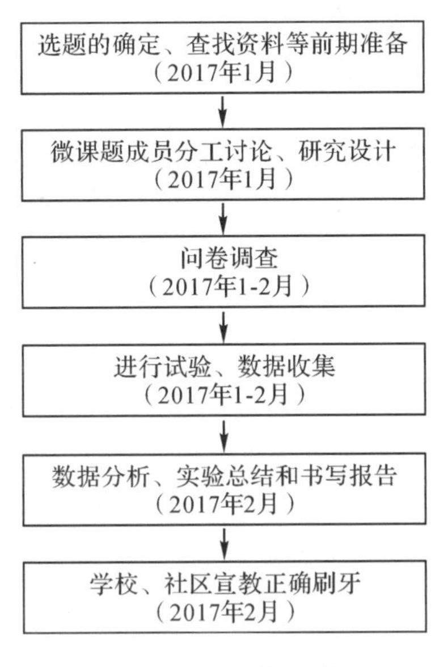

图 2.2-1　实验步骤

2.3 实验现象

2.3.1 研究龋齿的形成原因和预防方法

虽然每天坚持刷牙，但是还是有很多同学得了龋齿，龋齿到底是怎么形成的呢？带着这个疑问，我们不仅上网搜了很多资料，还亲自来到杭州博凡齿科采访了那里的齿科所长卢海平医生和护齿首席护士毛秋燕阿姨。如图 2.2-2 所示：

在博凡齿科采访学习

在博凡齿科采访学习

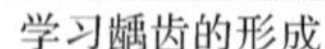
学习龋齿的形成

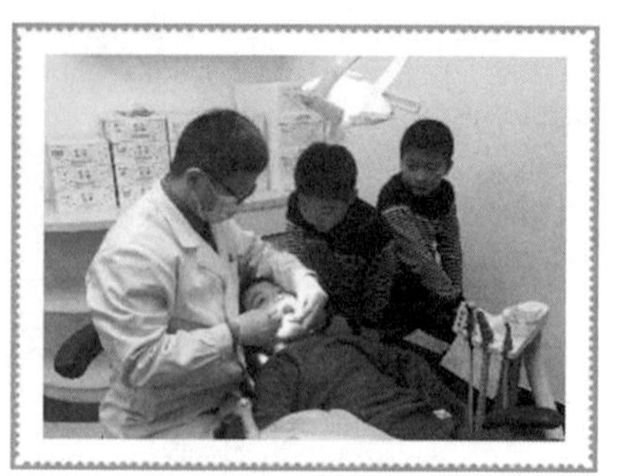
发现龋齿和牙菌斑

图 2.2-2 参观博凡齿科

丁泽涵：卢叔叔，毛阿姨，您们好，我们正在做一个关于小学生刷牙情况的实验研究，现在很多同学都得了龋齿，能给我们介绍一下龋齿是怎么形成的吗？

毛秋燕护士：龋齿的形成和多种因素相关，主要包括 3 个方面：细菌、饮食、牙和唾液。其中细菌在龋病发病中起着主导作用，口腔中的变形链球菌和乳酸杆菌，发酵产酸，使牙齿被腐蚀，软化，脱钙，牙齿脱钙后慢慢形成龋洞。如图 2.2-3 所示：

图 2.2-3 龋齿的形成

卢海平医生：这些细菌与唾液和食物残屑混合在一起，牢固地粘附在牙齿表面和窝沟中，这种粘合物叫作牙菌斑，如图 2.2-4(a)所示。显微镜下，1 mm^3 菌斑(1 mg)内有 10 亿个细菌，种类超过 300 种，是细菌堆积的“超级社区”，如图 2.2-4(b)所示。如图 2.2-4(c)所示，牙菌斑显示剂可以清楚显示牙菌斑，如不及时加以清除，牙菌斑的危害与日俱增，造成愈加严重的后果，因此消灭牙菌斑迫在眉睫，预防龋齿很重要的一步是清除牙菌斑。

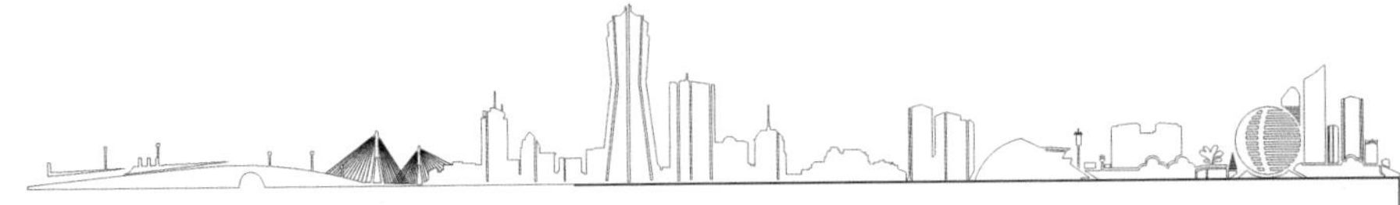

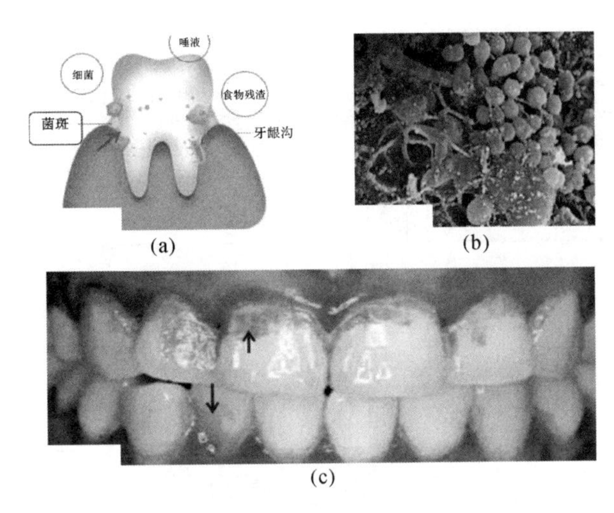

(a)　(b)

(c)

图 2.2-4　牙菌斑

周逸轩：刚才听了您们的介绍后，我知道牙菌斑是造成龋齿的罪魁祸首，那我们每天都有刷牙，难道就不能去除牙菌斑吗？

毛秋燕护士：你们知道刷牙的主要目的是什么呢？刷牙不仅仅是去除食物残渣，更重要的是消灭牙菌斑。那牙菌斑是怎么形成的呢？牙菌斑是指粘附在牙齿表面或口腔其他软组织的微生物群，它在晚上比较容易形成。因为睡觉时，嘴里的唾液会粘附在牙齿上，形成一层膜，而细菌就特别喜欢附着在这层膜上，而且还不能被水冲去或漱掉。所以很多同学虽然每天都有刷牙，但因为刷牙的方法不正确，只是去除了口腔里的食物残渣，而没有真正清除牙菌斑，所以才会导致龋齿的产生。因此牙医们建议每天刷牙两次，睡前一次，早起一次。为保证刷牙质量，每次牙刷至少 3 min，只有掌握正确的刷牙方法，才能更有效地去除牙菌斑，维护口腔健康。

周逸涵：那怎样的刷牙方法才能有效去除牙菌斑呢？

卢海平医生：准确有效的刷牙方法最常见的是龈沟清扫法或水平颤动法，如图 2.2-5 所示，这种刷牙方法可以有效去除龈缘附近和龈沟内牙菌斑的方法，是国际公认的有效刷牙方法，称为巴氏刷牙法。巴氏刷牙法可分解为 7 步，如图 2.2-6 有详细步骤分解，清晰易懂。

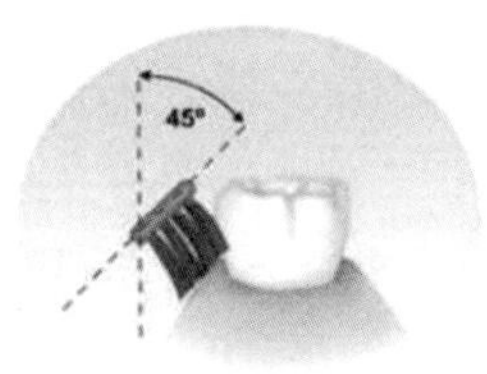

图 2.2-5　正确刷牙方法

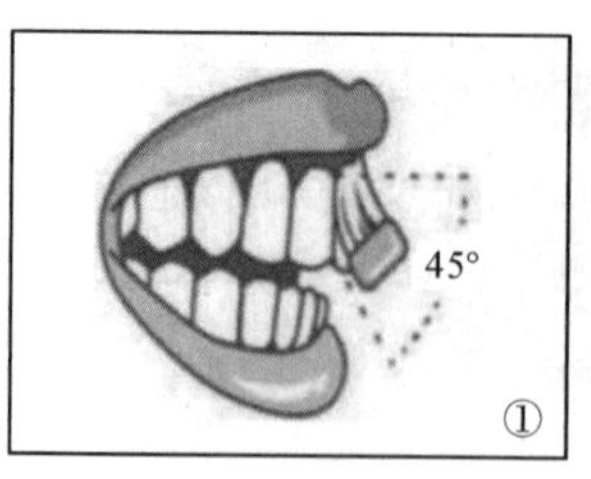

第一步，选择合适的牙刷，将牙刷与牙长轴呈45°角向牙尖方向，上颌牙向下，下颌牙向上，按牙龈–牙交界区，使牙刷毛一部分进入龈沟，并尽可能深入两个牙之间的缝隙内，用轻柔的压力，使刷毛前后方向短距离颤动10次。

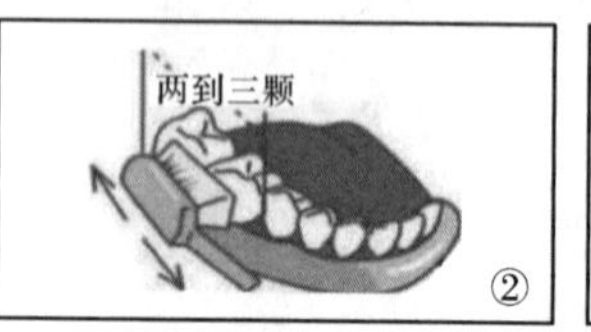

第二步，牙刷定位后，开始短距离的水平运动，颤动时牙刷移动距离仅约1~2 mm，每次刷2~3个牙来回刷10次。

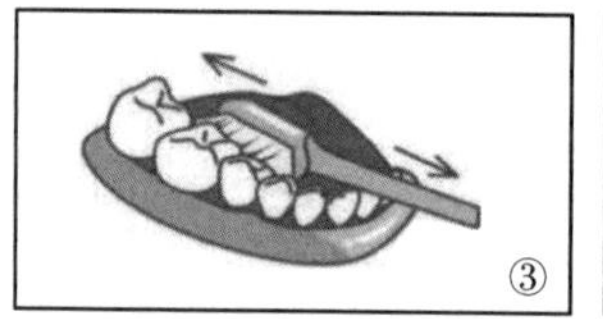

第三步，上颚后牙的舌面是不容易刷到，刷毛要对准牙齿和牙龈交界处，刷柄贴近大门牙。

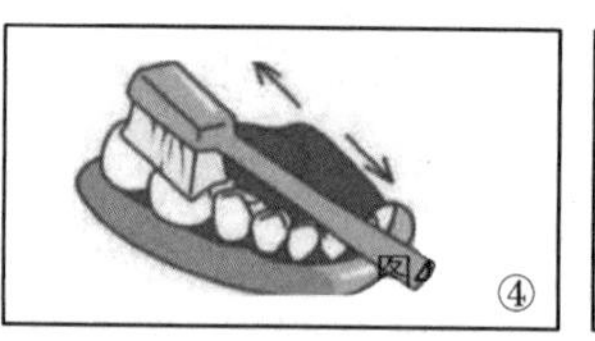

第四步，刷咬合面时，也是两颗牙两颗牙，来回刷。咬合面的窝沟是不容易刷干净的，要用力得刷。

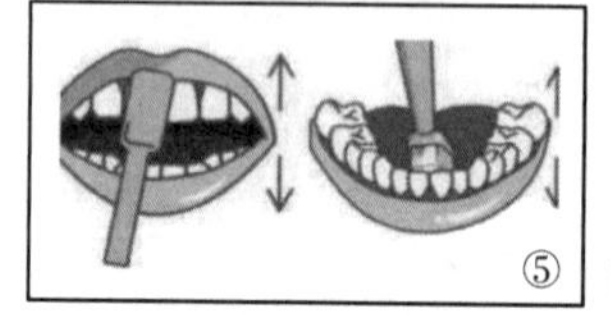

第五步，刷门牙时要竖着刷，一颗一颗上下来回刷。

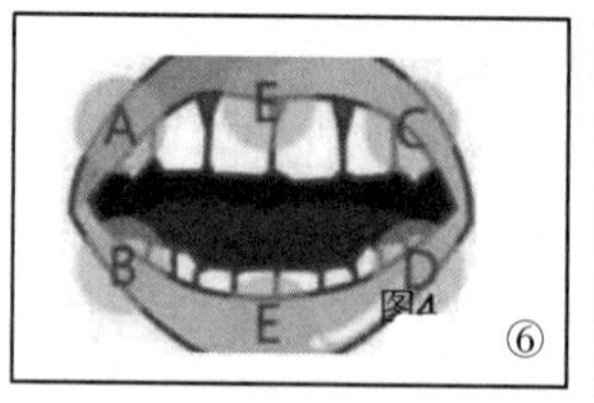

第六步，按循序得刷牙，先刷右侧上面A区，再刷右侧下面B区；刷刷左侧上面C区，再刷左侧下面D区；单独刷刷门牙E区。每个区域30秒，这样不会有遗漏，面面刷到。

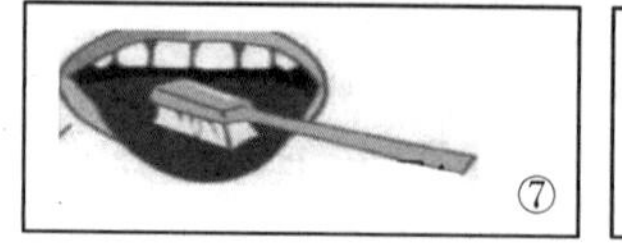

第七步，刷完所有牙齿，轻轻刷舌头表面，最后清水漱口。

图 2. 2-6　刷牙步骤

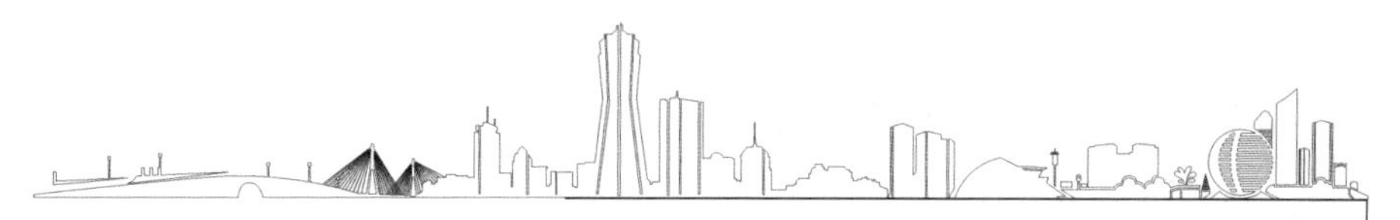

为了检测我们刚才刷牙的方法学得是否正确，牙科医生和护士还给我们介绍了一款叫牙刷尾巴的智能硬件和软件，如图 2.2-7 所示。它是采用食品级弹性硅胶材质做成的，使用时套在普通牙刷的刷柄上，同时打开手机端软件，即可采集刷牙时的运动数据，通过分析数据纠正和指导我们的刷牙方法。牙刷尾巴操作简单，数据直观，可以科学指导我们正确刷牙。

巴氏刷牙视频

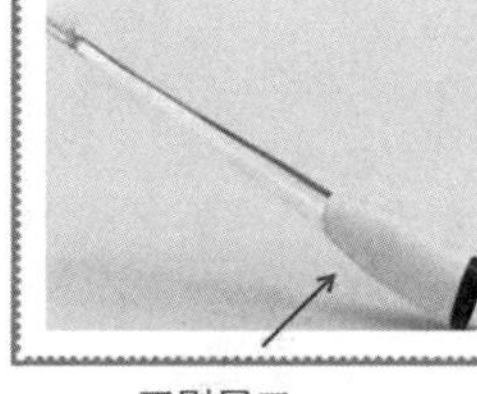

牙刷尾巴

牙刷尾巴软件

图 2.2-7 牙刷尾巴软件和硬件

这是牙刷尾巴的一次检测记录，如图 2.2-8 所示，结果显示才 40 分，存在刷牙时间过短(1 分 29 秒)，刷牙方法有横刷的不良手法，具体细节包括咬合面刷牙次数过少和牙刷方法不正确，舌侧面和外侧面上存在刷牙次数的问题。得到科学的直观评估和个体化指导后，在视频教学指导下，改善刷牙方法后，再次刷牙尾巴评估得分为 62，刷牙方法得到了明显改善。

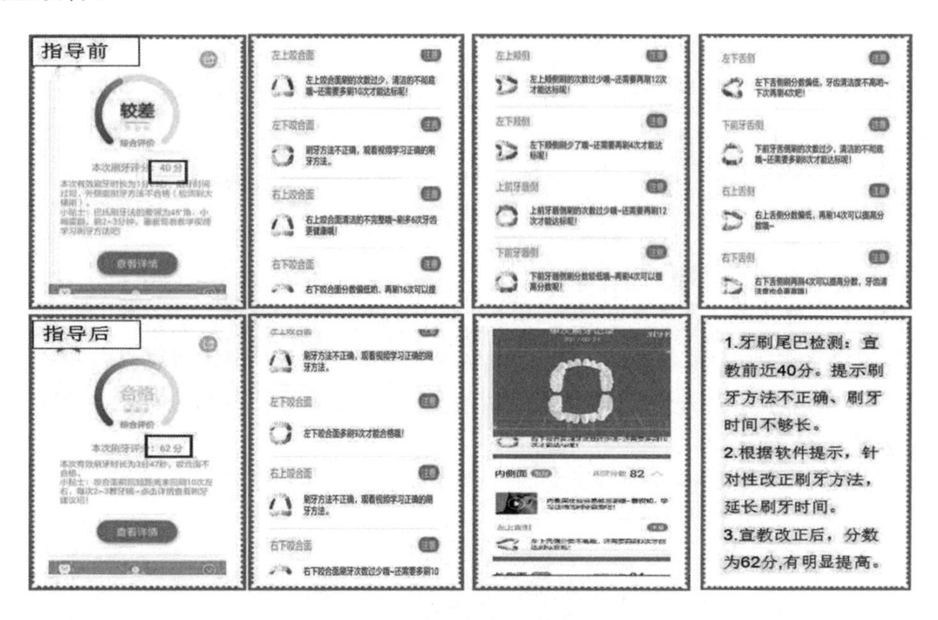

图 2.2-8 牙刷尾巴软件应用实例

听了牙科医生和护士的专业介绍，我们才知道原来这么多同学得龋齿几乎都是因为刷牙方法不正确的问题。看来刷牙可不像我们平时想的那么容易呢！

2.3.2 小学生刷牙知识调查

我们小组成员经过认真讨论精心设计了1份关于刷牙情况的调查问卷,在博凡齿科和采荷第三小学分别向儿童牙科患者和同学进行了随机调查,问卷详见调查表,主要针对小学生对刷牙知识和刷牙方法的认识调查。

小学生刷牙知识调查表

1.你认为一天至少应刷牙几次?

□ 1次 □ 2次 □ 3次 □ 不固定

2.你认为应该在一天的什么时候刷牙?

□ 早上刷1次 □ 晚上刷1次 □ 早晚各刷1次

3.正确的刷牙应刷多长时间?

□ 1分钟及以下 □ 1～2分钟 □ 2～3分钟左右 □ 3～5分钟

4.你知道保健牙刷的基本要求是什么?(可多选)

□ 小头 □ 大头 □ 软毛 □ 硬毛 □ 刷毛顶经磨制

5.你知道什么牙膏可以预防龋齿?

□ 中草药牙膏 □ 含氟牙膏 □ 消炎牙膏 □ 防过敏牙膏

6.正确刷牙的方法是什么?

□ 横向刷牙 □ 水平或竖刷结合 □ 竖向刷牙

7.刷牙时牙龈出血是否要坚持刷牙?

□ 可以不刷 □ 坚持刷牙且不管牙龈出血 □ 坚持刷牙并及时看医生

8.牙刷应多长时间更换?

□ 一个星期 □ 1～3个月 □ 半年 □ 1年

9.你知道牙菌斑吗?

□ 知道 □ 不知道

10.你知道牙菌斑的危害吗?

□ 牙菌斑含有细菌,促使龋齿形成 □牙菌斑和龋齿无关 □ 牙菌斑是食物残渣

我们“护牙小卫士”在诊所和学校同学中进行问卷发放,同学们很感兴趣,积极参与。如图2.2-9所示:

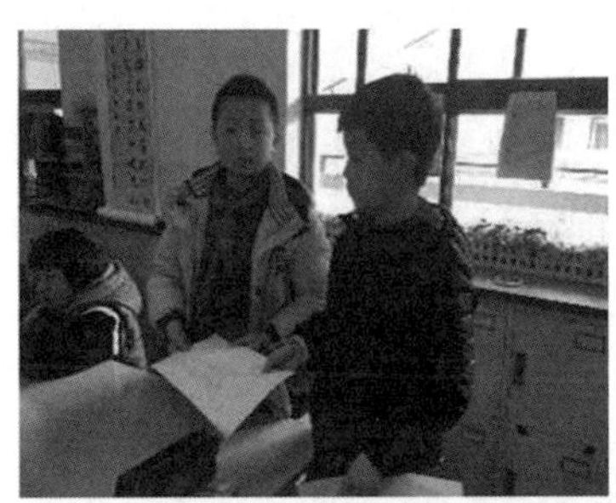
发刷牙知识调查表

儿童们参加调查

儿童们参加调查

儿童们参加调查

图 2.2-9 现场调查情况

2.3.3 牙刷尾巴检测刷牙正确性，指导刷牙方法

从医生护士的介绍和问卷调查的初步结果可知，小学生正确刷牙的比例非常低，为了引起大家对正确刷牙的重视，学会正确刷牙的方法，督促同学们养成良好的刷牙习惯，我们小组决定对博凡齿科的儿童牙科患者和学校的同学利用视频观看、牙齿模型演示等方法教会大家巴氏刷牙法，并用牙刷尾巴科学评估刷牙方法，同时对错误的刷牙方法进行一对一的指导和纠正，具体过程如下：

(1)下载"32teeth"APP 并安装，安装成功后，打开 APP 注册登录。开启蓝牙，点击连接牙刷尾巴识别成功后将自动激活。将牙刷插入牙刷尾巴中，注意确保刷毛与牙刷尾巴的 led 灯同一朝向。

(2)让参加者按照自己平时的方法进行刷牙，刷牙结束后，打开 APP 开启蓝牙连接牙刷尾巴，获取宣教前刷牙评分和需要改善的建议。如图 2.2-10 所示：

牙刷尾巴检测过程

1.装上牙刷尾巴

2.在牙刷尾巴检测下刷牙3min

3.上传刷牙数据到软件

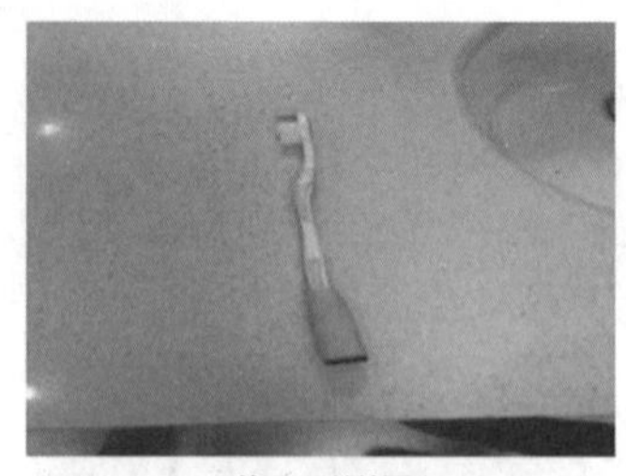

(1).装上牙刷尾巴

(2).牙刷尾巴监测刷牙

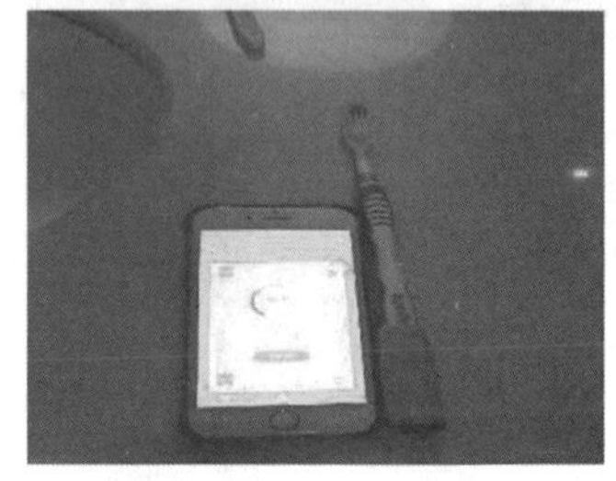

(3).牙刷尾巴上传数据

图 2. 2-10　牙刷尾巴检测

(3)牙刷尾巴获取刷牙评分,详细评估咬合面、颊面、舌面的刷牙问题,提出改善的建议。如图 2. 2-11 所示:

1.刷牙尾巴计分40分,时间过短,刷牙方法不准确,蓝色标记提示改正位置。

2.咬合面:需要增加刷牙次数10-16次,左下咬合面改善刷牙方法。

3.颊面:需要增加刷牙次数4-12次。

4.舌面:需要增加刷牙次数4-14次。

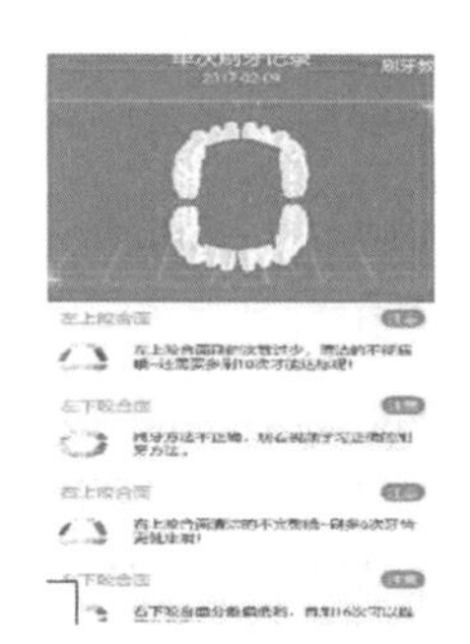

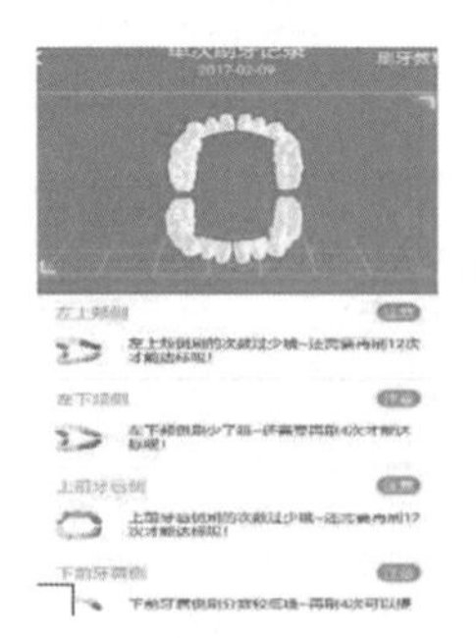

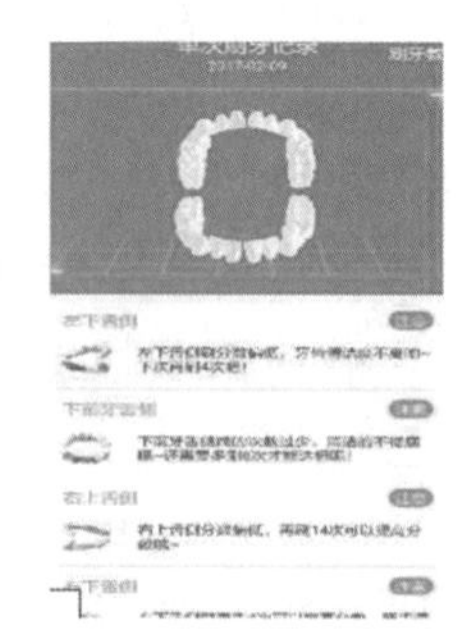

图 2. 2-11　评分与建议

(4)让参加者查看视频教程,学习巴氏刷牙法。针对牙刷尾巴提示的改善建议,重点宣教,并在口腔模型上训练刷牙方法。宣教后再次刷牙并用牙刷尾巴软件记录,获取宣

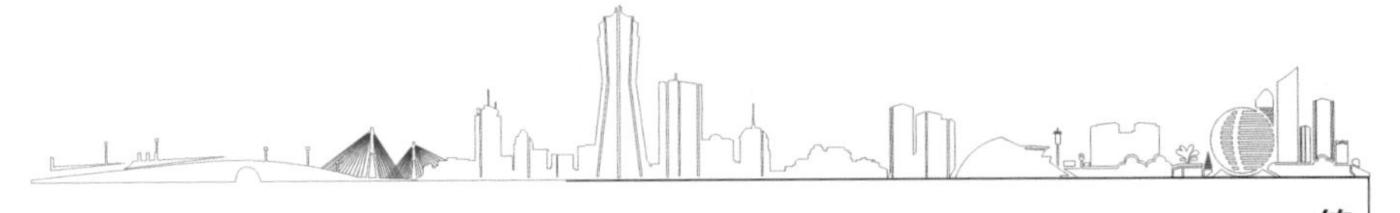

教后刷牙的即时评分和改善建议。如图 2. 2-12 所示：

1.根据软件指示，认真纠正刷牙方法。

2.再次刷牙监测，分数提高到了53分。软件提示仍有进步空间。

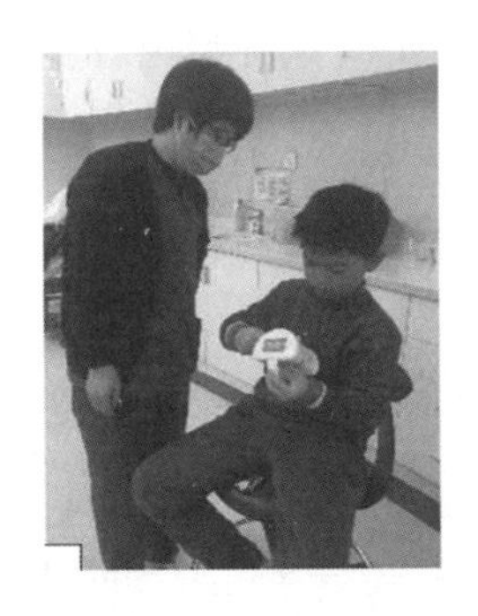

图 2. 2-12　牙刷尾巴软件记录

队员将宣教传单分发给参与者，并请家长监督。参与者每天按照所教方法早晚刷牙。家长向参与者强调刷牙的重要性。一周后再次用软件记录刷牙评分和改善建议。

2.3.4　牙菌斑检测

为了让同学们能更加直观地看到采用巴氏刷牙法这种正确的刷牙方法，的确可以帮助我们有效去除牙菌斑，达到清洁口腔的效果，我们又进行了牙菌斑检测的实验。实验过程如下：参加者清水漱口后，用菌斑显示剂漱口保持 1 min，再用清水漱口。进行菌斑检测。按照平时刷牙方法后，参加者再次进行菌斑清除率检测。如图 2. 2-13 所示：

1.准备牙菌斑显示剂。

2.牙菌斑漱口保持1 min。

3.漱口后显示牙菌斑（箭头所示），并计算。

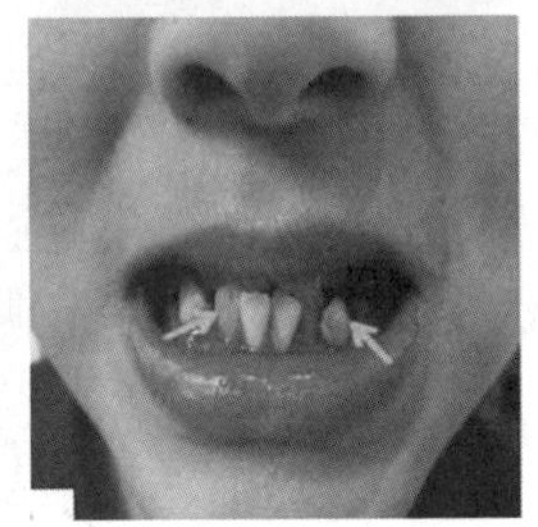

图 2. 2-13　牙菌斑检测

在牙刷尾巴软件的检测下，一对一纠正刷牙方法，学习巴氏刷牙法。再次对刷牙前后牙菌斑进行检测。

刷牙方法纠正后 1 周，再次进行同样刷牙前后检测牙菌斑。

对于每名参与者，根据公式计算菌斑百分率＝有菌斑牙面/总牙面数×100%，统计刷牙前后牙菌斑百分率。菌斑清除率＝1－(刷牙后菌斑百分率/刷牙前菌斑百分率)×100%。

2.4 实验分析

(1)小学生刷牙知识调查结果，如表 2.2-2 所示。

此次问卷微调查共发放有效问卷 50 份，诊所组 30 人和学校组 20 人参加调查。年龄分布在 10—12 岁，其中男生 26 名，女生 24 名，统计数据如下：

表 2.2-2　小学生刷牙知识知晓情况

问　题	正确答案	正确率(%)
(1)一天至少应刷牙几次	至少 2 次	98.2
(2)在一天的什么时候刷牙	早晚各一次	97.5
(3)应刷多长时间	3～5 min	72.1
(4)保健牙刷基本要求	小头软毛，刷毛顶经磨制	56.1
(5)什么牙膏可预防龋齿	含氟牙膏	90.1
(6)正确刷牙方法是什么	水平或竖刷	75.0
(7)刷牙时牙龈出血是否要坚持刷牙	是，看牙医	72.0
(8)牙刷应多长时间更换	1～3 个月	91.2
(9)知道牙菌斑吗	知道	10.0
(10)知道牙菌斑的危害吗	牙菌斑含有细菌，促使龋齿形成	8.0

调查结果分析：

从问卷调查的结果可以看出，在刷牙次数、刷牙时间、牙膏选择、牙刷更换等问题上，90%的同学都有良好的常识。对于牙刷的选择、牙龈出血的处理、正确刷牙方法、刷牙持续时间等问题，72%～75%的同学知道正确的处理方法，但近 1/4 的小学生不知道这些问题。相比较而言，牙菌斑及其危害，绝大数同学都表示不知道。

这份调查结果告诉我们需要对刷牙方法、刷牙持续时间对小学生进行更深入和全面的宣教；对牙菌斑及其危害的宣教普及率极低，应该对小学生进行更广泛的宣教。

(2)牙刷尾巴的监测结果，如图 2.2-14、2.2-15 所示。

牙刷尾巴 32teeth 软件检测刷牙结果显示，在宣教前刷牙情况非常不理想，图 2.2-14、15 显示，宣教前诊所组 30 位同学计分 24.8，学校组 20 位同学计分 27.2。诊所组的评分比学校组低，提示出现龋齿的同学刷牙问题更严重。刷牙问题集中在两个方面：第一，刷牙时间不够，次数不够；第二，刷牙方法不正确。

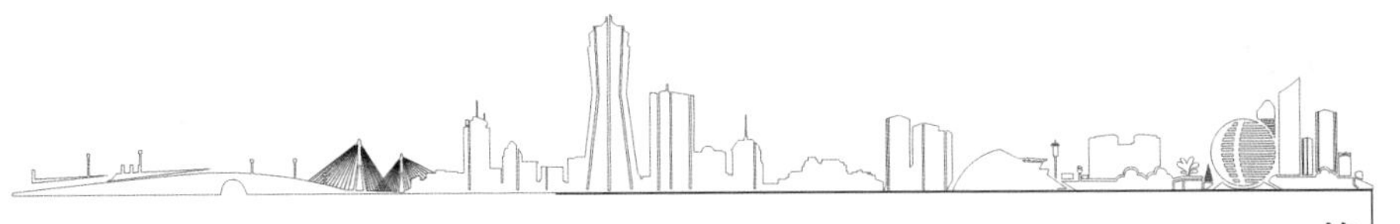

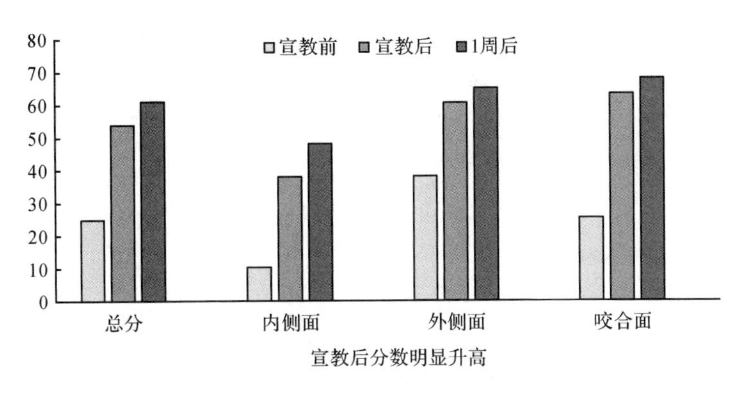

图 2.2-14　诊所组牙刷尾巴检测结果

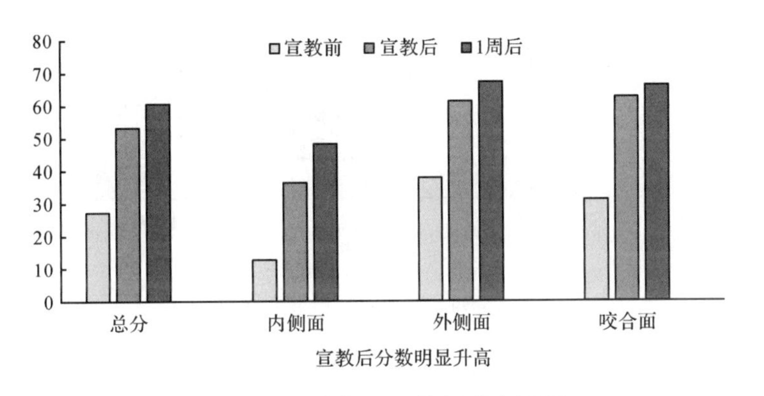

图 2.2-15　学校组牙刷尾巴检测结果

围绕软件发现的刷牙问题，我们给这些小学生培训了刷牙方法，纠正他们刷牙的不足之处。然后再次用软件检测刷牙，诊所组和学校组评分都出现了大幅度的提高，诊所组 20 位同学计分 54.0(宣教前 24.8)，学校组 20 位同学计分 53.3(宣教前 27.2)。一周后再次检测刷牙方法，发现同学们基本维持了良好的刷牙方法，并持续改善刷牙方法，诊所组 20 位同学计分 61.0，学校组 20 位同学计分 60.8。这些数据说明同学们能够较好地掌握巴氏刷牙法，而且在牙刷尾巴指导下刷牙方法得到了比较明显的改善。

通过检测数据我们还可以发现，牙面和得分也有很大的关系。在宣教前，我们可以看到内侧面得分最低，两组仅得 10.4 和 12.8；即使宣教后得分仍然为 36.1 和 38.2，得分偏低。这说明大家在刷牙时内侧面的关注度不够，也和内侧面的结构拥挤导致刷牙难以完全展开有关。因此内侧面的刷牙方法需要反复练习，内侧面是洁牙重灾区，需要重点洁牙。对比而言，外侧面和咬合面，只要掌握了正确的刷牙方法和足够的刷牙时间，这两个牙面洁牙是相对容易达到目标的。

(3)牙菌斑清除率的变化，如表 2.2-3，图 2.2-16 和图 2.2-17 所示。

在医生护士和家长的指导下，我们得到了如下牙菌斑检测结果：用菌斑显示剂显示菌斑，诊所组 30 个同学，共 2 160 个牙面，刷牙前有菌斑的牙面共 2 041，占 94.5%(2

041/2 160＝94.5％）；宣教前，用平时刷牙方法刷牙后，检测有菌斑的牙面 1 750，占 81.0％（1 750/2 160 = 81.0％），牙菌斑清除率只有 14.3％（1 − 81.0％/94.5％ = 14.3％）。宣教后，用巴氏刷牙法刷牙后，检测有菌斑的牙面 1 190，占 55.1％（1 190/2 160＝55.1％），牙菌斑清除率升高到 41.6％（1－55.1％/94.3％＝41.6％）；1 周后再次评估，刷牙前，检测有菌斑的牙面 1 853，占 85.8％（1 853/2 160＝85.8％）；用巴氏刷牙法刷牙后，检测有菌斑的牙面 939，占 43.5％（939/2160＝43.5％），牙菌斑清除率继续升高到 49.3％（1－43.5％/85.8％＝49.3％）。

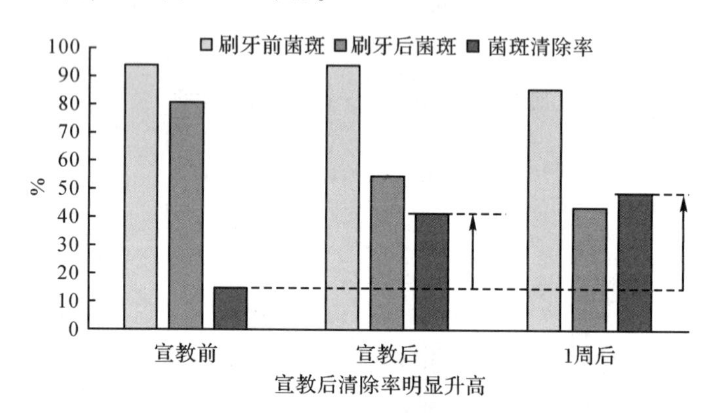

图 2.2-16　诊所组牙菌斑消除率

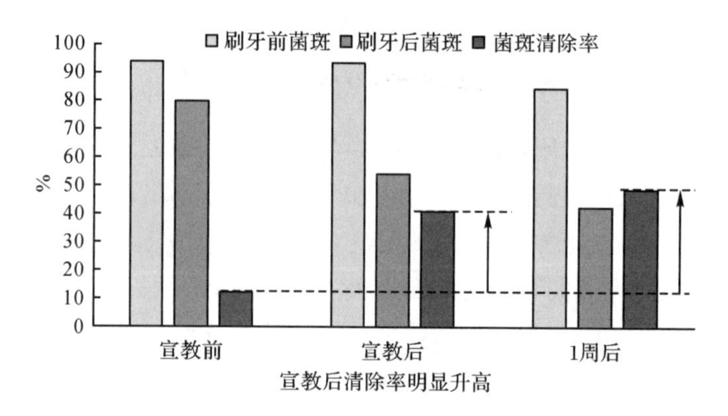

图 2.2-17　学校组牙菌斑消除率

学校组 20 个同学，共 1 480 个牙面，刷牙前有菌斑的牙面共 1 394，占 94.2％（1 394/1 480＝94.2％）；宣教前，用平时刷牙方法刷牙后，检测有菌斑的牙面 1 191，占 80.5％（1 191/1 480＝80.5％），牙菌清除率只有 14.5％（1－80.5％/94.2％＝14.5％）；宣教后，用巴氏刷牙法刷牙后，检测有菌斑的牙面 808，占 54.6％（808/1 480＝54.6％），牙菌清除率升高到 41.9％（1－54.6％/93.9％＝41.9％）。1 周后再次评估，刷牙前，检测有菌斑的牙面 1 251，占 84.5％（1 251/1 480＝84.5％）；用巴氏刷牙法刷牙后，检测有菌斑的牙面 630，占 42.6％（630/1 480＝42.6％），牙菌清除率继续升高到 49.6％（1－42.6％/84.5％＝49.6％）。

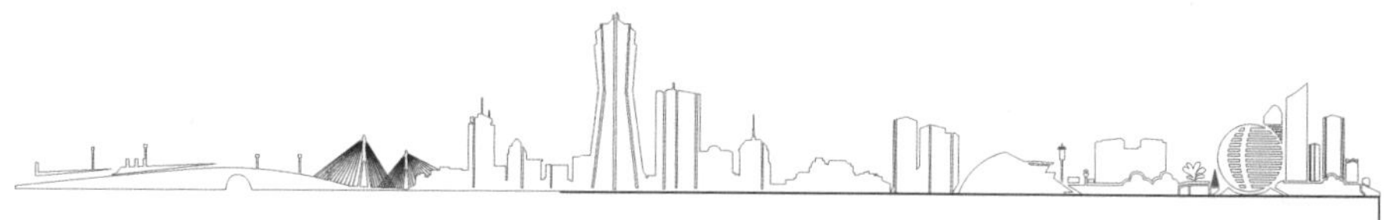

表 2.2-3　牙菌斑清除率

分　组		诊所组(%)	学校组(%)
检测时间	牙面总数	2 160	1 480
宣教前	刷牙前	2 041(94.5)	1 394(94.2)
	刷牙后	1 750(81.0)	1 191(80.5)
	清除率	14.3	14.5
宣教后	刷牙前	2 037(94.3)	1 389(93.9)
	刷牙后	1 190(55.1)	808(54.6)
	清除率	41.6	41.9
1 周后	刷牙前	1 853(85.8)	1 251(84.5)
	刷牙后	939(43.5)	630(42.6)
	清除率	49.3	49.6

综上而言，宣教前无论诊所组还是学校组，牙菌斑清除率都非常低，不到 20%，说明洁牙不彻底；经过宣教巴氏刷牙法、牙刷尾巴指导纠正刷牙方法，牙菌斑清除率有了明显提高，如表 2.2-3 和图 2.2-17 所示：诊所组从 14.3%提高到 41.6%，学校组从 14.5%提高到 41.9%；维持 1 周巩固巴氏刷牙法后，牙菌斑清除率继续提高，诊所组达 49.3%，学校组 49.6%。这些数据说明，巴氏刷牙法成功提高了牙菌斑清除率。

图 2.2-18 是其中一位同学的菌斑变化的记录图片，第一排是宣教前门牙、切牙、磨牙的菌斑，第二排是宣教后相应牙齿的菌斑。通过宣教改善了刷牙方法，记录图片可以清晰地展示，这位同学无论门牙、切牙、磨牙，牙菌斑都明显减少了。所以只要正确刷牙，牙菌斑是可以被消灭的！

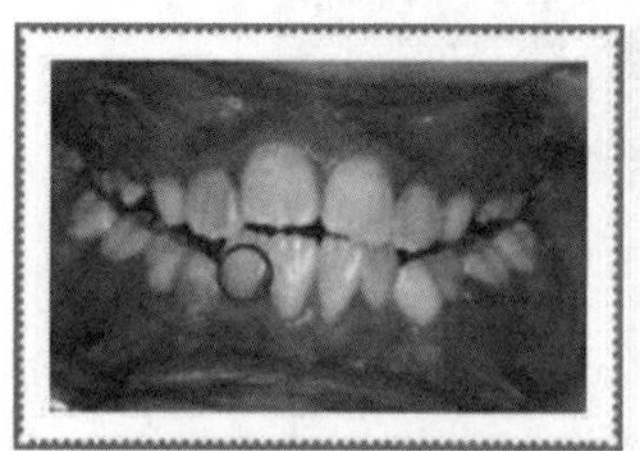

宣教前，门牙牙菌斑

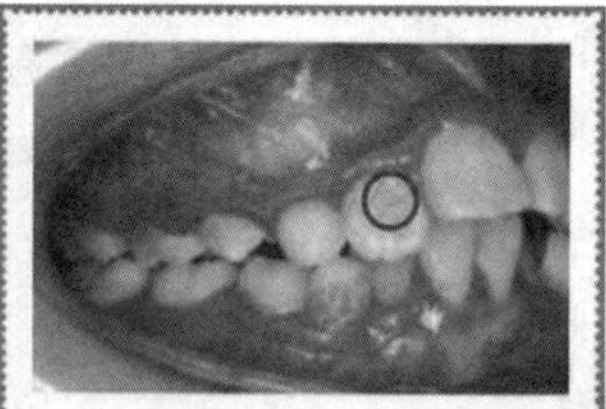

宣教前，切牙牙菌斑

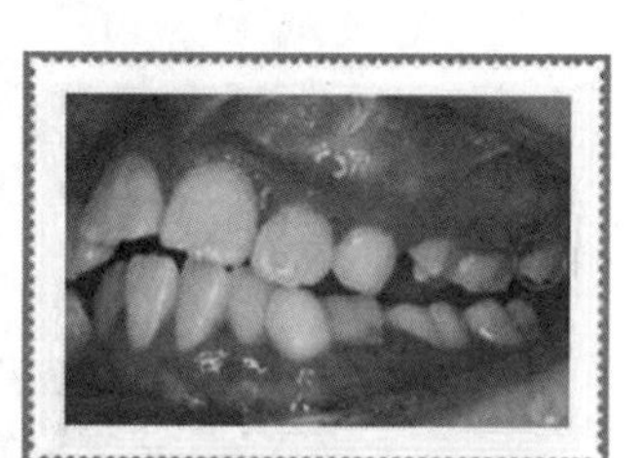

宣教前，磨牙牙菌斑

宣教后，门牙牙菌斑

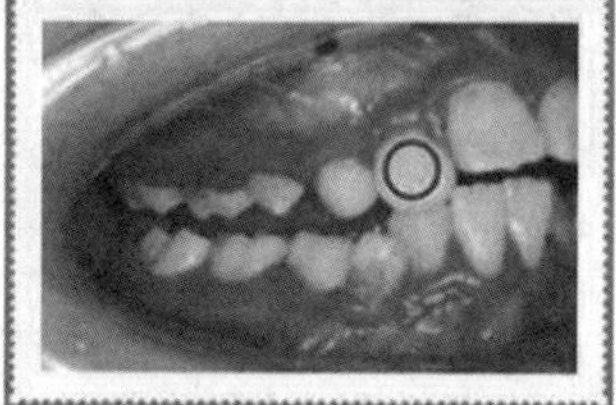

宣教后，切牙牙菌斑

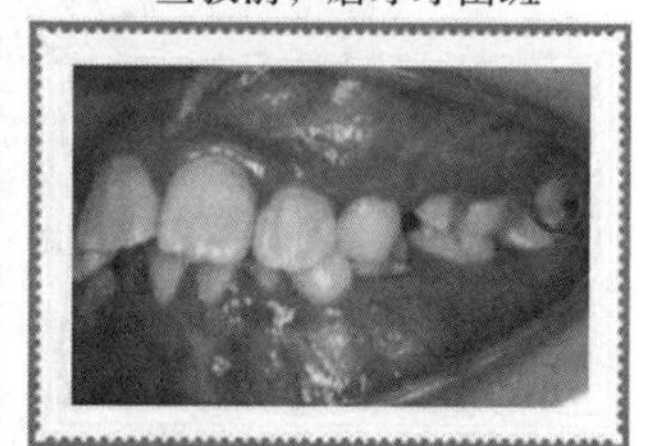

宣教后，磨牙牙菌斑

图 2.2-18　宣教前后牙菌斑的变化

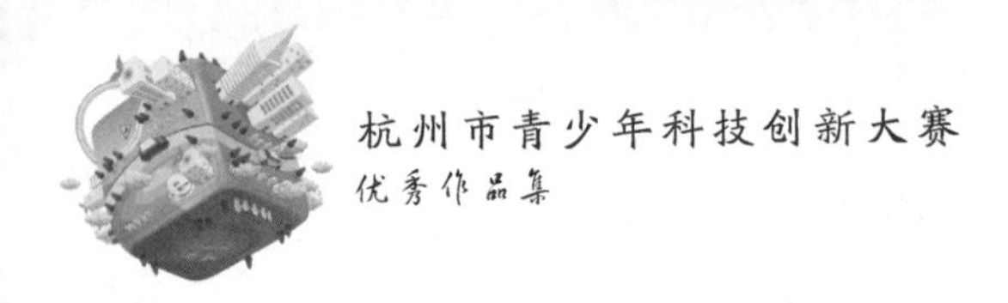

3　生活中的应用/研究反思

3.1　生活中的应用

3.1.1　刷牙小讲堂

制作正确刷牙 PPT、在学校开展刷牙小讲堂，如图 2.2-19 所示：

活动时间：2017年2月25日
参与人次：27人
活动内容：
我们来到了采荷第三小学四(3)班，给同学们开展了一堂生动形象的正确刷牙小课堂。同学们积极踊跃参加了讨论和刷牙演示，并表示十分愿意保持正确刷牙方法，并且推广给更多的人。

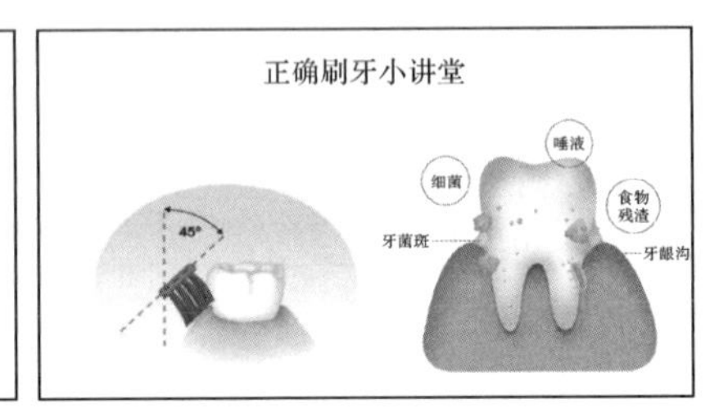

图 2.2-19　刷牙小讲堂 PPT

3.1.2　课堂趣味刷牙出赛

课堂开展趣味刷牙比赛，如图 2.2-20 所示：

护牙小卫士在宣教

看视频学习巴氏刷牙法

牙模上学习巴氏刷牙法

正确刷牙演示

正确刷牙获益一生，真实一件非常值得做好的小事，我马上来学习并向身边人推广——邀请同学和家人一起分享

图 2.2-20　课堂趣味刷牙比赛

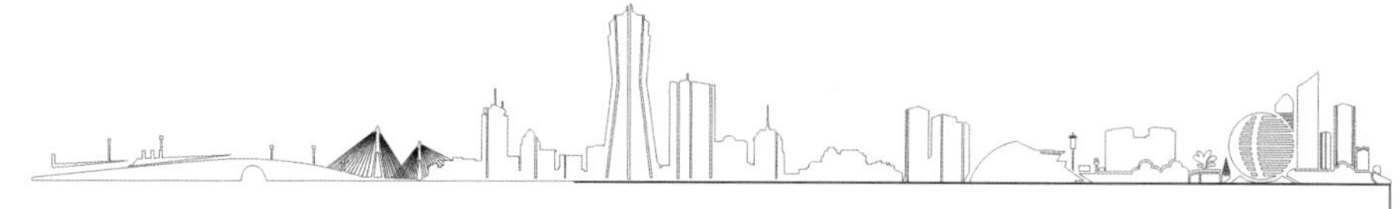

3.2 社区趣味刷牙比赛

走进社区宣传正确刷牙，开展趣味刷牙比赛，如图 2.2-21 所示：

活动时间： 2017 年 2 月 27 日

参与人次： 10 人

活动内容：

我们来到了采荷人家社区，给儿童们宣传正确刷牙，邀请儿童们参加趣味刷牙比赛。儿童们热情高涨地参加刷牙比赛，在牙刷尾巴指导下，刷牙水平都有了明显提高。儿童和家长们都很开心！

比赛的目标

让刷牙姿势不准确的孩子“改邪归正”！

让不喜欢刷牙的孩子爱上刷牙！

图 2.2-21　社区趣味刷牙比赛

4　结论和建议

4.1　研究反思

龋齿是儿童的常见病，是牙齿健康的头号大敌。通过采访牙科医生和护士，我们知道了牙菌斑是龋齿形成的主要原因，它是附着在牙齿表面的一层几乎无色的薄膜，却是成千上万各种细菌堆积而成的“超级社区”。牙菌斑的细菌和食物发生化学反应，产生酸性物质，这些物质会腐蚀牙齿，久而久之就形成了龋齿。科学家们做过研究，一天不刷牙，牙齿表面就会形成薄薄的牙菌斑，发生口臭。一周不刷牙，牙菌斑会慢慢增厚，异味更重，牙齿可能出血。一个月不刷牙，牙菌斑的细菌已开始腐蚀牙齿，牙齿酸痛。一年不刷牙，牙齿出现牙洞，龋齿已经形成了。因此及时清除食物残渣、牙菌斑，保持口腔卫生，是龋齿阻击战的关键环节。

我们小学生正处在乳牙和恒牙替换的关键阶段，做好龋齿预防，做好洁牙保健就显得更为重要。刷牙是保持口腔卫生，预防龋齿的关键一步，为了我们牙齿的健康，小学生更要重视刷牙方法的养成，坚持正确的刷牙方法。在实验中我们对 50 位同学进行了刷牙知识的调查，结果告诉我们，小学生刷牙知识知晓率高，90%以上都知道刷牙次数、刷牙时间、牙膏选择、牙刷更换等问题，但是近 1/4 的小学生不知道正确刷牙的方法、刷牙持续时间等问题。尤其关于牙菌斑及其危害，绝大数小学生都不了解，说明在口腔卫生的宣传和教育中，对这些问题还不够深入和普及。以后同学们和家长都需要对龋齿的科学问题进行更深入的了解，更好地做好龋齿预防工作。

为了更好地清除牙菌斑和食物残渣，牙科专家们推荐巴氏刷牙法，这种刷牙方法可

以有效去除龈缘附近和龈沟内牙菌斑。我们使用了牙刷尾巴这个科技产品，来监测和指导刷牙方法。实验数据告诉我们，尽管我们每天刷牙，但是刷牙方法存在不少问题。50位同学的刷牙方法通过牙刷尾巴32teeth软件监测发现平均分不到30分，刷牙正确率非常不理想。这个结果让我们大吃一惊，看似简单的刷牙方法居然存在这么多问题，集中在两个方面：第一，刷牙时间不够，次数不够；第二，刷牙方法不正确。通过牙刷尾巴这个软件，我们利用视频进行了巴氏刷牙法的学习，并在牙齿模具上进行练习。针对软件提示的问题，我们又进行了针对性的刷牙方法的指导，延长了刷牙时间，增加了刷牙次数，改善了每个牙面的刷牙方法。这样一对一纠正刷牙方法后，我们再次用牙刷尾巴软件检测刷牙方法，实验结果表明刷牙方法得到了明显改善，平均分达到了50分以上，说明同学们能够掌握巴氏刷牙法。而且一周后再次检测，发现儿童们能够持续改善刷牙方法，平均分达到了60分以上。这些实验数据告诉我们，应该向更多的同学推广巴氏刷牙法，因为让同学们学会正确刷牙和有效刷牙的方法并不难。

牙科专家们都认为巴氏刷牙法能很好地消除牙菌斑，消灭龋齿的头号敌人。医学有好的直观办法显示牙菌斑：牙菌斑显示剂很清楚地让牙菌斑原形毕露；我们同时采用了菌斑清除率的科学计算方法，让数据科学地展示正确刷牙的好处。50位同学按照平时的刷牙方法，牙菌清除率非常低（不到20%），说明洁牙护牙不彻底；经过宣教巴氏刷牙法、牙刷尾巴指导纠正刷牙方法，牙菌斑清除率果然得到明显提高；维持1周巩固巴氏刷牙法后，牙菌斑清除率继续提高。这些数据直观且科学地说明，巴氏刷牙法更好地清除牙菌斑，更好地保护我们的牙齿，值得大家学会巴氏刷牙法，并且坚持这种正确刷牙方法。

本次实验研究说明了我们很多同学是不会正确刷牙的，尤其在刷牙时间、刷牙次数、刷牙手法等方法上急需改进和提高。因为如果我们的刷牙方法不正确，即使做到每天刷牙，我们的恒牙仍然有可能会变成龋齿。但是通过实验我们也欣喜地看到，通过视频学习、牙齿模具练习、牙刷尾巴检测、牙菌斑显示等多种方法来指导同学们学习巴氏刷牙法，同学们都有能力学会巴氏刷牙法，都能掌握正确的刷牙方法。结合新科技产品和医学科学评估方法，这种新颖的方式激发大家正确刷牙并乐意坚持。我们希望有更多的同学能够掌握巴氏刷牙法这种正确的刷牙方法，更好地维护我们口腔的清洁和卫生，和“龋齿”说“Byebye”。

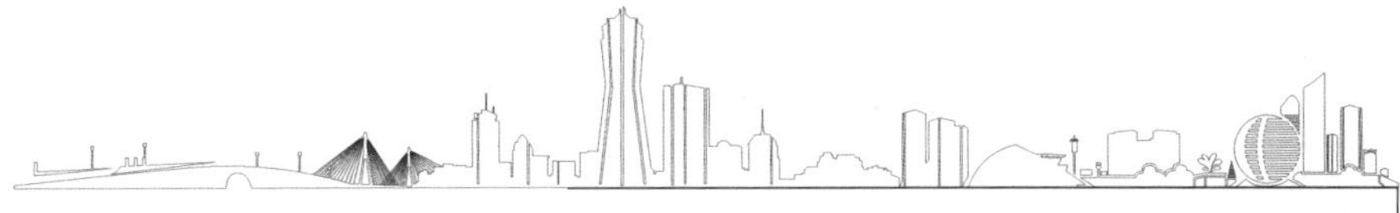

柿之青,柿之情

——柿漆的制取和使用价值研究

杭州市风帆中学　风二丫小队　指导教师:郑友味

摘　要:青柿子又小又苦又涩不能食用,但是听农村里的老人们讲,可以利用青柿子制成油漆(又叫柿漆),用来漆纸伞,据说能够防水。我们小队听到这个消息半信半疑,脑子里产生了很多问题:青柿子真的能够制成柿漆吗?柿漆真的有实用价值吗?为了解开心中这些疑惑,小队决定展开研究。通过研究发现青柿子的确能够制成柿漆,经过初步实验发现在抗热、抗剥落、抗褪色等方面,柿漆强于普通调和漆。特别是柿漆没有臭味,不含有毒物质,具有很强的实用价值。

关键词:柿漆;调和漆;抗水;抗热;抗风

1　研究背景

1.1　研究起因

暑期的一天,风二丫小队出发了。我们的目的地是温州永嘉楠溪江,在路边我们发现一棵柿子树上挂满了绿色的小柿子,摘了一个下来,我们都迫不及待地张开大嘴咬了两口,还没等细细品尝,啊!天哪,大家的嘴巴顿时变得又涩又麻,想张大,张不大,想合拢,也合不拢,难受得不得了(后来才知道没熟的柿子含有较多的可溶性单宁物质,所以会引起嘴巴发麻)。一旁的老人告诉我们说,青柿子不能吃的,以前人们曾经利用青柿子的汁制取油漆(柿漆)。我们想是否还可代替普通油漆作为杭州特色产品——美丽的纸伞的漆呢。

听到这个消息,我们不由得一阵兴奋,真的这么神奇吗?于是我们决定进行研究。

1.2　关于柿子的资料

柿是柿树(学名:Diospyros)的统称。果实部分俗称柿子,为柿树属植物柿树的果实。其树为落叶乔木或灌木,树冠优美,可以作为防护林带,绿化树种,秋季柿树叶子经霜变红,非常美观。

柿子，扁圆，不同的品种颜色从浅桔黄色到深桔红色不等，大小为 2～10 cm，重量为 100～350 g。

甜柿可以直接食用，涩柿则需要人工脱涩后方可食用。除鲜食外，柿子整个晒干之后可以制成柿饼。空腹吃柿子可能会引起"胃石症"，柿子含有大量的柿胶，当空腹进食柿子时，柿胶会与胃部分泌的胃酸在胃内凝聚成硬块；当硬块越积越大时，可能导致无法排出，医学上称为"胃柿石病"。

1.3 关于调和漆的资料

调和漆为人造漆的一种。调和漆是一种色漆，是在清漆的基础上加入无机颜料制成。调和漆质地较软，均匀，稀稠适度，耐腐蚀，耐晒，长久不裂，遮盖力强，施工方便。适用于涂饰室内外的木材、金属表面、家俱及实木装修等。

1.4 设计思路

通过调查询问村民，弄清民间流传的柿漆制作方法，在调查的基础上，结合网络上相关资料，筛选出本研究中柿漆的制作方法。

通过与市场上普通油漆性能的比较，对柿漆的实用价值进行研究。

2 实验材料准备

(1)青柿子若干斤、红柿子若干斤。

(2)柿漆、白漆(调和漆)、红漆(调和漆)、绵纸 10 张、棉布、牛皮、渔网、木板、旧雨伞等。

(3)电风扇、取暖器、榨汁机、量杯、剪刀、夹子、镊子、刷子、毛笔等。

3 研究过程

3.1 实验一

实验目的：验证能否利用青柿子制作柿漆。

实验过程：

(1)采集青柿子 10 kg，清洗后用石磨将它们磨成糊状的渣汁，磨的过程中要加水，一般 1 kg 青柿子加 1 kg 的水；

(2)将磨成糊状的柿渣汁放在叔叔家的水缸中自然发酵，(不能加水)缸口上面不盖任何物，但缸要放在阴凉处，防止阳光直射；

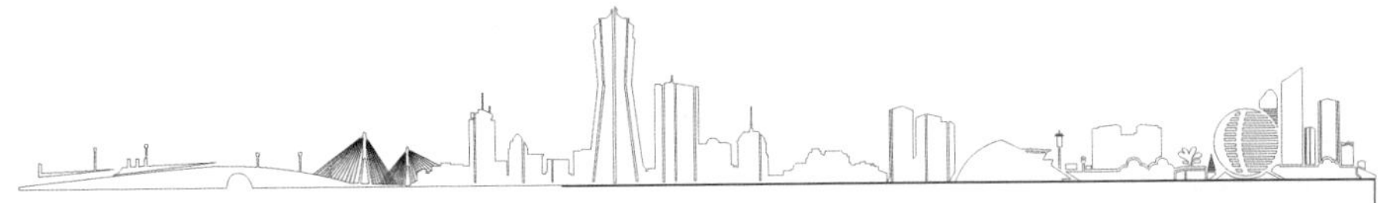

(3)在发酵前期过程中会出现腾起的泡沫，要用木板往下压（委托叔叔进行日常管理）；

(4)发酵时间需要 40～50 天；

(5)发酵期结束后，用自制榨油机将柿油榨出，不能加水；

实验结果：

通过上述实验，最后得到清澈的同黄酒般颜色的柿漆 6 kg，通过与调和漆的比较得到如表 2.3-1 所示的信息：

表 2.3-1　柿漆与调和漆的比较

	颜　色	气　味	性　状
柿　漆	清澈的淡褐色（如黄酒）	无气味	胶状液体、很粘
调和漆	各种颜色（调出粉红色备用）	刺鼻难闻的气味	糊状液体、较粘

3.2　实验二

实验目的：初步测试一把不同漆漆的纸伞的抗水、抗热、抗风性能。

实验方法：观察法、对比试验法。

实验过程：

(1)用绵纸及旧的雨伞骨制作油纸伞；

(2)分别在雨伞上涂上 1～3 次柿漆，及 1～3 次调和漆，切记每涂一次要晾干后再涂下一次，观察并做好记录，拍照；

(3)模拟人工降雨 1～7 天；暴晒（遇到阴天用浴霸及 2 个取暖器照射）1～7 天；4 台电风扇（最强档）扇 1～7 天；观察并做好记录，拍照。

数据与记录：

实验二的数据与记录如表 2.3-2 所示。

表 2.3-2　初步测试一把柿漆漆的纸伞与调和漆漆的纸伞的抗水、抗热、抗风性能

棉纸伞		柿　漆		调和漆	
		漆 1 次	漆 3 次	漆 1 次	漆 3 次
抗水	1 天	无味，无变化	无味，无变化	气味浓，无变化	气味浓，无变化
	3 天	无味，无变化	无味，无变化	气味稍淡，水有点渗进伞里去	气味稍淡，无变化
	7 天	无味，整个伞面变得有点透明，没漏水	无味，整个伞面变得透明，没漏水	无味，伞开始变软，有些地方好像一戳就会破似的	有一点气味，水有点渗进伞里，颜色开始变暗

续 表

棉纸伞		柿 漆		调和漆	
		漆1次	漆3次	漆1次	漆3次
抗热	1天	无味，无变化	无味，无变化	无味，有点变硬	有一点气味，油漆有点开裂
	3天	伞面有点发光	伞面全部发光	无褪色但光泽度消失	无味，光泽度减少，油漆开始有点剥落，褪色
	7天	伞面光泽度越来越好	伞面光泽度越来越好	有点褪色，伞有些地方翘起来	褪色明显，伞有些地方翘起来，有些地方凹下去，油漆慢慢剥落
抗风	1天	无变化	无变化	无变化	油漆越来越裂
	3天	无变化	无变化	无变化	油漆剥落明显
	7天	无变化	无变化	有点变形	整体形状开始不平

实验结果：

通过上述实验，我们得出以下结论：

(1)柿漆漆的油纸伞比调和漆漆的油纸伞的抗水、抗热、抗风能力都要好很多；

(2)调和漆漆得越多，越容易剥落；反之柿漆漆得越多越不易剥落；

(3)调和漆漆得越多，越容易褪色；反之柿漆漆得越多越不易褪色。

(4)调和漆漆得越多，越容易变形，开裂，翘起来；反之柿漆漆得越多越不易翘，不易裂，不易变形。

3.3 实验三

实验目的：初步测试漆上柿漆与调和漆的棉布的抗水、抗热、抗风性能。

实验方法：观察法、对比试验法。

实验过程：

(1)分别在白色棉布上涂上1～3次柿漆，切记一定要晾干后再做实验；

(2)分别在白色棉布上涂1～3次调和漆，切记一定要晾干后再做实验，观察并做好记录，拍照；

(3)浸泡在水里1～7天；暴晒(遇到阴天用浴霸及2个取暖器照射)1～7天；4台电风扇(最强档)扇1～7天；观察并做好记录，拍照。

数据与记录：

实验三的数据与记录如表2.3-3所示。

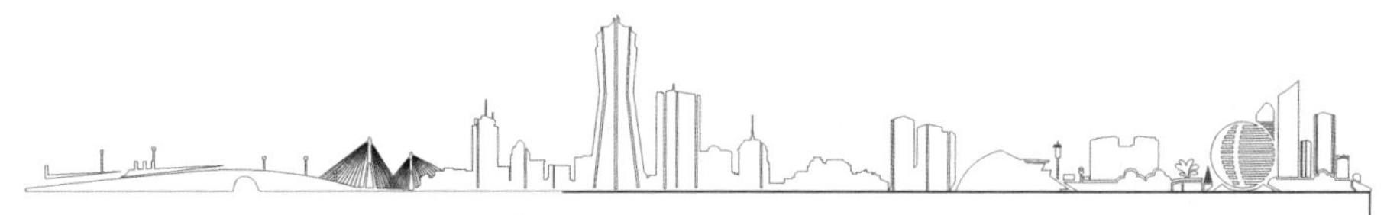

表 2.3-3　初步测试漆上柿漆与调和漆的棉布的抗水、抗热、抗风性能

棉　布		柿　漆		调和漆	
		漆 1 次	漆 3 次	漆 1 次	漆 3 次
抗水	1 天	无味,软,色泽淡	无味,软,色泽稍浓	气味浓,硬	气味浓,很硬
	3 天	无变化	无变化	气味淡,有点软	气味浓,有点软
	7 天	无变化	无变化	无味,稍微软	无味,稍微软
抗热	1 天	无味,慢慢变干	无味,慢慢变干	无味,很快变干	无味,很快变干
	3 天	变黄,色泽比后者暗,四角有点微卷	变黄,色泽比前者亮,四角有点微卷	有点变硬,有点褪色,四角明显卷	比前者硬,褪色也比前者明显,四角明显卷
	7 天	布光泽度变亮,柔软	光泽度越来越亮,柔软	布更加硬,颜色变暗	布变得很硬,褪色明显
抗风	1 天	无变化	无变化	无变化	无变化
	3 天	无变化	无变化	无变化	无变化
	7 天	无变化,软	无变化,较柔软	很硬	很硬,整块布开始有点不平

实验结果：

通过上述实验,我们得出以下结论：

(1)柿漆漆的棉布比调和漆漆的棉布的抗热、抗风能力都要好很多；

(2)调和漆漆得越多,越容易褪色;反之柿漆漆得越多越不易褪色,光泽度越好；

(3)调和漆漆得越多,越容易变形,变硬;反之柿漆漆得越多越柔软。

3.4　实验四

实验目的:初步测试漆上柿漆与调和漆的牛皮的抗水、抗热、抗风性能。

实验方法:观察法、对比试验法。

实验过程：

(1)分别在牛皮上涂上 1～3 次柿漆,切记一定要晾干后再做实验；

(2)分别在牛皮上涂 1～3 次调和漆,切记一定要晾干后再做实验,观察并做好记录,拍照；

(3)浸泡在水里 1～7 天;进行暴晒(遇到阴天用浴霸及 2 个取暖器照射)1～7 天;4 台电风扇(最强档)扇 1～7 天;观察并做好记录,拍照。

数据与记录：

实验四的数据与记录如表 2.3-4 所示。

表 2.3-4　初步测试漆上柿漆与调和漆的牛皮的抗水、抗热、抗风性能

牛　皮		柿　漆		调和漆	
		漆 1 次	漆 3 次	漆 1 次	漆 3 次
抗水	1 天	无味，软，颜色若有若无	无味，软，颜色偏淡	味浓，颜色浓	味浓，颜色浓
	3 天	无变化	无变化	几乎无味	气味淡很多
	7 天	无变化	无变化	无味，有点油渗出	无味，油渗出来比前者多
抗热	1 天	无味，牛皮正面干得比反面快	无味，与前者差不多同时干	无味，牛皮正面干得比反面快	无味，干得比前者慢
	3 天	皮面光泽度变亮	变黄，色泽比前者亮	四角卷起来，有点褪色	四角卷的比前者明显，褪色
	7 天	四角没卷，皮面光泽度变亮	四角有点微卷，皮面光泽度越来越亮	四角卷起来，褪色	四角卷的比前者明显，中间有点硬，油漆开始脱落
抗风	1 天	无变化	无变化	无变化	无变化
	3 天	无变化	无变化	无变化	无变化
	7 天	无变化，柔软	无变化柔	无变化，无前者柔	无变化，无前者柔

实验结果：

通过上述实验，我们得出以下结论：

(1)柿漆漆的牛皮比调和漆漆的牛皮的抗水、抗热、抗风能力都要好很多；

(2)调和漆漆得越薄，越不容易脱落；调和漆漆得越厚，越容易脱落；反之柿漆漆得越多越不易脱落，光泽度越好；

(3)调和漆和牛皮的兼容性不好，浸水后易分离，暴晒后易卷起来；反之柿漆和牛皮兼容性比前者好，浸水后不易分离，暴晒后不易卷起来。

3.5　实验五

实验目的：初步测试漆上柿漆与调和漆的木板的抗水、抗热、抗风性能。

实验方法：观察法；对比试验法。

实验过程：

(1)分别在木板上涂上 1～3 次柿漆，切记一定要晾干后再做实验；

(2)分别在木板上涂 1～3 次调和漆，切记一定要晾干后再做实验，观察并做好记录，拍照；

(3)浸泡在水里 1～7 天；暴晒(遇到阴天用浴霸及 2 个取暖器照射)1～7 天；4 台电风扇(最强档)扇 1～7 天；观察并做好记录，拍照。

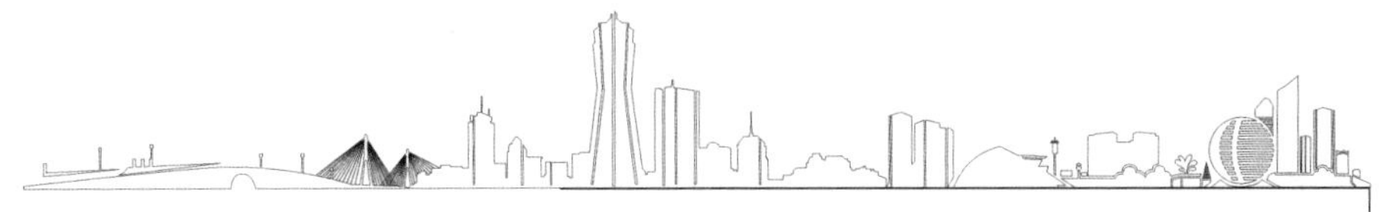

数据与记录：

实验五的数据与记录如表 2.3-5 所示。

表 2.3-5 初步测试漆上柿漆与调和漆的木板的抗水、抗热、抗风性能

木板		柿漆		调和漆	
		漆 1 次	漆 3 次	漆 1 次	漆 3 次
抗水	1 天	无味，无变化	无味，无变化	气味浓，颜色淡	气味较浓，颜色较深
	3 天	无变化	无变化	无变化	无变化
	7 天	无变化	无变化	无变化	无变化
抗热	1 天	无味，干得比调和漆慢	无味，干得比调和漆慢	无味，干得比柿漆稍快些	无味，干得比柿漆稍快些
	3 天	光泽度变亮	色泽比前者亮	有点褪色，并有一道道印子	有点褪色，印子明显，有点开裂
	7 天	光泽度越变越亮	光泽度越来越亮，比前者更亮	色泽无变化同上，木板开裂	褪色明显，木板开裂
抗风	1 天	无变化	无变化	无变化	无变化
	3 天	无变化	无变化	无变化	无变化
	7 天	无变化	无变化	开裂处，翘起来	开裂处，翘起来

实验结果：

通过上述实验，我们得出以下结论：

(1)柿漆漆的木板比调和漆漆的木板的抗水、抗热、抗风能力都要好很多；

(2)调和漆漆得越薄，越不容易脱落；调和漆漆得越厚，越容易脱落；反之柿漆漆得越多越不易脱落，光泽度越好；

(3)调和漆漆得木板，浸水后再暴晒，风吹易开裂，翘起来；反之柿漆漆得木板浸水后再暴晒再风吹，不易开裂，翘起来。

4 实验结果与分析

通过上述实验，我们得出以下结论：

(1)柿漆比调和漆的抗水、抗热、抗风性能要好很多，尤其体现在与木板这种材料的结合上，是一种很好的环保型油漆；

(2)特别是在防水抗热性能上，柿漆漆得越厚，光泽度越好，越不易褪色，粘度高不易剥落，不易变形；反之调和漆漆得越厚，越容易褪色，光泽度越来越暗；越容易剥落；越容易变形，开裂，起翘；

(3)柿漆在木板、棉布、绵纸上的使用效果明显要强于调和漆,其特有的防腐、防水、耐热等特性,应成为纺织业印染、建筑等方面的低碳环保型材料。

5　运用价值

中国是全球柿子资源较丰富的国家,可以致力于开发和销售绿色、环保、纯天然的柿漆及其衍生类产品。由于产品拥有其特有的防腐、防水、防虫及杀菌等特性,在运用于纺织业印染、建筑涂料及医药领域方面将有巨大的社会及经济效益。

6　进一步研究的方向

在此基础上,我们觉得还有很多问题可以进行进一步研究:

(1)研究加快青柿子发酵变成柿漆的时间。

(2)青柿子还有哪些奇妙的用途?

(3)为什么红色未成熟的柿子不能制成柿漆?

7　收获与体会

通过整个考察活动以及实验研究的过程,我们认识到科学实验是一项艰苦的工作,需要有严谨的工作态度、坚忍不拔的毅力和敏锐的观察力。实验中我遇到了许多困难、如柿漆制作失败、如调和漆臭气扑鼻,如刚开始没戴口罩皮肤过敏等等,但我们都克服了。当看到自己的实验结果时,我们感到特别的激动与欣慰。更重要的是在整个研究过程中我不仅学到很多知识,还锻炼了查阅资料的能力、与别人合作的能力、社会实践的能力,从中体验了科学的神奇与无穷魅力,加油! 风一样的丫头们!

参考文献:

[1] 王文生. 柿子实用加工技术[M]. 天津科技翻译出版公司,2009.

[2] 姚允聪. 优质柿子无公害生产关键技术问答[M]. 中国林业出版社,2008.

[3] 杨文锟,郁建平,蔡立,等. 柿子单宁纯化工艺及其抗过敏活性研究[J]. 山地农业生物学报,2009(10).

[4] 胡青素,龚榜初,谭晓风,等. 柿子的应用价值及发展前景[J]. 湖南农业科学,2010(1).

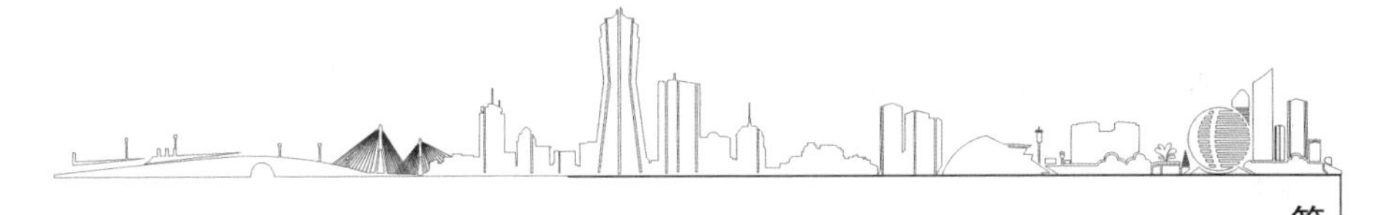

基于 DIS 平台声现象系列实验研究

杭州市塘栖中学 EC-CLUB 创新社　指导教师：叶　军

摘　要：声音是平凡的，又是奇特的。声音在很多方面丰富并改变着我们的生活，这又映射出它的奇特。那么声音究竟是什么？声音有哪些特性？它还会给我们带来什么？该文尝试通过理论分析、模拟实验等活动对声音的三要素、反射、折射、噪声污染、干涉、衍射、多普勒效应及塘栖水北风情街区趣味声学玩具进行实验研究，取得了较好的研究效果。

关键词：DIS 平台；声现象；实验研究

1　课题来源

有一天，班级里人声嘈杂，气氛热烈，原来有些同学正在讨论如下问题：

声音是平凡的，又是奇特的。我们生活在一个充满声音的世界中，这也许使它显得平凡；声音在很多方面丰富并改变着我们的生活，这又映射出它的奇特。那么声音究竟是什么？声音有哪些特性？它还会给我们带来什么？妙趣横生的声现象中究竟蕴含着怎样的物理原理？同学们认为“基于 DIS 平台声现象系列实验研究”这个题目可以作为科技实践活动的课题。

2　可行性分析

可行性分析如表 2.4-1 所示：

表 2.4-1　可行性分析

人员条件	我们的物理学及数学的基础知识扎实，而且本组成员团结互助，善于分工合作，有导师指导，这将促使我们的活动更加迅速地完成
物质条件	我们家中大部分有电脑，上网查找资料较为方便；实验器材学校都可提供，这就方便了我们这次研究的进行
时间条件	学校每周五下午两节课都是研究性学习，所以我们聚在一起的时间很充裕；同时，周末的时间我们也都可以利用

3 预期成果

(1)重温初中所学声现象的知识,尝试用朗威声传感器探究声音的三要素。

(2)通过设计和改进实验,探究声音的反射、折射。

(3)探究塘栖街区噪声污染的特点,并提出危害预防改进的建议。

(4)通过设计和改进实验,探究声音的干涉、衍射及多普勒效应。

(5)探究塘栖水北风情街区趣味声学玩具的特点,并从理论上进行分析。

(6)加强动手、分析和团队合作能力。

4 声音三要素的实验研究

组员:马楚楚、陈海丽、钟娣。

实验材料:频率为 440 Hz 与 492.2 Hz 的音叉各一个、竖笛、吉他、口琴、DIS 声传感器及数据采集器、笔记本电脑及朗威 DISlab6.0 通用软件。

实验原理:声音的音调取决于基音的频率;声音的响度取决于声波的振幅;声音的音色取决于基音的波形。

实验步骤:

(1)用声传感器观察声音的波形

①将声传感器接入数据采集器第一通道。

②将声波传感器移近蜂鸣器(图 2.4-1),即可观察到蜂鸣器的波形,如图 2.4-2 所示。

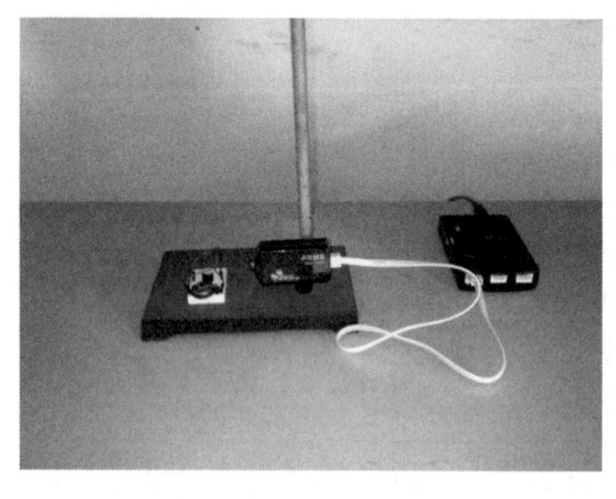

图 2.4-1 声波传感器移近蜂鸣器

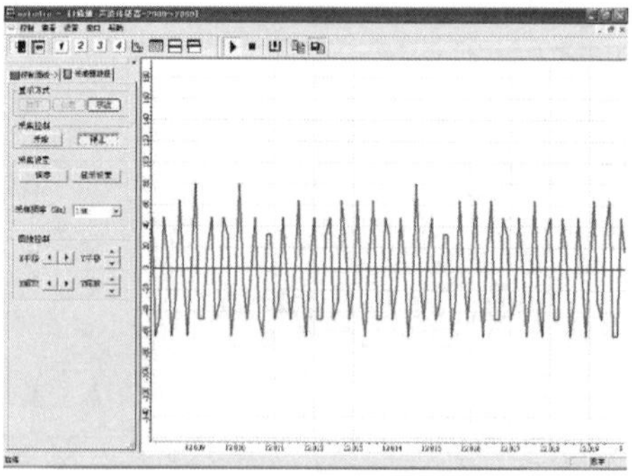

图 2.4-2 蜂鸣器的波形

(2)用声传感器探究声音的音调与基音频率的关系

①将声传感器接入数据采集器第一通道。

②用不同音调的音叉,在声波传感器附近敲击,如图 2.4-3 所示,观察不同音调音叉的波形图线;

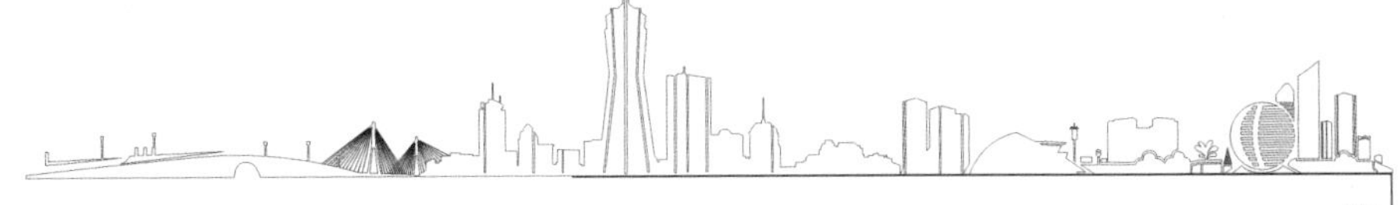

③音调高的音叉图线，如图 2.4-4 所示中满屏显示的最大完整波形个数为 18 个，运用“鼠标显示坐标”功能得到所对应的时间：3.896－3.859 2＝0.036 8 s，音叉的频率：18/0.036 8＝489.1 Hz。

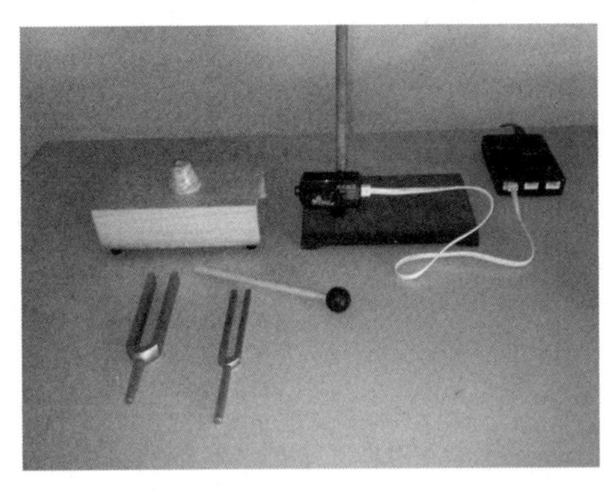

图 2.4-3　不同音调的音叉

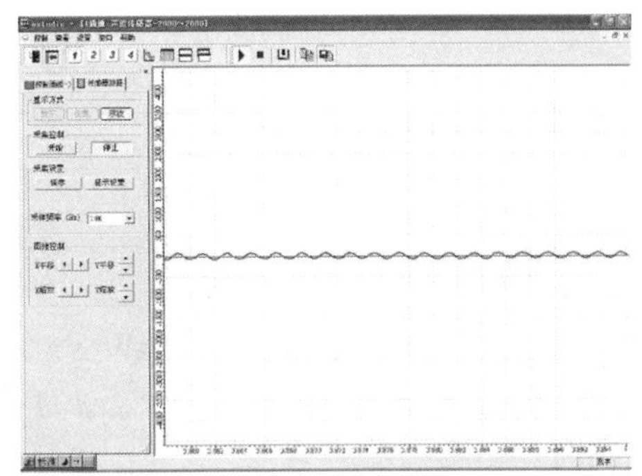

图 2.4-4　音调高的音叉的波形图线

④音调低的音叉图线，如图 2.4-5 所示中满屏显示的波形个数为 16 个，运用“鼠标显示坐标”功能得到所对应的时间：2.248 4－2.212＝0.036 4 s，计算得出音叉的频率：16/0.036 4＝440 Hz。

⑤对比计算得出的音叉频率与实际数据，总结音调的高低取决于基音频率的规律。

(3)用声传感器探究声音的响度与振幅的关系

①取出声传感器，接入数据采集器的第一通道。

②将声波传感器移近声源(音调低的音叉，如图 2.4-6 所示)。

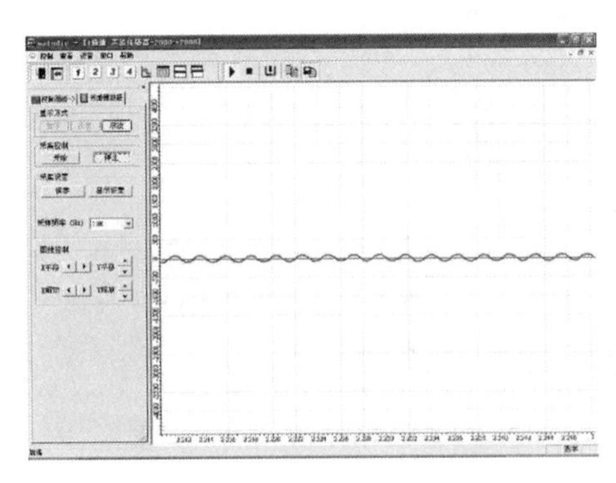

图 2.4-5　音调低的音叉的波形图线

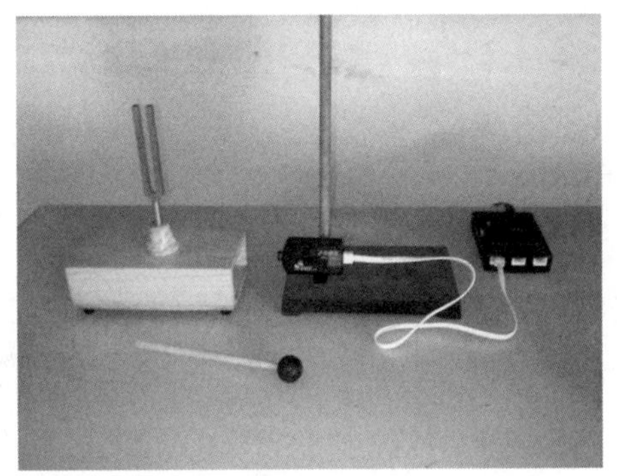

图 2.4-6　用不同力度敲击音调低的音叉

调整声源的响度，观察不同响度声源的波形，如图 2.4-7、2.4-8 所示。

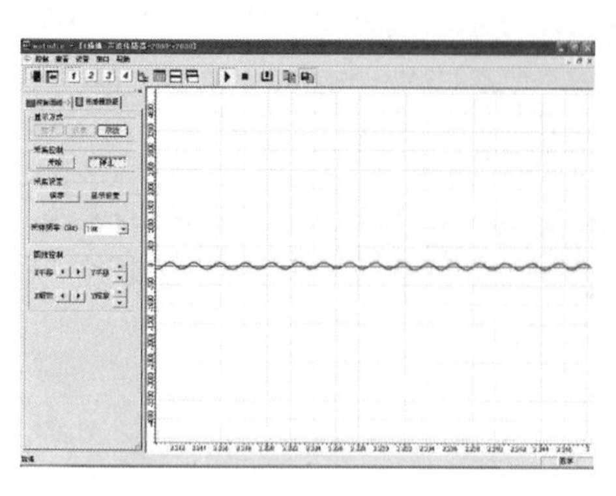

图 2.4-7　小力度敲击音叉波形图

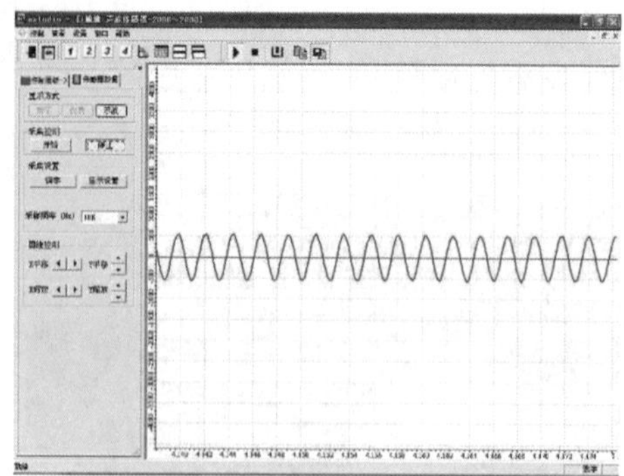

图 2.4-8　大力度敲击音叉波形图

③可见声源的响度不同(如以不同的力量敲击音叉),测得的声波振幅也不同。振幅越大,对应的响度越大。

(4)用声传感器探究声音的音色与波形的关系

①取出声传感器,接入数据采集器的第一通道。

②将声波传感器移近声源(竖笛、吉他、口琴),使不同的声源都发 C 调中的 1(duo),观察不同声源的波形,如图 2.4-9 至图 2.4-11 所示。

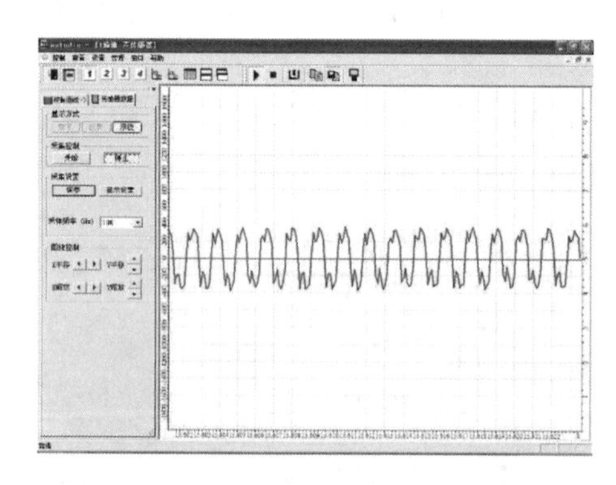

图 2.4-9　竖笛 C 调中的 1(duo)波形图

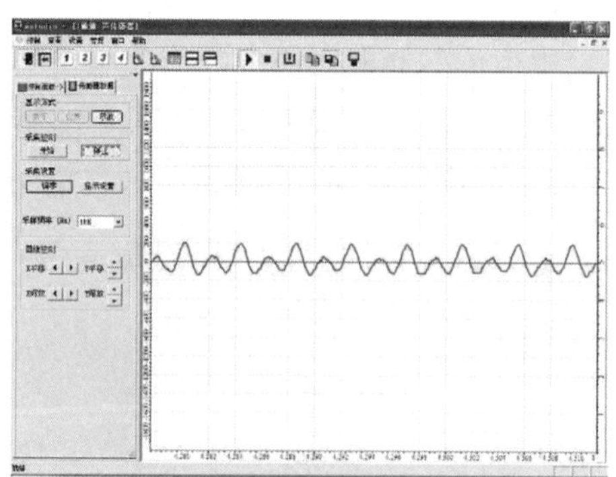

图 2.4-10　吉他 C 调中的 1(duo)波形图

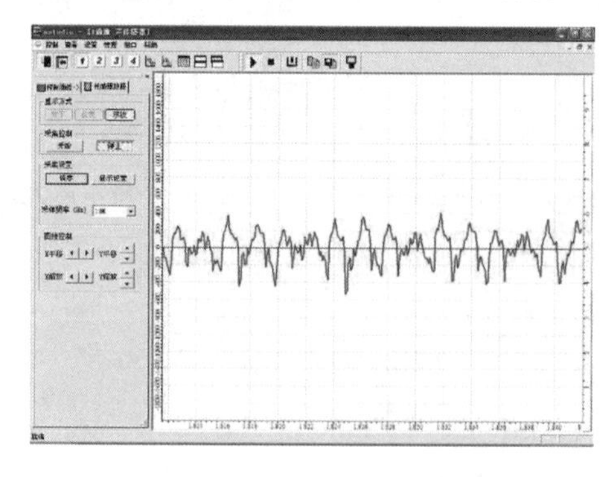

图 2.4-11　口琴 C 调中的 1(duo)波形图

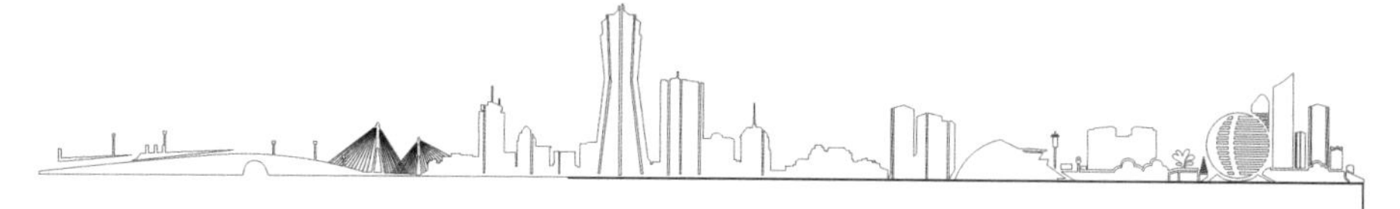

③可见各种乐器间音色的不同原因在于波形的各不相同。

实验结果讨论：

响度、音调和音色组成声音的三要素。

响度表示声音的强弱，是由声源振动的振幅决定的，声源振动的振幅越大，声音越强。

音调表示声音的高低，是由声源振动的频率决定的，声音的频率越高，音调越高。

音色不同，声音的波形也不同。

5　声音的反射、折射的实验研究

组员：马楚楚、陈海丽、钟娣

实验一：探究声音的反射现象。

实验材料：长度相同的硬纸筒2个、机械手表、纸杯4个、平面镜、泡沫板、棉柔抹布、朗威DISlab力学轨道附件。

实验原理：声音的反射遵循反射定律。

(1)反射声波、入射声波、反射平面的法线都在同一平面内。

(2)反射声波、入射声波分居法线两侧。

(3)反射声波的角度等于入射声波的角度。

实验步骤：

(1)用纸杯将机械手表和硬纸筒在平面镜前搭建起来，使机械手表位于硬纸筒的轴线上，并且使硬纸筒的轴线与平面镜成一定角度。在装有机械手表的硬纸筒的右侧放一块泡沫板，在泡沫板右侧不同位置用耳朵听表声(表声各不相同)。

(2)在泡沫板的右侧用纸杯搭建另一个长度相同的长纸筒，改变此硬纸筒的轴线与平面镜的夹角，直到透过长纸筒能够从平面镜面里看到机械手表的表像。再用耳朵听表声(表声最响)。

(3)用棉柔抹布代替平面镜实验，如图2.4-12所示，比较听见的声音的强弱。说明不同材料反射声音和吸收声音的能力不同。

实验结果讨论：

声音的反射遵循反射定律，不同材料反射声音和吸收声音的能力不同，一般说来，粗糙的、多孔材料的吸收声音的能力比光滑的材料要强。

实验二：探究声音的折射现象。

实验材料：彩虹圈2个、有机玻璃管带闷头、蜂鸣器、铁架台。

实验原理：声音的折射遵循折射定律。

(1)折射声波、入射声波、折射平面的法线都在同一平面内。

(2)折射声波、入射声波分居法线两侧。

(3)入射声波的角度的正弦与反射声波的角度的正弦之比等于两种介质中声速之比值。

实验步骤：

(1)取2个直径不同的彩虹圈，将它们的一端连起来，套入有机玻璃管如图2.4-13所示。

(2)其中一端固定，抖动另一端，观察一个纵波在彩虹圈交界处的行为，然后再送出一个频率稳定的波，观察在波进入另一种介质后，波速有没有发生改变。

(3)在白天(晚上)将蜂鸣器置于楼上(楼下)，一位同学在楼下(楼上)听蜂鸣器发出的声音，比较声音的强弱。

实验结果讨论：

声音的折射遵循折射定律。在白天，通常地面附近大气的温度较上方为高，于是声源S发出的声波在各水平层之间连续折射的结果，就会如图2.4-14所示的各个曲线方向传播，因而在白天楼上听蜂鸣器发出的声音较为清楚。在晚上，地面迅速冷却，因而靠近地面的气层温度较低，沿上方气层逐渐变高，故从声源发出的声波由于折射，就如图2.4-15所示的各个曲线传播，因而在晚上楼下听蜂鸣器发出的声音较为清楚。

图2.4-12　棉柔抹布代替平面镜实验装置示意图

图2.4-13　彩虹圈装入有机玻璃管

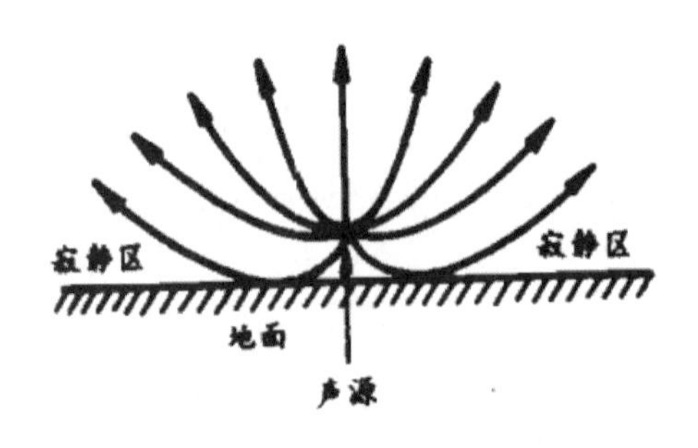

图2.4-14　水平层传播示意图

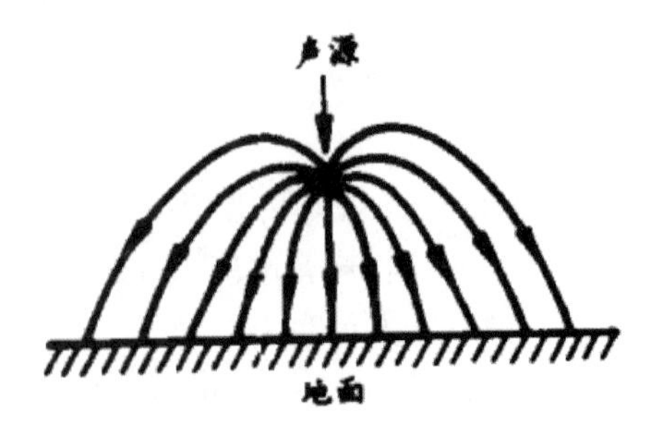

图2.4-15　折射传播示意图

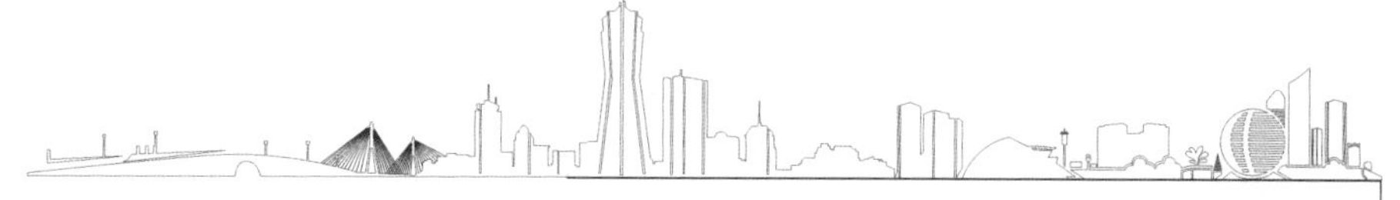

6 探究塘栖街区及高速公路上噪声污染的特点,并提出危害预防改进的建议

组员:马楚楚、陈海丽、钟娣

我们运用 DIS 实验仪器对学校周围的噪声污染进行了检测和研究。我们所运用的 DIS 实验器材包括:DIS 声传感器及数据采集器、笔记本电脑及朗威 DISlab6.0 通用软件。

(1)塘栖站,上午 8:00

分析:此数据采集于塘栖站,如图 2.4-16 所示。采集的时间并非是交通高峰时间,但也可以看出噪声的持续。由于塘栖站与本校毗邻,或多或少本校都会受到车辆噪声的影响。所以,希望有关部门能在车站周边设置一些噪声隔离设备,努力把噪声降到最低。

(2)水乡华庭某装修工地室内装潢冲击钻,9:00

分析:数据采集于水乡华庭某装修工地室内装潢时冲击钻发出的噪声,如图 2.4-17 所示。从图线中可以看到,噪声最大达到了 110。当下也有不少人购置新房,装潢时会产生这样的噪声,有时这些噪声会影响邻里关系,所以我们建议,在装潢时要和邻里之间达成协议,定好装潢工作的时间,尽量避免影响邻居的休息。

(3)市民之家工地大型冲击钻,10:00

分析:数据采集于市民之家前面的施工工地,如图 2.4-18 所示。这一噪声源十分严重,噪声几乎达到了 110,如果长期处于这种环境,将近有一半的人会耳聋。在市政建设日益增多的今天,这种情况随处可见,虽然工地上也贴有安民告示,但对周围居民的影响还是很大的。

(4)圣漾堂,露天菜场 11:00

分析:此数据采集于圣漾堂露天菜场,如图 2.4-19 所示,我们平时买菜就处于这种环境之中,包括人声、摩托车声等。从图线中可以得知:在一般的繁华地段噪声最高达到了 80,在这样的环境下想要以放松的心情来买菜,是不可能的,所以我们在买菜时尽量不要大声交谈,更不要大声喧哗。

我国相关法律规定:文教、居民区日间环境音量不得超过 55 dB。可是,我们的调查显示,一些地区远远超过了这一标准,希望引起相关部门重视。在此,我们提出一些建议:

有关部门和人员要做到有法必依,给学生的学习和居民的休息创造一个和谐的环境;

相关执法部门对于违法情况一定要严格执法,做到执法必严,为人民群众的安居乐业奠定良好的基础;

在居民、文教区要多种植一些树木,树木可以吸收噪音,同时也可以美化环境,一举两得。

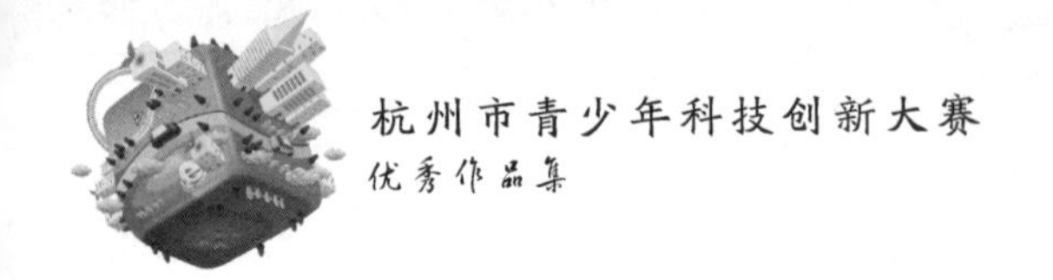

面对噪声，我们要懂得自我保护，尽量不要去吵闹的地方，也不要制造噪声，为我们和谐社会的建设出一份力。

要积极宣传噪声污染的危害性，使更多的人认识到噪声污染的危害。

经过这此社会调查，我们走出了教室，关注社会热点问题，运用我们所学的知识和手中的实验仪器客观地反应了我们身边的噪声污染。数据帮助我们直观地分析我们身边的噪声情况，使我们对噪声污染的认识越来越清晰。这些正体现了新课标物理教材中STS的理念，使我们受益匪浅，获得了课堂上学不到的知识。

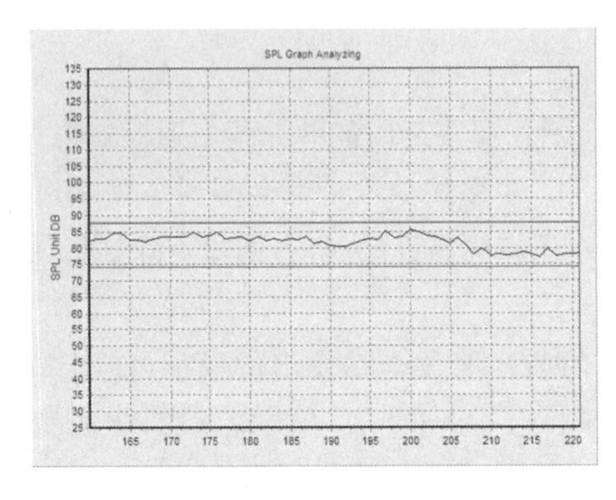

图 2.4-16　塘栖站

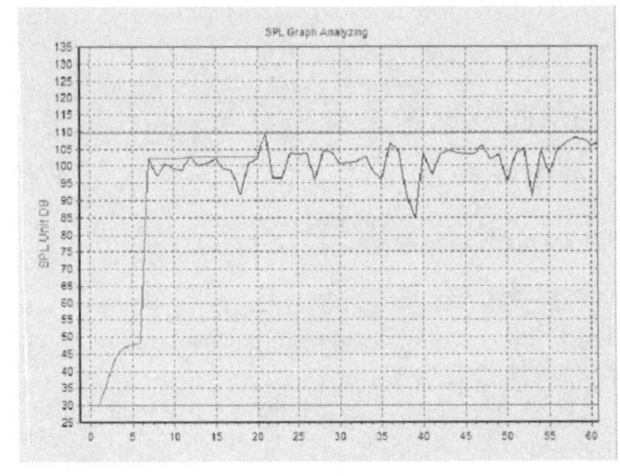

图 2.4-17　水乡华庭某装修工地

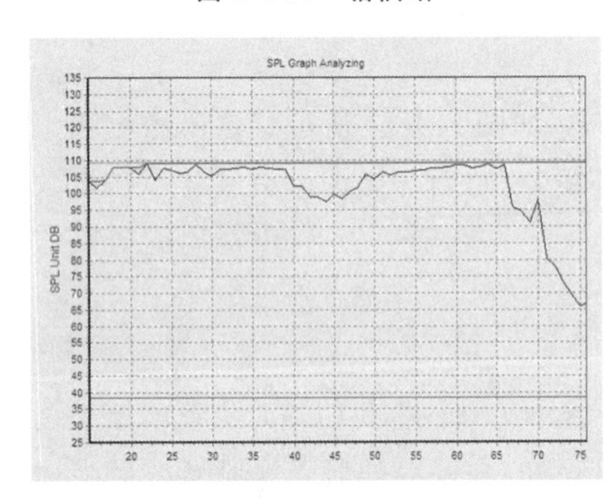

图 2.4-18　市民之家前面的施工工地

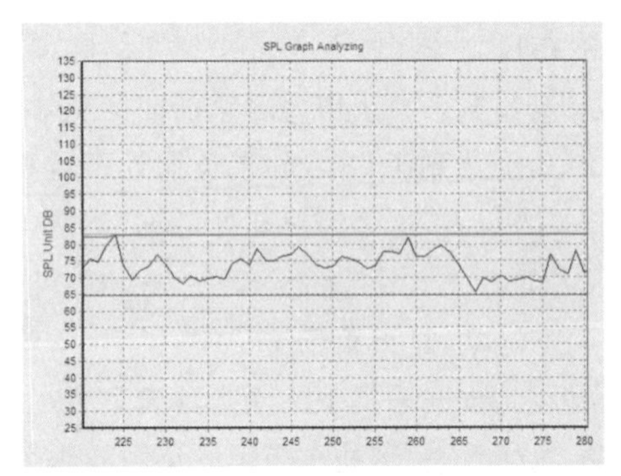

图 2.4-19　圣漾堂露天菜场

7　声音的多普勒效应实验研究

组员：马楚楚、陈海丽、钟娣

实验材料：离心转台、发音齿轮、纸片、铁丝架、粘胶带、双声道音箱、虚拟声卡正弦波音频信号发生器软件、DIS声传感器及数据采集器、笔记本电脑及朗威DISlab6.0通用软件。

实验原理：波源和观察者之间有相对运动，使观察者感到频率发生变化的现象，称为多普勒效应。如果两者相互接近，观察者接收到的频率增大；如果两者远离，观察者接收

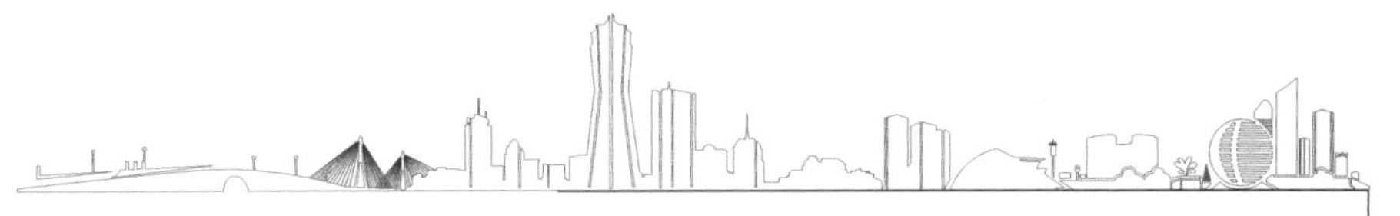

到的频率减小。

实验步骤：

(1)用发音齿轮模拟多普勒效应

①用纸片(纸片要求硬度适宜，与发音齿轮相碰能发出比较响亮的声音)制作大小约为 4 cm×6 cm，厚度约为 1 mm 的振片。把纸片用市售粘胶带固定在铁丝架子上，如图 2.4-20 所示。铁丝架的形状如图 2.4-21 所示。

图 2.4-20　用发音齿轮模拟多普勒效应实验装置

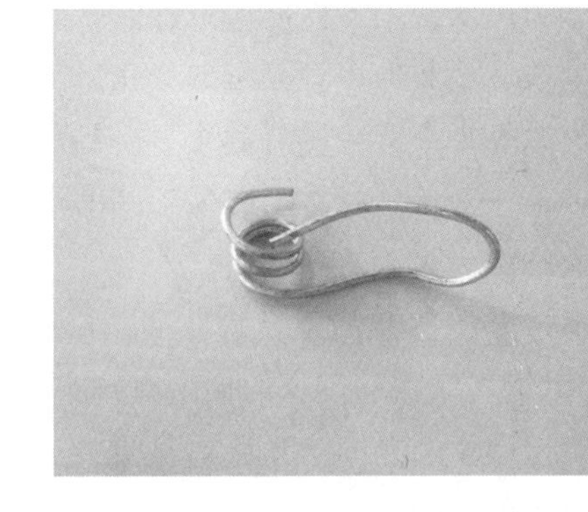

图 2.4-21　铁丝架的形状

②同组的一名学生摇动离心转台使发音齿轮匀速转动，发音齿轮转速控制在 2～4 r/s，此时纸片发出的声音频率为 160 ～ 320 Hz。同组的另一名学生先用手夹住铁丝架使其静止，离心转台转动带动发音齿轮匀速转动，纸片发出振动声音，同时记住此时声音的音调。

③同组的一名学生让发音齿轮匀速转动时，另一名学生用手使铁丝架与发音齿轮转动的相反方向转动(转数控制在发音齿轮转数的 1/3 左右)，同时细心感受并分析音调变化。

④同组的一名学生让发音齿轮匀速转动时，另一名学生用手使铁丝架与发音齿轮转动的相同方向转动(转数控制在发音齿轮转数的 1/3 左右)，同时再分析音调的变化。

实验结果讨论：

发音齿轮相当于声源，纸片相当于观察者。当铁丝架带动纸片与发音齿轮相反方向转动时，相当于观察者与波源运动的方向相反，单位时间通过纸片的齿轮齿数增多，纸片振动频率增大，纸片振动发出声音的音调变高，说明当观察者向着声源方向运动时，观察者接收到的声波频率增大。当铁丝架转动方向与发音齿轮转动的方向相同时，相当于观察者与波传播的方向相同，单位时间通过纸片的齿轮齿数减少，纸片振动的频率减小，纸片发出的声音音调变低，说明当观察者与波运动的方向相同时，观察者接收到的声波频率减小。由此得出多普勒现象的结论。

(2)用声传感器定量观测多普勒效应

①将声传感器接入数据采集器第一通道。

②用发声软件输出 1 500 Hz 左右正弦信号到扬声器，作为音源。将扬声器置于靠近传感器的一侧，如图 2.4-22 所示，单击实验界面上的开始采集按钮，开启信号源，手握扬声器将其从靠近传感器的一侧快速移动到另一侧（离传感器 1 m 左右），单击停止采集按钮。将扬声器置于远离传感器的一侧，如图 2.4-23 所示，单击实验界面上的开始采集按钮，开启信号源，手握扬声器将其从远离传感器的一侧（离传感器 1 m 左右）如图 2.4-25 所示，快速移动到另一侧，单击停止采集按钮。

③利用实验平台软件所带的功能，在所采集到的图线上对其频率进行测量，可看到多普勒效应引起的声音频率的变化。图 2.4-24、图 2.4-25、图 2.4-26 和图 2.4-27 所示分别是声源靠近声音传感器静止、声源靠近声音传感器运动、声源远离声音传感器静止和声源远离声音传感器运动时采集到的声音图线。

实验结果讨论：

通过 DIS 实验的通用软件可以观察到当声源靠近声音传感器运动，图像的振幅在增大，同时还看到振动图像的周期在减小，也就是说声波传感器接收到的振动频率增大了。图像中振幅增大是因为当声源靠近声音传感器时，声波传到传感器的能量增大；而传感器接收到的振动频率增大说明这里产生了多普勒效应。当声源远离声音传感器运动产生实验现象原理解释与此相同。

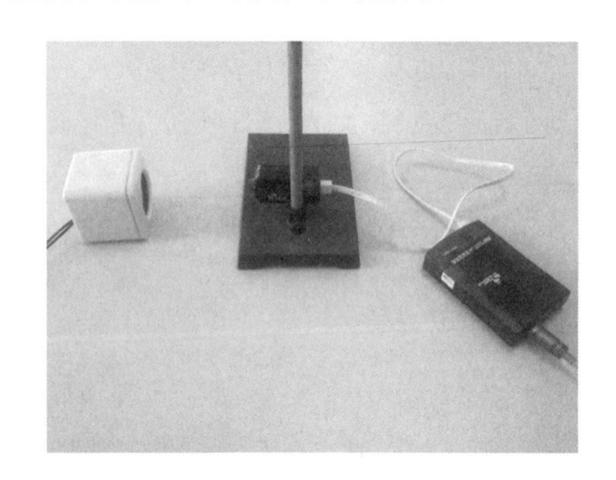

图 2.4-22　小扬声器置于靠近传感器的一侧

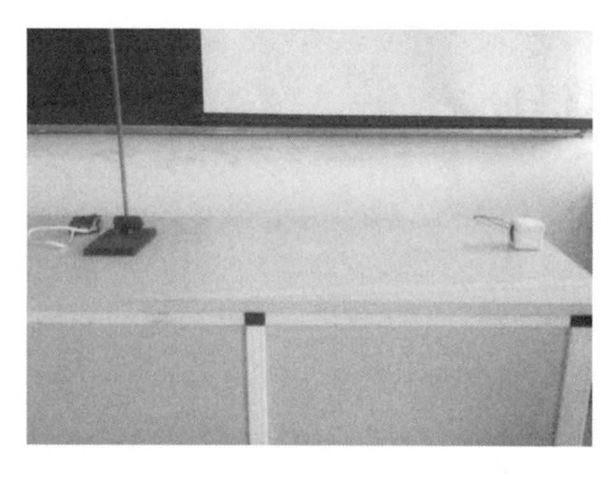

图 2.4-23　小扬声器置于远离传感器的一侧

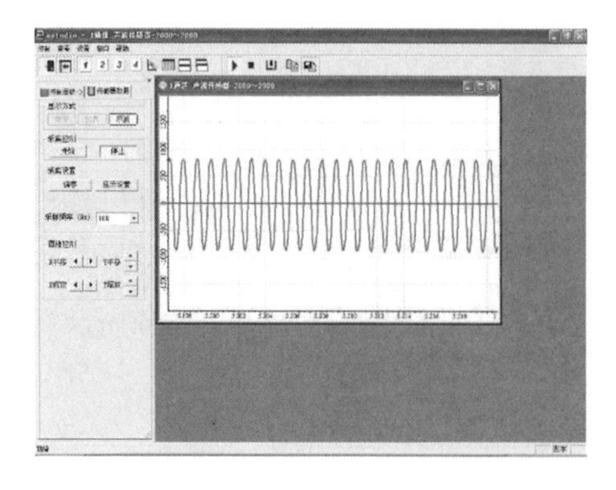

图 2.4-24　声源靠近声音传感器静止

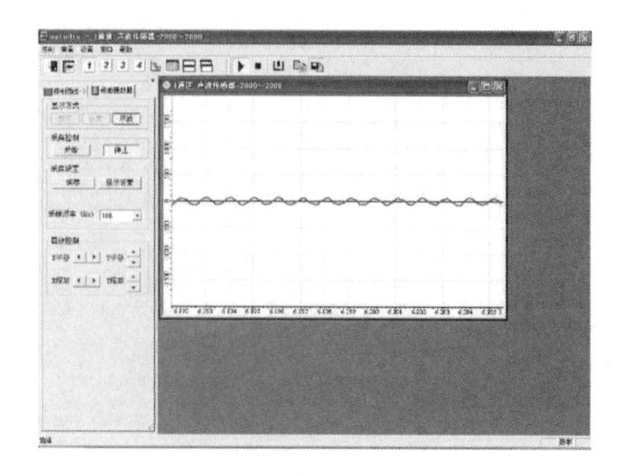

图 2.4-25　声源靠近声音传感器运动

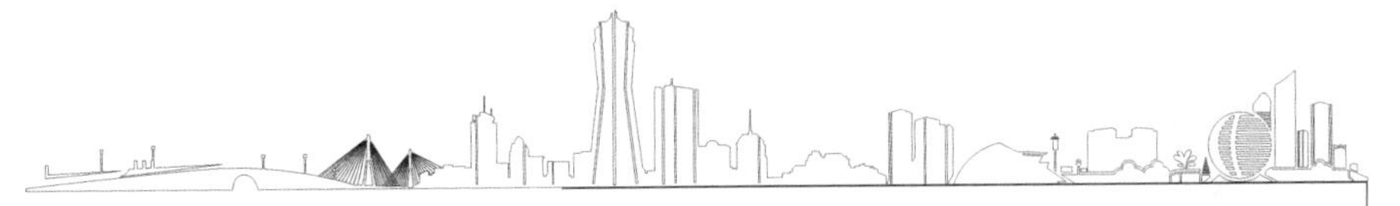

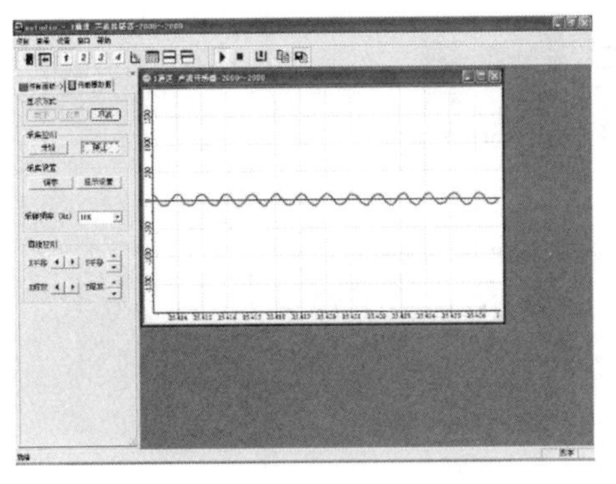

图 2.4-26　声源远离声音传感器静止

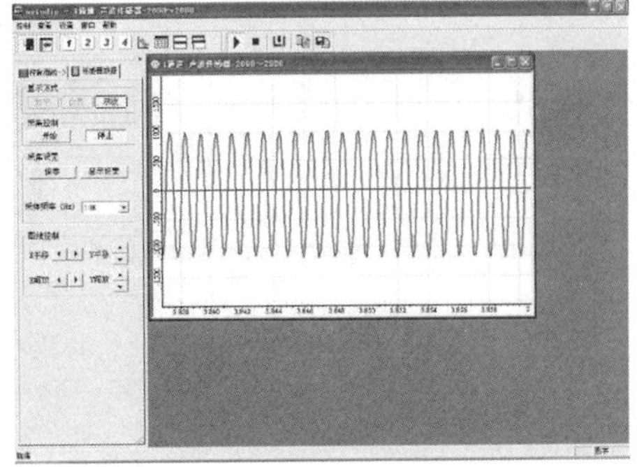

图 2.4-27　声源远离声音传感器运动

8　声音的干涉、衍射的实验研究

组员：梁佳妮、赵亚萍、朱宇杰

实验一：探究声音的干涉现象。

实验材料：软尺、米尺、双声道音箱、虚拟声卡正弦波音频信号发生器软件、DIS 声传感器及数据采集器、笔记本电脑及朗威 DISlab6.0 通用软件。

实验原理：两列频率相同的声波在重叠的区域里会产生声音的干涉现象。声强极大点到两个声源的波程差等于声波波长的整数倍，即：$\Delta r = n\lambda, n = 0,1,2,\cdots$，声强极小点到两个声源的波程差等于声波半波长的奇数倍，即：$\Delta r = (2n+1)\frac{1}{2}\lambda, n = 0,1,2,\cdots$

探究过程：

(1)感受声波的干涉现象

实验条件：信号频率 $f = 1\,000$ Hz。

演示 1：如图 2.4-28 所示，将 2 个小音箱间隔一定距离固定在桌面上，让 2 个小音箱同时发出频率相同的声波。

体验：用手堵住 1 只耳朵，小范围移动脑袋，感受声强的变化，初步感受声波的干涉现象。

(2)探究声强极大点、极小点应满足的条件

实验条件：信号频率 $f = 1\,000$ Hz。

演示 2：如图 2.4-29 所示的实验：声源 1 和传感器测量探头固定不动，从左向右缓慢移动声源 2。

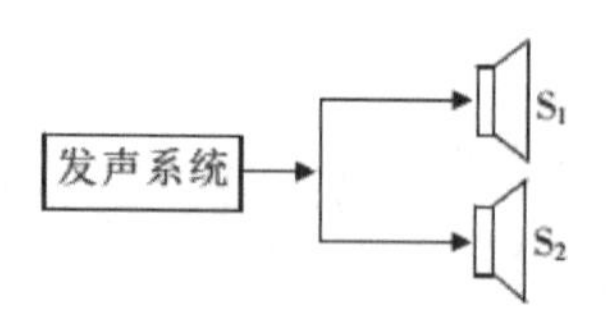

图 2.4-28　声波干涉演示

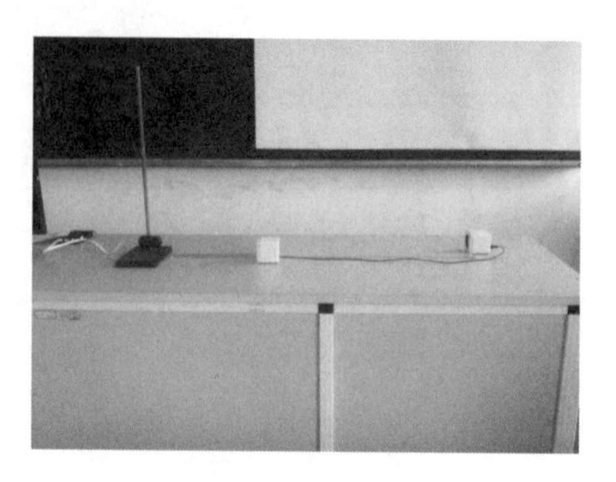

图 2.4-29　探究声强

体验:观察屏幕上的波形变化,通过对比找到波幅极大点,如图 2.4-30 所示。极小点如图 2.4-31 所示,并记录出现波幅极大点和极小点时声源 2 所在的位置,应用刻度尺读出该位置到声源 1 的距离 r,在此有 $\Delta r = r_1 - r_2$,然后寻找声强极大点和极小点之间的关系。如表 2.4-2 所示。

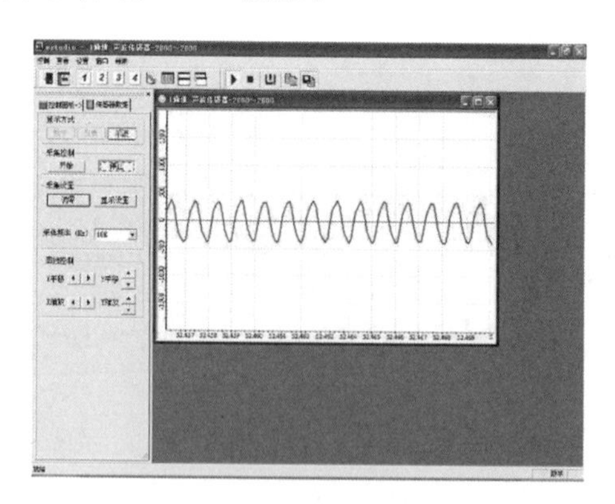

图 2.4-30　极大点波形

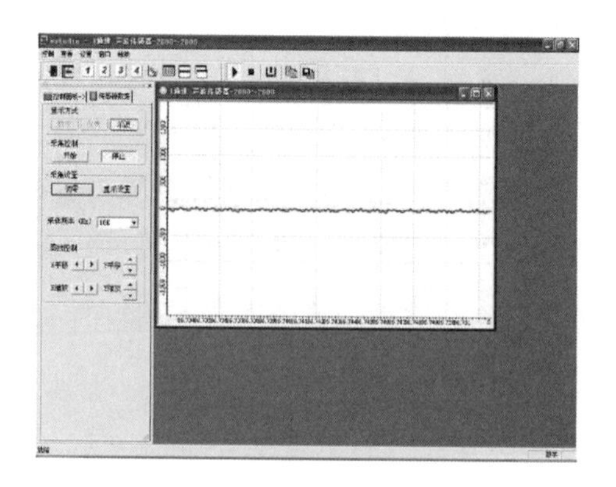

图 2.4-31　极小点波形

表 2.4-2　声强极大点和极小点与声源的波程差之间的关系

$\Delta r = r_1 - r_2$ (cm)	0	16.8	34.2	51.4	67.6
声强	极大	极小	极大	极小	极大

得出结论:声强极大点到 2 个扬声器的波程差等于声波波长的整数倍,即:$\Delta r = n\lambda$,$n = 1,2,\cdots$,声强极小点到 2 个扬声器的波程差等于声波半波长的奇数倍,即:$\Delta r = (2n+1)\frac{1}{2}\lambda, n = 1,2,\cdots$

(3)绘制声波的干涉图样

实验条件:信号频率 $f = 1\,000$ Hz,两波源间距 $d = 68$ cm。

演示 3:如图 2.4-32(a)所示,在实验时,2 个声源固定不动,以两声源所在位置的中垂线为基准,左右移动传感器测量探头,通过观察大屏幕显示的波形幅度,找出一条声音

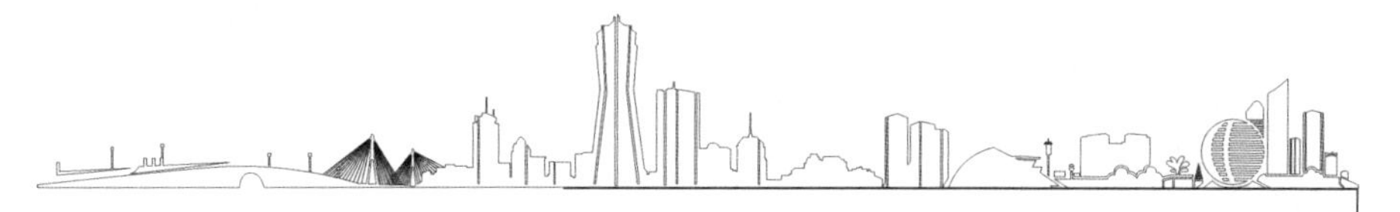

极大点所在的直线和与其相邻的上下各一条声强极小点所在的曲线，在实际演示中可再左右各增加一条声音加强的曲线。

体验：绘制如图2.4-32(b)所示声波的干涉图样。在绘制出的干涉图样上任取一研究点P，用软尺分别测量点P到2个声源S_1和S_2的距离r_1、r_2，计算$\Delta r = r_1 - r_2$，检验演示实验2得出的结论是否正确。将自己绘制的干涉图样与课本上给出的波的干涉示意图如图2.4-32(c)所示进行对比，在此基础上用传感器在空间找其他振动加强点和减弱点来引导学生想像干涉图样的立体结构，从而对干涉图样形成完整的认识。

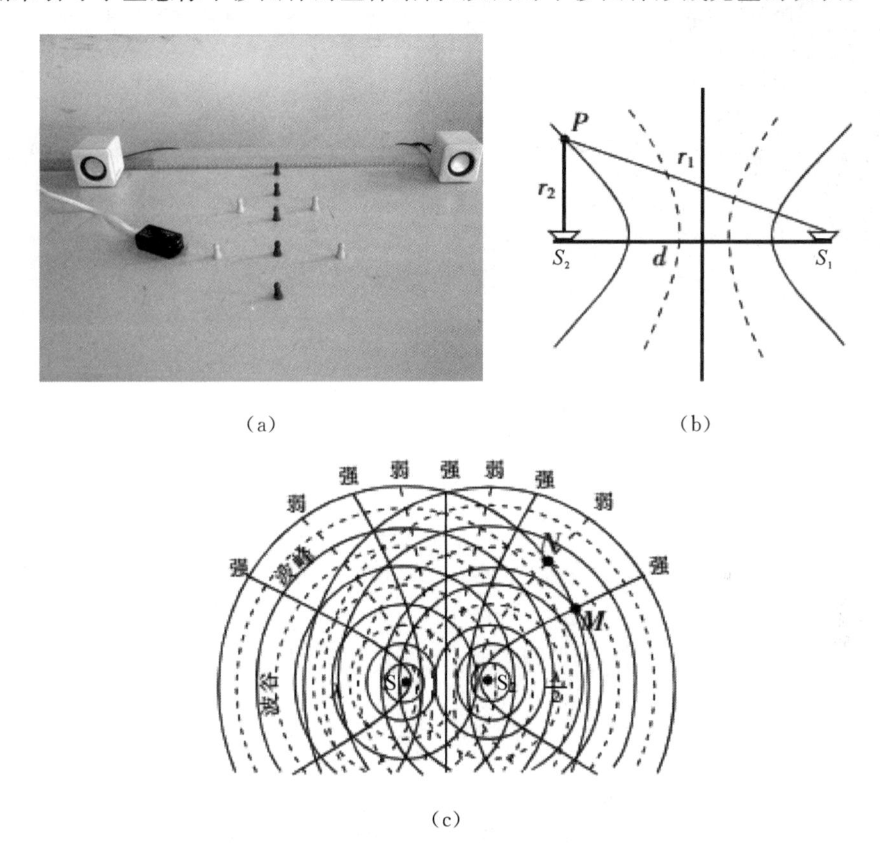

(a)　　(b)

(c)

图2.4-32　干涉图样

实验二：探究声音的衍射现象

实验材料：PVC板、双声道音箱、虚拟声卡万用仪软件、DIS声传感器及数据采集器、笔记本电脑及朗威DISlab6.0通用软件。

实验原理：声波传播过程中绕过障碍物传到障碍物后面的这种现象为波的衍射现象。发生明显衍射现象的条件是：障碍物的尺寸比声波的波长小或者跟声波的波长相差不多。

体验：

在声传感器与声源之间，竖直地放置3块足够大的PVC板，板与板之间保持平行，如图 2.4-33(a)所示。在每块板的中心钻 1 个孔，调整 3 孔的位置，使它们在一条直线上。将声源放在第一块板的孔外，声传感器贴在第三块板的孔上，单击开始采集按钮，就可以清楚地观察到声源的波形，如图 2.4-33(b)所示。这时，声音通过 3 个孔直接传到声传感器中。然后，将中间的板移动一下，使 3 个孔不再对齐。此时，虽然声音不能直接传到声传感器中，但声传感器还是可以探测到声波的波形(声波强度减小，频率不变)。如图 2.4-33(c)所示，因为声音在传播的过程中可以绕过障碍物，继续向前传播。

(a)

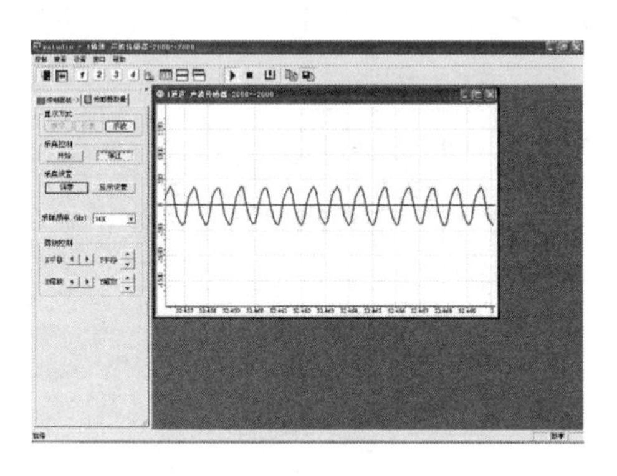

(b)

(c)

图 2.4-33　声音衍射现象

9　探究塘栖水北风情街区趣味声学玩具的特点，并从理论上进行分析

组员：马楚楚、陈海丽、钟娣、梁佳妮、赵亚萍、朱宇杰

利用周末时间，我们运用所学理论知识、DIS 实验仪器及 CoolEditPro2.1 软件对塘栖水北风情街区趣味声学玩具进行了探究。我们利用的理论知识涉及大学普通物理力学振动与波的相关内容，所运用的 DIS 实验器材包括：DIS 声传感器及数据采集器、笔记本电脑及朗威 DISlab6.0 通用软件，所使用的软件为 CoolEditPro2.1。

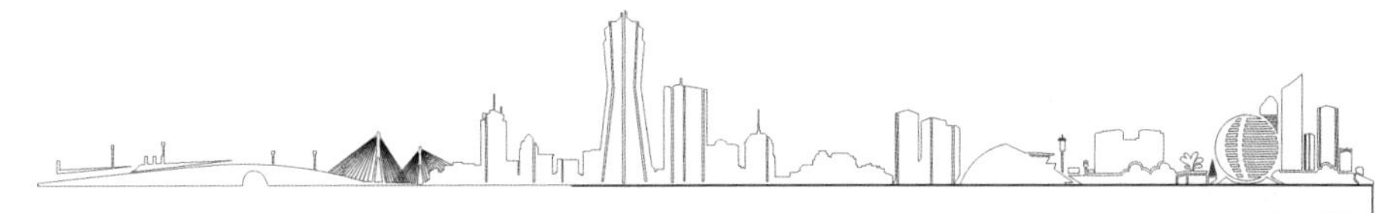

9.1 “波浪鼓”玩具发声原理的理论研究

“拨浪鼓”(图 2.4-34)是我国传统、古老的乐器和玩具,出现于战国时期。“拨浪鼓”的主体是一面小鼓,两侧缀有两枚弹丸,鼓下有柄,转动鼓柄弹丸甩动击鼓发声。鼓身可以是木的也可以是竹的,还有泥的、硬纸的;鼓面用羊皮、牛皮、蛇皮或纸制成,其中以木身羊皮面的“拨浪鼓”最为典型。

演示实验:一个同学在水平面内匀速率快速转动“拨浪鼓”,使“拨浪鼓”发声,该组的其他同学站在原地仔细听,观察“拨浪鼓”的运动。

实验现象及理论解释:手转动“拨浪鼓”时,两侧的木球做圆周运动;当停止转动鼓柄时,小鼓主体也处于静止,但两侧的木球由于惯性继续转动,从而敲打鼓面,使鼓面振动发声。

图 2.4-34　拨浪鼓

9.2 “叫蝉”玩具发声原理的理论研究

“叫蝉”是一种用竹木制作的民间玩具,由鸣蝉(发音体)、细线和木棒构成(图 2.4-35)。转动木棒,使细线带动鸣蝉做圆周运动,此时将会听到音调起伏变化的鸣叫声(类似蝉鸣)。

演示实验:一个同学在水平面内匀速率快速旋转细线,如图 2.4-36 所示,使“叫蝉”发声,该组的其他同学站在原地仔细听,判断音调是否变化,是否有多普勒效应发生?

实验现象:“叫蝉”靠近观察者时,音调变高;“叫蝉”远离观察者,音调变低;实验表明观察者不动,波源运动,观察者的接收频率发生变化(音调发生变化)。

图 2.4-35 叫蝉

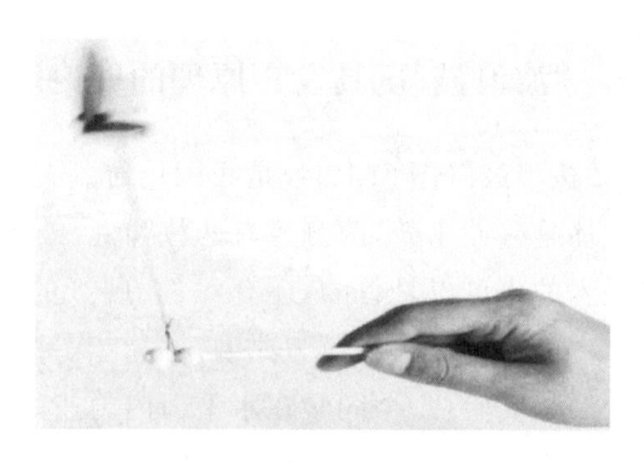

图 2.4-36 叫蝉演示

理论解释：观测者站着不动，当“叫蝉”远离观测者时，形成的波面如图 2.4-37 所示的波面 A，观察者单位时间内接收到的完全波的个数减少，观测频率小于波源频率，故音调变低；当“叫蝉”靠近观测者，所形成波面如图 2.4-37 所示的波面 B，观察者所感知观测频率大于波源频率，故音调变高。

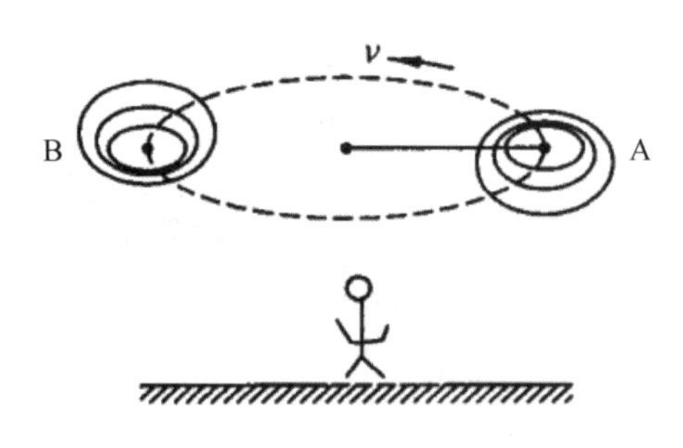

图 2.4-37

定量计算：

(1)坐在凳子上的学生听到“叫蝉”音调的变化规律。

如图 2.4-38 所示，设坐在凳子上的学生耳朵所在位置为 B 点，耳朵到“叫蝉”运动平面的距离 $h=1\ \text{m}$。“叫蝉”逆时针转动，取“叫蝉”经过 A 位置为计时起点，经过时间 t“叫蝉”转动 θ 角运动到 C 点。设“叫蝉”发生频率 $f_0=100\ \text{Hz}$，其圆周运动的速度为 v，半径为 $r=1.5\ \text{m}$，周期 $T=1\ \text{s}$，声速 $v_s=340\ \text{m}/s$。则由多普勒效应公式可得坐在凳子上的学生听到的频率：

$$f=f_0\left(\frac{v_s}{v_s-v\cos\alpha}\right) \tag{1}$$

式中，α 为 v 与 CB 之间的夹角。为计算需要我们在速度的延长线上取一点 D，使 $CD=r=1.5\ \text{m}$，如图 2.4-38 所示。

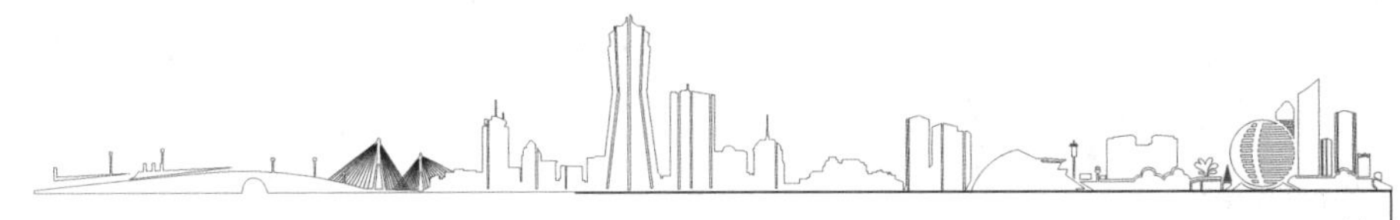

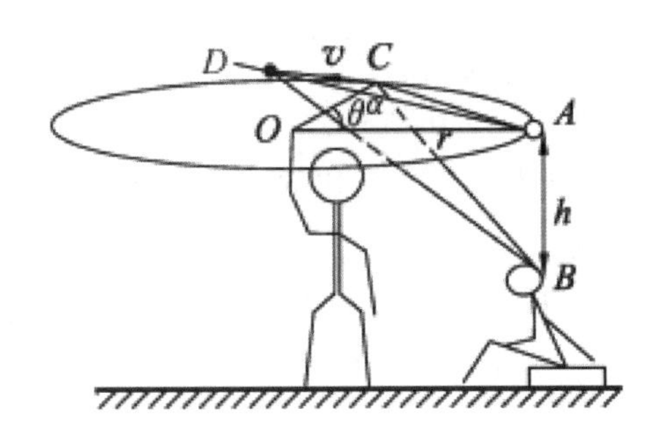

图 2.4-38 学生听到"叫蝉"音调演示

在△AOC 中由余弦定理得：

$$\overline{AC}^2 = 2r^2 - 2r^2\cos\theta \tag{2}$$

在△BAC 中由勾股定理得：

$$\overline{BC}^2 = h^2 + 2r^2 - 2r^2\cos\theta \tag{3}$$

在△ACD 中由余弦定理得：

$$\overline{AD}^2 = \overline{AC}^2 + \overline{CD}^2 - 2\ \overline{AC}\cdot\overline{CD}\cos\left(\frac{\pi}{2}+\frac{\pi-\theta}{2}\right) = 3r^2 - 2r^2\cos\theta + 2r\sqrt{2r^2-2r^2\cos\theta}\cos\frac{\theta}{2} \tag{4}$$

在△BAD 中由勾股定理得：

$$\overline{BD}^2 = \overline{AB}^2 + \overline{AD}^2 = h^2 + 3r^2 - 2r^2\cos\theta + 2r\sqrt{2r^2-2r^2\cos\theta}\cos\frac{\theta}{2} \tag{5}$$

则在△BCD 中由余弦定理得：

$$\overline{BD}^2 = \overline{BC}^2 + \overline{CD}^2 - 2\ \overline{BC}\cdot\overline{CD}\cos\alpha \tag{6}$$

即：

$$\cos\alpha = \frac{\overline{BC}^2+\overline{CD}^2-\overline{BD}^2}{2\ \overline{BC}\cdot\overline{CD}} = \frac{-\sqrt{2r^2-2r^2\cos\theta}\cos\frac{\theta}{2}}{\sqrt{h^2+2r^2-2r^2\cos\theta}} = \frac{-\sqrt{4.5-4.5\cos\left(\frac{2\pi}{T}t\right)}\cos\frac{\pi}{T}t}{\sqrt{5.5-4.5\cos\left(\frac{2\pi}{T}t\right)}} \tag{7}$$

将式(7)代入式(1)得：

$$f = f_0\frac{v_s}{v_s+\frac{2\pi r}{T}\frac{\sqrt{4.5-4.5\cos\left(\frac{2\pi}{T}t\right)}\cos\frac{\pi}{T}t}{\sqrt{5.5-4.5\cos\left(\frac{2\pi}{T}t\right)}}}\quad(0<t\leqslant T) \tag{8}$$

代入数据得：

$$f=f_0\frac{3.4\times10^4}{340+3\pi\frac{\sqrt{4.5-4.5\cos(2\pi t)}\cos\pi t}{\sqrt{5.5-4.5\cos(2\pi t)}}}\quad(0<t\leqslant T)\tag{9}$$

由 Mathematica 软件可以画出 f 随 t 变化的函数图像，如图 2.4-39 所示，此为一个周期 T 内，f 随时间 t 的增大先减小到最小值，然后逐渐增大到最大值，然后再逐渐减小；至 $t=T=1\ \mathrm{s}$ 时 $f=f_0=100\ \mathrm{Hz}$；此时“叫蝉”回到起始位置 A，完成了一个周期的运动。

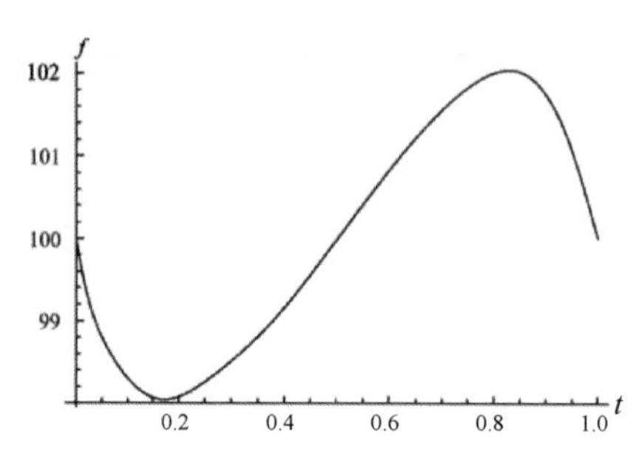

图 2.4-39　函数图

(2)演示者听到的“叫蝉”音调的变化规律

如图 2.4-40 所示，设演示者的耳朵所在的位置为 B 点，它位于以“叫蝉”转动平面为底面的一个圆锥体内，$O'O$ 垂直于底面，垂足为 O。设“叫蝉”速度为 v，在某一时 t，“叫蝉”位于 C 处，连结 OC，BC。因为 $O'O\perp v$，$OC\perp v$，则 v 垂直于平面 $O'OC$，所以 $v\perp BC$。则由多普勒效应公式可得演示者听到的频率为 $f=f_0\left(\frac{v_s}{v_s-v\cos\frac{\pi}{2}}\right)=f_0$，即演示者听不出“叫蝉”音调有任何变化。

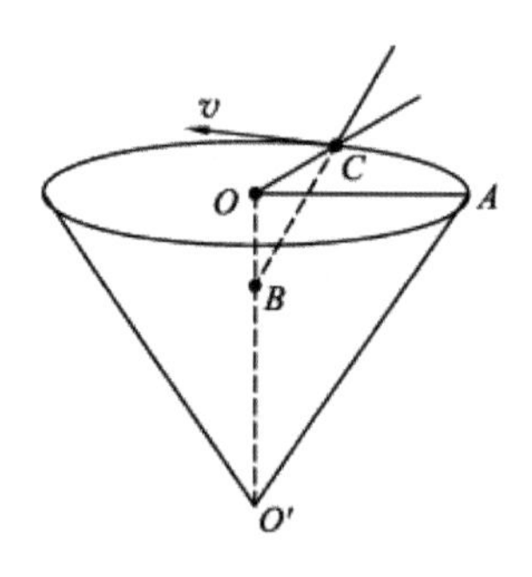

图 2.4-40　演示者听到“叫蝉”音调示意图

美国伟大作家马克·吐温曾满怀激情地说：“科学真是迷人。根据零星的事实，增添一点猜想，竟能赢得这么大的收获。”在研究性学习的道路上我们提出了问题，一步一步地实验，克服一个一个困难，我们的兴趣也一点一点被激起，于是我们更努力地去实验，去研究，不知不觉发现原来学习可以如此快乐！

真谛后的合作更难能可贵！